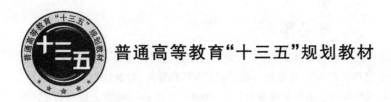

普通高等教育"十三五"规划教材

数学物理方法

（第 3 版）

郭玉翠　刘文军　编著

北京邮电大学出版社
www.buptpress.com

内 容 简 介

全书内容分为九章，分别介绍矢量分析与场论的基础知识，数学物理定解问题的提出，包括基本方程的推导和定解条件的给出；讲述求解数学物理定解问题的各种方法，包括分离变量法、行波法与积分变换法、Green 函数法、变分法等；以及求解二阶线性常微分方程的级数解法与 Sturm——Liouville 本征值问题；讨论作为微分方程解函数的特殊函数——Bessel 函数和 Legendre 多项式的性质和应用等。

本书从理论到实例都考虑了电子、通讯类各专业的特点，兼顾数学理论的严谨性和物理背景的鲜明性，体现了数学物理方法作为数学应用于物理和其他科学的桥梁作用。

本书可以作为高等学校工科硕士研究生的教材，也可以供对这门课程要求较高专业的本科生使用，或作为教学参考书。

图书在版编目(CIP)数据

数学物理方法 / 郭玉翠，刘文军编著. -- 3 版. -- 北京：北京邮电大学出版社，2017.9
ISBN 978-7-5635-5252-8

Ⅰ. ①数… Ⅱ. ①郭…②刘… Ⅲ. ①数学物理方法 Ⅳ. ①O411.1

中国版本图书馆 CIP 数据核字（2017）第 197097 号

书　　　　名：	数学物理方法（第 3 版）
著作责任者：	郭玉翠　刘文军　编著
责 任 编 辑：	张珊珊　王 义
出 版 发 行：	北京邮电大学出版社
社　　　　址：	北京市海淀区西土城路 10 号(100876)
发 行 部：	电话：010-62282185　传真：010-62283578
E-mail：	publish@bupt.edu.cn
经　　　　销：	各地新华书店
印　　　　刷：	保定市中画美凯印刷有限公司
开　　　　本：	787 mm×1 092 mm　1/16
印　　　　张：	18.75
字　　　　数：	481 千字
版　　　　次：	2003 年 1 月第 1 版　2006 年 12 月第 2 版　2017 年 9 月第 3 版　2017 年 9 月第 1 次印刷

ISBN 978-7-5635-5252-8　　　　　　　　　　　　　　　　　定价：39.00 元
· 如有印装质量问题，请与北京邮电大学出版社发行部联系 ·

本 版 前 言

现在与广大读者朋友见面的这本书是本书的第 3 版。第 1 版于 2002 年由北京邮电大学出版社出版。第 2 版于 2006 年由清华大学出版社出版，这一版增加了与本书配套的《数学物理方法学习指导》一书，同年由清华大学出版社出版。又经过十余年教学实践的磨炼，现在呈献给广大同学和读者朋友的新版有以下改变。

1. 在讲法上更加注重体系的完整和衔接上顺畅。比如在讲述特殊函数作为二阶线性常微分方程的解函数引入的时候，把 Legendre 方程的解法作为 Cauchy 定理的例子，而把 Bessel 方程的解法作为 Fuchs 定理的例子。这样从数学形式上和读者认知上都更加顺畅。特殊函数在数学物理定解问题中的应用是通过正交曲面坐标系中的分离变量法得到的，我们这次的处理都是从实际问题的例子出发的。可以让学生和读者直观地看到引入特殊函数的必然性和重要性。

2. 增加了若干例题。数学问题往往以抽象著称，数学物理方程这门课程又牵涉到物理概念的理解，所以被学生们认为是难学的一门课程。增加例题的讲解可以帮助学习者对物理和数学概念的理解和应用，消除他们的恐惧心理。

3. 从课时和体系的角度考虑，此版删除了积分方程的内容，虽然从理论上讲数学物理方程是指具有物理意义的数学方程，应该包括积分方程。但积分方程的解法和应用都与微分方程有很大的不同，所以我们将把有限的时间和精力集中在具有物理意义的线性偏微分方程的学习和讨论上。

在这一版中，我们仍然注重微分方程的符号解法，即用数学软件 Maple 求解微分方程。因为计算机是我们越来越依赖的强大工具，经典学科与计算机技术的结合将越来越受到重视。

北京邮电大学刘文军副教授参与了本版的编写。

在《数学物理方法（第 3 版）》即将出版之际，编著者感谢北京邮电大学研究生教改项目的支持，感谢北京邮电大学出版社编辑的热情沟通，感谢同学们和读者朋友不吝赐教。

郭玉翠

第1版前言

本教材为通讯、电子、电磁场及应用物理类硕士研究生学习数学物理方法这门课程而编写，也可以作为应用数学及应用物理等对这门课程有较高要求的专业的本科生使用或作为教学参考书。

本书的特点或称区别于大多数同类教材之处在于：一、充分考虑通讯、电子类及相关专业研究生的培养目标及相关课程的设置情况，在确保理论体系完整和概念正确的前提下，加强实际背景的阐述和分析；二、注重物理思想和数学方法、手段之间的有机联系和依存关系，注重物理思想的建立，同时兼顾数学上的严谨与玄妙，不仅讲知识，更强调讲方法，充分体现数学物理方法作为数学联系其他自然科学和技术领域最重要桥梁之一的作用，培养学生综合利用数学知识解决实际问题的能力；三、体现科学的新进展，这一点一般在基础课中很难做到，本书力图加强数学物理近代方法的成分，以适应科学发展和计算机广泛普及的需要。

数学物理方法历来以内容多而杂，题目难而繁著称，教好和学好这门课程都不是容易的事。作者的初衷是写一本好的教材以帮助教师教好、学生学好这门课，但由于水平有限，不足乃至错误在所难免，敬请读者不吝赐教。

本书的编写与完成，得到赵启松教授多方面的鼓励与帮助，编者对赵老师深表敬意和谢意；本书的出版，得到北京邮电大学教材出版基金的资助，在此编者对北京邮电大学教材出版基金委员会，北京邮电大学教务处以及北京邮电大学出版社给予的关怀与支持深表感谢；北京师范大学彭芳麟教授和北方交通大学李文博教授审阅了全书，并提出了许多宝贵意见，在此一并表示深深的感激。

编　者

2002 年 12 月

第 2 版前言

本书第 1 版于 2003 年 1 月出版后,曾蒙广大师友和读者的关怀与厚爱,于 2005 年 9 月进行了第二次印刷。此次修订主要是增加了应用数学软件 Maple 来辅助求解数学物理定解问题,和将部分结果用 Maple 进行可视化的内容。因为"数学物理方法"这门课程作为众多理工科学生的基础课之一,在后续课和完成学业后的科研工作中都有许多应用,需要学生清楚地理解其中的概念和娴熟地掌握解题方法并且了解结果的物理意义。但是由于课程本身的内容多而难,题目繁而杂,被公认为是一门难学的课程。主要体现在公式推导多,求解习题往往要计算复杂的积分或级数等。随着计算机深入普及,功能强大的数学软件,如 Maple 等为复杂数学问题的求解提供了有力的工具,笔者近年来在科研和教学工作中对应用数学软件求解数学物理问题有了一些体会,现在尝试着将这些内容加到本次修订的教材中。目的在于:一、将烦难的数学运算,比如求解常微分方程,计算积分,求解复杂代数方程等借助于计算机完成,可使读者更专注于模型(数学物理方程)的建立,物理思想的形成和数学方法应用于物理过程的理论体系;二、借助于计算机强大的可视性功能,把一些抽象难懂但又非常有用的知识变成生动的、"活"的物理图象展现在读者面前,这无疑有益于读者对知识的理解和掌握。数学软件 Maple 的符号运算功能强大,它的最大好处是不用编程,可以直接进行符号运算,因此读者不用另外学习编程的知识,更不要求以会编程为学习基础,这会带来极大的方便,读者只要在计算机上装上 Maple 软件,直接输入命令即可,一节课的时间就可以学会使用了。

本次修订除了增加了上述内容外,还将原版的内容作了以下调整:将第一章"场论初步"改成"矢量分析与场论初步",增加了矢量分析的内容,去掉了矢量场的梯度、张量及其计算和并矢分析两节内容;将第五章"特殊函数"一章分成两章"特殊函数(一)——Legendre 函数"和"特殊函数(二)——Bessel 函数";在"变分法"一章中,增加了复杂泛函 Euler 方程的推导,因为在数学物理问题中经常会遇到求解复杂变分的问题;在"积分方程的一般性质和解法"一章中,按照积分核的类型讲解相应的解法,以便使内容更加清晰和系统。全书的文字内容进行了重写或修改,也改正了第一版中几处印刷错误。

编著者十分感谢清华大学出版社对本书再版的大力支持和帮助,特别感谢刘颖编审崇高的责任心和敬业精神。

编著者
2006 年 6 月

目 录

第1章 矢量分析与场论初步 ·· 1
　§1.1 矢量函数及其导数与积分 ·· 1
　　1.1.1 矢量函数 ·· 1
　　1.1.2 矢量函数的极限与连续性 ·· 3
　　1.1.3 矢量函数的导数和积分 ··· 5
　§1.2 梯度、散度与旋度在正交曲线坐标系中的表达式 ··· 10
　　1.2.1 直角坐标系下"三度"及 Hamilton 算子 ·· 10
　　1.2.2 正交曲线坐标系下的"三度" ·· 17
　　1.2.3 "三度"的运算公式 ··· 21
　§1.3 正交曲线坐标系下的 Laplace 算符、Green 第一公式和 Green 第二公式 ········· 23
　§1.4 算子方程 ·· 25
　习题一 ··· 31

第2章 数学物理定解问题 ··· 34
　§2.1 基本方程的建立 ··· 34
　　2.1.1 均匀弦的微小横振动 ·· 34
　　2.1.2 均匀膜的微小横振动 ·· 36
　　2.1.3 传输线方程 ··· 37
　　2.1.4 电磁场方程 ··· 39
　　2.1.5 热传导方程 ··· 40
　　2.1.6 扩散方程 ·· 42
　§2.2 定解条件 ·· 43
　　2.2.1 初始条件 ·· 43
　　2.2.2 边界条件 ·· 44
　§2.3 定解问题的提法 ··· 46
　§2.4 二阶线性偏微分方程的分类与化简 ·· 47
　　2.4.1 两个自变量方程的分类与化简 ·· 47
　　2.4.2 常系数偏微分方程的进一步简化 ··· 53

2.4.3 线性偏微分方程的叠加原理 …… 54
习题二 …… 55

第3章 分离变量法 …… 57

§3.1 (1+1)维齐次方程的分离变量法 …… 57
 3.1.1 有界弦的自由振动 …… 57
 3.1.2 有限长杆上的热传导 …… 65
3.2 二维 Laplace 方程的定解问题 …… 70
3.3 高维 Fourier 级数及其在高维定解问题中的应用 …… 77
3.4 非齐次方程的解法 …… 82
 3.4.1 固有函数法 …… 82
 3.4.2 冲量法 …… 89
 3.4.3 特解法 …… 93
3.5 非齐次边界条件的处理 …… 95
习题三 …… 102

第4章 二阶常微分方程的级数解法 本征值问题 …… 105

§4.1 二阶常微分方程系数与解的关系 …… 105
§4.2 二阶常微分方程的级数解法 …… 106
 4.2.1 常点邻域内的级数解法 …… 106
 4.2.2 正则奇点附近的级数解法 …… 111
4.3 Sturm-Liouville(斯特姆-刘维尔)本征值问题 …… 117
习题四 …… 122

第5章 Legendre 多项式及其应用 …… 124

5.1 Legendre 方程与 Legendre 多项式的引入 …… 124
5.2 Legendre 多项式的性质 …… 127
 5.2.1 Legendre 多项式的微分表示 …… 127
 5.2.2 Legendre 多项式的积分表示 …… 129
 5.2.3 Legendre 多项式的母函数 …… 129
 5.2.4 Legendre 多项式的递推公式 …… 131
 5.2.5 Legendre 多项式的正交归一性 …… 132
 5.2.6 按 $P_n(x)$ 的广义 Fourier 级数展开 …… 134
 5.2.7 一个重要公式 …… 134
5.3 Legendre 多项式的应用 …… 135
5.4 关联 Legendre 多项式 …… 139
 5.4.1 关联 Legendre 函数的微分表示 …… 140
 5.4.2 关联 Legendre 函数的积分表示 …… 140

- 5.4.3 关联 Legendre 函数的正交性与模方 …… 141
- 5.4.4 按 $P_l^m(x)$ 的广义 Fourier 级数展开 …… 141
- 5.4.5 关联 Legendre 函数递推公式 …… 141
- 习题五 …… 143

第 6 章 Bessel 函数的性质及其应用 …… 145

- 6.1 Bessel 方程的引出 …… 145
- 6.2 Bessel 函数的性质 …… 147
  - 6.2.1 Bessel 函数的基本形态及本征值问题 …… 147
  - 6.2.2 Bessel 函数的递推公式 …… 149
  - 6.2.3 Bessel 函数的正交性和模方 …… 152
  - 6.2.4 按 Bessel 函数的广义 Fourier 级数展开 …… 153
  - 6.2.5 Bessel 函数的母函数 积分表示和加法公式 …… 154
- 6.3 Bessel 函数在定解问题中的应用 …… 156
- 6.4 修正 Bessel 函数 …… 164
  - 6.4.1 第一类修正 Bessel 函数 …… 164
  - 6.4.2 第二类修正 Bessel 函数 …… 165
- 6.5 球 Bessel 函数 …… 169
  - 6.5.1 波动方程的变量分离 …… 169
  - 6.5.2 热传导方程的分离变量 …… 170
  - 6.6.3 Helmholtz 方程的分离变量 …… 170
  - 6.5.4 球 Bessel 函数 …… 171
- 6.6 柱面波与球面波 …… 177
  - 6.6.1 柱面波 …… 177
  - 6.6.2 球面波 …… 180
- 6.7 可化为 Bessel 方程的方程 …… 181
  - 6.7.1 Kelvin（W. ThomSon）方程 …… 181
  - 6.7.2 其他例子 …… 181
  - 6.7.3 含 Bessel 函数的积分 …… 182
- 6.8 其他特殊函数方程简介 …… 186
  - 6.8.1 Hemiter 多项式 …… 186
  - 6.8.2 Laguerre 多项式 …… 188
- 习题六 …… 189

第 7 章 行波法与积分变换法 …… 191

- §7.1 一维波动方程的 D'Alember（达朗贝尔）公式 …… 191
- §7.2 三维波动方程的 Poisson 公式 …… 196
- §7.3 Fourier 积分变换法求定解问题 …… 203

  7.3.1 预备知识——Fourier 变换及性质 ………………………………………… 204
  7.3.2 Fourier 变换法 ………………………………………………………………… 205
 §7.4 Laplace 变换法解定解问题 ……………………………………………………… 208
  7.4.1 Laplace 变换及其性质 ………………………………………………………… 208
  7.4.2 Laplace 变换法 ………………………………………………………………… 210
 习题七 ……………………………………………………………………………………… 213

第 8 章 Green 函数法 ……………………………………………………………………… 216

 §8.1 引言 ………………………………………………………………………………… 216
 §8.2 δ 函数的定义与性质 ………………………………………………………………… 217
  8.2.1 δ 函数的定义 ………………………………………………………………… 217
  8.2.2 广义函数的导数 ………………………………………………………………… 218
  8.2.3 δ 函数的 Fourier 变换 ……………………………………………………… 219
  8.2.4 高维 δ 函数 …………………………………………………………………… 220
 §8.3 Poisson 方程的边值问题 …………………………………………………………… 220
  8.3.1 Green 公式 ……………………………………………………………………… 220
  8.3.2 解的积分形式—Green 函数法 ……………………………………………… 221
  8.3.3 Green 函数关于源点和场点是对称的 ……………………………………… 225
 §8.4 Green 函数的一般求法 …………………………………………………………… 225
  8.4.1 无界区域的 Green 函数 ……………………………………………………… 226
  8.4.2 用本征函数展开法求边值问题的 Green 函数 ……………………………… 227
 §8.5 用电像法求某些特殊区域的 Dirichlet-Green 函数 ……………………………… 229
  8.5.1 Poisson 方程的 Dirichlet-Green 函数及其物理意义 ……………………… 229
  8.5.2 用电像法求 Green 函数 ……………………………………………………… 230
 §8.6* 含时间的定解问题的 Green 函数 ……………………………………………… 233
 习题八 ……………………………………………………………………………………… 238

第 9 章 变分法 ………………………………………………………………………………… 239

 §9.1 泛函和泛函极值 …………………………………………………………………… 239
  9.1.1 泛函 ……………………………………………………………………………… 239
  9.1.2 泛函的极值与泛函的变分 …………………………………………………… 240
  9.1.3 泛函取极值的必要条件—欧拉方程 ………………………………………… 241
  9.1.4 复杂泛函的 Euler 方程 ……………………………………………………… 244
  9.1.5 泛函的条件极值问题 ………………………………………………………… 247
  9.1.6 求泛函极值的直接方法——Ritz(里兹)方法 ……………………………… 252
 §9.2 用变分法解数理方程 ……………………………………………………………… 255
  9.2.1 本征值问题和变分问题的关系 ……………………………………………… 255
  9.2.2 通过求泛函的极值来求本征值 ……………………………………………… 257

  9.2.3 边值问题与变分问题的关系 ········· 260
 §9.3* 与波导相关的变分原理及近似计算 ········· 262
  9.3.1 共振频率的变分原理 ········· 262
  9.3.2 波导的传播常数 γ 的变分原理 ········· 264
  9.3.3 任意截面的柱形波导管截止频率的近似计算 ········· 265
 习题九 ········· 273

附录 A Fourier 变换和 Laplace 变换简表 ········· 276

附录 B 通过计算留数求拉普拉斯变换的反演 ········· 281

参考文献 ········· 283

第 1 章 矢量分析与场论初步

我们在大学本科阶段学习过的微积分学主要研究数量函数,也称标量函数的导数(微分)与积分等知识.所谓数量或称标量是指只有大小,没有方向的量,微积分学构成数学分析的主体.而矢量或称向量是既有大小又有方向的量,与数学分析相对应,这里的矢量分析部分将讨论矢量函数,亦称向量函数的微积分及其相关知识.然后在矢量分析的基础上讨论描述物理量的场的有关知识.

§1.1 矢量函数及其导数与积分

在本科高等数学课程中,我们学习过矢量代数的知识,主要讲述矢量的概念和矢量的代数运算法则.这一节是在矢量代数的基础上,进一步引进矢量函数的概念,逐步建立矢量函数的微积分理论,为下面的场论分析打下基础.首先介绍矢量函数的概念,类似数量函数,给出其极限和连续的定义.

1.1.1 矢量函数

1. 矢量函数和矢端曲线的定义

我们知道,如果在全部空间或空间中某个区域的每一点,都对应着某个物理量的一个确定的值,就说在这空间或这个区域里确定了该物理量的一个场.如果该物理量是数量,就称这个场为数量场或标量场,用标量函数 $f(x,y,z)$ 表示.如温度场、密度场等都是标量场.同样我们可以定义向量场.

定义 1.1.1 对空间区域 D 上的每一点 M 确定着一个矢量 $\boldsymbol{A}$,则称在空间区域 D 内确定了一个矢量场.$\boldsymbol{A}$ 称为点 M 的矢量函数(或称向量值函数),记为 $\boldsymbol{A}=\boldsymbol{A}(M)$.当点用坐标 (x,y,z) 表示时,则记为 $\boldsymbol{A}=\boldsymbol{A}(x,y,z)$,此时称 $\boldsymbol{A}$ 是变量 x,y,z 的矢量函数(或向量值函数).空间区域 D 称为 $\boldsymbol{A}$ 的定义域.

力场、速度场和电位场等都是向量场.

在讨论三维或二维实数空间 R^3 或 R^2 中的矢量函数时,我们通常将矢量函数 $\boldsymbol{A}=\boldsymbol{A}(M)=\boldsymbol{A}(x,y,z)$ 和 $\boldsymbol{A}=\boldsymbol{A}(M)=\boldsymbol{A}(x,y)$ 表示为分量的形式,即 $\boldsymbol{A}(x,y,z)=P(x,y,z)\boldsymbol{i}+Q(x,y,z)\boldsymbol{j}+R(x,y,z)\boldsymbol{k}$ 和 $\boldsymbol{A}(x,y)=P_1(x,y)\boldsymbol{i}+Q_1(x,y)\boldsymbol{j}$,或 $\boldsymbol{A}(x,y,z)=\{P(x,y,z),Q(x,y,z),R(x,y,z)\}$ 和 $\boldsymbol{A}(x,y)=\{P_1(x,y),Q_1(x,y)\}$),

其中 $P(x,y,z),Q(x,y,z)$ 和 $R(x,y,z)(P_1(x,y),Q_1(x,y))$ 为定义在区域 $\Omega\in R^3$ (R^2) 上的（数量）函数.

注：场的性质是它本身的属性，和坐标系的引进无关．引入或选择某种坐标系是为了便于通过数学方法来进行计算和研究它的性质．

当 $\boldsymbol{A}$ 的大小和（或）方向随着时间变量 t 变化时，我们得到变量 t 的向量值函数 $\boldsymbol{A}=\boldsymbol{A}(t)$．

定义 1.1.2 对某区间 I 上的每一个 t 值，确定一个向量 $\boldsymbol{A}$，则称向量 $\boldsymbol{A}$ 为 t 的向量值函数，记为 $\boldsymbol{A}=\boldsymbol{A}(t)$，或 $\boldsymbol{A}(t)=A_1(t)\boldsymbol{i}+A_2(t)\boldsymbol{j}+A_3(t)\boldsymbol{k}$，式中 $A_1(t),A_2(t),A_3(t)$ 表示向量值函数的分量．它们是 t 的三个数值函数，并且它们的定义域就是 $\boldsymbol{A}(t)$ 的定义域．例如

$$\boldsymbol{A}(t)=\ln t\boldsymbol{i}+\sqrt{1-t}\boldsymbol{j}+t^4\boldsymbol{k},$$

分量函数分别为 $A_1(t)=\ln t, A_2(t)=\sqrt{1-t^2}, A_3(t)=t^4$，它们的定义域都是 $(0,1]$．

若把向量值函数写成点 M 的向径形式，

$$\boldsymbol{r}=\boldsymbol{r}(M), \tag{1.1.1}$$

则当 t 在区间 I 上变动时，向量 $\boldsymbol{r}(t)$ 的终点 $M(x(t),y(t),z(t))$ 在空间画出一条曲线（图 1.1.1），称为 $\boldsymbol{r}(t)$ 的轨迹曲线或矢端曲线，它的方程的参数形式是

$$x=x(t), y=y(t), z=z(t), \tag{1.1.2}$$

它的向量方程是

$$\boldsymbol{r}=x(t)\boldsymbol{i}+y(t)\boldsymbol{j}+z(t)\boldsymbol{k}. \tag{1.1.3}$$

例 1.1.1 设 $\boldsymbol{F}(t)=\cos t\boldsymbol{i}+\sin t\boldsymbol{j}$，验证 $\boldsymbol{F}(t)$ 在 xy 平面上，它的轨迹曲线为逆时针方向的单位圆．

解 因 $\boldsymbol{k}$ 方向的分量为零，故曲线在 xy 平面上．记 $x=\cos t, y=\sin t$，则

$$|\boldsymbol{F}(t)|=\sqrt{\cos^2 t+\sin^2 t}=1(\text{对所有 }t\text{ 成立}),\text{即 }x^2+y^2=1,$$

故 $\boldsymbol{F}(t)$ 画出单位圆周．当 t 增加时，$\boldsymbol{F}(t)$ 向逆时针方向转动，问题得证．

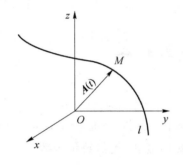

图 1.1.1

例 1.1.2 设 $\boldsymbol{F}(t)=\cos t\boldsymbol{i}+\cos t\boldsymbol{j}+\sqrt{2}\sin t\boldsymbol{k}$，作 $\boldsymbol{F}(t)$ 的轨迹曲线．

解 设 (x,y,z) 为 $\boldsymbol{F}(t)$ 上点的坐标，则

$$x=\cos t, \quad y=\cos t, \quad z=\sqrt{2}\sin t,$$

由此有

$$x^2+y^2+z^2=\cos^2 t+\cos^2 t+2\sin^2 t=2, \text{以及 }x=y.$$

故点 (x,y,z) 在半径为 $\sqrt{2}$ 的球面和平面 $x=y$ 上，所以 $\boldsymbol{F}(t)$ 的轨迹曲线是球面与平面 $x=y$ 的交线，即大圆周，如图 1.1.2 所示．

2. 矢量函数的运算

定义 1.1.3 设 $\boldsymbol{F},\boldsymbol{G}$ 是向量值函数（矢量函数），f,g 为实数值函数，则函数 $\boldsymbol{F}\pm\boldsymbol{G},f\boldsymbol{F},\boldsymbol{F}\cdot\boldsymbol{G},\boldsymbol{F}\times\boldsymbol{G}$，$\boldsymbol{F}\circ g$ 分别由下列各式定义

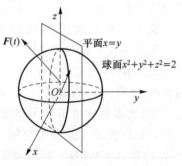

图 1.1.2

$$(F\pm G)(t)=F(t)\pm G(t); \quad (fF)(t)=f(t)F(t);$$
$$(F\cdot G)(t)=F(t)\cdot G(t); \quad (F\times G)(t)=F(t)\times G(t); \tag{1.1.4}$$
$$(F\circ g)(t)=F(g(t)),$$

式中左端函数的定义域是其相应右端函数都有意义的 t 的定义域.

例 1.1.3 设 $F(t)=\cos t\boldsymbol{i}+\sin t\boldsymbol{j}+t\boldsymbol{k}, G(t)=-\sin t\boldsymbol{i}+\cos t\boldsymbol{j}+t\boldsymbol{k}, g(t)=\sqrt{t}$,求 $F+G$, $F-G, gF, F\cdot G, F\times G$,和 $F\circ g$.

解
$$(F+G)(t)=(\cos t-\sin t)\boldsymbol{i}+(\sin t+\cos t)\boldsymbol{j}+2t\boldsymbol{k};$$
$$(F-G)(t)=(\cos t+\sin t)\boldsymbol{i}+(\sin t-\cos t)\boldsymbol{j};$$
$$(gF)(t)=\sqrt{t}\cos t\boldsymbol{i}+\sqrt{t}\sin^2 t\boldsymbol{j}+t^{-\frac{3}{2}}\boldsymbol{k};$$
$$(F\cdot G)(t)=-\cos t\sin t+\sin t\cos t+t^2=t^2;$$
$$(F\times G)(t)=t(\sin t-\cos t)\boldsymbol{i}-t(\sin t+\cos t)\boldsymbol{j}+\boldsymbol{k};$$
$$(F\circ g)(t)=F(g(t))=\cos\sqrt{t}\boldsymbol{i}+\sin\sqrt{t}\boldsymbol{j}+\sqrt{t}\boldsymbol{k}.$$

以上各函数除了 $gF, F\circ g$ 外的定义域都为 $(-\infty,\infty)$,而 $gF, F\circ g$ 的定义域为 $(0,\infty)$.

1.1.2 矢量函数的极限与连续性

和数值函数一样,矢量函数的极限和连续性是矢量函数的微分与积分的基础,于是我们先来介绍矢量函数的极限.

1. 矢量函数极限的定义

定义 1.1.4 设矢量函数 $A(t)$ 在点 t_0 的某个邻域内有定义(但在 t_0 处可以没有定义), A_0 为一个常矢量. 对于任给 $\varepsilon>0$,都存在 $\delta>0$,使当 t 满足 $0<|t-t_0|<\delta$ 时,就有
$$|A-A_0|<\varepsilon,$$
则称 A_0 为矢量函数 $A(t)$ 当 $t\to t_0$ 时的极限,记作
$$\lim_{t\to t_0}A(t)=A_0. \tag{1.1.5}$$

一般地,设在 R^3 或 R^2 中,矢量函数 $A=A(M)$ 在 M_0 点的某个邻域 $U_0(M_0)$ 内有定义, b 为一常矢量,若 $\forall\varepsilon>0, \exists\delta>0$,使当 $M\in U_0(M_0,\delta)$ 时,有
$$\|A(M)-b\|<\varepsilon$$
成立,则称 b 为矢量函数 $A(M)$ 当 $M\to M_0$ 时的极限,记为
$$\lim_{M\to M_0}A(M)=b.$$

定理 1.1.1 设 $A(t)=A_1(t)\boldsymbol{i}+A_2(t)\boldsymbol{j}+A_3(t)\boldsymbol{k}$,其在 t_0 处有极限的充要条件是 $A_1(t), A_2(t), A_3(t)$ 在 t_0 处有极限,此时有
$$\lim_{t\to t_0}A(t)=(\lim_{t\to t_0}A_1(t))\boldsymbol{i}+(\lim_{t\to t_0}A_2(t))\boldsymbol{j}+(\lim_{t\to t_0}A_3(t))\boldsymbol{k}. \tag{1.1.6}$$

这个定理给出了求矢量函数极限的方法.

2. 矢量函数极限的运算法则

矢量函数极限的定义与数值函数极限的定义完全一致,矢量函数极限的运算是通过它们的分量,即数值函数的极限进行的. 因此,矢量函数也有类似于数值函数中的一些极限运算法则.

设 F, G 是矢量函数，f, g 为实数值函数，如果 $\lim_{t \to t_0} F(t)$, $\lim_{t \to t_0} G(t)$ 存在，并且 $\lim_{t \to t_0} f(t)$, $\lim_{s \to s_0} g(s) = t_0$ 存在，则有

 i $\lim_{t \to t_0}(F \pm G)(t) = \lim_{t \to t_0} F(t) \pm \lim_{t \to t_0} G(t)$；

 ii $\lim_{t \to t_0}(fF)(t) = \lim_{t \to t_0} f(t) \lim_{t \to t_0} F(t)$；

 iii $\lim_{t \to t_0}(F \cdot G)(t) = \lim_{t \to t_0} F(t) \cdot \lim_{t \to t_0} G(t)$；   (1.1.7)

 iv $\lim_{t \to t_0}(F \times G)(t) = \lim_{t \to t_0} F(t) \times \lim_{t \to t_0} G(t)$；

 v $\lim_{t \to t_0}(F \circ g)(s) = \lim_{s \to s_0} F(g(s))$.

例 1.1.4 设 $F(t) = \cos \pi t \boldsymbol{i} + 2\sin \pi t \boldsymbol{j} + 4t^2 \boldsymbol{k}$, $G(t) = t\boldsymbol{i} + t^3 \boldsymbol{k}$，求 $\lim_{t \to 1}(F \cdot G)(t)$, $\lim_{t \to 1}(F \times G)(t)$.

解 对所求极限可以选用两种方法：1) 先求 F 与 G 的乘积，然后取此乘积的极限；2) 先求 $\lim_{t \to 1}(F)(t)$ 和 $\lim_{t \to 1}(G)(t)$，然后按上述公式求这两个极限的乘积.

对 $\lim_{t \to 1}(F \cdot G)(t)$ 运用方法 1).

因为 $(F \cdot G)(t) = (\cos \pi t \boldsymbol{i} + 2\sin \pi t \boldsymbol{j} + 4t^2 \boldsymbol{k}) \cdot (t\boldsymbol{i} + t^3 \boldsymbol{k}) = t\cos \pi t + 4t^5$，所以
$$\lim_{t \to 1}(F \cdot G)(t) = \lim_{t \to 1}(t\cos \pi t + 4t^5) = \cos \pi + 4 = 3.$$

对 $\lim_{t \to 1}(F \times G)(t)$ 应用方法 2). 因为
$$\lim_{t \to 1}(F)(t) = \cos \pi \boldsymbol{i} + 2\sin \pi \boldsymbol{j} + 4\boldsymbol{k}, \lim_{t \to 1}(G)(t) = \boldsymbol{i} + \boldsymbol{k},$$
所以
$$\lim_{t \to 1}(F \times G)(t) = (-\boldsymbol{i} + 4\boldsymbol{k}) \times (\boldsymbol{i} + \boldsymbol{k}) = 5\boldsymbol{j}.$$

3. 矢量函数的连续性

定义 1.1.5 如果
$$\lim_{t \to t_0} F(t) = F(t_0),\tag{1.1.8}$$
则称矢量函数 $F(t)$ 在 t_0 点连续.

矢量函数 $F(t)$ 在 t_0 点连续的充要条件是它的三个分量在 t_0 处连续.

对于 R^3（或 R^2）中的矢量函数 $A = A(M)$，如果有
$$\lim_{M \to M_0} A(M) = A(M_0),$$
则称 $A(M)$ 在 M_0 点连续.

例 1.1.5 求矢量函数 $A(M) = \left\{\dfrac{xy}{\sqrt{xy+1}-1}, x+z, \dfrac{\sin(xy)}{y}\right\}$ 的极限 $\lim_{M \to (0,0,0)} A(M)$.

解 因为 $\lim_{M \to (0,0,0)} \dfrac{xy}{\sqrt{xy+1}-1} = 2$, $\lim_{M \to (0,0,0)}(x+z) = 0$, $\lim_{M \to (0,0,0)} \dfrac{\sin(xy)}{y} = 0$，故 $\lim_{M \to (0,0,0)} A(M) = \{2, 0, 0\}$.

例 1.1.6 讨论矢量函数 $A(M) = (x+y)\boldsymbol{i} + \dfrac{x^2-9}{x-3}\boldsymbol{j} + (x^3+z)\boldsymbol{k}$ 在点 $M_0(3, 1, -1)$ 处的连续性.

解 分别考虑三个分量函数的连续性：$\lim_{M \to M_0}(x+y) = 4 = P(M_0)$，连续；$\lim_{M \to M_0}(x^3+z) = 26 = Q(M_0)$，连续；虽然 $\lim_{M \to M_0} \dfrac{x^2-9}{x-3} = 6$ 存在，但 $Q(M_0)$ 无定义，M_0 是 $Q(M)$ 的第一类间断点，因此，所论该矢量函数在 M_0 点不连续.

1.1.3 矢量函数的导数和积分

1. 矢量函数的导数

设有起点在 O 点的矢量函数 $A(t)$，当数量变量 t 在其定义域内从 t 变到 $t+\Delta t$ ($\Delta t \neq 0$) 时，对应的矢量分别为（如图 1.1.3 所示）
$$A(t) = OM, A(t+\Delta t) = ON,$$
而
$$A(t+\Delta t) - A(t) = MN,$$
叫作向量值函数 $A(t)$ 的增量，记作 ΔA，即 $\Delta A = A(t+\Delta t) - A(t) = MN$，据此，我们给出向量值函数导数的定义如下

定义 1.1.6 设矢量函数 $A(t)$ 在点 t 的某一个邻域内有定义，并设 $t+\Delta t$ 也在这个邻域内，如果极限
$$\lim_{\Delta t \to 0} \frac{A(t+\Delta t) - A(t)}{\Delta t}$$

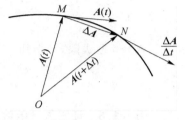

图 1.1.3

存在，则称此极限为 $A(t)$ 在 t 的导数（简称导矢），记为
$$A'(t) = \lim_{\Delta t \to 0} \frac{A(t+\Delta t) - A(t)}{\Delta t}. \tag{1.1.9}$$
此时称 $A(t)$ 在 t 处可微，或 $A(t)$ 在 t 处有导数，或 $A'(t)$ 存在．

定理 1.1.2 设 $A(t) = A_1(t)\boldsymbol{i} + A_2(t)\boldsymbol{j} + A_3(t)\boldsymbol{k}$，其在 t_0 处可导的充要条件是 $A_1(t)$，$A_2(t)$，$A_3(t)$ 在 t_0 处可导，此时有
$$A'(t_0) = A'_1(t_0)\boldsymbol{i} + A'_2(t_0)\boldsymbol{j} + A'_3(t_0)\boldsymbol{k}. \tag{1.1.10}$$
这个定理说明向量值函数的求导可以化为数量函数的求导．

例 1.1.7 已知圆柱螺旋线的向量方程为
$$\boldsymbol{r}(\theta) = a\cos\theta\boldsymbol{i} + a\sin\theta\boldsymbol{j} + b\theta\boldsymbol{k},$$
求 $\boldsymbol{r}'(\theta)$．

解
$$\boldsymbol{r}'(\theta) = (a\cos\theta)'\boldsymbol{i} + (a\sin\theta)'\boldsymbol{j} + (b\theta)'\boldsymbol{k} = -a\sin\theta\boldsymbol{i} + a\cos\theta\boldsymbol{j} + b\boldsymbol{k}.$$

2. 矢量函数的求导公式

i $\dfrac{\mathrm{d}\boldsymbol{C}}{\mathrm{d}t} = 0$ ($\boldsymbol{C}$ 为常矢量)；

ii $\dfrac{\mathrm{d}}{\mathrm{d}t}(k\boldsymbol{F})(t) = k\dfrac{\mathrm{d}\boldsymbol{F}}{\mathrm{d}t}$ (k 为常数)；

iii $\dfrac{\mathrm{d}}{\mathrm{d}t}(\boldsymbol{F} \pm \boldsymbol{G})(t) = \dfrac{\mathrm{d}\boldsymbol{F}(t)}{\mathrm{d}t} \pm \dfrac{\mathrm{d}\boldsymbol{G}(t)}{\mathrm{d}t}$；

iv $\dfrac{\mathrm{d}}{\mathrm{d}t}(f\boldsymbol{F})(t) = \dfrac{\mathrm{d}f(t)}{\mathrm{d}t}\boldsymbol{F}(t) + f(t)\dfrac{\mathrm{d}\boldsymbol{F}(t)}{\mathrm{d}t}$； (1.1.11)

v $\dfrac{\mathrm{d}}{\mathrm{d}t}(\boldsymbol{F} \cdot \boldsymbol{G})(t) = \dfrac{\mathrm{d}\boldsymbol{F}(t)}{\mathrm{d}t} \cdot \boldsymbol{G}(t) + \boldsymbol{F}(t) \cdot \dfrac{\mathrm{d}\boldsymbol{G}(t)}{\mathrm{d}t}$；

vi $\dfrac{\mathrm{d}}{\mathrm{d}t}(\boldsymbol{F} \times \boldsymbol{G})(t) = \dfrac{\mathrm{d}\boldsymbol{F}(t)}{\mathrm{d}t} \times \boldsymbol{G}(t) + \boldsymbol{F}(t) \times \dfrac{\mathrm{d}\boldsymbol{G}(t)}{\mathrm{d}t}$；

vii $\dfrac{\mathrm{d}}{\mathrm{d}t}(\boldsymbol{F} \circ g)(t) = \dfrac{\mathrm{d}\boldsymbol{F}(g)}{\mathrm{d}g}\dfrac{g(t)}{\mathrm{d}t}$.

这些公式的证明，与微积分学中数量函数的类似公式的证明法完全相同．比如选证公式 v：因为

$$\Delta(\boldsymbol{F}\cdot\boldsymbol{G}) = (\boldsymbol{F}+\Delta\boldsymbol{F})\cdot(\boldsymbol{G}+\Delta\boldsymbol{G}) - \boldsymbol{F}\cdot\boldsymbol{G}$$
$$= \boldsymbol{F}\cdot\boldsymbol{G} + \boldsymbol{F}\cdot\Delta\boldsymbol{G} + \Delta\boldsymbol{F}\cdot\boldsymbol{G} + \Delta\boldsymbol{F}\cdot\Delta\boldsymbol{G} - \boldsymbol{F}\cdot\boldsymbol{G}$$
$$= \boldsymbol{F}\cdot\Delta\boldsymbol{G} + \Delta\boldsymbol{F}\cdot\boldsymbol{G} + \Delta\boldsymbol{F}\cdot\Delta\boldsymbol{G},$$

用 Δt 除等式两端，有

$$\frac{\Delta(\boldsymbol{F}\cdot\boldsymbol{G})}{\Delta t} = \boldsymbol{F}\cdot\frac{\Delta\boldsymbol{G}}{\Delta t} + \frac{\Delta\boldsymbol{F}}{\Delta t}\cdot\boldsymbol{G} + \Delta\boldsymbol{F}\cdot\frac{\Delta\boldsymbol{G}}{\Delta t},$$

再令 $\Delta t \to 0$ 取极限，就得到

$$\frac{\mathrm{d}(\boldsymbol{F}\cdot\boldsymbol{G})}{\mathrm{d}t} = \boldsymbol{F}\cdot\frac{\mathrm{d}\boldsymbol{G}}{\mathrm{d}t} + \frac{\mathrm{d}\boldsymbol{F}}{\mathrm{d}t}\cdot\boldsymbol{G} + 0\cdot\frac{\mathrm{d}\boldsymbol{G}}{\mathrm{d}t} = \boldsymbol{F}\cdot\frac{\mathrm{d}\boldsymbol{G}}{\mathrm{d}t} + \frac{\mathrm{d}\boldsymbol{F}}{\mathrm{d}t}\cdot\boldsymbol{G}.$$

例 1.1.8 证明矢量函数 $\boldsymbol{A}(t)$ 的模不变的充要条件是 $\boldsymbol{A}\cdot\dfrac{\mathrm{d}\boldsymbol{A}}{\mathrm{d}t}=0$．

证明 假定 $|\boldsymbol{A}|=$ 常数，则有 $(\boldsymbol{A})^2 = |\boldsymbol{A}|^2 =$ 常数．两端对 t 求导，得到

$$\boldsymbol{A}\cdot\frac{\mathrm{d}\boldsymbol{A}}{\mathrm{d}t}=0.$$

反之，若有 $\boldsymbol{A}\cdot\dfrac{\mathrm{d}\boldsymbol{A}}{\mathrm{d}t}=0$，则有 $\dfrac{\mathrm{d}(\boldsymbol{A})^2}{\mathrm{d}t}=0$．从而 $(\boldsymbol{A})^2=|\boldsymbol{A}|^2=$ 常数，所以有

$$|\boldsymbol{A}|=\text{常数}.$$

这个例子可以简单地说成，定常矢量 $\boldsymbol{A}(t)$ 与其导矢相互垂直．

例 1.1.9 设 $\boldsymbol{F}(t)=\arctan t\boldsymbol{i}+5\boldsymbol{k}, \boldsymbol{G}(t)=\boldsymbol{i}+\ln t\boldsymbol{j}-2t\boldsymbol{k}$，求 $(\boldsymbol{F}\cdot\boldsymbol{G})'(t), (\boldsymbol{F}\times\boldsymbol{G})'(t)$．

解 对题中要求的两个导数可以选用两种方法：1) 先求 $(\boldsymbol{F}\cdot\boldsymbol{G})(t)$ 或 $(\boldsymbol{F}\times\boldsymbol{G})(t)$，然后求导；2) 先求 $\boldsymbol{F}'(t)$ 和 $\boldsymbol{G}'(t)$，然后再用求导公式求 $(\boldsymbol{F}\cdot\boldsymbol{G})'(t)$ 或 $(\boldsymbol{F}\times\boldsymbol{G})'(t)$．

对 $(\boldsymbol{F}\cdot\boldsymbol{G})'(t)$ 选用方法 1)：因为 $(\boldsymbol{F}\cdot\boldsymbol{G})(t)=\arctan t-10t$，故

$$(\boldsymbol{F}\cdot\boldsymbol{G})'(t) = \frac{1}{1+t^2} - 10.$$

对 $(\boldsymbol{F}\times\boldsymbol{G})'(t)$ 选用方法 2)：因为

$$\boldsymbol{F}'(t)=\frac{1}{1+t^2}\boldsymbol{i}, \quad \boldsymbol{G}'(t)=\frac{1}{t}\boldsymbol{j}-2\boldsymbol{k},$$

则

$$\boldsymbol{F}'(t)\times\boldsymbol{G}(t) = \begin{vmatrix} \boldsymbol{i} & \boldsymbol{j} & \boldsymbol{k} \\ \dfrac{1}{1+t^2} & 0 & 0 \\ 1 & \ln t & -2t \end{vmatrix} = \frac{2t}{1+t^2}\boldsymbol{i} - \boldsymbol{j} - \frac{\ln t}{1+t^2}\boldsymbol{k},$$

$$\boldsymbol{F}(t)\times\boldsymbol{G}'(t) = \begin{vmatrix} \boldsymbol{i} & \boldsymbol{j} & \boldsymbol{k} \\ \arctan t & 0 & 5 \\ 0 & \dfrac{1}{t} & -2 \end{vmatrix} = \frac{-5}{t}\boldsymbol{i} + 2\arctan t\boldsymbol{j} + \frac{\arctan t}{t}\boldsymbol{k},$$

所以

$$(\boldsymbol{F}\times\boldsymbol{G})'(t) = \boldsymbol{F}'(t)\times\boldsymbol{G}(t) + \boldsymbol{F}(t)\times\boldsymbol{G}'(t)$$
$$= -\frac{5}{t}\boldsymbol{i} + \left(\frac{2t}{1+t^2}+2\arctan t\right)\boldsymbol{j} + \left(\frac{\ln t}{1+t^2}+\frac{\arctan t}{t}\right)\boldsymbol{k}.$$

3. 高阶导数

向量值函数 $A(t)$ 的导数的导数称为 $A(t)$ 的二阶导数，记为 A''. 设
$$A(t) = A_1(t)\boldsymbol{i} + A_2(t)\boldsymbol{j} + A_3(t)\boldsymbol{k},$$
则有
$$A'(t) = A_1'(t)\boldsymbol{i} + A_2'(t)\boldsymbol{j} + A_3'(t)\boldsymbol{k},$$
$$A''(t) = A_1''(t)\boldsymbol{i} + A_2''(t)\boldsymbol{j} + A_3''(t)\boldsymbol{k}. \tag{1.1.12}$$

更高阶的导数以此类推.

4. 矢量函数的偏导数

(1) 矢量函数偏导数的定义

定义 7 设有定义在区域 D 上的二元矢量函数 $A(x,y)$，且 A 在以 (x,y) 为中心的某邻域内存在且连续，则 $A(x,y)$ 在点 (x,y) 的偏导数定义为
$$\left.\frac{\partial A}{\partial x}\right|_{(x,y)} = \lim_{\Delta x \to 0} \frac{A(x+\Delta x, y) - A(x,y)}{\Delta x}, \tag{1.1.13}$$

显然，A 关于自变量 y 的偏导数的定义完全同上式类似. 当 A 是三元以上的矢量函数时，推广的办法显然一目了然. 矢量函数对空间坐标的偏导数，与对时间坐标的偏导数一样，都是矢量函数. 根据同样的道理，可以定义矢量函数的二阶偏导数，当二阶偏导数存在且连续时，有
$$\frac{\partial^2 A}{\partial x \partial y} = \frac{\partial^2 A}{\partial y \partial x}. \tag{1.1.14}$$

(2) 矢量函数偏导数的计算公式

设 u 代表标量函数，A, B 代表矢量函数，u 及 A, B 的共同自变量是 x 和 y，则
$$\frac{\partial(u A)}{\partial x} = u \frac{\partial A}{\partial x} + \frac{\partial u}{\partial x} A,$$
$$\frac{\partial(A \cdot B)}{\partial x} = A \cdot \frac{\partial B}{\partial x} + \frac{\partial A}{\partial x} \cdot B, \tag{1.1.15}$$
$$\frac{\partial(A \times B)}{\partial x} = A \times \frac{\partial B}{\partial x} + \frac{\partial A}{\partial x} \times B.$$

以上三式中的 x 改成 y，恒等式依然成立.

(3) 对时间 t 的偏导数

设矢量函数 $A(x,y,z,t)$ 是时空的函数，并且，
$$A = A_1 \boldsymbol{e}_1 + A_2 \boldsymbol{e}_2 + A_3 \boldsymbol{e}_3,$$
其中 A_1, A_2 和 A_3 是 (x,y,z,t) 的标量函数，$\boldsymbol{e}_1, \boldsymbol{e}_2, \boldsymbol{e}_3$ 是坐标方向的单位矢量（不随时间变化），在直角坐标系下就是 $\boldsymbol{i}, \boldsymbol{j}, \boldsymbol{k}$. 那么根据前面所作的讨论，矢量函数 A 对 t 的偏导数是
$$\frac{\partial A}{\partial t} = \frac{\partial A_1}{\partial t} \boldsymbol{e}_1 + \frac{\partial A_2}{\partial t} \boldsymbol{e}_2 + \frac{\partial A_3}{\partial t} \boldsymbol{e}_3. \tag{1.1.16}$$

对时间 t 求偏导时，任何坐标单位矢量都可以看成常矢量（即静止坐标系）.

(4) 对空间坐标的偏导数

设矢量函数 $A = A(x,y,z,t)$ 是时空的函数，并且
$$A = A_1 \boldsymbol{e}_1 + A_2 \boldsymbol{e}_2 + A_3 \boldsymbol{e}_3,$$
其中 A_1, A_2 和 A_3 是 (x,y,z,t) 的标量函数，$\boldsymbol{e}_1, \boldsymbol{e}_2, \boldsymbol{e}_3$ 是坐标方向的单位矢量（如极坐标 $\boldsymbol{e}_1, \boldsymbol{e}_2$，$\boldsymbol{e}_3$ 随位置变化），根据前面所做的讨论，矢量函数 A 对 x 的偏导数是（对 y 和 z 的偏导数同

理）：

$$\frac{\partial \boldsymbol{A}}{\partial x} = \frac{\partial A_1}{\partial x}\boldsymbol{e}_1 + \frac{\partial A_2}{\partial x}\boldsymbol{e}_2 + \frac{\partial A_3}{\partial x}\boldsymbol{e}_3 + \frac{\partial \boldsymbol{e}_1}{\partial x}A_1 + \frac{\partial \boldsymbol{e}_2}{\partial x}A_2 + \frac{\partial \boldsymbol{e}_3}{\partial x}A_3. \quad (1.1.17)$$

当坐标单位矢量 $\boldsymbol{e}_1, \boldsymbol{e}_2, \boldsymbol{e}_3$ 不随位置变化时（比如直角坐标中的 $\boldsymbol{i}, \boldsymbol{j}, \boldsymbol{k}$）则有

$$\frac{\partial \boldsymbol{A}}{\partial x} = \frac{\partial A_1}{\partial x}\boldsymbol{e}_1 + \frac{\partial A_2}{\partial x}\boldsymbol{e}_2 + \frac{\partial A_3}{\partial x}\boldsymbol{e}_3. \quad (1.1.18)$$

例 1.1.10 求矢量函数 $\boldsymbol{A}(x,y,z) = [x^2 + \sin(yz^2)]\boldsymbol{i} + (xyz-2)\boldsymbol{j} + (e^z + \cos yz)\boldsymbol{k}$ 的偏导数 $\frac{\partial \boldsymbol{A}}{\partial x}, \frac{\partial \boldsymbol{A}}{\partial y}$ 和 $\frac{\partial \boldsymbol{A}}{\partial z}$.

解 $\boldsymbol{A}(x,y,z)$ 是直角坐标中的矢量，由公式(1.1.18)有

$$\frac{\partial \boldsymbol{A}}{\partial x} = \frac{\partial}{\partial x}(x^2 + 3\sin(yz^2))\boldsymbol{i} + \frac{\partial}{\partial x}(xyz-2)\boldsymbol{j} + \frac{\partial}{\partial x}(e^z + \cos yz)\boldsymbol{k}$$

$$= 2x\boldsymbol{i} + yz\boldsymbol{j} + 0\boldsymbol{k}$$

$$= 2x\boldsymbol{i} + yz\boldsymbol{j};$$

$$\frac{\partial \boldsymbol{A}}{\partial y} = \frac{\partial}{\partial y}(x^2 + 3\sin(yz^2))\boldsymbol{i} + \frac{\partial}{\partial y}(xyz-2)\boldsymbol{j} + \frac{\partial}{\partial y}(e^z + \cos yz)\boldsymbol{k}$$

$$= 3z^2\cos(yz^2)\boldsymbol{i} + xz\boldsymbol{j} - z\sin(yz)\boldsymbol{k};$$

$$\frac{\partial \boldsymbol{A}}{\partial z} = \frac{\partial}{\partial z}(x^2 + 3\sin(yz^2))\boldsymbol{i} + \frac{\partial}{\partial z}(xyz-2)\boldsymbol{j} + \frac{\partial}{\partial z}(e^z + \cos yz)\boldsymbol{k}$$

$$= 6yz\cos(yz^2)\boldsymbol{i} + xy\boldsymbol{j} + (e^z - y\sin(yz))\boldsymbol{k}.$$

5. 向量值函数的积分

(1) 单变量矢量函数的积分

定义 1.1.8 设 $\boldsymbol{A}(t) = A_1(t)\boldsymbol{i} + A_2(t)\boldsymbol{j} + A_3(t)\boldsymbol{k}$，式中 $A_1(t), A_2(t)$ 和 $A_3(t)$ 在 $[a,b]$ 上连续，则定积分 $\int_a^b \boldsymbol{A}(t)\mathrm{d}t$ 和不定积分 $\int \boldsymbol{A}(t)\mathrm{d}t$ 分别定义如下

$$\int_a^b \boldsymbol{A}(t)\mathrm{d}t = \left[\int_a^b A_1(t)\mathrm{d}t\right]\boldsymbol{i} + \left[\int_a^b A_2(t)\mathrm{d}t\right]\boldsymbol{j} + \left[\int_a^b A_3(t)\mathrm{d}t\right]\boldsymbol{k}; \quad (1.1.19)$$

$$\int \boldsymbol{A}(t)\mathrm{d}t = \left[\int A_1(t)\mathrm{d}t\right]\boldsymbol{i} + \left[\int A_2(t)\mathrm{d}t\right]\boldsymbol{j} + \left[\int A_3(t)\mathrm{d}t\right]\boldsymbol{k}. \quad (1.1.20)$$

例 1.1.11 设 $\boldsymbol{A}(t) = t\boldsymbol{i} + t^2\boldsymbol{j} + \sin t\boldsymbol{k}$，计算 $\int \boldsymbol{A}(t)\mathrm{d}t$ 和 $\int_0^\pi \boldsymbol{A}(t)\mathrm{d}t$.

$$\int \boldsymbol{A}(t)\mathrm{d}t = \left[\int t\mathrm{d}t\right]\boldsymbol{i} + \left[\int t^2\mathrm{d}t\right]\boldsymbol{j} + \left[\int \sin t\mathrm{d}t\right]\boldsymbol{k}$$

$$= \left(\frac{1}{2}t^2 + C_1\right)\boldsymbol{i} + \left(\frac{1}{3}t^3 + C_2\right)\boldsymbol{j} + (-\cos t + C_3)\boldsymbol{k}.$$

$$\int_0^\pi \boldsymbol{A}(t)\mathrm{d}t = \left[\int_0^\pi t\mathrm{d}t\right]\boldsymbol{i} + \left[\int_0^\pi t^2\mathrm{d}t\right]\boldsymbol{j} + \left[\int_0^\pi \sin t\mathrm{d}t\right]\boldsymbol{k}$$

$$= \left(\frac{1}{2}t^2\right)\Big|_0^\pi \boldsymbol{i} + \left(\frac{1}{3}t^3\right)\Big|_0^\pi \boldsymbol{j} + (-\cos t)\Big|_0^\pi \boldsymbol{k}$$

$$= \frac{1}{2}\pi^2 \boldsymbol{i} + \frac{1}{3}\pi^3 \boldsymbol{j} + 2\boldsymbol{k}.$$

(2) 多变量函数的积分

① 对时间变量的积分

本书不讨论运动坐标系，即在本书中出现的所有坐标系相对于观测者都是处于静止状态，

因此对时间变量积分时,任何坐标方向单位矢量可视作常矢量,从而允许将它们提到积分号外.

设矢量函数 $\boldsymbol{A}(x,y,z,t)$ 是时空的函数,并且,
$$\boldsymbol{A}=A_1\boldsymbol{e}_1+A_2\boldsymbol{e}_2+A_3\boldsymbol{e}_3,$$
其中 A_1,A_2 和 A_3 是 (x,y,z,t) 的标量函数,根据前面所做的讨论,矢量函数 $\boldsymbol{A}$ 对 t 的积分为
$$\int \boldsymbol{A}\mathrm{d}t = \boldsymbol{e}_1\int A_1\mathrm{d}t + \boldsymbol{e}_2\int A_2\mathrm{d}t + \boldsymbol{e}_3\int A_3\mathrm{d}t. \tag{1.1.21}$$

② 对坐标变量的积分

a. 积分结果为标量的积分

大家在高等数学中已经学过第一类、第二类曲线积分,第一类、第二类曲面积分和体积分(包括一元、二重和三重积分,相应的积分区域取为一维、二维和三维空间中的子域即可),现在需要重新审视这 5 种积分,将它们提升到矢量积分的高度,改写成矢量积分的形式,列表如下:

名称	微积分中的形式	矢量形式
线积分 I	$\int_c f(x,y,z)\sqrt{(\mathrm{d}x)^2+(\mathrm{d}y)^2+(\mathrm{d}z)^2}$	$\int_c f(\boldsymbol{r})\mathrm{d}l;$
线积分 II	$\int_c P(x,y,z)\mathrm{d}x+Q(x,y,z)\mathrm{d}y+R(x,y,z)\mathrm{d}y$	$\int_c \boldsymbol{A}(\boldsymbol{r})\cdot\mathrm{d}\boldsymbol{l};$
面积分 I	$\iint_\Sigma f(x,y,z)\mathrm{d}S = \iint_{D_{xy}} f(x,y,z(x,y))\sqrt{1+z_x^2+z_y^2}\mathrm{d}x\mathrm{d}y$	$\iint_\Sigma f(\boldsymbol{r})\mathrm{d}S;$
面积分 II	$\iint_\Sigma P(x,y,z)\mathrm{d}y\mathrm{d}z+Q(x,y,z)\mathrm{d}z\mathrm{d}x+R(x,y,z)\mathrm{d}x\mathrm{d}y$	$\iint_\Sigma \boldsymbol{A}(\boldsymbol{r})\cdot\mathrm{d}\boldsymbol{S};$
体积分	$\iiint_\Omega f(x,y,z)\mathrm{d}x\mathrm{d}y\mathrm{d}z$	$\iiint_\Omega f(\boldsymbol{r})\mathrm{d}v.$

说明:公式中的 $f(\boldsymbol{r})$ 可以理解为 $f(x,y,z)$ 的缩写,仍是标量函数;矢量函数 $\boldsymbol{A}(\boldsymbol{r})$ 可以理解为 $\boldsymbol{A}(x,y,z)$ 的缩写,仍是矢量函数.

b. 积分结果为矢量的积分

高等数学中所讲的 5 种积分虽然都化成了矢量积分的形式,但积分结果都是标量.下面介绍积分结果为矢量的积分.

形如 $\int f(x,y,z)\mathrm{d}\boldsymbol{l}$ 的积分(被积函数是标量),可以放在直角坐标系中积分.因为 $\mathrm{d}\boldsymbol{l}=\boldsymbol{e}_x\mathrm{d}x+\boldsymbol{e}_y\mathrm{d}y+\boldsymbol{e}_z\mathrm{d}z$,所以
$$\int f(x,y,z)\mathrm{d}\boldsymbol{l} = \boldsymbol{e}_x\int f\mathrm{d}x + \boldsymbol{e}_y\int f\mathrm{d}y + \boldsymbol{e}_z\int f\mathrm{d}z. \tag{1.1.22}$$

直角坐标系中的 $\boldsymbol{e}_x,\boldsymbol{e}_y$ 和 $\boldsymbol{e}_z$ 是常矢量,有着固定不变的方向,所以允许自由地提到积分号外,从而使原积分顺利地转化为三个标量函数的积分问题.

形如 $\int \boldsymbol{A}\mathrm{d}l$(被积函数是矢量)的积分,设 $\boldsymbol{A}=A_x\boldsymbol{e}_x+A_y\boldsymbol{e}_y+A_z\boldsymbol{e}_z$,则,
$$\int \boldsymbol{A}(x,y,z)\mathrm{d}l = \boldsymbol{e}_x\int A_x\mathrm{d}l + \boldsymbol{e}_y\int A_y\mathrm{d}l + \boldsymbol{e}_z\int A_z\mathrm{d}l. \tag{1.1.23}$$

§1.2 梯度、散度与旋度在正交曲线坐标系中的表达式

1.2.1 直角坐标系下"三度"及 Hamilton 算子

在直角坐标系中,数量场可表示为 $u(M)=u(x,y,z)$,其中 (x,y,z) 为 M 点的坐标,向量场可表示为 $\boldsymbol{F}(M)=\{F_1,F_2,F_3\}$,其中 $F_1=F_1(x,y,z)$,$F_2=F_2(x,y,z)$,$F_3=F_3(x,y,z)$,分别表示矢量函数 $\boldsymbol{F}(M)$ 在 x 轴、y 轴和 z 轴上的投影,引入坐标系是为了便于运算和进行数学处理,而场本身的性质与坐标系的选取无关。梯度、旋度、散度是场论中的三个基本量。下面我们先来讨论直角坐标中的这三个基本量的表达式。

1. 梯度

在高等数学课程多元函数微分学部分,曾经讨论过梯度的概念,它是通过方向导数来定义的。

设函数 $z=f(x,y)$ 在点 $P_0(x_0,y_0)$ 的某邻域内有定义,l 是通过 P_0 的任意一条有向直线,其正向与 x,y 轴的正向间的夹角分别为 α,β,再设 $P(x_0+\Delta x,y_0+\Delta y)$ 是 l 上任意一点,记 $\rho=\sqrt{\Delta x^2+\Delta y^2}$,则 $\Delta x=\rho\cos\alpha$,$\Delta y=\rho\cos\beta$,若

$$\lim_{\rho\to 0}\frac{f(x_0+\rho\cos\alpha,y_0+\rho\cos\beta)-f(x_0,y_0)}{\rho}$$

存在,则称此极限为 $f(x,y)$ 在 P_0 点沿 l 方向的方向导数,记为 $\frac{\partial f}{\partial l}\big|_{P_0}$。

注:若 f 在 P_0 存在关于 x 的偏导数,当 l 为 x 轴正方向时,方向导数恰好为 $\frac{\partial f}{\partial l}\big|_{P_0}=\frac{\partial f}{\partial x}\big|_{P_0}$;当 l 为 x 轴负方向时,方向导数恰好为 $\frac{\partial f}{\partial l}\big|_{P_0}=-\frac{\partial f}{\partial x}\big|_{P_0}$。

如果函数 f 在 $P_0(x_0,y_0,z_0)$ 点处可微,射线 l 的方向余弦为 $(\cos\alpha,\cos\beta,\cos\gamma)$,$f$ 在 P_0 点沿 l 方向的方向导数为

$$\frac{\partial f}{\partial l}\big|_{P_0}=f_x(P_0)\cos\alpha+f_y(P_0)\cos\beta+f_z(P_0)\cos\gamma.$$

当 f 为二元函数时,f 在点 (x_0,y_0) 处沿 l 方向的方向导数常表示为

$$\frac{\partial f}{\partial l}\big|_{(x_0,y_0)}=f_x(x_0,y_0)\cos\alpha+f_y(x_0,y_0)\sin\alpha,$$

其中 α 是由 x 轴正向转至 l 的有向角。方向导数的几何意义是函数在某点沿某个方向的变化率。

梯度是描述标量场的一个向量,对于某一标量场而言,在场中某点的梯度,其大小为标量场在这点的最大变化率,方向指向场量变化最快的方向。梯度的数学定义如下:

若某一标量场的函数关系在直角坐标系下已经确定为 $V=V(x,y,z)$,那么它的梯度就是

$$\mathrm{grad}\,V=\frac{\partial V(x,y,z)}{\partial x}\boldsymbol{i}+\frac{\partial V(x,y,z)}{\partial y}\boldsymbol{j}+\frac{\partial V(x,y,z)}{\partial z}\boldsymbol{k}$$

引入哈密顿算子"$\boldsymbol{\nabla}$",有

$$\operatorname{grad} V \stackrel{\Delta}{=} \nabla V(x,y,z) = \frac{\partial V(x,y,z)}{\partial x}\boldsymbol{i} + \frac{\partial V(x,y,z)}{\partial y}\boldsymbol{j} + \frac{\partial V(x,y,z)}{\partial z}\boldsymbol{k}. \tag{1.2.1}$$

这里算子

$$\nabla = \boldsymbol{i}\frac{\partial}{\partial x} + \boldsymbol{j}\frac{\partial}{\partial y} + \boldsymbol{k}\frac{\partial}{\partial z}, \tag{1.2.2}$$

称为(直角坐标系下的)Hamilton 算子(∇ 读作 Nabla 那勃勒),它是一个矢量微分算子,在运算中具有矢量和微分双重性质,其运算规则如下

$$\nabla u = \left(\boldsymbol{i}\frac{\partial}{\partial x} + \boldsymbol{j}\frac{\partial}{\partial y} + \boldsymbol{k}\frac{\partial}{\partial z}\right)u = \frac{\partial u}{\partial x}\boldsymbol{i} + \frac{\partial u}{\partial y}\boldsymbol{j} + \frac{\partial u}{\partial z}\boldsymbol{k},$$

$$\nabla \cdot \boldsymbol{a} = \left(\boldsymbol{i}\frac{\partial}{\partial x} + \boldsymbol{j}\frac{\partial}{\partial y} + \boldsymbol{k}\frac{\partial}{\partial z}\right) \cdot (a_x\boldsymbol{i} + a_y\boldsymbol{j} + a_z\boldsymbol{k})$$

$$= \frac{\partial a_x}{\partial x} + \frac{\partial a_y}{\partial y} + \frac{\partial a_z}{\partial z},$$

$$\nabla \times \boldsymbol{a} = \left(\boldsymbol{i}\frac{\partial}{\partial x} + \boldsymbol{j}\frac{\partial}{\partial y} + \boldsymbol{k}\frac{\partial}{\partial z}\right) \times (a_x\boldsymbol{i} + a_y\boldsymbol{j} + a_z\boldsymbol{k})$$

$$= \left(\frac{\partial a_z}{\partial y} - \frac{\partial a_y}{\partial z}\right)\boldsymbol{i} + \left(\frac{\partial a_x}{\partial z} - \frac{\partial a_z}{\partial x}\right)\boldsymbol{j} + \left(\frac{\partial a_y}{\partial x} - \frac{\partial a_x}{\partial y}\right)\boldsymbol{k}.$$

梯度的运算规则为: $\nabla(cu + dv) = c\nabla u + d\nabla v,$

$$\nabla(uv) = v\nabla u + u\nabla v,$$

如果有复合函数 $u[v(x,y,z)]$,则 $\nabla u = \frac{\partial u}{\partial v}\nabla v.$

例 1.2.1 已知一电位场 V 的空间函数关系为 $V(x,y,z) = \frac{1}{\sqrt{x^2+y^2+z^2}}$,求在 $P(1,2,3)$ 处的标量场梯度.

解 以 $-\boldsymbol{E}$ 表示梯度向量,则由定义有

$$-\boldsymbol{E} = \nabla V = \frac{\partial V}{\partial x}\boldsymbol{i} + \frac{\partial V}{\partial y}\boldsymbol{j} + \frac{\partial V}{\partial z}\boldsymbol{k}$$

$$= -\frac{1}{2}\frac{1}{(x^2+y^2+z^2)^{\frac{3}{2}}}(2x\boldsymbol{i} + 2y\boldsymbol{j} + 2z\boldsymbol{k})$$

$$= -\frac{1}{(x^2+y^2+z^2)^{\frac{3}{2}}}(x\boldsymbol{i} + y\boldsymbol{j} + z\boldsymbol{k}),$$

即

$$\boldsymbol{E} = \frac{1}{(x^2+y^2+z^2)^{\frac{3}{2}}}(x\boldsymbol{i} + y\boldsymbol{j} + z\boldsymbol{k}),$$

或

$$\boldsymbol{E} = \frac{\boldsymbol{r}}{r^{\frac{3}{2}}}.$$

注:利用梯度的定义,函数 u 沿 $\boldsymbol{l}$ 的方向导数可以表示为

$$\frac{\partial u}{\partial l} = \operatorname{grad} u \cdot \boldsymbol{l} = |\operatorname{grad} u|\cos\theta,$$

其中 θ 是 $\boldsymbol{l}$ 与 $\operatorname{grad} u$ 之间的夹角.

例 1.2.2 求点电荷 e 的场强.

解 点电荷的电势为 $U(x,y,z) = \frac{e}{4\pi\varepsilon_0}\frac{1}{\sqrt{x^2+y^2+z^2}}$,其电场强度为

$$\boldsymbol{E} = -\boldsymbol{\nabla} U = -\left(\frac{\partial U}{\partial x}\boldsymbol{i} + \frac{\partial U}{\partial y}\boldsymbol{j} + \frac{\partial U}{\partial z}\boldsymbol{k}\right)$$

$$= -\frac{e}{4\pi\varepsilon_0}\left[-\frac{2x\boldsymbol{i}}{2(x^2+y^2+z^2)^{3/2}} + \cdots\right]$$

$$= \frac{e}{4\pi\varepsilon_0}\frac{x\boldsymbol{i}+y\boldsymbol{j}+z\boldsymbol{k}}{(x^2+y^2+z^2)^{3/2}} = \frac{e}{4\pi\varepsilon_0}\frac{\boldsymbol{r}}{r^3}$$

注：梯度是以对坐标的导数为分量的矢量．

例 1.2.3 设 $u(x,y,z) = x^2 + y^2 + z^2$，则函数 u 的梯度为

$$\text{grad}\, u = \{2x, 2y, 2z\} = 2\boldsymbol{r},$$

即梯度的方向就是矢量 $\boldsymbol{r} = \{x,y,z\}$ 的方向，梯度的大小为

$$|\text{grad}\, u| = 2|\boldsymbol{r}| = 2\sqrt{x^2+y^2+z^2}.$$

从几何上看，函数 u 的等值面是一族球面，球面的法线方向平行于 $\boldsymbol{r}$，沿 $\boldsymbol{r}$ 方向函数 u 增长最快，因此这个方向即梯度方向．而沿 $\boldsymbol{r}$ 的负方向，函数 u 下降最快．

例 1.2.4 设质量为 m 的质点位于原点，质量为 1 的质点位于 $M(x,y,z)$，记 $OM = r = \sqrt{x^2+y^2+z^2}$，求 $u = \dfrac{m}{r}$ 的梯度．

解 $\text{grad}\, u = -\dfrac{m}{r^2}\left\{\dfrac{x}{r}, \dfrac{y}{r}, \dfrac{z}{r}\right\}$.

2. 矢量场的通量与散度

(1) 通量的概念

如图 1.2.1 所示，假设水流由上而下处处匀速（速度大小为 v）流入下面一个矩形盆，盆口面积为 S，则在 t 时间内流入盆内的水量为

$$v \times t \times S = vtS = vSt,$$

单位时间里流入盆内的水量，这里我们称之为水通量，记为

$$\Phi = vS.$$

若盆口面斜放与水流方向夹角为 θ 角，如图 1.2.2 所示，在这种情况下，单位时间内盆所接的水比平放时要少，因为盆口的进水量只与盆口的平面投影有关，夹角 θ 越小，进水量越大，夹角为零时，进水量最大；夹角 θ 越大，进水量越小，当夹角为直角时，即盆口与水流方向垂直时，那就一滴水也接不着．由于盆口面积 S 的单位时间投影面积为

$$S_1 = S\cos\theta,$$

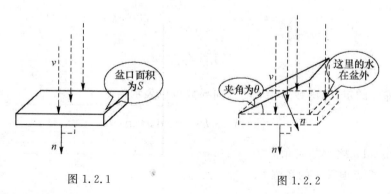

图 1.2.1　　　　　　　　图 1.2.2

单位时间所接水的通量为

$$\Phi = vS\cos\theta = \boldsymbol{v} \cdot \boldsymbol{S}. \qquad (1.2.3)$$

上式中向量的方向为盆面向下的法向 n.

(2) 通量的定义

对于一个向量场 $\boldsymbol{V}(x,y,z)$，通过空间某一曲面的通量为向量场对该曲面的面积分，用公式可以表达为

$$\Phi = \int_s \boldsymbol{V}(x,y,z) \cdot \mathrm{d}\boldsymbol{s}. \qquad (1.2.4)$$

上式中，$\mathrm{d}\boldsymbol{s}$ 表示曲面在 $P(x,y,z)$ 处的微分面元.

若曲面为封闭曲面，式(1.2.5)又称为闭合曲面的通量，表示为

$$\Phi = \oint_s \boldsymbol{F}(x,y,z) \cdot \mathrm{d}\boldsymbol{s}. \qquad (1.2.5)$$

在式(1.2.5)中，对于闭合曲面而言，曲面的法向一般是指向闭合曲面的外部.

闭合通量的理解：这里我们仍以水流场做形象说明，取空间任意一个闭合曲面，通过积分可得通量，对于通量有三种情况，如图 1.2.3 所示. 对于图 1.2.3(a)，$\Phi>0$，说明此闭合曲面里面有"水源"，谓之为"泉"；对于图 1.2.3(b)，$\Phi=0$，说明此闭合曲面里面无"水源"，左边流进，右边流出，流进的通量与流出的通量大小相同，方向相反（一负一正），相互抵消，故总量为零，谓之为"恒定水流场"；对于图 1.2.3(c)，$\Phi<0$，说明此闭合曲面里面有"水穴"，因为水只流进，不流出.

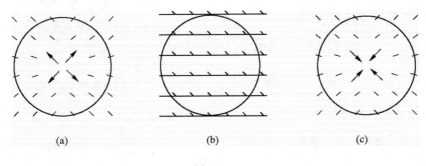

图 1.2.3

(3) 向量场的散度

通过求封闭曲面内的通量可以定量描述该封闭区域内的水流情况，但这种刻画，我们还不能够确定出区域内哪一点是水源、哪一点是水穴，要确定出区域内的一点有源与否，那就看这一点的"通量"，其定义为：

$$\mathrm{div}\,\boldsymbol{F}(x,y,z) \overset{\Delta}{=\!=} \boldsymbol{\nabla} \cdot \boldsymbol{F}(x,y,z) = \frac{\lim\limits_{s\to 0}\oiint_s \boldsymbol{F}(x,y,z) \cdot \mathrm{d}\boldsymbol{s}}{v}, \qquad (1.2.6)$$

其中 v 为曲面 s 所包围的体积. 由 Gauss 公式

$$\oiint_s \boldsymbol{F}(x,y,z) \cdot \mathrm{d}\boldsymbol{s} = \iiint_v \boldsymbol{\nabla} \cdot \boldsymbol{F}(x,y,z)\mathrm{d}v = \iiint_v \boldsymbol{\nabla} \cdot \boldsymbol{F}(x,y,z)\mathrm{d}x\mathrm{d}y\mathrm{d}z, \qquad (1.2.7)$$

和积分中值定理

$$\iiint_v \boldsymbol{\nabla} \cdot \boldsymbol{F}(x,y,z)\,\mathrm{d}x\mathrm{d}y\mathrm{d}z = \boldsymbol{\nabla} \cdot \boldsymbol{F}(x,y,z)\big|_{(\xi,\eta,\zeta)} v$$

（其中 (ξ,η,ζ) 为体积 v 内的任意一点），从式(1.2.6)可得

$$\text{div } \boldsymbol{F}(x,y,z) = \boldsymbol{\nabla} \cdot \boldsymbol{F}(x,y,z) = \frac{\partial F_x(x,y,z)}{\partial x} + \frac{\partial F_y(x,y,z)}{\partial y} + \frac{\partial F_z(x,y,z)}{\partial z} \quad (1.2.8)$$
$$= \frac{\partial F_x}{\partial x} + \frac{\partial F_y}{\partial y} + \frac{\partial F_z}{\partial z}.$$

其中，$F_x(x,y,z)$、$F_y(x,y,z)$ 以及 $F_z(x,y,z)$ 为向量场的三个轴向分量．式(1.2.8)为向量场 $\boldsymbol{F}(x,y,z)$ 在点 $M(x,y,z) \in v$ 处的散度，记为 $\text{div } \boldsymbol{F}(x,y,z)|_M$．$\boldsymbol{F}(x,y,z)$ 穿过曲面 Σ 正侧的通量可表示为

$$\iint\limits_{\Sigma} \boldsymbol{F} \cdot \mathrm{d}\boldsymbol{S} = \iiint\limits_{v} \text{div } \boldsymbol{F} \mathrm{d}v, \quad (1.2.9)$$

这就是 Gauss 公式的场形式．

注意：散度是对矢量场的一点而言的，而通量是对一个场而言的．矢量场的散度是标量，标量场的梯度是矢量．用 Hamilton 算符表示散度，则有

$$\text{div } \boldsymbol{F} = \boldsymbol{\nabla} \cdot \boldsymbol{F}. \quad (1.2.10)$$

散度的运算规则 $\boldsymbol{\nabla} \cdot (c\boldsymbol{A} + d\boldsymbol{B}) = c\boldsymbol{\nabla} \cdot \boldsymbol{A} + d\boldsymbol{\nabla} \cdot \boldsymbol{B}$（$c$ 和 d 为常数），

$$\boldsymbol{\nabla} \cdot (u\boldsymbol{A}) = u\boldsymbol{\nabla} \cdot \boldsymbol{A} + \boldsymbol{A} \cdot \boldsymbol{\nabla} u$$

例 1.2.5 设 $\boldsymbol{F} = (y-z)\boldsymbol{i} + (z-x)\boldsymbol{j} + (x-y)\boldsymbol{k}$，求 $\boldsymbol{F}$ 穿过锥面 $S: z = \sqrt{x^2+y^2}(0 \leqslant z \leqslant h)$ 流向外侧的通量．

解 由 $S: z = \sqrt{x^2+y^2}(0 \leqslant z \leqslant h)$ 及 $S_1: z = h, x^2 + y^2 \leqslant h^2$ 可构成空间区域 Ω．设 Σ 为 Ω 的边界曲面，则穿过 Ω 流向外侧的通量．

$$\Phi = \oiint\limits_{\Sigma} (y-z)\mathrm{d}y\mathrm{d}z + (z-x)\mathrm{d}z\mathrm{d}x + (x-y)\mathrm{d}x\mathrm{d}y$$
$$= \iiint\limits_{\Omega} \left[\frac{\partial(y-z)}{\partial x} + \frac{\partial(z-x)}{\partial y} + \frac{\partial(x-y)}{\partial z}\right]\mathrm{d}v = 0.$$

从而穿过 S 流向外侧的通量

$$\Phi_1 = \Phi - \oiint\limits_{S_1} (y-z)\mathrm{d}y\mathrm{d}z + (z-x)\mathrm{d}z\mathrm{d}x + (x-y)\mathrm{d}x\mathrm{d}y$$
$$= 0 - \iint\limits_{x^2+y^2 \leqslant h^2} (x-y)\mathrm{d}x\mathrm{d}y = 0.$$

例 1.2.6 设数量场 $u = \ln\sqrt{x^2+y^2+z^2}$，求 $\text{div}(\text{grad } u)$．

解 $u = \ln\sqrt{x^2+y^2+z^2} = \frac{1}{2}\ln(x^2+y^2+z^2)$．先求梯度 $\text{grad } u$：

$$\frac{\partial u}{\partial x} = \frac{x}{x^2+y^2+z^2}, \quad \frac{\partial u}{\partial y} = \frac{y}{x^2+y^2+z^2}, \quad \frac{\partial u}{\partial z} = \frac{z}{x^2+y^2+z^2},$$

再求 $\text{grad } u$ 的散度

$$P = \frac{x}{x^2+y^2+z^2}, \quad Q = \frac{y}{x^2+y^2+z^2}, \quad R = \frac{z}{x^2+y^2+z^2},$$
$$\frac{\partial P}{\partial x} = \frac{y^2+z^2-x^2}{(x^2+y^2+z^2)^2}, \quad \frac{\partial Q}{\partial x} = \frac{x^2+z^2-y^2}{(x^2+y^2+z^2)^2}, \quad \frac{\partial R}{\partial x} = \frac{x^2+y^2-z^2}{(x^2+y^2+z^2)^2}.$$

于是
$$\text{div}(\text{grad } u) = \frac{x^2+y^2+z^2}{(x^2+y^2+z^2)^2} = \frac{1}{x^2+y^2+z^2}$$

例 1.2.7 求例 1.2.4 中由函数 $u = \frac{m}{r}$ 的梯度 $\text{grad } u = -\frac{m}{r^2}\left\{\frac{x}{r}, \frac{y}{r}, \frac{z}{r}\right\}$ 产生的散度场．

解

$$\mathrm{div}(\mathrm{grad}\, u) = -m\left[\frac{\partial}{\partial x}\left(\frac{x}{r^3}\right) + \frac{\partial}{\partial y}\left(\frac{y}{r^3}\right) + \frac{\partial}{\partial z}\left(\frac{z}{r^3}\right)\right]$$

$$= -m\,\frac{3r^3 - 3r^2 r}{r^6} = 0.$$

例 1.2.8 设电荷 q 位于点 (x_0, y_0, z_0)，在其周围电场中任意一点的电场强度为 $\boldsymbol{E} = \dfrac{q}{4\pi\varepsilon_0}\dfrac{\boldsymbol{r}}{r^3}$，电势为 $u = \dfrac{1}{4\pi\varepsilon_0}\dfrac{q}{r}$，则 $\boldsymbol{E} = -\nabla u$。

证 因为 $\nabla r = \nabla \sqrt{(x-x_0)^2 + (y-y_0)^2 + (z-z_0)^2} = \dfrac{\boldsymbol{r}}{r}$，所以

$$-\nabla u = -\nabla\left(\frac{1}{4\pi\varepsilon_0}\frac{q}{r}\right) = \frac{q}{4\pi\varepsilon_0 r^2}\nabla r = \boldsymbol{E}.$$

3. 矢量场的环量与旋度

(1) 环流量概念的引入

在空间某一路径的任意点上（例如点 $P(x,y,z)$），向量场 $\boldsymbol{F}(x,y,z)$ 与该点的线元的数量积称为该路径上向量场在该点的环量微量，用 $\mathrm{d}\varphi$ 表示，即

$$\mathrm{d}\varphi = \boldsymbol{F}(x,y,z) \cdot \mathrm{d}\boldsymbol{l} = F_x(x,y,z)\mathrm{d}x + F_y(x,y,z)\mathrm{d}y + F_z(x,y,z)\mathrm{d}z,$$

那么整个路径的环量可表示为

$$\varphi = \int_\Gamma \boldsymbol{F}(x,y,z) \cdot \mathrm{d}\boldsymbol{l} = \int_\Gamma F_x(x,y,z)\mathrm{d}x + F_y(x,y,z)\mathrm{d}y + F_z(x,y,z)\mathrm{d}z.$$

若路径为封闭曲线，则环量又称为封闭路径环量

$$\varphi = \oint_\Gamma \boldsymbol{F}(x,y,z) \cdot \mathrm{d}\boldsymbol{l} = \oint_\Gamma F_x(x,y,z)\mathrm{d}x + F_y(x,y,z)\mathrm{d}y + F_z(x,y,z)\mathrm{d}z.$$

(1.2.11)

环流量的物理意义，某力场 $\boldsymbol{F}(x,y,z)$，其在某一路径的环量微元 $\boldsymbol{F}(x,y,z) \cdot \mathrm{d}\boldsymbol{l}$ 就表示力场在线元上移动所做的功。封闭环量积分能够从另外一个角度体现场的拓扑特征。

对于如图 1.2.4(a) 所示的场结构，场是向四面扩散的，在进行封闭环量积分时，环量微元 $\boldsymbol{F}(x,y,z) \cdot \mathrm{d}\boldsymbol{l}$ 有正有负，总量抵消，故环量为零；对于图 1.2.4(b) 所示的场结构，场的方向与闭合路径上线元方向大体上一致，即夹角处处为锐角，故总量不会抵消，封闭环量不为零。

上述结论也可以从场的几何形状上来看，图 1.2.4(a) 对应的场"不打转"，故称为无旋，图 1.2.4(b) 对应的场呈"转状"，故称为有旋。

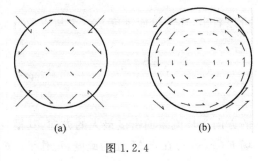

图 1.2.4

(2) 向量场的旋度

考察某一特定空间内某点 M 上有无旋点，可以以 M 点为心，做一封闭曲线为积分路径，这一封闭曲线非常小，则该封闭曲线的环流量与其所包围曲面面积之比，当曲面 S 在保持点 M 在其上的条件下，沿着自身收缩到点 M 时，若极限存在，即

$$\lim_{S \to M} \frac{\oint_\Gamma \boldsymbol{F}(x,y,z) \cdot \mathrm{d}\boldsymbol{l}}{S}$$

存在,则称该极限为该点沿方向 $\boldsymbol{n}$ 的环流量面密度(就是环流量对面积的变化率),记为 μ_n.

由 Stokes 公式

$$\oint_\Gamma \boldsymbol{F}(x,y,z) \cdot \mathrm{d}\boldsymbol{l} = \iint_S \begin{vmatrix} \cos\alpha & \cos\beta & \cos\gamma \\ \frac{\partial}{\partial x} & \frac{\partial}{\partial y} & \frac{\partial}{\partial z} \\ F_x & F_y & F_z \end{vmatrix} \mathrm{d}S$$

和积分中值定理,有

$$\lim_{S \to M} \frac{\oint_\Gamma \boldsymbol{F}(x,y,z) \cdot \mathrm{d}\boldsymbol{l}}{S} = \lim_{S \to M} \frac{\iint_S \begin{vmatrix} \cos\alpha & \cos\beta & \cos\gamma \\ \frac{\partial}{\partial x} & \frac{\partial}{\partial y} & \frac{\partial}{\partial z} \\ F_x & F_y & F_z \end{vmatrix} \mathrm{d}S}{S} \quad (1.2.12)$$

$$= \lim_{S \to M} \begin{vmatrix} \cos\alpha & \cos\beta & \cos\gamma \\ \frac{\partial}{\partial x} & \frac{\partial}{\partial y} & \frac{\partial}{\partial z} \\ F_x & F_y & F_z \end{vmatrix}_{M^*} = \begin{vmatrix} \cos\alpha & \cos\beta & \cos\gamma \\ \frac{\partial}{\partial x} & \frac{\partial}{\partial y} & \frac{\partial}{\partial z} \\ F_x & F_y & F_z \end{vmatrix},$$

其中 M^* 位 S 上的某一点,当 $S \to M$ 时,$M^* \to M$;第二个及第三个极限号下的 $\cos\alpha$,$\cos\beta$,$\cos\gamma$ 分别为 S 的法向量的方向余弦及 S 上在 M^* 处法向量的方向余弦;最后一个式子中的 $\cos\alpha$,$\cos\beta$,$\cos\gamma$ 就是 $\boldsymbol{n}$ 的方向余弦.

因此,环流量面密度在直角坐标系中的计算公式是

$$\mu_n = \begin{vmatrix} \cos\alpha & \cos\beta & \cos\gamma \\ \frac{\partial}{\partial x} & \frac{\partial}{\partial y} & \frac{\partial}{\partial z} \\ F_x & F_y & F_z \end{vmatrix} \quad (1.2.13)$$

可以看出,环流量面密度是一个与方向有关的量. 如同梯度与方向导数的关系,向量

$$\boldsymbol{\omega} = \begin{vmatrix} \boldsymbol{i} & \boldsymbol{j} & \boldsymbol{k} \\ \frac{\partial}{\partial x} & \frac{\partial}{\partial y} & \frac{\partial}{\partial z} \\ F_x & F_y & F_z \end{vmatrix}$$

的方向为环流量面密度最大的方向,其模 $|\boldsymbol{\omega}|$ 就是环流量的最大值. 我们把向量 $\boldsymbol{\omega}$ 称为向量场 $\boldsymbol{F}(x,y,z)$ 在点 M 处的旋度,记作 rot $\boldsymbol{F}$,用 Hamilton 算符表示就是 $\boldsymbol{\nabla} \times \boldsymbol{F}$,即

$$\mathrm{rot}\,\boldsymbol{F} \stackrel{\Delta}{=} \boldsymbol{\nabla} \times \boldsymbol{F} = \begin{vmatrix} \boldsymbol{i} & \boldsymbol{j} & \boldsymbol{k} \\ \frac{\partial}{\partial x} & \frac{\partial}{\partial y} & \frac{\partial}{\partial z} \\ F_x & F_y & F_z \end{vmatrix}. \quad (1.2.14)$$

因此可以把 Stokes 公式写成如下形式

$$\oint_\Gamma \boldsymbol{F} \cdot \mathrm{d}\boldsymbol{l} = \iint_S \mathrm{rot}\,\boldsymbol{F} \cdot \mathrm{d}\boldsymbol{S} = \iint_S \boldsymbol{\nabla} \times \boldsymbol{F} \cdot \mathrm{d}\boldsymbol{S}.$$

注意:旋度的物理意义在于向量场在围绕 M 点周围的场线形状大体上是否成旋状,若是,

则场在此点有旋,否则,无旋. 例如,假设有一股旋风,若考察旋风所在区域的各点风速,则构成了一个风速场,对此风速场处处求旋度,则在旋风中心所在的点有旋度,即旋度不为零,其余各点均无旋度.

例 1.2.9 设有平面向量场 $A = -y\boldsymbol{i} + x\boldsymbol{j}$, l 为场中的星形线 $x = R\cos^3\theta, y = R\sin^3\theta$. 求此向量场沿 l 正向的环流量 Γ.

解 由于平面封闭曲线的正方向. 在无特别申明时,即指沿逆时针方向. 因此,我们有

$$\Gamma = \oint_l \boldsymbol{A} \cdot \mathrm{d}\boldsymbol{l} = \oint_l -y\mathrm{d}x + x\mathrm{d}y$$

$$= \int_0^{2\pi} -R\sin^3\theta \mathrm{d}(R\cos^3\theta) + R\cos^3\theta \mathrm{d}(R\sin^3\theta)$$

$$= \frac{3}{4}R^2 \int_0^{2\pi} \sin^2 2\theta \mathrm{d}\theta = \frac{3}{4}R^2$$

例 1.2.10 求矢量场 $\boldsymbol{A} = xy^2z^2\boldsymbol{i} + z^2\sin y\boldsymbol{j} + x^2e^y\boldsymbol{k}$ 的旋度.

解
$$\begin{vmatrix} \boldsymbol{i} & \boldsymbol{j} & \boldsymbol{k} \\ \frac{\partial}{\partial x} & \frac{\partial}{\partial y} & \frac{\partial}{\partial z} \\ xy^2z^2 & x^2\sin y & x^2e^y \end{vmatrix} = \left[\frac{\partial}{\partial y}(x^2e^y) - \frac{\partial}{\partial z}(z^2\sin y)\right]\boldsymbol{i} + \left[\frac{\partial}{\partial z}(xy^2z^2) - \frac{\partial}{\partial x}(x^2e^y)\right]\boldsymbol{j}$$

$$+ \left[\frac{\partial}{\partial x}(z^2\sin y) - \frac{\partial}{\partial y}(xy^2z^2)\right]\boldsymbol{k}$$

$$= (x^2e^y - 2z\sin y)\boldsymbol{i} + 2x(y^2z - e^y)\boldsymbol{j} - 2xyz^2\boldsymbol{k}.$$

例 1.2.11 设有一个刚体绕过原点 O 的某个轴转动,其角速度为 $\boldsymbol{\omega} = \omega_1\boldsymbol{i} + \omega_2\boldsymbol{j} + \omega_3\boldsymbol{k}$,则刚体上的每一点都具有线速度 $\boldsymbol{v}$,从而构成一个线速度场. 由运动学知道,矢径为 $\boldsymbol{r} = x\boldsymbol{i} + y\boldsymbol{j} + z\boldsymbol{k}$ 的点的线速度为

$$\boldsymbol{v} = \boldsymbol{\omega} \times \boldsymbol{r} = (\omega_2 z - \omega_3 y)\boldsymbol{i} + (\omega_3 x - \omega_1 z)\boldsymbol{j} + (\omega_1 y - \omega_2 x)\boldsymbol{k},$$

求线速度场 $\boldsymbol{v}$ 的旋度.

解 速度场 $\boldsymbol{v}$ 的旋度为

$$\mathrm{rot}\boldsymbol{v} = \begin{vmatrix} \boldsymbol{i} & \boldsymbol{j} & \boldsymbol{k} \\ \frac{\partial}{\partial x} & \frac{\partial}{\partial y} & \frac{\partial}{\partial z} \\ \omega_2 z - \omega_3 y & \omega_3 x - \omega_1 z & \omega_1 y - \omega_2 x \end{vmatrix} = 2\omega_1\boldsymbol{i} + 2\omega_2\boldsymbol{j} + 2\omega_3\boldsymbol{k} = 2\boldsymbol{\omega}.$$

这说明:在刚体转动的线速度场中,任意点 M 处的旋度,除去一个常数因子外,恰恰等于刚体转动的角速度(旋度因而得名).

1.2.2 正交曲线坐标系下的"三度"

上面 1.2.1 节中关于"梯度""散度"和"旋度"的定义式是在直角坐标系中给出的,直角坐标系的突出特点是坐标方向不随位置变化. 即坐标方向上的单位向量 $\boldsymbol{i}, \boldsymbol{j}$ 和 $\boldsymbol{k}$ 对坐标的导数都为零,这样就使得"梯度""散度"和"旋度"的表达式在直角坐标系中有很简单的形式. 但在许多数学物理问题中,除了直角坐标系外,还常常采用其他形式的坐标系,比如平面极坐标,空间柱面坐标和球面坐标等正交曲线坐标系,下面我们给出它们的定义和"三度"在这样的坐标系中的表达式,为进一步讨论数学物理定解问题打下基础.

1. 正交曲线坐标系

设有空间曲线坐标系$\{q_1,q_2,q_3\}$（即空间任意一点与三个有序数建立了一一对应关系），e_1,e_2,e_3分别为沿q_1,q_2,q_3切线方向的单位矢量（如图1.2.5所示），若有关系

$$e_i \cdot e_j = \begin{cases} 1, & i=j, \\ 0, & i \neq j, \end{cases} \quad (i,j=1,2,3) \tag{1.2.15}$$

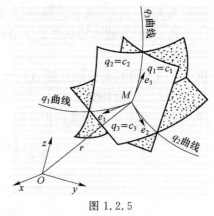

图 1.2.5

则称$\{q_1,q_2,q_3\}$为正交曲线坐标系．正交曲线坐标系$\{q_1,q_2,q_3\}$和直角坐标系$\{x,y,z\}$的关系是：

$$x=x(q_1,q_2,q_3), y=y(q_1,q_2,q_3), z=z(q_1,q_2,q_3). \tag{1.2.16}$$

2. 正交曲线坐标系中的弧微分与度规系数

现在令空间两点有相同的坐标q_2和q_3，而另一个坐标q_1相差微元dq_1，则这两点的距离为

$$\begin{aligned}
ds_1 &= \sqrt{(dx)^2+(dy)^2+(dz)^2} \\
&= \sqrt{\left(\frac{\partial x}{\partial q_1}dq_1+\frac{\partial x}{\partial q_2}dq_2+\frac{\partial x}{\partial q_2}dq_3\right)^2 + \left(\frac{\partial y}{\partial q_1}dq_1+\frac{\partial y}{\partial q_2}dq_2+\frac{\partial y}{\partial q_2}dq_3\right)^2 + \left(\frac{\partial z}{\partial q_1}dq_1+\frac{\partial z}{\partial q_2}dq_2+\frac{\partial z}{\partial q_2}dq_3\right)^2} \\
&= \sqrt{\left(\frac{\partial x}{\partial q_1}\right)^2+\left(\frac{\partial y}{\partial q_1}\right)^2+\left(\frac{\partial z}{\partial q_1}\right)^2}\,dq_1 \\
&\xrightarrow{\text{记为}} h_1 dq_1,
\end{aligned} \tag{1.2.17}$$

式(1.2.18)称为坐标曲线q_1的弧微分．同理，在有增量dq_2发生，而q_1,q_3坐标不变时，坐标曲线q_2的弧微分为

$$ds_2 = \sqrt{\left(\frac{\partial x}{\partial q_2}\right)^2+\left(\frac{\partial y}{\partial q_2}\right)^2+\left(\frac{\partial z}{\partial q_2}\right)^2}\,dq_2 = h_2 dq_2, \tag{1.2.18}$$

显然，q_3的弧微分为

$$ds_3 = \sqrt{\left(\frac{\partial x}{\partial q_3}\right)^2+\left(\frac{\partial y}{\partial q_3}\right)^2+\left(\frac{\partial z}{\partial q_3}\right)^2}\,dq_3 = h_3 dq_3, \tag{1.2.19}$$

$h_i = \sqrt{\left(\frac{\partial x}{\partial q_i}\right)^2+\left(\frac{\partial y}{\partial q_i}\right)^2+\left(\frac{\partial z}{\partial q_i}\right)^2}, (i=1,2,3)$称为度规系数．

我们常用的正交曲线坐标系有球坐标系和柱坐标系．

常用的柱坐标系(ρ,φ,z)为正交曲线坐标系（如图1.2.6所示），并且与直角坐标(x,y,z)的关系是

$$x=\rho\cos\theta, y=\rho\sin\theta, z=z. \tag{1.2.20}$$

于是有 $ds_1=d\rho, ds_2=\rho d\varphi, ds_3=dz,$

故 $h_1=1, h_2=\rho, h_3=1. \tag{1.2.21}$

球坐标系是另一个常用的正交曲线坐标系（如图1.2.7所示），并且

$$x=r\sin\theta\cos\varphi, \quad y=r\sin\theta\sin\varphi, \quad z=r\cos\theta. \tag{1.2.22}$$

则 $ds_1=dr, \quad ds_2=rd\theta, \quad ds_3=r\sin\theta d\varphi,$

故 $h_1=1, \quad h_2=r, \quad h_3=r\sin\theta. \tag{1.2.23}$

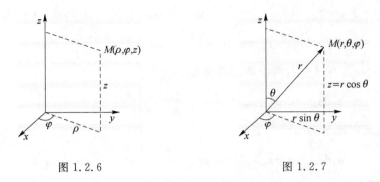

图 1.2.6　　　　　　　　图 1.2.7

3. 梯度在正交曲线坐标系中的表示

设函数 $u=u(q_1,q_2,q_3)$ 的梯度在 q_1,q_2,q_3 增长方向上的分量分别等于 u 在这些方向上的变化率，即

$$(\text{grad } u)_1 = \lim_{\Delta s_1 \to 0}\frac{\Delta u}{\Delta s_1} = \lim_{\Delta s_1 \to 0}\frac{\Delta u}{h_1 \Delta q_1} = \frac{1}{h_1}\frac{\partial u}{\partial q_1},$$

同理有

$$(\text{grad } u)_2 = \frac{1}{h_2}\frac{\partial u}{\partial q_2},\quad (\text{grad } u)_3 = \frac{1}{h_3}\frac{\partial u}{\partial q_3}.$$

于是，

$$\begin{aligned}\text{grad } u &= [(\text{grad } u)_1 \boldsymbol{e}_1 + (\text{grad } u)_2 \boldsymbol{e}_2 + (\text{grad } u)_3 \boldsymbol{e}_3]\\ &= \left\{\frac{1}{h_1}\frac{\partial u}{\partial q_1} + \frac{1}{h_2}\frac{\partial u}{\partial q_2} + \frac{1}{h_3}\frac{\partial u}{\partial q_3}\right\}\\ &\stackrel{\text{def}}{=\!=} \left(\frac{1}{h_1}\frac{\partial}{\partial q_1}\boldsymbol{e}_1 + \frac{1}{h_2}\frac{\partial}{\partial q_2}\boldsymbol{e}_2 + \frac{1}{h_3}\frac{\partial}{\partial q_3}\boldsymbol{e}_3\right)u\\ &\stackrel{\text{def}}{=\!=}\boldsymbol{\nabla} u.\end{aligned} \quad (1.2.24)$$

其中

$$\boldsymbol{\nabla} = \frac{1}{h_1}\frac{\partial}{\partial q_1}\boldsymbol{e}_1 + \frac{1}{h_2}\frac{\partial}{\partial q_2}\boldsymbol{e}_2 + \frac{1}{h_3}\frac{\partial}{\partial q_3}\boldsymbol{e}_3, \quad (1.2.25)$$

为 Hamilton 算子在正交曲线坐标系 $\{q_1,q_2,q_3\}$ 下的表达式．

由式(1.2.23)，式(1.2.24)及式(1.2.25)立即可得梯度及 Hamilton 算子在柱坐标和球坐标系中的表达式分别为

$$(\text{grad } u)_{\text{柱}} = \left\{\frac{\partial u}{\partial \rho}, \frac{1}{\rho}\frac{\partial u}{\partial \varphi}, \frac{\partial u}{\partial z}\right\}, \quad (1.2.26)$$

$$(\text{grad } u)_{\text{球}} = \left\{\frac{\partial u}{\partial r}, \frac{1}{r}\frac{\partial u}{\partial \theta}, \frac{1}{r\sin\theta}\frac{\partial u}{\partial \varphi}\right\}, \quad (1.2.27)$$

和

$$\boldsymbol{\nabla}_{\text{柱}} = \boldsymbol{e}_\rho \frac{\partial}{\partial \rho} + \boldsymbol{e}_\varphi \frac{1}{\rho}\frac{\partial}{\partial \varphi} + \boldsymbol{e}_z \frac{\partial}{\partial z}, \quad (1.2.28)$$

$$\boldsymbol{\nabla}_{\text{球}} = \boldsymbol{e}_r \frac{\partial}{\partial r} + \boldsymbol{e}_\theta \frac{1}{r}\frac{\partial}{\partial \theta} + \boldsymbol{e}_\varphi \frac{1}{r\sin\theta}\frac{\partial}{\partial \varphi}. \quad (1.2.29)$$

4. 散度在正交曲线坐标系下的表达式

由散度的定义，在矢量场 $\boldsymbol{a}\{a_1,a_2,a_3\}$ 定义的区域 G 内，取一个由正交曲线坐标面 $q_1,q_1+\mathrm{d}q_1,q_2,q_2+\mathrm{d}q_2,q_3,q_3+\mathrm{d}q_3$ 围成的六面体元(如图 1.2.8 所示)．矢量场 $\boldsymbol{a}\{a_1,a_2,a_3\}$ 通过前后两个面的净流量为

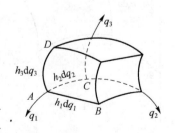

图 1.2.8

$$a_1 d\sigma_{q_1} = a_1\sigma|_{q_1+dq_1} - a_1\sigma|_{q_1} = a_1 h_2 dq_2 \cdot h_3 dq_3|_{q_1+dq_1} - a_1 h_2 dq_2 \cdot h_3 dq_3|_{q_1}$$
$$= a_1(h_2 \cdot h_3|_{q_1+dq_1} - a_1 h_2 \cdot h_3|_{q_1}) dq_2 dq_3 = \frac{\partial(a_1 h_2 h_3)}{\partial q_1} dq_1 dq_2 dq_3.$$

矢量场 $\boldsymbol{a}=(a_1,a_2,a_3)$ 通过左右两个面的净流量为

$$a_2 d\sigma_{q_2} = a_2\sigma|_{q_2+dq_2} - a_2\sigma|_{q_2} = \frac{\partial(a_2 h_1 h_3)}{\partial q_2} dq_1 dq_2 dq_3,$$

通过上下两个面的净流量为

$$a_3 d\sigma_{q_3} = a_3\sigma|_{q_3+dq_3} - a_3\sigma|_{q_3} = \frac{\partial(a_3 h_1 h_2)}{\partial q_3} dq_1 dq_2 dq_3.$$

于是通过微元的总流量为

$$dQ = \boldsymbol{a} \cdot d\boldsymbol{\sigma} = (a_1 d\sigma_{q_1} + a_2 d\sigma_{q_2} + a_3 d\sigma_{q_3}),$$

故散度为

$$\text{div } \boldsymbol{a} = \frac{dQ}{dv} = \frac{\left[\frac{\partial(a_1 h_2 h_3)}{\partial q_1} + \frac{\partial(a_2 h_1 h_3)}{\partial q_2} + \frac{\partial(a_3 h_2 h_1)}{\partial q_3}\right] dq_1 dq_2 dq_3}{h_1 h_2 h_3 dq_1 dq_2 dq_3} \quad (1.2.30)$$
$$= \frac{1}{h_1 h_2 h_3}\left[\frac{\partial(a_1 h_2 h_3)}{\partial q_1} + \frac{\partial(a_2 h_1 h_3)}{\partial q_2} + \frac{\partial(a_3 h_2 h_1)}{\partial q_3}\right].$$

用 Hamilton 算符表示则为

$$\nabla \cdot \boldsymbol{a} = \frac{1}{h_1 h_2 h_3}\left[\frac{\partial(a_1 h_2 h_3)}{\partial q_1} + \frac{\partial(a_2 h_1 h_3)}{\partial q_2} + \frac{\partial(a_3 h_2 h_1)}{\partial q_3}\right].$$

在柱坐标系中有

$$(\text{div } \boldsymbol{a})_\text{柱} = \frac{1}{\rho}\frac{\partial(\rho a_\rho)}{\partial \rho} + \frac{1}{\rho}\frac{\partial a_\varphi}{\partial \varphi} + \frac{\partial a_z}{\partial z}, \quad (1.2.31)$$

在球坐标中

$$(\text{div } \boldsymbol{a})_\text{球} = \frac{1}{r^2}\frac{\partial(r^2 a_r)}{\partial r} + \frac{1}{r\sin\theta}\frac{\partial(a_\theta \sin\theta)}{\partial \theta} + \frac{1}{r\sin\theta}\frac{\partial a_\varphi}{\partial \varphi}. \quad (1.2.32)$$

5. 旋度在正交曲线坐标系中的表达式

设在区域 G 内有矢量场 $\boldsymbol{a}=(a_1,a_2,a_3)$，由旋度的定义，在矢量场域内取一个微小四边形元 $ABCD$，它的法线沿 q_1 的增加方向，四边分别为 $q_2, q_2+dq_2, q_3, q_3+q_3$（如图1.2.9所示）。由于四边很微小，不妨将它们视为直线。现在计算矢量 $\boldsymbol{a}$ 沿 $ABCD$ 的环流量。

沿 AB 段和 CD 段的环流量为

$$(a_2 h_2)_{q_3} dq_2 - (a_2 h_2)_{q_3+dq_3} dq_2 = -\frac{\partial}{\partial q_3}(a_2 h_2) dq_2 dq_3;$$

沿 BC 段和 DA 段的环流量为

$$(a_3 h_3)_{q_2+dq_2} dq_3 - (a_3 h_3)_{q_2} dq_3 = \frac{\partial}{\partial q_2}(a_3 h_3) dq_2 dq_3.$$

把两者相加，得到沿回路 $ABCD$ 的环流量，再除以四边形的面积 $h_2 h_3 dq_2 dq_3$，就得到 $q_2 q_3$ 平面上每单位面积上的环流量，即旋度的分量

$$(\nabla \times \boldsymbol{a})_1 = \frac{1}{h_2 h_3}\left[\frac{\partial}{\partial q_2}(a_3 h_3) - \frac{\partial}{\partial q_3}(a_2 h_2)\right],$$

同理可得

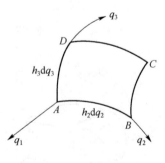

图 1.2.9

$$(\boldsymbol{\nabla}\times\boldsymbol{a})_2 = \frac{1}{h_1 h_3}\left[\frac{\partial}{\partial q_3}(a_1 h_1) - \frac{\partial}{\partial q_1}(a_3 h_3)\right],$$

$$(\boldsymbol{\nabla}\times\boldsymbol{a})_3 = \frac{1}{h_1 h_2}\left[\frac{\partial}{\partial q_1}(a_2 h_2) - \frac{\partial}{\partial q_2}(a_1 h_1)\right].$$

即

$$\operatorname{rot}\boldsymbol{a} = \boldsymbol{\nabla}\times\boldsymbol{a} = \left(\frac{1}{h_1}\frac{\partial}{\partial q_1}\boldsymbol{e}_1 + \frac{1}{h_2}\frac{\partial}{\partial q_2}\boldsymbol{e}_2 + \frac{1}{h_3}\frac{\partial}{\partial q_3}\boldsymbol{e}_3\right)\cdot(a_1\boldsymbol{e}_1 + a_2\boldsymbol{e}_2 + a_3\boldsymbol{e}_3) =$$

$$\frac{1}{h_1 h_2 h_3}\left\{h_1\boldsymbol{e}_1\left[\frac{\partial(h_3 a_3)}{\partial q_2} - \frac{\partial(h_2 a_2)}{\partial q_3}\right] + h_2\boldsymbol{e}_2\left[\frac{\partial(h_1 a_1)}{\partial q_3} - \frac{\partial(h_3 a_3)}{\partial q_1}\right] + h_3\boldsymbol{e}_3\left[\frac{\partial(h_2 a_2)}{\partial q_1} - \frac{\partial(h_1 a_1)}{\partial q_2}\right]\right\}$$

$$\stackrel{\text{def}}{=\!=\!=} \frac{1}{h_1 h_2 h_3}\begin{vmatrix} h_1\boldsymbol{e}_1 & h_2\boldsymbol{e}_2 & h_3\boldsymbol{e}_3 \\ \dfrac{\partial}{\partial q_1} & \dfrac{\partial}{\partial q_2} & \dfrac{\partial}{\partial q_3} \\ h_1 a_1 & h_2 a_2 & h_3 a_3 \end{vmatrix}. \tag{1.2.33}$$

代入柱坐标和球坐标相关的度规系数,得

$$\operatorname{rot}\boldsymbol{a}_{柱} = \left(\frac{1}{\rho}\frac{\partial a_z}{\partial \varphi} - \frac{\partial a_\varphi}{\partial z}\right)\boldsymbol{e}_\rho + \left(\frac{\partial a_\rho}{\partial z} - \frac{\partial a_z}{\partial \rho}\right)\boldsymbol{e}_\varphi + \frac{1}{\rho}\left(\frac{\partial(\rho a_\varphi)}{\partial \rho} - \frac{\partial a_\rho}{\partial \varphi}\right)\boldsymbol{e}_z; \tag{1.2.34}$$

$$(\operatorname{rot}\boldsymbol{a})_{球} = \frac{1}{r\sin\theta}\left[\frac{\partial(a_\varphi\sin\theta)}{\partial\theta} - \frac{\partial a_\theta}{\partial\varphi}\right]\boldsymbol{e}_r + \frac{1}{r}\left[\frac{1}{\sin\theta}\frac{\partial a_r}{\partial\varphi} - \frac{\partial(r a_\varphi)}{\partial r}\right]\boldsymbol{e}_\theta +$$

$$\frac{1}{r}\left[\frac{\partial(r a_\theta)}{\partial r} - \frac{\partial a_r}{\partial\theta}\right]\boldsymbol{e}_\varphi. \tag{1.2.35}$$

1.2.3 "三度"的运算公式

1. 梯度

① $\boldsymbol{\nabla}c = 0$(c 为常数),

② $\boldsymbol{\nabla}(cu) = c\boldsymbol{\nabla}u$($c$ 为常数),

③ $\boldsymbol{\nabla}(u \pm v) = \boldsymbol{\nabla}u \pm \boldsymbol{\nabla}v$,

④ $\boldsymbol{\nabla}(uv) = v\boldsymbol{\nabla}u + u\boldsymbol{\nabla}v$,

⑤ $\boldsymbol{\nabla}\left(\dfrac{u}{v}\right) = \dfrac{v\boldsymbol{\nabla}u - u\boldsymbol{\nabla}v}{v^2}$,

⑥ $\boldsymbol{\nabla}F(u) = F'(u)\boldsymbol{\nabla}u$,

⑦ $\boldsymbol{\nabla}\cdot(u\boldsymbol{C}) = \boldsymbol{\nabla}u\cdot\boldsymbol{C}$($\boldsymbol{C}$ 为常矢量).

2. 散度

① $\boldsymbol{\nabla}\cdot(c\boldsymbol{a}) = c\boldsymbol{\nabla}\cdot\boldsymbol{a}$($c$ 为常数),

② $\boldsymbol{\nabla}\cdot(\boldsymbol{a}+\boldsymbol{b}) = \boldsymbol{\nabla}\cdot\boldsymbol{a} + \boldsymbol{\nabla}\cdot\boldsymbol{b}$,

③ $\boldsymbol{\nabla}\cdot\boldsymbol{C} = 0$($\boldsymbol{C}$ 为常矢量),

④ $\boldsymbol{\nabla}\cdot(u\boldsymbol{a}) = u\boldsymbol{\nabla}\cdot\boldsymbol{a} + (\boldsymbol{\nabla}u)\cdot\boldsymbol{a}$.

3. 旋度

① $\boldsymbol{\nabla}\times\boldsymbol{C} = \boldsymbol{0}$($\boldsymbol{C}$ 为常矢量),

② $\boldsymbol{\nabla}\times(c\boldsymbol{a}) = c\boldsymbol{\nabla}\times\boldsymbol{a}$($c$ 为常数),

③ $\boldsymbol{\nabla}\times(\boldsymbol{a}\pm\boldsymbol{b}) = \boldsymbol{\nabla}\times\boldsymbol{a}\pm\boldsymbol{\nabla}\times\boldsymbol{b}$,

④ $\nabla \times (u\boldsymbol{a}) = u\nabla \times \boldsymbol{a} + \nabla u \times \boldsymbol{a}$,

⑤ $\nabla \cdot (\boldsymbol{a} \times \boldsymbol{b}) = \boldsymbol{b} \cdot (\nabla \times \boldsymbol{a}) - \boldsymbol{a} \cdot (\nabla \times \boldsymbol{b})$,

⑥ $\nabla \times (\boldsymbol{a} \times \boldsymbol{b}) = \boldsymbol{a}(\nabla \cdot \boldsymbol{b}) + (\boldsymbol{b} \cdot \nabla)\boldsymbol{a} - \boldsymbol{b}(\nabla \cdot \boldsymbol{a}) - (\boldsymbol{a} \cdot \nabla)\boldsymbol{b}$,

⑦ $\nabla(\boldsymbol{a} \cdot \boldsymbol{b}) = \boldsymbol{b} \times (\nabla \times \boldsymbol{a}) + (\boldsymbol{b} \cdot \nabla)\boldsymbol{a} + \boldsymbol{a} \times (\nabla \times \boldsymbol{b}) + (\boldsymbol{a} \cdot \nabla)\boldsymbol{b}$,

⑧ $\nabla \cdot (\nabla u) = \nabla^2 u$,

⑨ $\nabla \cdot (\nabla \times \boldsymbol{a}) = 0$,

⑩ $\nabla \times (\nabla u) = \boldsymbol{0}$,

⑪ $\nabla \times (\nabla \times \boldsymbol{a}) = \nabla(\nabla \cdot \boldsymbol{a}) - \nabla^2 \boldsymbol{a}$.

例 1.2.12 证明 $\nabla(uv) = v\nabla u + u\nabla v$.

证 因为

$$\nabla(uv) = \left(\boldsymbol{i}\frac{\partial}{\partial x} + \boldsymbol{j}\frac{\partial}{\partial y} + \boldsymbol{k}\frac{\partial}{\partial z}\right)u = \boldsymbol{i}\frac{\partial(uv)}{\partial x} + \boldsymbol{j}\frac{\partial(uv)}{\partial y} + \boldsymbol{k}\frac{\partial(uv)}{\partial z}$$

$$= \left(u\frac{\partial v}{\partial x} + v\frac{\partial u}{\partial x}\right)\boldsymbol{i} + \left(u\frac{\partial v}{\partial y} + v\frac{\partial u}{\partial y}\right)\boldsymbol{j} + \left(u\frac{\partial v}{\partial x} + v\frac{\partial u}{\partial x}\right)\boldsymbol{k}$$

$$= u\left(\frac{\partial v}{\partial x}\boldsymbol{i} + \frac{\partial v}{\partial y}\boldsymbol{j} + \frac{\partial v}{\partial z}\boldsymbol{k}\right) + v\left(\frac{\partial u}{\partial x}\boldsymbol{i} + \frac{\partial u}{\partial y}\boldsymbol{j} + \frac{\partial u}{\partial z}\boldsymbol{k}\right)$$

$$= u\nabla v + v\nabla u.$$

这说明 Hamilton 算子具有微分的性质,当然满足乘积的微分法则,由 Hamilton 算子的这个性质,可证下面的例题.

例 1.2.13 证明 $\nabla \cdot (u\boldsymbol{a}) = u\nabla \cdot \boldsymbol{a} + \nabla u \cdot \boldsymbol{a}$.

证 由 ∇ 算子的微分性质并由乘积的微分法则

$$\nabla \cdot (u\boldsymbol{a}) = \nabla \cdot (u_c\boldsymbol{a}) + \nabla \cdot (u\boldsymbol{a}_c).$$

加下标"c"表示在微分过程中暂时看成常量,由 $\nabla \cdot c\boldsymbol{a} = c\nabla \cdot \boldsymbol{a}$($c$ 为常数)有

$$\nabla \cdot u_c\boldsymbol{a} = u_c\nabla \cdot \boldsymbol{a} = u\nabla \cdot \boldsymbol{a}.$$

再由 $\nabla \cdot (u\boldsymbol{C}) = \nabla u \cdot \boldsymbol{C}$($\boldsymbol{C}$ 为常矢量)有

$$\nabla \cdot u\boldsymbol{a}_c = \nabla u \cdot \boldsymbol{a}_c = \nabla u \cdot \boldsymbol{a},$$

故 $\nabla \cdot (u\boldsymbol{a}) = u\nabla \cdot \boldsymbol{a} + \nabla u \cdot \boldsymbol{a}$.

例 1.2.14 证明 $\nabla \cdot (\boldsymbol{a} \times \boldsymbol{b}) = \boldsymbol{b} \cdot (\nabla \times \boldsymbol{a}) - \boldsymbol{a} \cdot (\nabla \times \boldsymbol{b})$.

证 由 ∇ 算子的微分性质,并按乘积的微分法则,有

$$\nabla \cdot (\boldsymbol{a} \times \boldsymbol{b}) = \nabla \cdot (\boldsymbol{a} \times \boldsymbol{b}_c) + \nabla \cdot (\boldsymbol{a}_c \times \boldsymbol{b}),$$

再由 ∇ 的矢量性质,将上式右端两项都看成是三个矢量的混合积,然后由三个矢量在其混合积中的位置轮换性:

$$\boldsymbol{A} \cdot (\boldsymbol{B} \times \boldsymbol{C}) = \boldsymbol{C} \cdot (\boldsymbol{A} \times \boldsymbol{B}) = \boldsymbol{B} \cdot (\boldsymbol{C} \times \boldsymbol{A}),$$

将上式右端两项中的常矢量都轮换到 ∇ 的前面,同时使得变矢量都留在 ∇ 的后面,有

$$\nabla \cdot (\boldsymbol{a} \times \boldsymbol{b}) = \nabla \cdot (\boldsymbol{a} \times \boldsymbol{b}_c) + \nabla \cdot (\boldsymbol{a}_c \times \boldsymbol{b})$$

$$= \nabla \cdot (\boldsymbol{a} \times \boldsymbol{b}_c) - \nabla \cdot (\boldsymbol{b} \times \boldsymbol{a}_c)$$

$$= \boldsymbol{b}_c \cdot (\nabla \times \boldsymbol{a}) - \boldsymbol{a}_c \cdot (\nabla \times \boldsymbol{b})$$

$$= \boldsymbol{b} \cdot (\nabla \times \boldsymbol{a}) - \boldsymbol{a} \cdot (\nabla \times \boldsymbol{b}).$$

例 1.2.15 已知 $u = 3x\sin yz$, $\boldsymbol{r} = x\boldsymbol{i} + y\boldsymbol{j} + z\boldsymbol{k}$,求 $\nabla \cdot (u\boldsymbol{r})$.

解 由公式

$$\nabla \cdot (u\boldsymbol{r}) = u\nabla \cdot \boldsymbol{r} + \nabla u \cdot \boldsymbol{r},$$

但 $\nabla \cdot \boldsymbol{r} = \left(\boldsymbol{i}\dfrac{\partial}{\partial x}+\boldsymbol{j}\dfrac{\partial}{\partial y}+\boldsymbol{k}\dfrac{\partial}{\partial z}\right) \cdot (x\boldsymbol{i}+y\boldsymbol{j}+z\boldsymbol{k}) = 3$,而

$$\nabla u = \left(\boldsymbol{i}\dfrac{\partial}{\partial x}+\boldsymbol{j}\dfrac{\partial}{\partial y}+\boldsymbol{k}\dfrac{\partial}{\partial z}\right)3x\sin yz$$
$$= 3(\sin yz\boldsymbol{i}+xz\cos yz\boldsymbol{j}+xy\cos yz\boldsymbol{k}),$$

所以

$$\nabla \cdot (u\boldsymbol{r}) = 9x\sin yz + 3(\sin yz\boldsymbol{i}+xz\cos yz\boldsymbol{j}+xy\cos yz\boldsymbol{k}) \cdot \boldsymbol{r}$$
$$= 12x\sin yz + 6xyz\cos yz.$$

例 1.2.16 设静电场 $\boldsymbol{E} = \dfrac{1}{4\pi\varepsilon_0}\dfrac{\boldsymbol{r}}{r^3}$,证明 $\nabla \cdot \boldsymbol{E} = 0 (r \neq 0)$.

证 因为

$$\nabla \cdot \boldsymbol{E} = \nabla \cdot \dfrac{1}{4\pi\varepsilon_0}\dfrac{\boldsymbol{r}}{r^3} = \dfrac{1}{4\pi\varepsilon_0 r^3}\nabla \cdot \boldsymbol{r} + \dfrac{1}{4\pi\varepsilon_0}\boldsymbol{r} \cdot \nabla\left(\dfrac{1}{r^3}\right)$$

$$= \dfrac{3}{4\pi\varepsilon_0 r^3} + \dfrac{1}{4\pi\varepsilon_0}\boldsymbol{r} \cdot \dfrac{-3r^2 \nabla r}{r^6} = \dfrac{3}{4\pi\varepsilon_0 r^3} - \dfrac{3}{4\pi\varepsilon_0}\boldsymbol{r} \cdot \dfrac{\dfrac{\boldsymbol{r}}{r}}{r^4} = 0,$$

当空间充满电荷时,由高斯电通量定理

$$\oiint_S \boldsymbol{E} \cdot d\boldsymbol{s} = \dfrac{1}{\varepsilon_0}\iiint_\Omega \rho dv,$$

立即可得 $\nabla \cdot \boldsymbol{E} = \dfrac{\rho}{\varepsilon_0}$,其中 ρ 为电荷体密度.

例 1.2.17 稳定磁场的 Ampere(安培)环路定理的积分形式为

$$\oint_L \boldsymbol{B} \cdot d\boldsymbol{l} = \mu_0 \iint_S \boldsymbol{j} \cdot d\boldsymbol{s},$$

试导出其微分形式.

解 将积分式左边应用 Stokes 公式有

$$\iint_S \nabla \times \boldsymbol{B} \cdot d\boldsymbol{s} = \iint_S \mu_0 \boldsymbol{j} \cdot d\boldsymbol{s},$$

由于在 $\boldsymbol{B}$ 的定义区域内,S 是任意的,故

$$\nabla \times \boldsymbol{B} = \mu_0 \boldsymbol{j}.$$

§1.3 正交曲线坐标系下的 Laplace 算符、Green 第一公式和 Green 第二公式

1. Laplace 算符

记 $\nabla \cdot (\nabla u) = \nabla^2 u$(有些书上也记作 Δu),∇^2(或 Δ)称为 Laplace 算符. 在直角坐标系中,因为

$$\nabla^2 u = \dfrac{\partial}{\partial x}\left(\dfrac{\partial u}{\partial x}\right)+\dfrac{\partial}{\partial y}\left(\dfrac{\partial u}{\partial y}\right)+\dfrac{\partial}{\partial z}\left(\dfrac{\partial u}{\partial z}\right) = \dfrac{\partial^2 u}{\partial x^2}+\dfrac{\partial^2 u}{\partial y^2}+\dfrac{\partial^2 u}{\partial z^2}.$$

所以

$$\mathbf{\nabla}^2 = \frac{\partial^2}{\partial x^2} + \frac{\partial^2}{\partial y^2} + \frac{\partial^2}{\partial z^2}. \tag{1.3.1}$$

在正交曲线坐标系下，因为

$$\mathbf{\nabla} \cdot \mathbf{a} = \frac{1}{h_1 h_2 h_3} \left[\frac{\partial (a_1 h_2 h_3)}{\partial q_1} + \frac{\partial (a_2 h_1 h_3)}{\partial q_2} + \frac{\partial (a_3 h_2 h_1)}{\partial q_3} \right],$$

所以

$$\mathbf{\nabla}^2 u = \mathbf{\nabla} \cdot (\mathbf{\nabla} u) = \frac{1}{h_1 h_2 h_3} \left[\frac{\partial}{\partial q_1} \left(\frac{h_2 h_3}{h_1} \frac{\partial u}{\partial q_1} \right) + \frac{\partial}{\partial q_2} \left(\frac{h_3 h_1}{h_2} \frac{\partial u}{\partial q_2} \right) + \frac{\partial}{\partial q_3} \left(\frac{h_1 h_2}{h_3} \frac{\partial u}{\partial q_3} \right) \right]. \tag{1.3.2}$$

应用于柱坐标系和球坐标系，得到

$$\mathbf{\nabla}^2_{\text{柱}} = \frac{1}{\rho} \frac{\partial}{\partial \rho} \left(\rho \frac{\partial}{\partial \rho} \right) + \frac{1}{\rho^2} \frac{\partial^2}{\partial \varphi^2} + \frac{\partial^2}{\partial z^2}, \tag{1.3.3}$$

$$\mathbf{\nabla}^2_{\text{球}} = \frac{1}{r^2} \frac{\partial}{\partial r} \left(r^2 \frac{\partial}{\partial r} \right) + \frac{1}{r^2 \sin\theta} \frac{\partial}{\partial \theta} \left(\sin\theta \frac{\partial}{\partial \theta} \right) + \frac{1}{r^2 \sin^2\theta} \frac{\partial^2}{\partial \varphi^2}. \tag{1.3.4}$$

由式(1.3.3)可知，在平面极坐标系下有

$$\mathbf{\nabla}^2 = \frac{1}{\rho} \frac{\partial}{\partial \rho} \left(\rho \frac{\partial}{\partial \rho} \right) + \frac{1}{\rho^2} \frac{\partial^2}{\partial \varphi^2} = \frac{\partial^2 u}{\partial \rho^2} + \frac{1}{\rho} \frac{\partial u}{\partial \rho} + \frac{1}{\rho^2} \frac{\partial^2}{\partial \varphi^2}. \tag{1.3.5}$$

满足 $\mathbf{\nabla}^2 u = 0$ 的函数 u 成为调和函数.

运算规则：① $\mathbf{\nabla} \times (c\mathbf{A} + \mathrm{d}\mathbf{B}) = c\mathbf{\nabla} \times \mathbf{A} + \mathrm{d}\mathbf{\nabla} \times \mathbf{B}$,

② $\mathbf{\nabla} \times (u\mathbf{A}) = u\mathbf{\nabla} \times \mathbf{A} + (\mathbf{\nabla} u)\mathbf{A}$,

③ $\mathbf{\nabla} \cdot (\mathbf{A} \times \mathbf{B}) = \mathbf{B} \cdot (\mathbf{\nabla} \times \mathbf{A}) - \mathbf{A} \cdot (\mathbf{\nabla} \times \mathbf{B})$,

④ $\mathbf{\nabla} (\mathbf{A} \cdot \mathbf{B}) = (\mathbf{B} \cdot \mathbf{\nabla})\mathbf{A} + (\mathbf{A} \cdot \mathbf{\nabla})\mathbf{B} + \mathbf{B} \times (\mathbf{\nabla} \times \mathbf{A}) + \mathbf{A} \times (\mathbf{\nabla} \times \mathbf{B})$.

2. Laplace 算符作用于矢量函数

Laplace 算符对矢量 $\mathbf{a}\{a_1, a_2, a_3\}$ 的作用，可以利用矢量计算公式

$$\mathbf{\nabla} \times (\mathbf{\nabla} \times \mathbf{a}) = \mathbf{\nabla}(\mathbf{\nabla} \cdot \mathbf{a}) - \mathbf{\nabla}^2 \mathbf{a},$$

即

$$\mathbf{\nabla}^2 \mathbf{a} = \mathbf{\nabla}(\mathbf{\nabla} \cdot \mathbf{a}) - \mathbf{\nabla} \times (\mathbf{\nabla} \times \mathbf{a}). \tag{1.3.6}$$

而间接得出. 在直角坐标系中，

$$[\mathbf{\nabla}(\mathbf{\nabla} \cdot \mathbf{a})]_x = \frac{\partial}{\partial x}\left(\frac{\partial a_x}{\partial x} + \frac{\partial a_y}{\partial y} + \frac{\partial a_z}{\partial z}\right) = \frac{\partial^2 a_x}{\partial x^2} + \frac{\partial^2 a_y}{\partial x \partial y} + \frac{\partial^2 a_z}{\partial x \partial z},$$

$$[\mathbf{\nabla} \times (\mathbf{\nabla} \times \mathbf{a})]_x = \frac{\partial}{\partial y}\left(\frac{\partial a_y}{\partial x} - \frac{\partial a_x}{\partial y}\right) - \frac{\partial}{\partial z}\left(\frac{\partial a_x}{\partial z} - \frac{\partial a_z}{\partial x}\right)$$

$$= \frac{\partial^2 a_y}{\partial x \partial y} - \frac{\partial^2 a_x}{\partial y^2} - \frac{\partial^2 a_x}{\partial z^2} + \frac{\partial^2 a_z}{\partial x \partial z}.$$

若假定 $\mathbf{a}$ 的分量有连续的二阶偏导数，将上述结果代入到式(1.3.6)得到 $\mathbf{\nabla}^2 \mathbf{a}$ 在 x 方向的分量为

$$(\mathbf{\nabla}^2 \mathbf{a})_x = \frac{\partial^2 a_x}{\partial x^2} + \frac{\partial^2 a_x}{\partial y^2} + \frac{\partial^2 a_x}{\partial z^2} = \mathbf{\nabla}^2 a_x,$$

同理可得

$$(\mathbf{\nabla}^2 \mathbf{a})_y = \mathbf{\nabla}^2 a_y, \quad (\mathbf{\nabla}^2 \mathbf{a})_z = \mathbf{\nabla}^2 a_z.$$

于是

$$\mathbf{\nabla}^2 \mathbf{a} = \mathbf{\nabla}^2 a_x \mathbf{i} + \mathbf{\nabla}^2 a_y \mathbf{j} + \mathbf{\nabla}^2 a_z \mathbf{k}. \tag{1.3.7}$$

在柱坐标和球坐标中，由式(1.3.6)以及 §1.1 中关于散度和旋度的表达式，可以分别得到

$$(\mathbf{\nabla}^2 \mathbf{a})_{\text{柱}} = \left(\mathbf{\nabla}^2 a_\rho - \frac{a_\rho}{\rho^2} - \frac{2}{\rho^2}\frac{\partial a_\varphi}{\partial \varphi}\right)\mathbf{e}_\rho + \left(\mathbf{\nabla}^2 a_\varphi - \frac{a_\varphi}{\rho^2} + \frac{2}{\rho^2}\frac{\partial a_\rho}{\partial \varphi}\right)\mathbf{e}_\varphi + \mathbf{\nabla}^2 a_z \mathbf{e}_z, \tag{1.3.8}$$

$$(\nabla^2 \boldsymbol{a})_{球} = \left(\nabla^2 a_r - \frac{2}{r^2}a_r - \frac{2}{r^2\sin\theta}\frac{\partial}{\partial\theta}(a_\theta\sin\theta) - \frac{1}{r^2\sin\theta}\frac{\partial a_\varphi}{\partial\varphi}\right)\boldsymbol{e}_r +$$
$$\left(\nabla^2 a_\theta - \frac{1}{r^2\sin^2\theta}a_\theta + \frac{2}{r^2}\frac{\partial a_r}{\partial\theta} - \frac{2\cos\theta}{r^2\sin^2\theta}\frac{\partial a_\varphi}{\partial\varphi}\right)\boldsymbol{e}_\theta + \quad (1.3.9)$$
$$\left(\nabla^2 a_\varphi - \frac{1}{r^2\sin^2\theta}a_\varphi + \frac{2}{r^2}\frac{\partial a_r}{\partial\varphi} + \frac{2\cos\theta}{r^2\sin^2\theta}\frac{\partial a_\theta}{\partial\varphi}\right)\boldsymbol{e}_\varphi.$$

3. Green 第一公式和 Green 第二公式

Green 第一公式：设 Φ 有连续二阶偏导数，Ψ 有一阶连续的偏导数，则对单连通区域 Ω，有

$$\iiint_\Omega (\Psi\nabla^2\Phi + \nabla\Psi\cdot\nabla\Phi)\mathrm{d}v = \oiint_S \Psi\nabla\Phi\cdot\mathrm{d}\boldsymbol{s}. \quad (1.3.10)$$

证明 由 Gauss 公式 $\oiint_S \boldsymbol{A}\cdot\mathrm{d}\boldsymbol{s} = \iiint_\Omega \nabla\cdot\boldsymbol{A}\mathrm{d}v$，有

$$\oiint_S \Psi\nabla\Phi\cdot\mathrm{d}\boldsymbol{s} = \iiint_\Omega \nabla(\Psi\nabla\Phi)\mathrm{d}v = \iiint_\Omega (\Psi\nabla\cdot\nabla\Phi + \nabla\Psi\cdot\nabla\Phi)\mathrm{d}v$$
$$= \iiint_\Omega (\Psi\nabla^2\Phi + \nabla\Psi\cdot\nabla\Phi)\mathrm{d}v.$$

证毕.

将式(1.3.10)中 Φ 和 Ψ 的位置互换，得到的式子与(1.3.10)相减，就得到 Green 第二公式

$$\iiint_\Omega (\Psi\nabla^2\Phi - \Phi\nabla^2\Psi)\mathrm{d}v = \oiint_S (\Psi\nabla\Phi - \Phi\nabla\Psi)\cdot\mathrm{d}\boldsymbol{s}. \quad (1.3.11)$$

例 1.3.1 证明函数 $u = \frac{1}{r} = \frac{1}{\sqrt{x^2+y^2+z^2}}$ 满足 $\nabla^2 u = 0$（即 u 满足 Laplace 方程）.

证

$$\nabla^2 \frac{1}{r} = \nabla\cdot\nabla\frac{1}{r} = \nabla\left(-\frac{\nabla r}{r^2}\right) = -\nabla\left(\frac{1}{r^3}\cdot\boldsymbol{r}\right) = -\left[\frac{1}{r^3}\nabla\cdot\boldsymbol{r} + \left(\nabla\frac{1}{r^3}\right)\cdot\boldsymbol{r}\right]$$
$$= -\left[\frac{3}{r^3} - \frac{3}{r^4}\frac{\boldsymbol{r}\cdot\boldsymbol{r}}{r}\right] = 0.$$

§1.4 算子方程

1. 由方程 $\nabla\times\boldsymbol{a}=0$ 定义的无旋场及其位势

定义 1.4.1 满足方程 $\nabla\times\boldsymbol{a}=0$ 的矢量场 $\boldsymbol{a}(x,y,z)$ 称为无旋场.

定理 1.4.1 若有 $\nabla\times\boldsymbol{a}=0$，则有标量函数 $u(x,y,z)$，使 $\boldsymbol{a}=\nabla u$，u 称为 $\boldsymbol{a}$ 的势函数，因此无旋场又称为有势场.

证明 由 Stokes 公式

$$\oint_c \boldsymbol{a}\cdot\mathrm{d}\boldsymbol{l} = \iint_S \nabla\times\boldsymbol{a}\cdot\mathrm{d}\boldsymbol{s},$$

当 $\boldsymbol{a}$ 为无旋场时，有 $\oint_c \boldsymbol{a}\cdot\mathrm{d}\boldsymbol{l} = 0$，即 $\int_{M_0}^M \boldsymbol{a}\cdot\mathrm{d}\boldsymbol{l}$ 为 x,y,z 的单值函数，即为

$$u(x,y,z) = \int_{M_0}^{M} \boldsymbol{a} \cdot \mathrm{d}\boldsymbol{l}.$$

在 $M(x,y,z)$ 的邻域内取一点 $M_1(x+\Delta x, y, z)$,则

$$u(M_1) - u(M) = \left(\int_{M_0}^{M_1} \boldsymbol{a} \cdot \mathrm{d}\boldsymbol{l} - \int_{M_0}^{M} \boldsymbol{a} \cdot \mathrm{d}\boldsymbol{l}\right) = \left(\int_{M_0}^{M} \boldsymbol{a} \cdot \mathrm{d}\boldsymbol{l} + \int_{M}^{M_1} \boldsymbol{a} \cdot \mathrm{d}\boldsymbol{l} - \int_{M_0}^{M} \boldsymbol{a} \cdot \mathrm{d}\boldsymbol{l}\right)$$

$$= \int_{M}^{M_1} \boldsymbol{a} \cdot \mathrm{d}\boldsymbol{l},$$

由积分中值定理,在 MM_1 上至少有一点 P,使

$$\int_{M_0}^{M} a_x \mathrm{d}x = a_x(p) \cdot \Delta x,$$

即

$$\frac{\partial u}{\partial x} = \lim_{\Delta x \to 0} \frac{u(M_1) - u(M)}{\Delta x} = a_x.$$

同理可证

$$\frac{\partial u}{\partial y} = a_y, \quad \frac{\partial u}{\partial z} = a_z.$$

即

$$\boldsymbol{a} = \nabla u.$$

由于 M_0 是任意的,故 $u(x,y,z)$ 不是唯一的,不同的势函数之间相差一个常数. 有时也将势函数记为 $v = -u$.

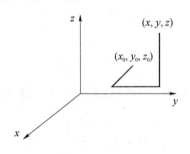

图 1.3.1

求势函数可取平行于坐标轴的折线,如图 1.3.1 所示,则

$$u(x,y,z) = \int_{x_0}^{x} a_x(x, y_0, z_0) \mathrm{d}x + \int_{y_0}^{y} a_y(x, y, z_0) \mathrm{d}y + \int_{z_0}^{z} a_z(x, y, z) \mathrm{d}z. \quad (1.4.1)$$

例 1.4.1 证明矢量场

$$\boldsymbol{A} = 2xyz^2 \boldsymbol{i} + (x^2 z^2 + \cos y)\boldsymbol{j} + 2x^2 yz \boldsymbol{k}$$

为有势场,并求其势函数.

证

$$\mathrm{rot}\, \boldsymbol{A} = \begin{vmatrix} \boldsymbol{i} & \boldsymbol{j} & \boldsymbol{k} \\ \dfrac{\partial}{\partial x} & \dfrac{\partial}{\partial y} & \dfrac{\partial}{\partial z} \\ 2xyz^2 & x^2 z^2 + \cos y & 2x^2 yz \end{vmatrix}$$

$$= (2x^2 z - 2x^2 z)\boldsymbol{i} + (4xyz - 4xyz)\boldsymbol{j} + (2xz^2 - 2xz^2)\boldsymbol{k}$$

$$= \boldsymbol{0}.$$

故 $\boldsymbol{A}$ 为有势场.

现在应用 $u(x,y,z) = \int_{x_0}^{x} a_x(x, y_0, z_0) \mathrm{d}x + \int_{y_0}^{y} a_y(x, y, z_0) \mathrm{d}y + \int_{z_0}^{z} a_z(x, y, z) \mathrm{d}z$ 求势函数. 为简便计,取 $M_0(x_0, y_0, z_0)$ 为坐标原点 $O(0,0,0)$,有

$$u = \int_0^x 0 \mathrm{d}x + \int_0^y \cos y \mathrm{d}y + \int_0^z 2x^2 yz \mathrm{d}z = \sin y + x^2 yz^2,$$

于是得势函数

$$v = -u = -\sin y - x^2 yz^2.$$

而势函数的全体则为
$$v=-\sin y-x^2yz^2+c.$$

求有势场的势函数,还可用不定积分来计算,如下例.

例 1.4.2 用不定积分法求例 1.4.1 中的矢量场 $\boldsymbol{A}$ 的势函数.

解 例 1.4.1 中已证得 $\boldsymbol{A}$ 为有势场,故存在函数 u 满足 $\boldsymbol{A}=\mathrm{grad}\,u$,即有
$$u_x=2xyz^2,\quad u_y=x^2z^2+\cos y,\quad u_z=2x^2yz. \tag{1.4.2}$$

由第一个方程对 x 积分,得
$$u=x^2yz^2+\varphi(y,z), \tag{1.4.3}$$

其中 $\varphi(y,z)$ 暂时是任意的,为了确定它,将上式对 y 求导,得
$$u_y=x^2z^2+\varphi'_y(y,z). \tag{1.4.4}$$

与式(1.4.2)中第二式比较,知 $\varphi'_y(y,z)=\cos y$,两边对 y 积分有
$$\varphi(y,z)=\sin y+\varphi(z),$$

代入式(1.4.3),得
$$u=x^2yz^2+\sin y+\varphi(z). \tag{1.4.5}$$

再来确定 $\varphi(z)$,将上式对 z 求导,得
$$u_z=2x^2yz+\varphi'(z),$$

与式(1.4.2)中第三式比较知 $\varphi'(z)=0$,故 $\varphi(z)=c_1$,代入式(1.4.5),知
$$u=x^2yz^2+\sin y+c_1,$$

从而势函数为
$$v=-x^2yz^2-\sin y+c.$$

2. 由 $\nabla\cdot\boldsymbol{a}=0$ 定义的无源场及其矢量势

定义 1.4.2 满足方程 $\nabla\cdot\boldsymbol{a}=0$ 的矢量场 $\boldsymbol{a}(x,y,z)$ 称为无源场,无源场又称管形场.

定理 1.4.2 如果 $\nabla\cdot\boldsymbol{a}=0$,则存在矢量场 $\boldsymbol{A}$,使 $\nabla\times\boldsymbol{A}=\boldsymbol{a}$,$\boldsymbol{A}$ 称为 $\boldsymbol{a}$ 的矢量势,$\boldsymbol{A}=\{A_x,A_y,A_z\}$ 满足下列等式:
$$A_x=\frac{\partial}{\partial x}\int A_x\mathrm{d}x,\quad A_y=\int a_z\mathrm{d}x+\frac{\partial}{\partial y}\int A_x\mathrm{d}x,\quad A_z=-\int a_y\mathrm{d}x+\frac{\partial}{\partial z}\int A_x\mathrm{d}x. \tag{1.4.6}$$

证明 如能找到矢量场 $\boldsymbol{A}$,使得
$$\frac{\partial A_z}{\partial y}-\frac{\partial A_y}{\partial z}=a_x, \tag{1}$$

$$\frac{\partial A_x}{\partial z}-\frac{\partial A_z}{\partial x}=a_y, \tag{2}$$

$$\frac{\partial A_y}{\partial x}-\frac{\partial A_x}{\partial y}=a_z. \tag{3}$$

则定理得证. 为此暂任取函数 A_x,从(2)、(3)式解得
$$A_z=-\int^x a_y\mathrm{d}x+\int^x\frac{\partial A_x}{\partial z}\mathrm{d}x, \tag{4}$$

$$A_y=\int^x a_z\mathrm{d}x+\int^x\frac{\partial A_x}{\partial y}\mathrm{d}x. \tag{5}$$

记号 $\int^x\cdots\mathrm{d}x$ 表示对 x 积分,其他变数暂时看作常数. (4)和(5)两式显然满足(2)和(3)式,现在来证明它们也满足(1)式. 将(4)和(5)式代入(1)式左边,得到

$$-\int^x \frac{\partial a_y}{\partial y}\mathrm{d}x + \int^x \frac{\partial A_x}{\partial y \partial z}\mathrm{d}x - \int^x \frac{\partial a_z}{\partial z}\mathrm{d}x - \int^x \frac{\partial A_x}{\partial y \partial z}\mathrm{d}x$$

$$= -\int^x \left(\frac{\partial a_y}{\partial y} + \frac{\partial a_z}{\partial z}\right)\mathrm{d}x \xlongequal{\nabla \cdot a = 0} \int^x \frac{\partial a_x}{\partial x}\mathrm{d}x = a_x,$$

可见(1)式也可以满足,于是得出矢量势的分量用式(1.4.6)表示.

上面证明了矢量势的存在性,但并不唯一,例如,在式(1.4.6)中令 $A_x = 0$,则得到一个矢量势

$$A_x = 0, \quad A_y = \int a_z \mathrm{d}x, \quad A_z = -\int a_y \mathrm{d}x.$$

事实上,因为 $\nabla \times \nabla \psi = 0$,故 $\nabla \times (\mathbf{A} + \nabla \psi) = \nabla \times \mathbf{A}$($\psi$ 为任意一个标量场),即一个无源场的矢量势加上任意一个标量场的梯度仍然是这个矢量场的矢量势.

例 1.4.3 稳定磁场的毕-沙定律表明磁感应强度 $\mathbf{B}$ 与电流分布之间有关系:

$$\mathbf{B}(x,y,z) = \frac{\mu_0}{4\pi}\iiint_{v^*} \frac{\mathbf{j}(x',y',z') \times \mathbf{r}}{r^3}\mathrm{d}v', \tag{1.4.7}$$

其中 $\mathbf{j}$ 为电流密度,v^* 为电流分布区域. 证明磁感应强度 $\mathbf{B}$ 为无源场,并求出其矢量势.

解 由于 $\mathbf{j}$ 与场点坐标 x,y,z 无关,故

$$\nabla \times \mathbf{j} = 0,$$

$$\nabla \times \frac{\mathbf{j}}{r} = \nabla \frac{1}{r} \times \mathbf{j} = \mathbf{j} \times \frac{\mathbf{r}}{r^3}.$$

故式(1.4.7)可改为 $\mathbf{B} = \dfrac{\mu_0}{4\pi}\nabla \times \iiint_{v^*} \dfrac{\mathbf{j}(x',y',z') \times \mathbf{r}}{r}\mathrm{d}v'$.

既然 $\mathbf{B}$ 是某个矢量场的旋度,故 $\mathbf{B}$ 为无源场,同时,我们找到了 $\mathbf{B}$ 的一个矢量势

$$\mathbf{A} = \frac{\mu_0}{4\pi}\iiint_{v^*} \frac{\mathbf{j}(x',y',z') \times \mathbf{r}}{r}\mathrm{d}v'.$$

例 1.4.4 证明 $\mathbf{F} = (2x^2 + 8xy^2z)\mathbf{i} + (3x^3y - 3xy)\mathbf{j} - (4y^2z^2 + 2x^3z)\mathbf{k}$ 不是无源场,而 $\mathbf{A} = xyz^2\mathbf{F}$ 是无源场.

证 因为

$$\nabla \cdot \mathbf{F} = \frac{\partial}{\partial x}(2x^2 + 8xy^2z) + \frac{\partial}{\partial y}(3x^3y - 3xy) - \frac{\partial}{\partial z}(4y^2z^2 + 2x^3z)$$

$$= 4x + 8y^2z + 3x^3 - 3x - 8y^2z - 2x^3$$

$$= x + x^3 \neq 0,$$

所以 $\mathbf{F}$ 不是无源场;而

$$\nabla \cdot \mathbf{A} = \frac{\partial}{\partial x}(2x^3yz^2 + 8x^2y^3z^3) + \frac{\partial}{\partial y}(3x^4y^2z^2 - 3x^2y^2z^2) - \frac{\partial}{\partial z}(4xy^3z^4 + 2x^4yz^3)$$

$$= 6x^2yz^2 + 16xy^3z^3 + 6x^4yz^2 - 6x^2yz^2 - 16xy^3z^3 - 6x^4yz^2$$

$$= 0,$$

由定义知 $\mathbf{A}$ 为无源场.

3. 调和场 Laplace 方程

定义 1.4.3 既无源又无旋的矢量场称为调和场.

由定义 1.4.3,在调和场域内同时满足

$$\nabla \times \mathbf{a} = 0, \qquad \nabla \cdot \mathbf{a} = 0.$$

由于无旋,所以是有势场,存在势函数 u 使得
$$a = \nabla u = \left\{\frac{\partial u}{\partial x}, \frac{\partial u}{\partial y}, \frac{\partial u}{\partial z}\right\}.$$
又由于 a 是无源场,所以有
$$\nabla \cdot a = \nabla \cdot (\nabla u) = 0,$$
即
$$\nabla^2 u = 0 \quad \text{或} \quad \frac{\partial^2 u}{\partial x^2} + \frac{\partial^2 u}{\partial y^2} + \frac{\partial^2 u}{\partial z^2} = 0. \tag{1.4.8}$$

这便是 Laplace 方程. u 成为调和场的势函数.

例 1.4.5 证明 $A = (2x+y, 4y+x+2z, 2y-6z)$ 为调和场.

证明: 因为
$$\text{div}\, A = \frac{\partial P}{\partial x} + \frac{\partial Q}{\partial y} + \frac{\partial R}{\partial z} = 2 + 4 - 6 = 0,$$

$$\text{rot}\, A = \begin{vmatrix} i & j & k \\ \dfrac{\partial}{\partial x} & \dfrac{\partial}{\partial y} & \dfrac{\partial}{\partial z} \\ 2x+y & 4y+x+2z & 2y-6z \end{vmatrix}$$
$$= \left[\frac{\partial}{\partial y}(2y-6z) - \frac{\partial}{\partial z}(4y+x+2z)\right]i + \left[\frac{\partial}{\partial z}(2x+y) - \frac{\partial}{\partial x}(2y-6z)\right]j +$$
$$\left[\frac{\partial}{\partial x}(4y+x+2z) - \frac{\partial}{\partial y}(2x+y)\right]$$
$$= \mathbf{0},$$

所以,该向量场为一调和场.

4. 矢量场由它的散度、旋度和边界条件唯一确定

定理 1.4.3 如果给定矢量场的散度和旋度,以及矢量场在区域边界上的法向分量或切向分量,则区域内的矢量场唯一确定.

证明 用反证法. 假设有两个满足条件的矢量 a_1 和 a_2. 令 $b = a_1 - a_2$,则 $\nabla \times b = \nabla \times a_1 - \nabla \times a_2 = 0$,故可将 b 表示为 $b = \nabla u$,应用 Green 第一公式有
$$\iiint_V [u\nabla^2 u + (\nabla u)^2] \mathrm{d}v = \oiint_S u\frac{\partial u}{\partial n} \mathrm{d}s, \tag{1.4.9}$$
由于 $\nabla^2 u = \nabla \cdot b = \nabla \cdot a_1 - \nabla \cdot a_2 = 0$,故上式左边第一项等于零,如果在边界 S 上的法向矢量给定,则
$$\frac{\partial u}{\partial n}\bigg|_S = (b)_n|_S = (a_1)_n|_S - (a_2)_n|_S = 0,$$
从而式(1.3.4)的右端为零.

如果边界的切向分量给定
$$\frac{\partial u}{\partial \tau}\bigg|_S = (b)_\tau|_S, \quad \left(\text{因为} \frac{\partial u}{\partial \tau} = \nabla u \cdot \tau^0 = b \cdot \tau^0\right),$$
即
$$\frac{\partial u}{\partial \tau}\bigg|_S = (b)_\tau|_S = (a_1)_\tau|_S - (a_2)_\tau|_S = 0,$$
这表明 S 是 u 的等值面,于是

$$\oiint_S u \frac{\partial u}{\partial n} \mathrm{d}s = u \oiint_S \frac{\partial u}{\partial n} \mathrm{d}s = u \oiint_S \nabla u \mathrm{d}s = u \iiint_V \nabla^2 u \mathrm{d}v = 0.$$

可见，在两种条件下都有 $\iiint_V (\nabla u)^2 \mathrm{d}v = 0$，因为 $(\nabla u)^2 \geqslant 0$，故 $\nabla u = \mathbf{0}$，即 $\mathbf{b} = \mathbf{0}$，亦即 $\mathbf{a}_1 = \mathbf{a}_2$，定理得证．

5. 已知无旋场的散度求解场、Poisson 方程

现在要在一定的边界条件下求解方程组

$$\begin{cases} \nabla \times \mathbf{a} = \mathbf{0}, \\ \nabla \cdot \mathbf{a} = f(x,y,z) \quad (f(x,y,z) \text{为已知函数}). \end{cases} \tag{1.4.10}$$

由于 $\nabla \times \mathbf{a} = \mathbf{0}$，故可令 $\mathbf{a} = \nabla u$，如果能够求出 u，则 $\mathbf{a}$ 得解．对于 u，第二个方程化为

$$\nabla^2 u = f(x,y,z). \tag{1.4.11}$$

这就是 Poisson 方程，在一定条件下求解 Poisson 方程是数学物理的重要课题，将在下面的章节中讨论．

6. 已知无源场的旋度求解场，Poisson 方程组

已知 $\mathbf{a}$ 满足

$$\begin{cases} \nabla \cdot \mathbf{a} = \mathbf{0}, \\ \nabla \times \mathbf{a} = \mathbf{u}(x,y,z) \quad (\mathbf{u}(x,y,z) \text{为已知的矢量函数}). \end{cases} \tag{1.4.12}$$

求解 $\mathbf{a}$．

由于 $\nabla \cdot \mathbf{a} = \mathbf{0}$，故可令 $\mathbf{a} = \nabla \times \mathbf{A}$，如果能够求出 $\mathbf{A}$，则 $\mathbf{a}$ 得解．为此将第二个方程化为

$$\nabla \times (\nabla \times \mathbf{A}) = \mathbf{u}(x,y,z). \tag{1.4.13}$$

利用矢量的 Laplace 算子式(1.3.6)，得

$$\nabla(\nabla \cdot \mathbf{A}) - \nabla^2 \mathbf{A} = \mathbf{u}(x,y,z). \tag{1.4.14}$$

这是一个复杂的方程，我们设法将其简化．由于原方程的解是唯一的，而我们所引入的矢量势却有无穷多个，只要找到其中之一，就能确定原方程的解．

为了简化式(1.4.14)，加上附加条件(也称规范条件) $\nabla \cdot \mathbf{A} = 0$．首先说明这样规范是合理的．就是说在满足条件的所有矢量 $\mathbf{A}$ 中取其散度为零的．事实上，如果 $\mathbf{a}$ 有矢量势 $\mathbf{A}_1$，它的散度不为零，即如果

$$\nabla \times \mathbf{A}_1 = \mathbf{a}, \quad \nabla \cdot \mathbf{A}_1 = \varphi(x,y,z) \neq 0,$$

另取 $\mathbf{A}$，使 $\mathbf{A} = \mathbf{A}_1 + \nabla \psi$ (ψ 为待定标量场)，一方面，$\nabla \times \mathbf{A} = \nabla \times \mathbf{A}_1 = \mathbf{a}$，同时 $\nabla \cdot \mathbf{A} = \varphi + \nabla^2 \psi$，我们这样选取 ψ，使 $\nabla^2 \psi = -\varphi$，便可得到 $\nabla \cdot \mathbf{A} = 0$，加上这个条件后，式(1.4.14)化为

$$\nabla^2 \mathbf{A} = -\mathbf{u}(x,y,z). \tag{1.4.15}$$

由式(1.3.7)，在直角坐标系下，式(1.4.15)相当于三个 Poisson 方程

$$\nabla^2 A_x = -u_x, \quad \nabla^2 A_y = -u_y, \quad \nabla^2 A_z = -u_z. \tag{1.4.16}$$

7. 矢量场的分解

定理 1.4.4 若矢量场 $\mathbf{a}$ 具备由唯一性定理所要求的边界条件，则该矢量场可以唯一地分解为无旋场和无源场的叠加，即对于任何 $\mathbf{a}$ 有

$$\mathbf{a} = \mathbf{a}_1 + \mathbf{a}_2,$$

其中

$$\nabla \times \boldsymbol{a}_1 = \boldsymbol{0}, \quad \nabla \cdot \boldsymbol{a}_2 = 0.$$

证明 因为 $\boldsymbol{a}$ 已知,故 $\nabla \times \boldsymbol{a}$ 和 $\nabla \cdot \boldsymbol{a}$ 都可求出,即

$$\nabla \times \boldsymbol{a} = \nabla \times \boldsymbol{a}_1 + \nabla \times \boldsymbol{a}_2 = \boldsymbol{b} \quad (已知),$$

$$\nabla \cdot \boldsymbol{a} = \nabla \cdot \boldsymbol{a}_1 + \nabla \cdot \boldsymbol{a}_2 = f \quad (已知),$$

令 $\nabla \times \boldsymbol{a}_1 = \boldsymbol{0}, \quad \nabla \cdot \boldsymbol{a}_2 = 0$,得到方程组

$$\begin{cases} \nabla \times \boldsymbol{a}_1 = \boldsymbol{0}, \\ \nabla \cdot \boldsymbol{a}_1 = f, \end{cases}$$

和

$$\begin{cases} \nabla \cdot \boldsymbol{a}_2 = 0, \\ \nabla \times \boldsymbol{a}_2 = \boldsymbol{b}. \end{cases}$$

按照上面第 5 和第 6 条中给出的方法求出 $\boldsymbol{a}_1$ 和 $\boldsymbol{a}_2$,则有 $\boldsymbol{a} = \boldsymbol{a}_1 + \boldsymbol{a}_2$.

如果再有 $\boldsymbol{a}' = \boldsymbol{a}_1 + \boldsymbol{a}_2$,则必有 $\nabla \cdot \boldsymbol{a}' = \nabla \cdot \boldsymbol{a}_1 = f, \quad \nabla \times \boldsymbol{a}' = \nabla \times \boldsymbol{a}_2 = \boldsymbol{b}$,而已知 $\nabla \cdot \boldsymbol{a} = f$,$\nabla \times \boldsymbol{a} = \boldsymbol{b}$,由解的唯一性有

$$\boldsymbol{a}' = \boldsymbol{a}.$$

习 题 一

1. 求向量函数 $\boldsymbol{F}(M) = \left\{ \dfrac{xz}{\sqrt{xz+1}-1}, e^{x^2 z} + y^2, \dfrac{\sin(xy)}{y} \right\}$ 的极限 $\lim\limits_{M \to (0,1,-1)} \boldsymbol{F}(M)$.

2. 求向量函数 $\boldsymbol{F}(M) = \left\{ e^{x^2 + y^2}, yz + x^2, \dfrac{y-1}{1+xz} \right\}$ 的极限 $\lim\limits_{M \to (-1,0,-1)} \boldsymbol{F}(M)$.

3. 讨论下列向量函数在指定处的连续性:

(1) $\boldsymbol{F}(M) = \left\{ \dfrac{x^3 + y^3}{x^2 + y^2}, x+y+z, x^2 + z^2 \right\}$ 在点 $M_0(0,0,2)$;

(2) $\boldsymbol{F}(M) = \left\{ \dfrac{\sin(xy)}{x}, x+3y, 3z+xy \right\}$ 在点 $M_0(0,1,-1)$.

4. 求矢量函数 $\boldsymbol{A}(x,y,z) = x\sin(x+y)\boldsymbol{i} + x^4 y^2 \boldsymbol{j} + (x + e^{yz})\boldsymbol{k}$ 的偏导数 $\dfrac{\partial \boldsymbol{A}}{\partial x}, \dfrac{\partial \boldsymbol{A}}{\partial y}$ 和 $\dfrac{\partial \boldsymbol{A}}{\partial z}$.

5. (1) 已知 $\boldsymbol{A}(t) = (1 + 3t^2)\boldsymbol{i} - 2t^3 \boldsymbol{j} + \dfrac{t}{2}\boldsymbol{k}$,求 $\int_0^2 \boldsymbol{A}(t)\,\mathrm{d}t$,

(2) 计算 $\int \boldsymbol{F}(M)\,\mathrm{d}x$,其中 $\boldsymbol{F}(M) = \left\{ 1 + 3x^2, x^2 + \dfrac{e^x}{x}, \ln x \right\}$.

6. 计算下列各题

(1) 设数量场 $u = \ln \sqrt{x^2 + y^2 + z^2}$,求 $\mathrm{div}(\mathrm{grad}\, u)$.

(2) 设 $\boldsymbol{r} = x\boldsymbol{i} + y\boldsymbol{j} + z\boldsymbol{k}, r = \sqrt{x^2 + y^2 + z^2}$ 是 $\boldsymbol{r}$ 的模,$\boldsymbol{C}$ 为常向量,求 $\mathrm{rot}[f(r)\boldsymbol{C}]$.

(3) 求向量场 $\boldsymbol{F} = xy^2 \boldsymbol{i} + ye^z \boldsymbol{j} + x\ln(1+z^2)\boldsymbol{k}$ 在点 $P(x,y,z)$ 处的散度 $\mathrm{div}\,\boldsymbol{F}$.

7. 设数量场 $u = \dfrac{a}{r}$,其中 $r = \sqrt{x^2 + y^2 + z^2}$,$a$ 为常数.

(1) 求 u 在 $P(x_0,y_0,z_0)$ 处的梯度 $\mathrm{grad}\, u|_P$;

(2) 求 u 在 P 处沿 $x_0\boldsymbol{i}+y_0\boldsymbol{j}+z_0\boldsymbol{k}$ 方向的方向导数.

8. 一质点在力场 $\boldsymbol{F}=(y-z)\boldsymbol{i}+(z-x)\boldsymbol{j}+(x-y)\boldsymbol{k}$ 的作用下,沿螺旋线 $x=a\cos t, y=a\sin t, z=bt$ 运动,求其从 $t=0$ 到 $t=2\pi$ 时所作的功.

9. 设 S 为平面 $x=0, y=0, z=0$, 和 $x+y+z=1$ 所构成,求向量场 $\boldsymbol{F}=x\boldsymbol{i}+y\boldsymbol{j}+z\boldsymbol{k}$ 从内穿出闭曲面 S 的通量 Φ.

10. 已知数量场 $u=\ln\dfrac{1}{r}$,其中 $r=\sqrt{(x-a)^2+(y-b)^2+(z-c)^2}$. 在空间 $Oxyz$ 的哪些点上等式 $|\mathrm{grad}\, u|=1$ 成立?

11. (1) 证明: $\boldsymbol{\nabla}\dfrac{1}{r}=-\dfrac{\boldsymbol{r}}{r^3}, \boldsymbol{\nabla}\dfrac{1}{r^3}=-\dfrac{3\boldsymbol{r}}{r^5}$, 其中 $\boldsymbol{r}=x\boldsymbol{i}+y\boldsymbol{j}+z\boldsymbol{k}$.

(2) 若 $u=u(v,w), v=v(x,y,z), w=w(x,y,z)$, 证明:
$$\boldsymbol{\nabla} u=\dfrac{\partial u}{\partial v}\boldsymbol{\nabla} v+\dfrac{\partial u}{\partial w}\boldsymbol{\nabla} w.$$

(3) 求标量场 $u=x^2+2y^2+3z^2+xy+3x-2y-6z$ 在点 $(1,-2,1)$ 处梯度的大小和方向.

(4) 证明 $\boldsymbol{\nabla} u$ 为常矢量的充要条件是 u 为线性函数 $u=ax+by+cz+d$.

12. (1) 证明 $\boldsymbol{\nabla}\cdot\dfrac{\boldsymbol{r}}{r}=\dfrac{2}{r}, \boldsymbol{\nabla}\cdot(r\boldsymbol{k})=\dfrac{\boldsymbol{r}}{r}\cdot\boldsymbol{k}$, ($\boldsymbol{k}$ 为常矢量, $r=\sqrt{x^2+y^2+z^2}$).

(2) 若 $\boldsymbol{A}=\boldsymbol{A}(u), u=u(x,y,z)$, 求证 $\boldsymbol{\nabla}\cdot\boldsymbol{A}=\dfrac{\mathrm{d}\boldsymbol{A}}{\mathrm{d}u}\cdot\boldsymbol{\nabla} u$.

(3) 可压缩流体的密度为非稳定场 $\rho(x,y,z,t)$, 流体的质量守恒定律为:
$$\oiint_S \rho\boldsymbol{v}\cdot\mathrm{d}\boldsymbol{s}=-\dfrac{\mathrm{d}}{\mathrm{d}t}\iiint_\Omega \rho\,\mathrm{d}\Omega,$$
试由此推出流体力学的连续性方程 $\dfrac{\partial\rho}{\partial t}+\boldsymbol{\nabla}\cdot(\rho\boldsymbol{v})=0$.

13. (1) 证明: $\boldsymbol{\nabla}\times\dfrac{\boldsymbol{r}}{r^3}=\boldsymbol{0}, \boldsymbol{\nabla}\times[F(r)\boldsymbol{r}]=\boldsymbol{0}$.

(2) 若 $\boldsymbol{k}$ 为常矢量,证明: $\boldsymbol{\nabla}\times\dfrac{\boldsymbol{k}}{r}=\boldsymbol{k}\times\dfrac{\boldsymbol{r}}{r^3}$.

(3) 若 $\boldsymbol{k}$ 为常矢量,证明: $\boldsymbol{\nabla}\times[F(r)\boldsymbol{k}]=F'(r)\dfrac{\boldsymbol{r}}{r}\times\boldsymbol{k}$.

(4) 若 $\boldsymbol{A}=\boldsymbol{A}(u), u=u(x,y,z)$, 证明 $\boldsymbol{\nabla}\boldsymbol{A}=\boldsymbol{\nabla} u\times\dfrac{\mathrm{d}\boldsymbol{A}}{\mathrm{d}u}$.

(5) 证明: $(\boldsymbol{A}\cdot\boldsymbol{\nabla})\boldsymbol{r}=\boldsymbol{A}$.

14. $\boldsymbol{k}$ 为常矢量, $\boldsymbol{\nabla}\times\boldsymbol{E}=\boldsymbol{0}$, 证明:

(1) $\boldsymbol{\nabla}(\boldsymbol{k}\cdot\boldsymbol{E})=(\boldsymbol{k}\cdot\boldsymbol{\nabla})\boldsymbol{E}$,

(2) $\boldsymbol{\nabla}(\boldsymbol{k}\cdot\boldsymbol{r})=\boldsymbol{k}$,

(3) $\boldsymbol{\nabla}\left(\dfrac{\boldsymbol{k}\cdot\boldsymbol{r}}{r^3}\right)=-\left[\dfrac{3(\boldsymbol{k}\cdot\boldsymbol{r})\boldsymbol{r}}{r^5}-\dfrac{\boldsymbol{k}}{r^3}\right]$,

(4) $\boldsymbol{\nabla}\left(\dfrac{\boldsymbol{k}\times\boldsymbol{r}}{r^3}\right)=\dfrac{3(\boldsymbol{k}\cdot\boldsymbol{r})\boldsymbol{r}}{r^5}-\dfrac{\boldsymbol{k}}{r^3}$.

15. (1) 证明 $\boldsymbol{E}\times(\boldsymbol{\nabla}\times\boldsymbol{E})=\dfrac{1}{2}\boldsymbol{\nabla} E^2-(\boldsymbol{E}\cdot\boldsymbol{\nabla})$,

(2) 证明 $\iiint_v \mathbf{\nabla} \times \mathbf{A} \mathrm{d}v = -\oiint_s \mathbf{A} \times \mathrm{d}\mathbf{s}$,

(3) 由电磁感应定律的积分形式

$$\oint_l \mathbf{E} \cdot \mathrm{d}\mathbf{l} = -\frac{\mathrm{d}}{\mathrm{d}t}\iint_s \mathbf{B} \cdot \mathrm{d}\mathbf{s},$$

推出其微分形式 $\mathbf{\nabla} \times \mathbf{E} = -\frac{\partial \mathbf{B}}{\partial t}$.

(4) 证明 $\oint_l (\mathbf{A} \times \mathbf{r}) \cdot \mathrm{d}\mathbf{l} = 2\iint_s \mathbf{A} \cdot \mathrm{d}\mathbf{s}$ ($\mathbf{A}$ 为常矢量).

16. 证明: $\mathbf{\nabla}^2(uv) = u\mathbf{\nabla}^2 v + v\mathbf{\nabla}^2 u + 2\mathbf{\nabla}u \cdot \mathbf{\nabla}v$.

17. (1) 若 $\mathbf{a}$ 为无旋场,证明 $a_x\mathrm{d}x + a_y\mathrm{d}y + a_z\mathrm{d}z$ 为全微分.

(2) 证明: $\frac{c}{r}$ (c 为任意常数,$r = \sqrt{x^2+y^2+z^2} \neq 0$)的梯度所构成的场既是无旋场,又是无源场.

(3) 设 $\mathbf{a}$ 是常矢量,满足 $\mathbf{\nabla} \times \mathbf{b} = \mathbf{\nabla}\varphi \times \mathbf{a}$,求 $\mathbf{b}$.

18. $f(r)$是怎样的函数才能有

$$\mathbf{\nabla} \cdot [f(r)\mathbf{r}] = 0 \text{ 或 } \mathbf{\nabla} \cdot [\mathbf{\nabla}f(r)] = 0.$$

第 2 章 数学物理定解问题

§2.1 基本方程的建立

基本方程是一类或几类物理现象满足的普遍规律的数学表达,这一节的工作就是将物理规律"翻译"成数学语言,即列出数学物理方程.建立这种描述物理现象的数学方程通常有三种方法.(1)微元法:在整个系统中分出一个小部分,分析邻近部分与这一小部分的相互作用,根据物理学规律(比如牛顿第二定律等),用数学表达式来表示这个作用,通过对表达式的化简、整理,即得到所研究问题满足的数学物理方程;(2)规律法:将物理规律(比如 Maxwell 方程组)用(容易求解的)的数学物理方程表示出来;(3)统计法:通过统计规律建立所研究问题满足的(广义)数学物理方程,常用于经济、社会科学等领域.希望读者通过这一章的学习,在掌握所导出的数学物理方程的同时,学到这种"翻译方法".下面我们通过实例来做这一工作.

2.1.1 均匀弦的微小横振动

设有一根均匀柔软的细弦,平衡时沿直线拉紧,而且除了受不随时间变化的张力及弦本身的重力外,不受其他外力的作用.下面研究弦作微小横振动的规律."所谓"横向"是指全部运动出现在一个平面内,而且弦上的点沿垂直于 x 轴的方向运动(如图 2.1.1 所示)."所谓"微小"是指运动的幅度及弦在任意位置处切线的倾角都很小,以致它们的高于一次方的项可以忽略不计.

设弦上具有横坐标为 x 的点,在时刻 t 的位置为 M,位移 NM 记为 u,显然,在振动过程中位移 u 是变量 x 和 t 的函数,即 $u=u(x,t)$.现在来建立位移 u 满足的方程.采用微元法,我们把弦上点的运动先看成小弧段的运动,然后再考虑小弧段趋于零的极限情况.在弦上任取一弧段 $\widehat{MM'}$,其长为 $\mathrm{d}s$,设 ρ 是弦的线密度,弧段 $\widehat{MM'}$ 两端所受的张力依次记作 T,T'.由于假定弦是柔软(没有抗弯能力)的,所以在任意点处张力的方向总是沿着弦在该点的切线方向.现在考虑弧段 $\widehat{MM'}$ 在 t 时刻的受力和运动情况.根据牛顿第二定律,作用于弧段上任一方向上力的总和等于这段弧的质量乘以该方向上的运动加速度.

在 x 方向弧段 $\widehat{MM'}$ 的受力总和为 $-T\cos\alpha+T'\cos\alpha'$,由于弦只作横向运动,所以
$$-T\cos\alpha+T'\cos\alpha'=0. \tag{2.1.1}$$
按照上述所做的弦作微小振动的假设,可知在振动过程中弦上 M 点与 M' 点处切线的倾角都

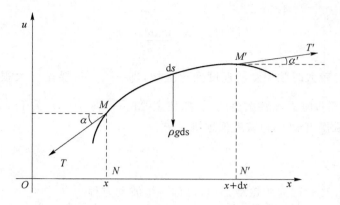

图 2.1.1

很小,即 $\alpha\approx 0, \alpha'\approx 0$,从而由

$$\cos\alpha = 1 - \frac{\alpha^2}{2!} + \frac{\alpha^4}{4!} - \cdots$$

可知,当我们略去 α 和 α' 的所有高于一次方的各项时,就有

$$\cos\alpha \approx 1, \quad \cos\alpha' \approx 1.$$

代入到式(2.1.1),便可近似得到

$$T = T'.$$

在 u 方向弧段 $\overset{\frown}{MM'}$ 的受力总和为 $-T\sin\alpha + T'\sin\alpha' - \rho g \mathrm{d}s$,其中 $\rho g \mathrm{d}s$ 是弧段 $\overset{\frown}{MM'}$ 的重力.又因为当 $\alpha \approx 0, \alpha' \approx 0$ 时

$$\sin\alpha = \frac{\tan\alpha}{\sqrt{1+\tan^2\alpha}} \approx \tan\alpha = \frac{\partial u(x,t)}{\partial x},$$

$$\sin\alpha' \approx \tan\alpha' = \frac{\partial u(x+\mathrm{d}x,t)}{\partial x},$$

$$\mathrm{d}s = \sqrt{1 + \left[\frac{\partial u(x,t)}{\partial x}\right]^2} \mathrm{d}x \approx \mathrm{d}x.$$

小弧段在时刻 t 沿 u 方向的加速度近似为 $\frac{\partial^2 u(x,t)}{\partial t^2}$,小弧段的质量 $\rho \mathrm{d}s$,因此由牛顿第二定律有

$$-T\sin\alpha + T'\sin\alpha' - \rho g \mathrm{d}s = \rho \mathrm{d}s \frac{\partial^2 u(x,t)}{\partial t^2}, \tag{2.1.2}$$

将上面得到的关系代入到此式,得

$$T\left[\frac{\partial u(x+\mathrm{d}x,t)}{\partial x} - \frac{\partial u(x,t)}{\partial x}\right] - \rho g \mathrm{d}x \approx \rho \frac{\partial^2 u(x,t)}{\partial t^2}\mathrm{d}x. \tag{2.1.2}'$$

上式右端方括号的部分是由于 x 产生 $\mathrm{d}x$ 的变化引起的 $\frac{\partial u(x,t)}{\partial x}$ 的改变量,可以用微分近似代替,即

$$\frac{\partial u(x+\mathrm{d}x,t)}{\partial x} - \frac{\partial u(x,t)}{\partial x} \approx \frac{\partial}{\partial x}\left[\frac{\partial u(x,t)}{\partial x}\right]\mathrm{d}x = \frac{\partial^2 u(x,t)}{\partial x^2}\mathrm{d}x.$$

于是,式(2.1.2)′成为

$$\left[T\frac{\partial^2 u(x,t)}{\partial x^2} - \rho g\right]\mathrm{d}x \approx \rho \frac{\partial^2 u(x,t)}{\partial t^2}\mathrm{d}x,$$

即
$$\frac{T}{\rho}\frac{\partial^2 u(x,t)}{\partial x^2} \approx \frac{\partial^2 u(x,t)}{\partial t^2} + g.$$

一般说来,张力较大时弦振动的速度变化很快,即 $\frac{\partial^2 u(x,t)}{\partial t^2}$ 要比 g 大很多,所以又可以把 g 略去. 这样,经过逐步略去一些次要的量,抓住主要的量,在 $u(x,t)$ 关于 x 和 t 都是二次连续可微的前提下,最后得出 $u(x,t)$ 应近似地满足方程

$$\frac{\partial^2 u(x,t)}{\partial t^2} = a^2 \frac{\partial^2 u(x,t)}{\partial x^2}. \tag{2.1.3}$$

这里 $a^2 = \frac{T}{\rho}$. 式(2.1.3)称为弦振动方程,也称一维波动方程.

如果在振动过程中,弦上还另受到一个与弦的振动方向平行的外力作用,且假定在时刻 t 弦上 x 点处的外力密度为 $F(x,t)$,显然式(2.1.1)和式(2.1.2)分别为

$$-T\cos\alpha + T'\cos\alpha' = 0,$$

$$Fds - T\sin\alpha + T'\sin\alpha' - \rho g ds = \rho ds \frac{\partial^2 u(x,t)}{\partial t^2}.$$

重复上面的推导,可得有外力作用时弦的振动方程

$$\frac{\partial^2 u(x,t)}{\partial t^2} = a^2 \frac{\partial^2 u(x,t)}{\partial x^2} + f(x,t), \tag{2.1.4}$$

其中 $f(x,t) = \frac{1}{\rho}F(x,t)$,表示 t 时刻单位质量的弦在 x 点所受的外力. 式(2.1.4)称为弦的强迫振动方程.

方程(2.1.3)和方程(2.1.4)的差别在于式(2.1.4)的右端多了一个与未知函数 u 无关的项 $f(x,t)$,这个项称为自由项. 包括有非零自由项的方程称为非齐次方程. 自由项恒等于零的方程称为齐次方程. 方程(2.1.3)为一维齐次波动方程,方程(2.1.4)为一维非齐次波动方程.

2.1.2 均匀膜的微小横振动

设绷紧的膜平衡时位于 O-xy 平面内,振动时位移发生在与 O-xy 平面垂直的方向.

设膜是均匀的,面密度 σ 是常数. 设膜是柔软的,没有抗弯能力,膜上每一点处的张力位于该点膜之切平面内,方向与截口相垂直.

设振动是微小的,即每一点的位移 $|u|$ 都很小,膜上任一点沿任一方向的斜率远远小于 1,膜的面元之面积在振动过程中认为是近似不变的.

描述膜的横振动现象,自然用膜上每一点 (x,y) 处在任意时刻 t,在横向方向上发生的位移 $u(x,y,t)$ 来表示比较合适.

按照 Hooke 定律,张力是常数,单位截口长度上的张力为 T. 仍然采用微元法,取膜在平衡位置时处于 $(x,y),(x+\Delta x,y),(x+\Delta x,y+\Delta y),(x,y+\Delta y)$ 之间的矩形面积元为隔离体,研究其运动规律.

在任意时刻 t,膜微元的位形如图 2.1.2 所示. 其截口 AB 上受邻近部分膜之张力的大小为 $T\Delta x$,T 与 y 轴负方向的夹角为 α_1;截口 BC 上受张力的大小为 $T\Delta y$,其方向与 x 轴之夹角为 α_4;截口 CD 上受张力的大小为 $T\Delta x$,其方向与 y 轴之夹角为 α_2;截口 DA 上受张力的大小为 $T\Delta y$,其方向与 x 轴负方向之夹角为 α_3. 这些张力在 O-xy 平面中的分量应该相互平衡,膜

上每一点、每一时刻的位移发生在与 O-xy 平面垂直的方向上.

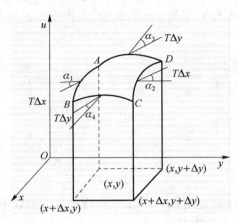

图 2.1.2

由牛顿第二定律,列出微元在 u 方向上的运动方程

$$-T\Delta x\sin\alpha_1+T\Delta x\sin\alpha_2-T\Delta y\sin\alpha_3+T\Delta y\sin\alpha_4=(\sigma\Delta x\Delta y)u_{tt}, \tag{2.1.5}$$

其中"$\cdot_{tt}$"表示对 t 求二阶导数.利用微小振动的近似条件:

$$\sin\alpha_1\approx\tan\alpha_1=u_y(x,y,t), \quad \sin\alpha_2\approx\tan\alpha_2=u_y(x,y+\Delta y,t),$$
$$\sin\alpha_3\approx\tan\alpha_3=u_x(x,y,t), \quad \sin\alpha_4\approx\tan\alpha_4=u_x(x+\Delta x,y,t).$$

将它们代入式(2.1.5),可得

$$T\Delta x[u_y(x,y+\Delta y,t)-u_y(x,y,t)]+T\Delta y[u_x(x+\Delta x,y,t)-u_x(x,y,t)]=(\sigma\Delta x\Delta y)u_{tt},$$

即

$$T\left(\frac{\Delta u_y}{\Delta y}+\frac{\Delta u_x}{\Delta x}\right)=\sigma u_{tt},$$

令 $\Delta x\to 0,\Delta y\to 0$ 取极限,即得

$$T(u_{xx}+u_{yy})=\sigma u_{tt}.$$

若令 $a^2=\dfrac{T}{\sigma}$,则得到方程

$$u_{tt}-a^2(u_{xx}+u_{yy})=0. \tag{2.1.6}$$

这就是薄膜的振动方程,也称二维波动方程,它显然是齐次的.

如果膜上每点还受到 u 方向的场力作用,力的密度(即膜的单位面积上所受的力)为 $F(x,y,t)$,令 $f(x,y,t)=\dfrac{F(x,y,t)}{\sigma}$,则方程(2.1.6)中应该加入一个非齐次项,变成

$$u_{tt}-a^2(u_{xx}+u_{yy})=f(x,y,t). \tag{2.1.7}$$

这就是非齐次的二维波动方程.

2.1.3 传输线方程

对于直流电或低频的交流电,基尔霍夫(Kirchhoff)定律指出同一支路中电流相等.但对于较高频率的(指频率还没有高到能显著地辐射电磁波的情况),电路中导线的自感和电容的效应不可忽略,因而同一支路中电流未必相等.

现考虑一来一往的高频传输线,它被当作具有分布参数的导体(如图 2.1.3 所示),我们来

研究这种导体内电流流动的规律. 在具有分布参数的导体中, 电流通过的情况, 可以用电流强度 I 与电压 V 来描述, 此处 I 与 V 都是 x,t 的函数, 记作 $I(x,t)$ 与 $V(x,t)$. 以 R,L,C,G 分别表示下列参数：

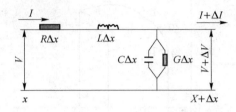

图 2.1.3

R——每一回路单位的串联电阻; L——每一回路单位的串联电感; C——每单位长度的分路电容; G——每单位长度的分路电导.

采用微元法, 根据基尔霍夫第二定律, 在长度为 Δx 的传输线中, 电压降应等于电动势之和, 即

$$V-(V+\Delta V)=R\Delta x \cdot I + L\Delta x \cdot \frac{\partial I}{\partial t},$$

由此可得

$$\frac{\partial V}{\partial x}=-RI-L\frac{\partial I}{\partial t}. \tag{2.1.8}$$

另外, 由基尔霍夫第一定律, 流入节点 x 的电流应等于流出该节点的电流, 即

$$I=(I+\Delta I)+C\Delta x \cdot \frac{\partial V}{\partial t}+G\Delta x \cdot V,$$

或

$$\frac{\partial I}{\partial x}=-C\frac{\partial V}{\partial t}-GV. \tag{2.1.9}$$

将方程(2.1.8)与方程(2.1.9)合并, 即得 I,V 应满足如下方程组

$$\begin{cases} \dfrac{\partial I}{\partial x}+C\dfrac{\partial V}{\partial t}+GV=0, \\ \dfrac{\partial V}{\partial x}+L\dfrac{\partial I}{\partial t}+RI=0. \end{cases}$$

从这个方程组消去 V（或 I), 即可得到 I（或 V）所满足的方程. 例如, 为了消去 V, 我们将方程(2.1.9)对 x 微分（假定 V 与 I 对 x,t 都是二次连续可微的), 同时在方程(2.1.8)两端乘以 C 后再对 t 微分, 并把两个结果相减, 即得

$$\frac{\partial^2 I}{\partial x^2}+G\frac{\partial V}{\partial x}-LC\frac{\partial^2 I}{\partial t^2}-RC\frac{\partial I}{\partial t}=0,$$

将方程(2.1.8)中的 $\dfrac{\partial V}{\partial x}$ 代入上式, 得

$$\frac{\partial^2 I}{\partial x^2}=LC\frac{\partial^2 I}{\partial t^2}+(RC+GL)\frac{\partial I}{\partial t}+GRI. \tag{2.1.10}$$

这就是电流 I 满足的微分方程. 采用类似的方法从方程(2.1.8)与方程(2.1.9)中消去 I 可得电压 V 满足的方程

$$\frac{\partial^2 V}{\partial x^2}=LC\frac{\partial^2 V}{\partial t^2}+(RC+GL)\frac{\partial V}{\partial t}+GRV. \tag{2.1.11}$$

方程(2.1.10)或方程(2.1.11)称为传输线方程.

根据不同的具体情况,对参数 R,L,C,G 作不同的假定,就可以得到传输线方程的各种特殊形式. 例如,在高频传输的情况下,电导与电阻所产生的效应可以忽略不计,也就是说可令 $G=R=0$,此时方程(2.1.10)与方程(2.1.11)可简化为

$$\frac{\partial^2 I}{\partial t^2}=\frac{1}{LC}\frac{\partial^2 I}{\partial x^2},$$

$$\frac{\partial^2 V}{\partial t^2}=\frac{1}{LC}\frac{\partial^2 V}{\partial x^2}.$$

这两个方程称为高频传输线方程.

若令 $a^2=\dfrac{1}{LC}$,这两个方程与式(2.1.3)完全相同. 由此可见,同一个方程可以用来描述不同的物理现象. 一维波动方程只是波动方程中最简单的情况,在流体力学、声学及电磁场理论中,还要研究高维的波动方程.

2.1.4 电磁场方程

从物理学我们知道,电磁场的特性可以用电场强度 $\boldsymbol{E}$ 与磁场强度 $\boldsymbol{H}$ 以及电感应强度 $\boldsymbol{D}$ 与磁感应强度 $\boldsymbol{B}$ 来描述. 联系这些量的麦克斯韦(Maxwell)方程组为

$$\nabla \times \boldsymbol{H}=\boldsymbol{J}+\frac{\partial \boldsymbol{D}}{\partial t}, \tag{2.1.12}$$

$$\nabla \times \boldsymbol{E}=-\frac{\partial \boldsymbol{B}}{\partial t}, \tag{2.1.13}$$

$$\nabla \cdot \boldsymbol{B}=0, \tag{2.1.14}$$

$$\nabla \cdot \boldsymbol{D}=\rho, \tag{2.1.15}$$

其中 $\boldsymbol{J}$ 为传导电流的面密度,ρ 为电荷的体密度.

这组方程还必须与下述场的物质方程

$$\boldsymbol{D}=\varepsilon \boldsymbol{E}, \tag{2.1.16}$$

$$\boldsymbol{B}=\mu \boldsymbol{H}, \tag{2.1.17}$$

$$\boldsymbol{J}=\sigma \boldsymbol{E}. \tag{2.1.18}$$

相联立,其中 ε 是介质的介电常数,μ 是导磁率,σ 为导电率,我们假定介质是均匀而且是各向同性的,此时 ε,μ,σ 均为常数.

将式(2.1.16),式(2.1.17),式(2.1.18)分别代入方程(2.1.12)及方程(2.1.13),可设方程(2.1.12)与方程(2.1.13)都同时包含 $\boldsymbol{E}$ 与 $\boldsymbol{H}$,从中消去一个变量,就可以得到关于另一个变量的微分方程. 例如先消去 $\boldsymbol{E}$,在方程(2.1.12)两端求旋度(假定 $\boldsymbol{H},\boldsymbol{E}$ 都是二次连续可微的)并利用方程(2.1.16)与方程(2.1.18)得

$$\nabla \times \nabla \times \boldsymbol{H}=\varepsilon \frac{\partial}{\partial t}\nabla \times \boldsymbol{E}+\sigma \nabla \times \boldsymbol{E},$$

将方程(2.1.13)与方程(2.1.17)代入上式得

$$\nabla \times \nabla \times \boldsymbol{H}=-\varepsilon\mu \frac{\partial^2 \boldsymbol{H}}{\partial t^2}-\sigma\mu \frac{\partial \boldsymbol{H}}{\partial t},$$

而 $\nabla \times \nabla \times \boldsymbol{H}=\nabla(\nabla \cdot \boldsymbol{H})-\nabla^2 \boldsymbol{H}$,且 $\nabla \cdot \boldsymbol{H}=\dfrac{1}{\mu}\nabla \cdot \boldsymbol{B}=0$,所以最后得到 $\boldsymbol{H}$ 所满足的方程为

$$\nabla^2 H = \varepsilon\mu \frac{\partial^2 H}{\partial t^2} + \sigma\mu \frac{\partial H}{\partial t},$$

同理，若消去 H 即得 E 所满足的方程

$$\nabla^2 E = \varepsilon\mu \frac{\partial^2 E}{\partial t^2} + \sigma\mu \frac{\partial E}{\partial t}.$$

如果介质不导电($\sigma=0$)，则上面两个方程简化为

$$\frac{\partial^2 H}{\partial t^2} = \frac{1}{\varepsilon\mu} \nabla^2 H, \tag{2.1.19}$$

$$\frac{\partial^2 E}{\partial t^2} = \frac{1}{\varepsilon\mu} \nabla^2 E. \tag{2.1.20}$$

方程(2.1.19)与方程(2.1.20)称为(矢量形式的)三维波动方程.

若将三维波动方程以标量函数的形式表示出来，则可写成

$$\frac{\partial^2 u}{\partial t^2} = a^2 \nabla^2 u = a^2 \left(\frac{\partial^2 u}{\partial x^2} + \frac{\partial^2 u}{\partial y^2} + \frac{\partial^2 u}{\partial z^2} \right), \tag{2.1.21}$$

其中 $a^2 = \frac{1}{\varepsilon\mu}$，$u$ 是 E (或 H) 的任意一个分量.

从方程(2.1.15)与方程(2.1.16)还可以推导出静电场的电位满足的微分方程. 事实上，当电场为静电场时，有 $\frac{\partial B}{\partial t} = 0$，即 $\nabla \times E = 0$. 将方程(2.1.16)代入方程(2.1.15)，得

$$\nabla \cdot D = \nabla \cdot (\varepsilon E) = \varepsilon (\nabla \cdot E) = \rho,$$

而由 $\nabla \times E = 0$ 知电场强度 E 与电位 u 之间存在关系

$$E = -\nabla u,$$

所以可得

$$\nabla \cdot (\nabla u) = -\frac{\rho}{\varepsilon},$$

即

$$\nabla^2 u = -\frac{\rho}{\varepsilon}. \tag{2.1.22}$$

这就是静电场电势 u 所满足的偏微分方程，这个非齐次方程就是泊松(Poisson)方程.

如果静电场是无源的，即 $\rho=0$，则方程(2.1.22)变成

$$\nabla^2 u = 0. \tag{2.1.23}$$

即无源静电场的电势满足拉普拉斯(Laplace)方程. 泊松方程和拉普拉斯方程统称为位势方程，也称稳定场方程. 稳定场可以用来描述一切稳定的物理状态，如稳定的电场和磁场、不可压缩液体的位流、稳定热场等.

2.1.5 热传导方程

常识告诉我们，热量具有从温度高的地方向温度低的地方流动的性质，即一块热的物体，如果体内每一点的温度不全一样，则在温度较高的点处的热量就要向温度较低的点处流动，这种现象就是热传导. 由于热量的传导过程总是表现为温度随时间和点的位置的变化，所以解决热传导问题都要归结为求物体内温度的分布. 现在我们来推导均匀且各向同性的导热体在传热过程中温度所满足的微分方程. 与上例类似，我们不是先讨论一点处的温度，而应该先考虑

一个区域的温度. 为此,采用微元法,在物体中任取一个闭曲面 S,它所包围的区域记作 V(如图 2.1.4 所示). 假设在时刻 t 区域 V 内点 $M(x,y,z)$ 处的温度为 $u(x,y,z,t)$,$\boldsymbol{n}$ 为曲面元素 ΔS 的法向(从 V 内指向 V 外).

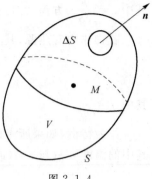

图 2.1.4

由传热学中傅里叶(Fourier)实验定律可知,物体在无穷小时间段 dt 内,流过一个无穷小面积 dS 的热量 dQ 与时间 dt,曲面面积 dS 以及物体温度 u 沿曲面 dS 的法线方向的方向导数 $\dfrac{\partial u}{\partial n}$ 三者成正比,即

$$dQ = -k\frac{\partial u}{\partial n}dSdt = -k(\operatorname{grad} u)_n dSdt = -k\operatorname{grad} u \cdot d\boldsymbol{S}dt,$$

其中 $k=k(x,y,z)$ 称为物体的热传导系数,当物体为均匀且各向同性的导热体时,k 为常数. 负号是由于热量的流向和温度梯度的正向(即 $\operatorname{grad} u$ 的方向)相反而产生的. 这就是说 $\dfrac{\partial u}{\partial n} = \operatorname{grad} u \cdot \boldsymbol{n} > (<) 0$ 时,物体的温度沿 $\boldsymbol{n}$ 的方向增加(减少),而热流方向却与此相反,故沿 $\boldsymbol{n}$ 的方向通过曲面的热量应该是负(正)的.

利用上面的关系,从时刻 t_1 到时刻 t_2,通过曲面 S 流入区域 V 的全部热量为

$$Q_1 = \int_{t_1}^{t_2}\left[\oiint_S k\operatorname{grad} u \cdot d\boldsymbol{S}\right]dt.$$

流入的热量使 V 内温度发生了变化,在时间间隔 $[t_1,t_2]$ 内区域 V 内各点温度从 $u(x,y,z,t_1)$ 变化到 $u(x,y,z,t_2)$,则在 $[t_1,t_2]$ 内 V 内温度升高所需要的热量为

$$Q_2 = \iiint_V c\rho[u(x,y,z,t_1) - u(x,y,z,t_2)]dV,$$

其中,c 为物体的比热,ρ 为物体的密度,对各向同性的物体来说,它们都是常数.

由于热量守恒,流入的热量应等于物体温度升高所需吸收的热量,即

$$\int_{t_1}^{t_2}\left[\oiint_S k\operatorname{grad} u \cdot d\boldsymbol{S}\right]dt = \iiint_V c\rho[u(x,y,z,t_1) - u(x,y,z,t_2)]dV.$$

此式左端的曲面积分中 S 是闭曲面,假设函数 u 关于 x,y,z 具有二阶连续偏导数,关于 t 具有一阶连续偏导数,可以利用 Gauss 公式将它化为三重积分,即

$$\oiint_S k\operatorname{grad} u \cdot d\boldsymbol{S} = \iiint_V k\operatorname{div}(\operatorname{grad} u)dV = \iiint_V k\boldsymbol{\nabla}^2 u dV,$$

同时,右端的体积分可以写成

$$\iiint_V c\rho\left(\int_{t_1}^{t_2}\frac{\partial u}{\partial t}dt\right)dV = \int_{t_1}^{t_2}\left(\iiint_V c\rho\frac{\partial u}{\partial t}dV\right)dt,$$

因此有

$$\int_{t_1}^{t_2}\left(\iiint_V k\boldsymbol{\nabla}^2 u dV\right)dt = \int_{t_1}^{t_2}\left(\iiint_V c\rho\frac{\partial u}{\partial t}dV\right)dt. \tag{2.1.24}$$

由于时间间隔 $[t_1,t_2]$ 及区域 V 都是任意取的,并且被积函数是连续的,所以式(2.1.24)左右恒等的条件是它们的被积函数恒等,即

$$\frac{\partial u}{\partial t} = a^2 \boldsymbol{\nabla}^2 u = a^2\left(\frac{\partial^2 u}{\partial x^2} + \frac{\partial^2 u}{\partial y^2} + \frac{\partial^2 u}{\partial z^2}\right), \tag{2.1.25}$$

其中 $a^2 = \dfrac{k}{c\rho}$. 方程(2.1.25)称为三维热传导方程.

若物体内有热源,其强度为 $F(x,y,z,t)$,则相应的热传导方程为

$$\frac{\partial u}{\partial t}=a^2\left(\frac{\partial^2 u}{\partial x^2}+\frac{\partial^2 u}{\partial y^2}+\frac{\partial^2 u}{\partial z^2}\right)+f(x,y,z,t), \tag{2.1.26}$$

其中 $f=\dfrac{F}{c\rho}$.

作为特例,如果所考虑的物体是一根细杆(或一块薄板),或者即使不是细杆(或薄板),而其中的温度 u 只与 x,t(或 x,y,t)有关,则方程(2.1.25)就变成一维热传导方程

$$\frac{\partial u}{\partial t}=a^2\frac{\partial^2 u}{\partial x^2}, \tag{2.1.27}$$

或二维热传导方程

$$\frac{\partial u}{\partial t}=a^2\left(\frac{\partial^2 u}{\partial x^2}+\frac{\partial^2 u}{\partial y^2}\right). \tag{2.1.28}$$

如果我们考虑稳恒温度场,即在热传导方程中物体的温度趋于某种平衡状态,这时温度 u 与时间 t 无关,所以 $\dfrac{\partial u}{\partial t}=0$,此时方程(2.1.25)就变成 Laplace 方程(2.1.23). 由此可见,稳恒温度场内的温度 u 也满足 Laplace 方程.

在研究气体或液体的扩散过程时,若扩散系数是常数,则所得的扩散方程与热传导方程完全相同.

2.1.6 扩散方程

由于浓度(单位体积中的分子数或质量)的不均匀,物质从浓度大的地方向浓度小的地方移动,这种现象叫作扩散.扩散现象广泛存在于气体、液体和固体中.只沿某一方向进行的扩散叫作一维扩散.扩散运动的强弱可用"单位时间内通过单位横截面积的原子数或分子数或质量"表示,这叫作"扩散强度",记作 **q**.扩散运动的起源是浓度的不均匀.浓度不均匀的程度可用浓度梯度 ∇u 表示.根据实验结果,扩散现象遵循的扩散定律即斐克定律为

$$\boldsymbol{q}=-D\nabla u \tag{2.1.29}$$

负号表示扩散是沿着浓度减少的方向进行的,D 为扩散系数.

对于一维的情况(沿 x 轴方向扩散),

$$q=-D\frac{\partial u}{\partial x}.$$

在扩散问题中研究的是浓度 u 在空间中的分布和时间中的变化 $u(x,y,z,t)$. 仿照热传导问题,可导出无源的一维扩散方程如下:

$$\frac{\partial u}{\partial t}=\frac{\partial}{\partial x}(Du_x) \tag{2.1.30}$$

若 D 为常数,记 $D=a^2$,则扩散方程可写成

$$u_t-a^2 u_{xx}=0 \tag{2.1.31}$$

与热传导方程的形式完全相同.若有源,设浓度的增值的时间变化率为 $f(x,t)$,那么

$$u_t-a^2 u_{xx}=f(x,t) \tag{2.1.32}$$

式(2.1.32)称为一维非齐次扩散方程.

同样可导出二维扩散方程
$$u_t - a^2(u_{xx} + u_{yy}) = f(x,y,t) \tag{2.1.33}$$
和三维扩散方程
$$u_t - a^2(u_{xx} + u_{yy} + u_{zz}) = f(x,y,z,t) \tag{2.1.34}$$
热传导方程和扩散方程统称为输运方程. 从物理观点来看,输运方程是用来描述输运过程的,当我们研究热的传导、粒子的扩散、黏性液体的流动等物理现象时,就会用到输运方程.

§2.2 定解条件

2.1节所讨论的是如何将一个具体问题所具有的规律用数学式子表达出来,既得到了该物理现象所满足的泛定方程,除此之外,还需要把这个问题所具有的特定条件也用数学式子表达出来,这是因为任何一个具体的物理现象都是处在特定条件之下的. 比如2.1节导出的弦振动方程是一切柔软均匀弦做微小横向振动的共同规律,但我们知道,一个具体的物理运动状态一定与此时刻之前某个时刻的状态以及对弦两端的约束有关. 因此,研究弦的具体运动,除了列出方程外,还必须给出其所处的特定条件,其他物理现象也如此.

各个具体问题所处的特定条件,即研究对象所处的特定"环境"和"历史",定义为数学物理问题的边界条件和初始条件.

2.2.1 初始条件

对于随着时间变化的问题,必须考虑研究对象特定的"历史",就是说追溯到运动开始时刻的所谓"初始"时刻的状态,即初始条件.

对热传导问题初始状态指的是物理量 u 的初始分布(初始温度分布等),因此初始条件是
$$u(x,y,z,t)\big|_{t=0} = \varphi(x,y,z), \tag{2.2.1}$$
其中 $\varphi(x,y,z)$ 为已知函数.

对振动过程(弦、膜、较高频率交变电流沿传输线传播、电磁波等)只给出初始"位移"(2.2.1)是不够的,还需给出初始"速度"
$$u_t(x,y,z,t)\big|_{t=0} = \psi(x,y,z), \tag{2.2.2}$$
其中 $\psi(x,y,z)$ 也为已知函数.

从数学角度看,就时间 t 这个自变量而言,热传导的泛定方程中只出现 t 的一阶导数 $\dfrac{\partial u}{\partial t}$,是一阶微分方程,所以只需一个初始条件(2.2.1);振动过程的泛定方程则出现二阶导数 u_{tt},是二阶微分方程,所以需要两个初始条件(2.2.1)和(2.2.2).

在周期性外源引起的传导或周期性外力作用下的振动问题中,经过很多周期后,初始条件引起的自由传导或自由振动衰减到可以认为已经消失,这时的传动或振动可以认为完全是由周期性外源或外力引起的,处理这类问题时,完全可以忽略初始条件的影响,这类问题叫作无初始条件的问题.

另外稳定场问题(静电场、静磁场及稳定温度分布等)与时间无关,不存在初始条件问题.

2.2.2 边界条件

物理量在它所占"范围"即区域的边界上的分布总比内部的分布直观得多,因为边界上的"情况"总可以通过观察、测量甚至规定得出,通过边界上的条件来探索物理量在区域内部的分布,实际上是解决数学物理问题的重要方法,所以给出边界条件非常重要.

所谓边界,即区域边界点所组成的集合,一维区域(例如弦)的边界,即两个端点 $x=0, x=l$;二维区域的边界为曲线或折线;三维区域 Ω 的边界为曲面 Σ,如图 2.2.1 所示.

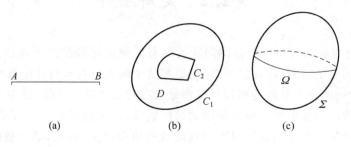

图 2.2.1

以下我们将区域通记为 Ω,将其边界记为 $\partial\Omega$,则边界条件主要有以下三种类型.

1. 第一类边界条件

直接给出物理量在边界上的分布

$$u(M,t)\big|_{M\in\partial\Omega}=f_1(M,t). \tag{2.2.3}$$

对于弦振动问题,若两端固定,相应的边界条件为 $u|_{x\in\partial\Omega}=0$,或 $u|_{x=0}=0, u|_{x=l}=0$,即为第一类边界条件;对热传导问题,如果在导热过程中,物体边界 $\partial\Omega$ 上的温度为已知,则边界条件为

$$u|_{\partial\Omega}=u_0, \tag{2.2.4}$$

也为第一类边界条件.第一类边界条件又称为狄利克雷(Dirichlet)条件.

2. 第二类边界条件

给出物理量的梯度在边界上的分布

$$\frac{\partial u}{\partial n}\bigg|_{\partial\Omega}=f_2(M,t), \tag{2.2.5}$$

其中 n 为边界 $\partial\Omega$ 的法线方向.

弦振动问题中的自由端属于这类边界条件,这是因为弦在自由端处不受位移方向的外力,从而在这个端点上弦在位移方向的张力应该为零,由 2.1 节的推导过程可知,此时相应的边界条件为

$$T\frac{\partial u}{\partial x}\bigg|_{x=l}=0,$$

即

$$\frac{\partial u}{\partial x}\bigg|_{x=l}=0.$$

对热传导问题,若物体 Ω 与周围介质处于绝热状态,或者说边界 $\partial\Omega$ 上的热量流速始终为零,则由 2.1 节的推导过程可知在 $\partial\Omega$ 上必满足

$$\frac{\partial u}{\partial n}\bigg|_{\partial\Omega}=0,$$

第二类边界条件又称诺伊曼(Neuman)条件.

3. 第三类边界条件

给出物理量及其边界上法线方向导数的线性关系

$$\left(u+\sigma\frac{\partial u}{\partial n}\right)\Big|_{\partial\Omega}=f_3(M,t), \tag{2.2.6}$$

其中 σ 为常数. 弦振动问题的弹性支承,即是这类边界条件. 在弹性支承时,由 Hooke 定律可知

$$T\frac{\partial u}{\partial x}\Big|_{x=l}=-k\,u\big|_{x=l},$$

即

$$\left(\frac{\partial u}{\partial x}+\sigma u\right)\Big|_{x=l}=0,$$

其中 $\sigma=\dfrac{k}{T}$, k 为弹性体的弹性系数.

对热传导方程来说,也有类似情况,如果在导热过程中,物体的内部通过边界 $\partial\Omega$ 与周围介质有热量交换,以 u_1 表示和物体相接触的介质温度,这时利用另一个热传导实验定律:从一种介质流入到另一种介质的热量和两个介质间的温度差成正比

$$\mathrm{d}Q=k_1(u-u_1)\mathrm{d}S\mathrm{d}t,$$

其中 k_1 是两介质的热交换系数,在物体内部任取一个无限贴近于边界 $\partial\Omega$ 的闭曲面 Γ,由于在 $\partial\Omega$ 内侧热量不能积累,所在 Γ 上的热量流速应等于边界 $\partial\Omega$ 上的热量流速,而在 Γ 上的热量流速为 $\dfrac{\mathrm{d}Q}{\mathrm{d}S\mathrm{d}t}\Big|_{\Gamma}=-k\dfrac{\partial u}{\partial n}\Big|_{\Gamma}$,所以,当物体和外界有热交换时,相应的边界条件为

$$-k\frac{\partial u}{\partial n}\Big|_{\partial\Omega}=-k_1(u-u_1)\big|_{\partial\Omega},$$

即

$$\left(\frac{\partial u}{\partial n}+\sigma u\right)\Big|_{\partial\Omega}=\sigma u_1\big|_{\partial\Omega},$$

其中 $\sigma=\dfrac{k_1}{k}$. 第三类边界条件又称为混合边界条件.

式(2.2.4)、式(2.2.5)和式(2.2.6)中的函数 $f_i(i=1,2,3)$ 都是定义在边界 $\partial\Omega$ 上的已知函数,(一般来说还依赖 t). 不论哪一种边界条件,当它的数学表达式中的自由项(即不依赖于 u 的项)恒为零时,这种边界条件称为齐次的,否则称为非齐次的.

第一、第二、第三类边界条件可以统一写成下面的形式

$$\left(\alpha\frac{\partial u}{\partial n}+\beta u\right)\Big|_{\partial\Omega}=f(M,t)$$

显然,$\alpha=0$ 对应第一类边界条件;$\beta=0$ 对应第二类边界条件;$\alpha\neq 0$, $\beta\neq 0$ 对应第三类边界条件.

当然,边界条件并不只限于以上三类,还有各式各样的边界条件,有时甚至是非线性的边界条件:

$$-\frac{\partial u}{\partial n}\Big|_{\partial\Omega}=C(u^4\big|_{\partial\Omega}-u_0^4),$$

其中 C 是一个常数,u_0 是外界的温度,u 和 u_0 都是绝对温标.

除了初始条件和边界条件外,有些具体的物理问题还需附加一些其他条件才能确定其解.

4. 其他条件

在研究具有不同媒质的问题中,方程的数目增多,除了边界条件外,还需加上不同媒质界面处的衔接条件,如在静电场问题中,在两种电介质的交界面 S 上电势应当相等(连续),电位移矢量的法向分量也应当相等(连续),因而有衔接条件

$$u_1\big|_{\partial\Omega}=u_2\big|_{\partial\Omega}, \tag{2.2.7}$$

$$\varepsilon_1\frac{\partial u_1}{\partial n}\bigg|_{\partial\Omega}=\varepsilon_2\frac{\partial u_2}{\partial n}\bigg|_{\partial\Omega}, \tag{2.2.8}$$

其中 u_1 和 u_2 分别代表两种介质的电势,ε_1 和 ε_2 则分别为两种电介质的介电常数.设它们的电位移矢量分别为 $\boldsymbol{D}_1$ 和 $\boldsymbol{D}_2$,则由

$$D_{1n}\big|_{\partial\Omega}=D_{2n}\big|_{\partial\Omega},$$

和电动力学中关系式

$$\boldsymbol{D}=\varepsilon\boldsymbol{E}=-\varepsilon\nabla U,$$

立即可得式(2.2.8),其中 D_{1n} 和 D_{2n} 分别代表 $\boldsymbol{D}_1$ 和 $\boldsymbol{D}_2$ 的法向分量.

在某些情况下,出于物理上的合理性等原因,要求解为单值、有限,提出所谓自然边界条件,这些条件通常都不是由研究的问题直接明确给出的,而是根据解的特殊要求自然加上去的,故称为自然边界条件,如欧拉(Euler)方程

$$x^2y''+2xy'-l(l+1)y=0$$

的通解为

$$y=Ax^l+Bx^{-l(l+1)}.$$

在区间 $[0,a]$ 中,由于受物理上要求解有限的条件限制,故有自然条件

$$y\big|_{x=0}\to \text{有限},$$

从而在 $[0,a]$ 上其解应表示为 $y=Ax^l$.

所谓"没有边界条件的问题"是一种抽象结果.实际物理系统都是有限的,必然有边界,要求边界条件.但是,如果着重研究不靠近边界处的情形,在不太长的时间间隔内,边界的影响还没有来得及传到,不妨认为边界在"无穷远处",将问题抽象成无边界条件的问题.

§2.3 定解问题的提法

在前两节中,我们推导了三种不同类型偏微分方程(波动方程、热传导方程和 Laplace 方程),并且讨论了与它们相应的初始条件与边界条件的表达式,初始条件和边界条件统称为定解条件.把某个偏微分方程和相应的定解条件结合在一起,就构成了一个定解问题.

只有初始条件,没有边界条件的定解问题称为初值问题,或称柯西(Cauchy)问题;反之,没有初始条件,只有边界条件的定解问题称为边值问题,既有初始条件也有边界条件的问题称为混合问题.

一个定解问题提得是否符合实际情况当然必须靠实验来证实.然而从数学角度来看,可以从以下三方面加以检验,即讨论解的适定性问题:

(1) 解的存在性,即看所归纳的问题是否有解;

(2) 解的唯一性,即看是否只有一个解;

(3) 解的稳定性,即看当定解条件有微小变动时,解是否相应地只有微小的变动,否则所得的解就无实用价值,因为定解条件通常总是利用实验方法获得的,因而所提的结果,总有一定的误差,如果因此而使解的变化很大,那么这种解显然不能符合客观实际的要求.

如果一个定解问题存在唯一且稳定的解,则此问题的解称为适定的,在以后的讨论中,我们把着眼点放在定解问题的解法上,而很少讨论它的适定性,这是因为讨论定解问题的适定性,往往十分困难,而本书所讨论的定解问题基本上都是经典的,它们的适定性都是经过证明了的.

§2.4 二阶线性偏微分方程的分类与化简

2.4.1 两个自变量方程的分类与化简

鉴于我们在 2.1 节中导出的偏微分方程都是二阶线性的,并且两个自变量的情形又是最常见的.这里我们对其共性加以进一步地讨论.

一个含有 n 个自变量的二阶线性偏微分方程的最一般形式是

$$Lu \equiv \sum_{i,k=1}^{n} A_{ik} \frac{\partial^2 u}{\partial x_i \partial x_k} + \sum_{i=1}^{n} B_i \frac{\partial u}{\partial x_i} + Cu = f,$$

其中 A_{ik}, B_i, C, f 都只是 $x_1, x_2, \cdots, x_n$ 的已知函数,与未知函数 u 无关.

对两个自变量的情形,上式可以写成

$$A(x,y)u_{xx} + 2B(x,y)u_{xy} + C(x,y)u_{yy} + D(x,y)u_x + \\ E(x,y)u_y + F(x,y)u = f(x,y) \tag{2.4.1}$$

设 $\Delta = B^2 - AC = \Delta(x,y), x,y \in D \subset R^2$,若 $M(x_0, y_0) \in D$,使

(1) $\Delta(x_0, y_0) > 0$,称式(2.4.1)在 M 点为双曲型方程;比如一维波动方程 $u_{tt} - a^2 u_{xx} = 0$ 为双曲型方程.

(2) $\Delta(x_0, y_0) = 0$,称式(2.4.1)为抛物型方程;一维热传导方程 $u_t - a^2 u_{xx} = 0$ 为抛物型方程.

(3) $\Delta(x_0, y_0) < 0$,称式(2.4.1)在 M 点为椭圆型方程;二维 Laplace 方程 $u_{xx} + u_{yy} = 0$ 为椭圆型方程.

定理 2.4.1 设有可逆变换

$$\begin{cases} \xi = \xi(x,y), \\ \eta = \eta(x,y), \end{cases} \tag{2.4.2}$$

其中 ξ, η 有二阶连续偏导数,且行列式 $J = \begin{vmatrix} \xi_x & \xi_y \\ \eta_x & \eta_y \end{vmatrix} \neq 0$,则

(1) 在变换式(2.4.2)下,方程(2.4.1)变为自变量是 ξ, η 的方程,但方程类型不变;

(2) 对三种不同类型的方程,各存在一组特殊的变换,使新方程变为如下标准型:

双曲型:$u_{\xi\eta} = H_1(\xi, \eta, u, u_\xi, u_\eta)$ 或 $u_{\xi\xi} - u_{\eta\eta} = H_2(\xi, \eta, u, u_\xi, u_\eta)$;

椭圆型:$u_{\xi\xi} + u_{\eta\eta} = H(\xi, \eta, u, u_\xi, u_\eta)$;

抛物线型:$u_{\xi\xi} = K(\xi, \eta, u, u_\xi, u_\eta)$.

证明:(1) 由复合函数求导法,有

$$\begin{cases} u_x = u_\xi \xi_x + u_\eta \eta_x, \\ u_y = u_\xi \xi_y + u_\eta \eta_y, \\ u_{xx} = u_{\xi\xi} \xi_x{}^2 + u_{\xi\eta}\xi_{xx} + u_{\xi\eta}\xi_x\eta_x + u_{\eta\xi}\xi_x\eta_x + u_{\eta\eta}\eta_x{}^2 + u_\eta \eta_{xx}, \\ \quad\;\; = u_{\xi\xi}\xi_x{}^2 + 2u_{\xi\eta}\xi_x\eta_x + u_{\eta\eta}\eta_x{}^2 + u_\xi \xi_{xx} + u_\eta \eta_{xx}, \\ u_{xy} = u_{\xi\xi}\xi_x\xi_y + u_{\xi\eta}(\xi_x\eta_y + \xi_y\eta_x) + u_{\eta\eta}\eta_x\eta_y + u_\xi \xi_{xy} + u_\eta \eta_{xy}, \\ u_{yy} = u_{\xi\xi}\xi_y{}^2 + 2u_{\xi\eta}\xi_y\eta_y + u_{\eta\eta}\eta_y{}^2 + u_\xi \xi_{yy} + u_\eta \eta_{yy}. \end{cases} \tag{2.4.3}$$

将式(2.4.3)代入式(2.4.1),并整理得

$$\overline{A}u_{\xi\xi} + 2\overline{B}u_{\xi\eta} + \overline{C}u_{\eta\eta} + \overline{D}u_\xi + \overline{E}u_\eta + \overline{F}u = \overline{G}, \tag{2.4.1}'$$

其中

$$\begin{cases} \overline{A} = A\xi_x{}^2 + 2B\xi_x\xi_y + C\xi_y^2, \\ \overline{B} = A\xi_x\eta_x + B(\xi_x\eta_y + \xi_y\eta_x) + C\xi_y\eta_y, \\ \overline{C} = A\eta_x^2 + 2B\eta_x\eta_y + C\eta_y^2, \\ \overline{D} = A\xi_{xx} + 2B\xi_{xy} + C\xi_{yy} + D\xi_x + E\xi_y, \\ \overline{E} = A\eta_{xx} + 2B\eta_{xy} + C\eta_{yy} + D\eta_x + E\eta_y, \\ \overline{F} = F, \\ \overline{G} = f. \end{cases} \tag{2.4.4}$$

以上复合函数的求导过程和系数的化简整理计算起来很烦琐,也容易出错,我们可以借助于应用数学软件,比如 Maple,在计算机上完成:

>d1:=diff(u(xi(x,y),eta(x,y)),x);

$d1 := D_1(u)(\xi(x,y),\eta(x,y))\left(\dfrac{\partial}{\partial x}\xi(x,y)\right) + D_2(u)(\xi(x,y),\eta(x,y))\left(\dfrac{\partial}{\partial x}\eta(x,y)\right)$

>d2:=diff(u(xi(x,y),eta(x,y)),y);

$d2 := D_1(u)(\xi(x,y),\eta(x,y))\left(\dfrac{\partial}{\partial y}\xi(x,y)\right) + D_2(u)(\xi(x,y),\eta(x,y))\left(\dfrac{\partial}{\partial y}\eta(x,y)\right)$

>d11:=simplify(diff(u(xi(x,y),eta(x,y)),x$2));

$d11 := D_{1,1}(u)(\xi(x,y),\eta(x,y))D_1(\xi)(x,y)^2 +$
$\quad 2D_1(\xi)(x,y)D_{1,2}(u)(\xi(x,y),\eta(x,y))D_1(\eta)(x,y) +$
$\quad D_1(u)(\xi(x,y),\eta(x,y))D_{1,1}(\xi)(x,y) + D_{2,2}(u)(\xi(x,y),\eta(x,y))D_1(\eta)(x,y)^2 +$
$\quad D_2(u)(\xi(x,y),\eta(x,y))D_{1,1}(\eta)(x,y)$

>d22:=simplify(diff(u(xi(x,y),eta(x,y)),y$2));

$d22 := D_{1,1}(u)(\xi(x,y),\eta(x,y))D_2(\xi)(x,y)^2 +$
$\quad 2D_2(\xi)(x,y)D_{1,2}(u)(\xi(x,y),\eta(x,y))D_2(\eta)(x,y) +$
$\quad D_1(u)(\xi(x,y),\eta(x,y))D_{2,2}(\xi)(x,y) + D_{2,2}(u)(\xi(x,y),\eta(x,y))D_2(\eta)(x,y)^2 +$
$\quad D_2(u)(\xi(x,y),\eta(x,y))D_{2,2}(\eta)(x,y)$

>d12:=simplify(diff(u(xi(x,y),eta(x,y)),x,y));

$d12 := D_1(\xi)(x,y)D_{1,1}(u)(\xi(x,y),\eta(x,y))D_2(\xi)(x,y) +$
$\quad D_1(\xi)(x,y)D_{1,2}(u)(\xi(x,y),\eta(x,y))D_2(\eta)(x,y) +$
$\quad D_1(u)(\xi(x,y),\eta(x,y))D_{1,2}(\xi)(x,y) +$
$\quad D_1(\eta)(x,y)D_{1,2}(u)(\xi(x,y),\eta(x,y))D_2(\xi)(x,y) +$

$$D_1(\eta)(x,y)D_{2,2}(u)(\xi(x,y),\eta(x,y))D_2(\eta)(x,y)+$$
$$D_2(u)(\xi(x,y),\eta(x,y))D_{1,2}(\eta)(x,y)$$

>new:=simplify(A*d11+2*B*d12+C*d22+D*d1+E*d2+F*u);

$mew := AD_{1,1}(u)(\xi(x,y),\eta(x,y))D_1(\xi)(x,y)^2+$
$\quad 2AD_1(\xi)(x,y)D_{1,2}(u)(\xi(x,y),\eta(x,y))D_1(\eta)(x,y)+$
$\quad AD_1(u)(\xi(x,y),\eta(x,y))D_{1,1}(\xi)(x,y)+AD_{2,2}(u)(\xi(x,y),\eta(x,y))D_1(\eta)(x,y)^2+$
$\quad AD_2(u)(\xi(x,y),\eta(x,y))D_{1,1}(\eta)(x,y)+$
$\quad 2BD_1(\xi)(x,y)D_{1,1}(u)(\xi(x,y),\eta(x,y))D_2(\xi)(x,y)+$
$\quad 2BD_1(\xi)(x,y)D_{1,2}(u)(\xi(x,y),\eta(x,y))D_2(\eta)(x,y)+$
$\quad 2BD_1(u)(\xi(x,y),\eta(x,y))D_{1,2}(\xi)(x,y)+$
$\quad 2BD_1(\eta)(x,y)D_{1,2}(u)(\xi(x,y),\eta(x,y))D_2(\xi)(x,y)+$
$\quad 2BD_1(\eta)(x,y)D_{2,2}(u)(\xi(x,y),\eta(x,y))D_2(\eta)(x,y)+$
$\quad 2BD_2(u)(\xi(x,y),\eta(x,y))D_{1,2}(\eta)(x,y)+$
$\quad CD_{1,1}(u)(\xi(x,y),\eta(x,y))D_2(\xi)(x,y)^2+$
$\quad 2CD_2(\xi)(x,y)D_{1,2}(u)(\xi(x,y),\eta(x,y))D_2(\eta)(x,y)+$
$\quad CD_1(u)(\xi(x,y),\eta(x,y))D_{2,2}(\xi)(x,y)+CD_{2,2}(u)(\xi(x,y),\eta(x,y))D_2(\eta)(x,y)^2+$
$\quad CD_2(u)(\xi(x,y),\eta(x,y))D_{2,2}(\eta)(x,y)+DD_1(u)(\xi(x,y),\eta(x,y))D_1(\xi)(x,y)+$
$\quad DD_2(u)(\xi(x,y),\eta(x,y))D_1(\eta)(x,y)+ED_1(u)(\xi(x,y),\eta(x,y))D_2(\xi)(x,y)+$
$\quad ED_2(u)(\xi(x,y),\eta(x,y))D_2(\eta)(x,y)+Fu$

>c1:=coeff(new,D[1,1](u)(xi(x,y),eta(x,y)));

$c1 := AD_1(\xi)(x,y)^2+2BD_1(\xi)(x,y)D_2(\xi)(x,y)+CD_2(\xi)(x,y)^2$

>c2:=coeff(new,D[1,2](u)(xi(x,y),eta(x,y)));

$c2 := 2AD_1(\xi)(x,y)D_1(\eta)(x,y)+2BD_1(\xi)(x,y)D_2(\eta)(x,y)+$
$\quad 2BD_1(\eta)(x,y)D_2(\xi)(x,y)+2CD_2(\xi)(x,y)D_2(\eta)(x,y)$

>c3:=coeff(new,D[2,2](u)(xi(x,y),eta(x,y)));

$c3 := AD_1(\eta)(x,y)^2+2BD_1(\eta)(x,y)D_2(\eta)(x,y)+CD_2(\eta)(x,y)^2$

>c4:=coeff(new,D[1](u)(xi(x,y),eta(x,y)));

$c4 := AD_{1,1}(\xi)(x,y)+2BD_{1,2}(\xi)(x,y)+CD_{2,2}(\xi)(x,y)+DD_1(\xi)(x,y)+ED_2(\xi)(x,y)$

>c5:=coeff(new,D[2](u)(xi(x,y),eta(x,y)));

$c5 := AD_{1,1}(\eta)(x,y)+2BD_{1,2}(\eta)(x,y)+CD_{2,2}(\eta)(x,y)+DD_1(\eta)(x,y)+$
$\quad ED_2(\eta)(x,y)$

其中 $d1,d2,d11,d22$ 和 $d12$ 依次表示 u_x,u_y,u_{xx},u_{yy} 和 u_{xy}, "new"表示变换后用变量 ξ 和 η 表示的方程, 而 $c1,c2,c3,c4$ 和 $c5$ 分别表示 $u_{\xi\xi},u_{\xi\eta},u_{\eta\eta},u_\xi$ 和 u_η 的系数.

由式(2.4.4)易证
$$\overline{\Delta} = \overline{B}^2 - \overline{A}\,\overline{C} = J^2(B^2-AC) = J^2\Delta.$$

因为 $J \neq 0$, 所以 $J^2 > 0$, $\overline{\Delta}$ 与 Δ 同号, 式(2.4.1)与式(2.4.1)′同类型.

(2) 将式(2.4.1)′改写成
$$\overline{A}u_{\xi\xi} + 2\overline{B}u_{\xi\eta} + \overline{C}u_{\eta\eta} = H(\xi,\eta,u,u_\xi,u_\eta),$$

从系数 $\overline{A},\overline{C}$ 的表达式可见, 如果取一阶偏微分方程
$$Az_x^2 + 2Bz_xz_y + Cz_y^2 = 0 \tag{2.4.5}$$

的一个特解作为新自变量 ξ，则有
$$A\xi_x^2 + 2B\xi_x\xi_y + C\xi_y^2 = 0,$$
即 $\overline{A} = 0$。同理，取式(2.4.5)的另一个特解作为新自变量 η，则 $\overline{C} = 0$，这样可将式(2.4.1)化成标准型。式(2.4.5)的求解可化成常微分方程的求解。将式(2.4.5)改写为

$$A\left(-\frac{z_x}{z_y}\right)^2 - 2B\left(-\frac{z_x}{z_y}\right) + C = 0. \tag{2.4.6}$$

将 $z(x, y) = C$ 当作定义隐函数 $y(x)$ 的方程，则 $\dfrac{\mathrm{d}y}{\mathrm{d}x} = -\dfrac{z_x}{z_y}$，所以式(2.4.6)是

$$A\left(\frac{\mathrm{d}y}{\mathrm{d}x}\right)^2 - 2B\left(\frac{\mathrm{d}y}{\mathrm{d}x}\right) + C = 0. \tag{2.4.7}$$

当 $B^2 - AC > 0$ 时，有

$$\frac{\mathrm{d}y}{\mathrm{d}x} = \frac{2B + \sqrt{4B^2 - 4AC}}{2A} = \frac{B + \sqrt{B^2 - AC}}{A}, \quad 及 \quad \frac{\mathrm{d}y}{\mathrm{d}x} = \frac{B - \sqrt{B^2 - AC}}{A}. \tag{2.4.7}'$$

求出式(2.4.7)′的一个特解 $\xi(x, y) = C_1$ 后，取 $\xi = \xi(x, y)$ 作为新的自变量，则在式(2.4.4)中有 $\overline{A} = 0$；求得式(2.4.7)′的另一个特解 $\eta(x, y) = C_2$ 后，又取 $\eta = \eta(x, y)$，作为新的自变量使 $\overline{C} = 0$；式(2.4.7)叫作式(2.4.1)的特征方程，特征方程的一般积分 $\xi(x, y) = C_1, \eta(x, y) = C_2$，叫作式(2.4.1)的特征线。

1. 双曲型

式(2.4.7)′各给出一组实特征线 $\begin{cases} \xi(x, y) = C_1 \\ \eta(x, y) = C_2 \end{cases}$，取 $\xi = \xi(x, y), \eta = \eta(x, y)$ 代入式(2.4.1)，有 $\overline{A} = \overline{C} = 0$，则式(2.4.1)′成为

$$u_{\xi\eta} = H_1(\xi, \eta, u, u_\xi, u_\eta). \tag{2.4.8}$$

或再做变换

$$\begin{cases} \xi = \alpha + \beta, \\ \eta = \alpha - \beta. \end{cases} \quad 即 \quad \begin{cases} \alpha = \dfrac{1}{2}(\xi + \eta), \\ \beta = \dfrac{1}{2}(\xi - \eta). \end{cases}$$

则(2.4.1)′变成

$$u_{\alpha\alpha} - u_{\beta\beta} = H_2(\alpha, \beta, u, u_\alpha, u_\beta). \tag{2.4.9}$$

式(2.4.8)或式(2.4.9)就是双曲型方程的标准形式。

2. 抛物型

对方程(2.4.7)，当 $\sqrt{B^2 - AC} = 0$ 时，它成为

$$\left(\sqrt{A}\frac{\mathrm{d}y}{\mathrm{d}x} - \sqrt{C}\right)^2 = 0.$$

因此只有一组实特征线 $\xi(x, y) = C_1$，取 $\xi = \xi(x, y)$，作为新的自变量，有 $\overline{A} = 0$，取 $\eta = \eta(x, y)$ 为异于 $\xi(x, y)$ 的任意变量，则有 $\overline{B} = 0$，从而式(2.4.1)′变为

$$u_{\eta\eta} = K(\xi, \eta, u, u_\xi, u_\eta). \tag{2.4.10}$$

式(2.4.10)是抛物型方程的标准型。

3. 椭圆型

特征方程(2.4.7)给出两组复特征线 $\eta = \overline{\xi}$（复共轭），$\xi(x, y) = $ 常数，$\eta(x, y) = $ 常数，取 $\xi = \xi(x, y), \eta(x, y) = \overline{\xi(x, y)}$ 作为新的自变量，则 $\overline{A} = 0, \overline{C} = 0$，代入式(2.4.1)后，有

$$u_{\xi\eta}=K_1(\xi,\eta,u,u_\xi,u_\eta). \tag{2.4.11}$$

这时 ξ,η 是复变数,为了使方程中的变量和函数都用实数表示,再设 $\xi=\alpha+i\beta,\eta=\alpha-i\beta$,即

$$\alpha=\operatorname{Re}\xi=\frac{1}{2}(\xi+\eta), \qquad \beta=\operatorname{Im}\xi=\frac{1}{2i}(\xi-\eta),$$

则式(2.4.11)化成

$$u_{\alpha\alpha}+u_{\beta\beta}=\overline{K}(\alpha,\beta,u,u_\alpha,u_\beta). \tag{2.4.12}$$

式(2.4.12)为椭圆型方程的标准型.

例 2.4.1 讨论方程 $y^2 u_{xx}-x^2 u_{yy}=0$ 的类型,并化为标准型 $(x,y\neq 0)$.

解 $A=y^2,B=0,C=-x^2$,所以

$$B^2-AC=x^2 y^2>0,$$

故所给方程为双曲型的. 其特征方程为 $y^2\left(\dfrac{\mathrm{d}y}{\mathrm{d}x}\right)^2-x^2=0$,即

$$\frac{\mathrm{d}y}{\mathrm{d}x}=\pm\frac{x}{y}.$$

解之有

$$\frac{y^2}{2}-\frac{x^2}{2}=C_1, \qquad \frac{y^2}{2}+\frac{x^2}{2}=C_2,$$

特征曲线为

$$\xi=\frac{y^2}{2}-\frac{x^2}{2}=C_1,$$

$$\eta=\frac{y^2}{2}+\frac{x^2}{2}=C_2.$$

令

$$\begin{cases}\xi=\dfrac{y^2}{2}-\dfrac{x^2}{2},\\ \eta=\dfrac{y^2}{2}+\dfrac{x^2}{2},\end{cases}$$

将新变量代入原方程,用 Maple 计算:

>xi(x,y):= y^2/2 - x^2/2;

$$\xi(x,y):=\frac{y^2}{2}-\frac{x^2}{2}$$

>eta(x,y):= y^2/2 + x^2/2;

$$\eta(x,y):=\frac{y^2}{2}+\frac{x^2}{2}$$

>simplify(y^2 * diff(u(xi(x,y),eta(x,y)),x$2) - x^2 * diff(u(xi(x,y),eta(x,y)),y$2) = 0);

$$-4y^2 D_{1,2}(u)\left(\frac{y^2}{2}-\frac{x^2}{2},\frac{y^2}{2}+\frac{x^2}{2}\right)x^2-y^2 D_1(u)\left(\frac{y^2}{2}-\frac{x^2}{2},\frac{y^2}{2}+\frac{x^2}{2}\right)+$$
$$y^2 D_2(u)\left(\frac{y^2}{2}-\frac{x^2}{2},\frac{y^2}{2}+\frac{x^2}{2}\right)-x^2 D_1(u)\left(\frac{y^2}{2}-\frac{x^2}{2},\frac{y^2}{2}+\frac{x^2}{2}\right)-$$
$$x^2 D_2(u)\left(\frac{y^2}{2}-\frac{x^2}{2},\frac{y^2}{2}+\frac{x^2}{2}\right)=0$$

整理一下,即得

$$u_{\xi\eta}=-\frac{2\eta}{4(\eta^2-\xi^2)}u_\xi+\frac{2\xi}{4(\eta^2-\xi^2)}u_\eta.$$

例 2.4.2 将方程 $x^2 u_{xx} + 2xy u_{xy} + y^2 u_{yy} = 0$ 化成标准型,并求其通解.

解 特征方程为

$$x^2 \left(\frac{dy}{dx}\right)^2 - 2xy \frac{dy}{dx} + y^2 = 0,$$

解 $x \frac{dy}{dx} - y = 0$,得 $y = c_1 x$,即 $\frac{y}{x} = c_1$. 令 $\begin{cases} \xi = \dfrac{y}{x} \\ \eta = y \end{cases}$,用 Maple 计算:

>xi(x,y):= y/x;

$$\xi(x,y) := \frac{y}{x}$$

>eta(x,y):= y;

$$\eta(x,y) := y$$

>simplify(x^2 * diff(u(xi(x,y),eta(x,y)),x $ 2) + 2 * x * y * diff(u(xi(x,y),eta(x,y)),x,y) + y^2 * diff(u(xi(x,y),eta(x,y)),y $ 2) = 0);

$$y^2 D_{2,2}(u)\left(\frac{y}{x}, y\right) = 0$$

即原方程化为

$$u_{\eta\eta} = 0, \quad \text{或} \quad \frac{\partial}{\partial \eta}\left(\frac{\partial u}{\partial \eta}\right) = 0.$$

将上述方程积分两次,得其通解为 $u = f_1(\xi)\eta + f_2(\xi)$,其中 f_1, f_2 是两个任意函数,带回原变量得

$$u = f_1\left(\frac{y}{x}\right)\eta + f_2\left(\frac{y}{x}\right).$$

例 2.4.3 将 $u_{xx} + u_{xy} + u_{yy} + u_x = 0$ 化为标准型.

解 $\Delta = \frac{1}{4} - 1 < 0$,所给方程为椭圆型,特征方程为

$$\left(\frac{dy}{dx}\right)^2 - \frac{dy}{dx} + 1 = 0,$$

即 $\frac{dy}{dx} = \frac{1}{2} \pm i\frac{\sqrt{3}}{2}$,解为

$$y - \frac{x}{2} - i\frac{\sqrt{3}}{2}x = C_1,$$

$$y - \frac{x}{2} + i\frac{\sqrt{3}}{2}x = C_2.$$

令 $\alpha = y - \frac{1}{2}x, \beta = -\frac{\sqrt{3}}{2}x$,用 Maple 计算:

>alpha(x,y):= y - 1/2 * x;

$$\alpha(x,y) := y - \frac{x}{2}$$

>beta(x,y):= - sqrt(3)/2 * x;

$$\beta(x,y) := -\frac{\sqrt{3}x}{2}$$

>simplify(diff(u(alpha(x,y),beta(x,y)),x $ 2) + diff(u(alpha(x,y),beta(x,y)),

x,y) + diff(u(alpha(x,y),beta(x,y)),y $ 2) + diff(u(alpha(x,y),beta(x,y)),x) = 0;

$$\frac{3}{4}D_{1,1}(u)\left(y-\frac{x}{2},-\frac{\sqrt{3}x}{2}\right)+\frac{3}{4}D_{2,2}(u)\left(y-\frac{x}{2},-\frac{\sqrt{3}x}{2}\right)-\frac{1}{2}D_1(u)\left(y-\frac{x}{2},-\frac{\sqrt{3}x}{2}\right)$$
$$-\frac{1}{2}D_2(u)\left(y-\frac{x}{2},-\frac{\sqrt{3}x}{2}\right)\sqrt{3}=0$$

即将所给方程化为

$$u_{\alpha\alpha}+u_{\beta\beta}=\frac{2}{3}u_\alpha+\frac{2\sqrt{3}}{3}u_\beta.$$

2.4.2 常系数偏微分方程的进一步简化

如果方程的(2.4.1)的系数是常数,则方程还可进一步简化.即对于二阶常系数线性方程

$$a_{11}u_{xx}+2a_{12}u_{xy}+a_{22}u_{yy}+b_1u_x+b_2u_y+cu+f(x,y)=0,$$

其中 $a_{ij},b_i,(i,j=1,2)$ 和 c 为常数,在定理 2.4.1 所述的变换下可以变成

$$\left.\begin{array}{l}u_{\xi\eta}+b_1u_\xi+b_2u_\eta+cu+f=0\\ u_{\xi\xi}-u_{\eta\eta}+b_1u_\xi+b_2u_\eta+cu+f=0\end{array}\right\}\text{双曲型},\qquad(2.4.13)$$

$$u_{\xi\xi}+b_1u_\xi+b_2u_\eta+cu+f=0\quad\text{抛物型},\qquad(2.4.14)$$

$$u_{\xi\xi}+u_{\eta\eta}+b_1u_\xi+b_2u_\eta+cu+f=0\quad\text{椭圆型}.\qquad(2.4.15)$$

为了进一步简化,令 $u=e^{\lambda\xi+\mu\eta}\cdot v(\lambda,\mu$ 为待定常数).按照复合函数求导法,用 Maple 进行计算:

>u(xi,eta):= exp(lambda * xi + mu * eta) * v(xi,eta);
$$u(\xi,\eta):=e^{(\lambda\xi+\mu\eta)}v(\xi,\eta)$$

>d1:= simplify(diff(u(xi,eta),xi));
$$d1:=e^{(\lambda\xi+\mu\eta)}\left(\lambda v(\xi,\eta)+\left(\frac{\partial}{\partial\xi}v(\xi,\eta)\right)\right)$$

>d2:= simplify(diff(u(xi,eta),eta));
$$d2:=e^{(\lambda\xi+\mu\eta)}\left(\mu v(\xi,\eta)+\left(\frac{\partial}{\partial\eta}v(\xi,\eta)\right)\right)$$

>d3:= simplify(diff(u(xi,eta),xi $ 2));
$$d3:=e^{(\lambda\xi+\mu\eta)}\left(\lambda^2 v(\xi,\eta)+2\lambda\left(\frac{\partial}{\partial\xi}v(\xi,\eta)\right)+\left(\frac{\partial^2}{\partial\xi^2}v(\xi,\eta)\right)\right)$$

>d4:= simplify(diff(u(xi,eta),eta $ 2));
$$d4:=e^{(\lambda\xi+\mu\eta)}\left(\mu^2 v(\xi,\eta)+2\mu\left(\frac{\partial}{\partial\eta}v(\xi,\eta)\right)+\left(\frac{\partial^2}{\partial\eta^2}v(\xi,\eta)\right)\right)$$

>d5:= simplify(diff(u(xi,eta),xi,eta));
$$d5:=e^{(\lambda\xi+\mu\eta)}\left(\lambda\mu v(\xi,\eta)+\lambda\left(\frac{\partial}{\partial\eta}v(\xi,\eta)\right)+\mu\left(\frac{\partial}{\partial\xi}v(\xi,\eta)\right)+\left(\frac{\partial^2}{\partial\xi\partial\eta}v(\xi,\eta)\right)\right),$$

即

$$u_\xi = e^{\lambda\xi+\mu\eta} \cdot \lambda v + u = e^{\lambda\xi+\mu\eta} \cdot v_\xi = e^{\lambda\xi+\mu\eta}(\lambda v + v_\xi),$$
$$u_\eta = e^{\lambda\xi+\mu\eta} \cdot \mu v + u = e^{\lambda\xi+\mu\eta} \cdot v_\eta = e^{\lambda\xi+\mu\eta}(\mu v + v_\eta),$$
$$u_{\xi\xi} = \lambda e^{\lambda\xi+\mu\eta}(\lambda v + v_\xi) + e^{\lambda\xi+\mu\eta}(\lambda v_\xi + v_{\xi\xi}) = e^{\lambda\xi+\mu\eta}(\lambda^2 v + 2\lambda v_\xi + v_{\xi\xi}),$$
$$u_{\eta\eta} = e^{\lambda\xi+\mu\eta}(\mu^2 v + 2\mu v_\eta + v_{\eta\eta}),$$
$$u_{\xi\eta} = \mu e^{\lambda\xi+\mu\eta}(\lambda v + v_\xi) + e^{\lambda\xi+\mu\eta}(\lambda v_\eta + v_{\xi\eta}).$$

代入式(2.4.15)有,

>s1:=simplify(d3+d4+b[1]*d1+b[2]*d2+c*u(xi,eta) = -f(xi,eta));

$$s1 := e^{(\lambda\xi+\mu\eta)}\left(\lambda^2 v(\xi,\eta) + 2\lambda\left(\frac{\partial}{\partial\xi}v(\xi,\eta)\right) + \left(\frac{\partial^2}{\partial\xi^2}v(\xi,\eta)\right) + \mu^2 v(\xi,\eta) +\right.$$
$$2\mu\left(\frac{\partial}{\partial\eta}v(\xi,\eta)\right) + \left(\frac{\partial^2}{\partial\eta^2}v(\xi,\eta)\right) + b_1\lambda v(\xi,\eta) + b_1\left(\frac{\partial}{\partial\xi}v(\xi,\eta)\right) + b_2\mu v(\xi,\eta) +$$
$$\left.b_2\left(\frac{\partial}{\partial\eta}v(\xi,\eta)\right) + cv(\xi,\eta)\right) = -f(\xi,\eta)$$

消去 $e^{\lambda\xi+\mu\eta}$ 并整理得到

$$v_{\xi\xi} + v_{\eta\eta} + (b_1 + 2\lambda)v_\xi + (b_2 + 2\mu)v_\eta + (\lambda^2 + \mu^2 + b_1\lambda + b_2\mu + c)v + f_1 = 0.$$

选择 λ,μ, 使方程中一阶偏导数的系数为零, 即取 $\lambda = -\dfrac{b_1}{2}, \mu = -\dfrac{b_2}{2}$, 则上式化为

$$v_{\xi\xi} + v_{\eta\eta} + rv + f_1 = 0, \tag{2.4.16}$$

其中 $r = R(c_1, b_1, b_2)$ (常数), $f_1 = fe^{-(\lambda\xi+\mu\eta)}$. 这就是椭圆型方程进一步化简的结果.

同样可将式(2.4.13)和式(2.4.14)化成

$$v_{\xi\eta} + rv + f_1 = 0, \quad \text{或} \quad v_{\xi\xi} - v_{\eta\eta} + rv + f_1 = 0 \quad \text{(双曲型)} \tag{2.4.17}$$

和
$$v_{\xi\xi} + b_2 v_\eta + rv + f_1 = 0 \quad \text{(抛物型)} \tag{2.4.18}$$

例 2.4.4 将例 2.4.3 中的结果 $u_{\alpha\alpha} + u_{\beta\beta} = \dfrac{2}{3}u_\alpha + \dfrac{2\sqrt{3}}{3}u_\beta$ 进一步化简, 即消去 u_α, u_β 项.

解 令 $u = e^{\lambda\alpha+\mu\beta}v(\alpha,\beta)$, 由复合函数求导法, 求出 $u_\alpha, u_\beta, u_{\alpha\alpha}, u_{\beta\beta}$, 代入原方程, 消去指数函数项, 有

$$v_{\alpha\alpha} + v_{\beta\beta} + \left(2\lambda - \frac{2}{3}\right)v_\alpha + \left(2\mu - \frac{2\sqrt{3}}{2}\right)v_\beta + \left(\lambda^2 + \mu^2 - \frac{2\lambda}{3} - \frac{2\sqrt{3}}{2}\mu\right)v = 0,$$

令
$$\begin{cases} 2\lambda - \dfrac{2}{3} = 0, \\ 2\mu - \dfrac{2\sqrt{3}}{3} = 0, \end{cases}$$

即取 $\lambda = \dfrac{1}{3}, \mu = \dfrac{\sqrt{3}}{3}$, 在变换 $u = e^{\frac{1}{3}\alpha+\frac{\sqrt{3}}{2}\beta}v$ 之下, 原方程变为

$$v_{\alpha\alpha} + v_{\beta\beta} = \frac{4}{9}v.$$

2.4.3 线性偏微分方程的叠加原理

最后需要指出线性偏微分方程(2.4.1)具有一个非常重要的特性, 称为叠加原理, 即若 u_i 是方程

$$Lu_i = f_i, (i=1,2,\cdots)$$

的解,而且级数

$$u = \sum_{i=1}^{\infty} c_i u_i$$

收敛,并且能够逐项微分两次,其中 $c_i(i=1,2,\cdots)$ 为任意常数,则 u 一定是方程

$$Lu = \sum_{i=1}^{\infty} c_i f_i$$

的解(当然要假定这个方程右端的级数是收敛的).特别地,如果 $u_i(i=1,2,\cdots)$ 是二阶齐次方程

$$Lu = 0$$

的解,则只要 $u = \sum_{i=1}^{\infty} c_i u_i$ 收敛,并且可以逐项微分两次,u 一定也是这个方程的解.这个结论的证明非常容易(留作练习),但它却是下一章要讲的分离变量法的出发点.

习 题 二

1. 长为 l 的柔软均匀绳索,一端固定在以匀速 ω 转动的竖直轴上,由于惯性离心力的作用,这弦的平衡位置应是水平线,试推导此弦相对于水平线的横振动方程.

2. 长为 l 的柔软均匀重绳,上端固定在以匀速 ω 转动的竖直轴上,由于重力的作用,绳的平衡位置应是竖直线.试推导此线相对于竖直线的横振动方程.

3. 试推导三维热传导方程:$C\rho u_t = \left[\dfrac{\partial}{\partial x}(Ku_x) + \dfrac{\partial}{\partial y}(Ku_y) + \dfrac{\partial}{\partial z}(Ku_z)\right]$,其中 K 为热传导系数,C 为比热.

4. 混凝土浇灌后逐渐放出"水化热",放热速率正比于当时尚储存着的水化热密度 Q,即 $\dfrac{dQ}{dt} = -\beta Q$.试推导浇灌后的混凝土内的热传导方程.

5. 推导水槽中的重力波方程.设水槽长为 l,宽为 s,截面为矩形,两端由刚性平面封闭,槽中水在平衡时的深度为 h.

6. 长为 l 的弦两端固定,开始时在 $x=c$ 受冲量 k 的作用,试写出相应的定解问题.

7. 长为 l 的均匀杆,侧面绝缘一端温度为零,另一端有恒定热流 q 进入(即单位时间内通过单位截面积流入的热量为 q),杆的初始温度分布是 $\dfrac{x(l-x)}{2}$,试写出相应的定解问题.

8. 一均匀杆的原长为 l,一端固定,另一端沿杆的轴线方向拉长 e 而静止,突然放手任其振动,试建立振动方程与定解条件.

9. 半径为 R 而表面熏黑的金属长圆柱体,受到阳光照射,阳光方向垂直轴,热流强度为 M,写出这个圆柱的热传导问题的边界条件.

10. 若 $F(z), G(z)$ 是两个任意二次连续可微函数,验证

$$u = F(x+at) + G(x-at),$$

满足方程

$$\dfrac{\partial^2 u}{\partial t^2} = a^2 \dfrac{\partial^2 u}{\partial x^2}.$$

11. 验证线性齐次方程的叠加原理. 即若 $u_1(x,y), u_2(x,y), \cdots, u_n(x,y), \cdots$ 均是线性二阶齐次方程

$$A\frac{\partial^2 u}{\partial x^2}+2B\frac{\partial^2 u}{\partial x \partial y}+C\frac{\partial^2 u}{\partial y^2}+D\frac{\partial u}{\partial x}+E\frac{\partial u}{\partial y}+Fu=0$$

的解,其中 A、B、C、D、E、F 都只是 x,y 的函数,而且级数 $u=\sum_{i=1}^{\infty}c_iu_i(x,y)$ 收敛,其中 c_i($i=1,2,\cdots$) 为任意常数,并对 x,y 可以逐次微分两次,求证 $u=\sum_{i=1}^{\infty}c_iu_i(x,y)$ 仍是原方程的解.

12. 把下列方程化为标准型.

(1) $u_{xx}+4u_{xy}+5u_{yy}+u_x+2u_y=0$,

(2) $u_{xx}+yu_{yy}=0$,

(3) $u_{xx}+xu_{yy}=0$,

(4) $y^2u_{xx}+x^2u_{yy}=0$.

13. 简化下列常系数方程:

(1) $u_{xx}+u_{yy}+\alpha u_x+\beta u_y+\gamma u=0$,

(2) $u_{yy}+\dfrac{c-b}{a}u_x+\dfrac{b}{a}u_y+u=0$,

(3) $2au_{xx}+2au_{xy}+au_{yy}+2bu_x+2cu_y+u=0$.

第 3 章 分离变量法

物理学、力学、工程科学甚至经济和社会科学中的许多问题都可以归结为偏微分方程的定解问题. 第 2 章中我们讨论了怎样将一个物理问题表达为定解问题,这一章以及以下几章的任务是怎样去求解这些定解问题,也就是说在已经列出方程和定解条件之后,怎样去求既满足方程又满足定解条件的解.

从微积分学得知,在计算诸如多元函数的微分和积分(重积分等)时总是把它们转化为单元函数的相应问题来解决,与此类似,求解偏微分方程的定解问题也可以设法把它们转化为常微分方程的定解问题来求解. 分离变量法就是这样一种常用的转化方法. 在这一章中,我们将通过一些实例,讨论分离变量法及其应用.

§3.1 (1+1)维齐次方程的分离变量法

我们将函数 $u(x,t)$ 满足的偏微分方程称为(1+1)维偏微分方程,表示空间 1 维及时间 1 维之意. 下面我们来讨论这类方程的分离变量法.

3.1.1 有界弦的自由振动

由第 2 章的讨论可知,讨论两端固定弦的自由振动规律问题可以归结为求解下列定解问题:

$$\begin{cases} \dfrac{\partial^2 u}{\partial t^2} = a^2 \dfrac{\partial^2 u}{\partial x^2} \quad (0<x<l, t>0), & (3.1.1) \\ u|_{x=0}=0, \quad u|_{x=l}=0 \quad (t>0), & (3.1.2) \\ u|_{t=0}=\varphi(x), \quad \dfrac{\partial u}{\partial t}\bigg|_{t=0}=\psi(x) \quad (0<x<l). & (3.1.3) \end{cases}$$

这个问题的特点是,偏微分方程是线性齐次的,边界条件也是齐次的. 求解这样的问题可以运用叠加原理. 我们知道,在求解常系数齐次常微分方程的初值问题时,是在先不考虑初始条件的情况下,求出满足方程的足够多的特解,再利用叠加原理做出这些特解的线性组合,构成方程的通解,然后利用初始条件来确定通解中的任意常数,得到初值问题的特解. 这就启发我们要求解定解问题(3.1.1)~(3.1.3),须首先寻求齐次方程(3.1.1)满足边界条件(3.1.2)的足够多的具有简单形式(变量被分离的形式)的特解,再利用它们做线性组合,得到方程满足边界条件的一般解,再使这个一般解满足初始条件(3.1.3).

这种思想方法,还可以从物理模型中得到启示.从物理学知道,乐器发出的声音可以分解成各种不同频率的声音,每种频率的单音,振动时形成正弦曲线,其振幅依赖于时间 t,每个单音可以表示为

$$u(x,t)=A(t)\sin(\omega x)$$

的形式,这种形式的特点是 $u(x,t)$ 中的变量 x 和 t 被分离出来了.

根据上面的分析,我们来求方程(3.1.1)的具有变量分离形式

$$u(x,t)=X(x)T(t) \tag{3.1.4}$$

的非零解,并要求它满足齐次边界条件(3.1.2),式中 $X(x)$、$T(t)$ 分别表示只与 x 有关和只与 t 有关的待定函数.将式(3.1.4)代入方程(3.1.1),由

$$\frac{\partial^2 u}{\partial x^2}=X''(x)T(t),\quad \frac{\partial^2 u}{\partial t^2}=X(x)T''(t),\quad 代入(3.1.1)得$$

$$X(x)T''(t)=a^2 X''(x)T(t),$$

用 $a^2 X(x)T(t)$ 除上式两端($X(x)\neq 0$,$T(t)\neq 0$,否则 $u(x,t)\equiv 0$,与非零解矛盾),得

$$\frac{T''(t)}{a^2 T(t)}=\frac{X''(x)}{X(x)}.$$

这个式子的左端仅是 t 的函数,右端仅是 x 的函数,一般情况下两者不可能相等,只有当它们均为常数时才能相等.令此常数为 $-\lambda$,则有

$$\frac{T''(t)}{a^2 T(t)}=\frac{X''(x)}{X(x)}=-\lambda$$

这样,我们得到两个常微分方程

$$T''(t)+\lambda a^2 T(t)=0, \tag{3.1.5}$$

$$X''(x)+\lambda X(x)=0. \tag{3.1.6}$$

利用边界条件(3.1.2),由于 $u(x,t)=X(x)T(t)$,有

$$X(0)T(t)=0,\quad X(l)T(t)=0,$$

但 $T(t)\neq 0$,所以

$$X(0)=X(l)=0. \tag{3.1.7}$$

因此,要求方程(3.1.1)满足边界条件(3.1.2)的变量分离形式的解,就先要从下列常微分方程的边值问题

$$\begin{cases} X''(x)+\lambda X(x)=0, \\ X(0)=X(l)=0 \end{cases}$$

中解出 $X(x)$.

现在我们来求非零解 $X(x)$.但要求出 $X(x)$ 并不是一个简单问题,因为方程(3.1.6)包含一个待定任意常数 λ.因此我们的任务是要确定 λ 取何值时方程(3.1.6)才有满足条件(3.1.7)的非零解,又要求出这个非零解 $X(x)$.这样的问题称为常微分方程(3.1.6)在条件(3.1.7)下的本征值问题(也称固有值问题或特征值问题).使问题(3.1.6)、(3.1.7)有非零解的 λ 称为该问题的本征值(也称固有值或特征值),相应的非零解 $X(x)$ 称为本征函数(也称固有函数或特征函数).下面我们对 λ 取值的三种情况进行讨论.

1. 设 $\lambda<0$ 时,$\lambda=-k^2$,这时方程(3.1.6)是一个二阶线性常系数常微分方程,容易求出其通解为

$$X(x)=Ae^{-kx}+Be^{kx},$$

也可以用数学软件 Maple 求解：

>ode：= diff(X(x),x $ 2) - k^2 * X(x) = 0;
$$ode: = \left(\frac{d^2}{dx^2}X(x)\right) - k^2 X(x) = 0$$

>dsolve(ode);
$$X(x) = \_C1 e^{(kx)} + \_C2 e^{(-kx)}$$

结果是一样的. 式中 A,B(或 $\_C1,\_C2$)为积分常数，由条件(3.1.7)得
$$\begin{cases} A+B=0, \\ A e^{-kl} + B e^{kl} = 0. \end{cases}$$

由此解得 $A=B=0$，即 $X(x)=0, u(x,t) \equiv 0$ 为平凡解，不符合非零解的要求，故不可能有 $\lambda < 0$。

2. 设 $\lambda = 0$ 时，方程(3.1.6)的通解是
$$X(x) = Ax + B.$$

由边界条件(3.1.7)仍得 $A=B=0$，即 $X(x)=0, u(x,t) \equiv 0$ 为平凡解，故也不可能有 $\lambda = 0$。

3. 设 $\lambda = \beta^2 > 0$ 时，此时方程(3.1.6)的通解可由 Maple 求出

>ode：= diff(X(x),x $ 2) + beta^2 * X(x) = 0;
$$ode: = \left(\frac{d^2}{dx^2}X(x)\right) + \beta^2 X(x) = 0$$

>dsolve(ode);
$$X(x) = \_C1 \sin(\beta x) + \_C2 \cos(\beta x)$$

即方程(3.1.6)的通解为
$$X(x) = A\cos\beta x + B\sin\beta x.$$

代入条件(3.1.7)，得
$$A = 0, \quad B\sin\beta l = 0.$$

由于 $B \neq 0$(否则 $X(x) \equiv 0$)，故 $\sin\beta l = 0$，即
$$\beta = \frac{n\pi}{l} \quad (n=1,2,\cdots).$$

n 为负整数的情况可以不必考虑，因为例如 $n=-2$，$B\sin\frac{-2\pi}{l}x$ 仍是 $B'\sin\frac{2\pi}{l}x$ 的形式. 从而得到一系列固有值与固有函数

$$\lambda_n = \frac{n^2\pi^2}{l^2} \quad (n=1,2,\cdots), \tag{3.1.8}$$

$$X_n(x) = B_n \sin\frac{n\pi}{l}x \quad (n=1,2,\cdots). \tag{3.1.9}$$

确定了固有值 λ 之后，将它代入到常微分方程(3.1.5)，用 Maple 得其通解为

>ode：= diff(T(t),t $ 2) + a^2 * n^2 * Pi^2/l^2 * T(t) = 0;
$$ode: = \left(\frac{d^2}{dt^2}T(t)\right) + \frac{a^2 n^2 \pi^2 T(t)}{l^2} = 0$$

>dsolve(ode);
$$T(t) = \_C1\sin\left(\frac{\pi nat}{l}\right) + \_C2\cos\left(\frac{\pi nat}{l}\right)$$

即

$$T_n(t) = C_n'\cos\frac{n\pi a}{l}t + D_n'\sin\frac{n\pi a}{l}t \quad (n=1,2,\cdots). \tag{3.1.10}$$

于是由式(3.1.9)和式(3.1.10)得到满足方程(3.1.1)和边界条件(3.1.2)的一组变量分离形式的特解

$$u_n(x,t) = \left(C_n\cos\frac{n\pi a}{l}t + D_n\sin\frac{n\pi a}{l}t\right)\sin\frac{n\pi}{l}x \quad (n=1,2,\cdots), \tag{3.1.11}$$

其中 $C_n = B_nC_n', D_n = B_nD_n'$ 是任意常数. 至此我们的第一步工作完成了,求出了既满足方程(3.1.6)又满足边界条件(3.1.7)的无穷多个非零特解(3.1.11),其中包含有任意常数 C_n 和 D_n. 为了求出原问题的解,还要确定这些常数,即这些解还须满足初始条件(3.1.3). 为此将(3.1.11)中的所有函数 $u_n(x,t)$ 叠加起来,得

$$u(x,t) = \sum_{n=1}^{\infty} u_n(x,t) = \sum_{n=1}^{\infty}\left(C_n\cos\frac{n\pi a}{l}t + D_n\sin\frac{n\pi a}{l}t\right)\sin\frac{n\pi}{l}x. \tag{3.1.12}$$

由叠加原理可知,如果式(3.1.12)右端的无穷级数是收敛的,而且关于 x 和 t 都能逐项微分两次,则它的和函数 $u(x,t)$ 也满足方程(3.1.1)和边界条件(3.1.2). 级数形式的解(3.1.12)称为定解问题(3.1.1)~(3.1.3)的一般解. 现在要适当选择 C_n, D_n,使函数 $u(x,t)$ 也满足初始条件(3.1.3). 为此必须有

$$\begin{aligned}u(x,t)|_{t=0} &= u(x,0) = \sum_{n=1}^{\infty}C_n\sin\frac{n\pi}{l}x = \varphi(x),\\ \frac{\partial u}{\partial t}\bigg|_{t=0} &= u_t(x,0) = \sum_{n=1}^{\infty}D_n\frac{n\pi a}{l}\sin\frac{n\pi}{l}x = \psi(x).\end{aligned} \tag{3.1.13}$$

因为 $\varphi(x)$ 和 $\psi(x)$ 是定义在 $[0,l]$ 上的函数,所以只要选取 C_n 为 $\varphi(x)$ 的 Fourier 正弦级数展开式的系数,$\frac{n\pi a}{l}D_n$ 为 $\psi(x)$ 的 Fourier 正弦级数展开式的系数即可,也就是取

$$C_n = \frac{2}{l}\int_0^l \varphi(x)\sin\frac{n\pi}{l}x\,\mathrm{d}x, \quad D_n = \frac{2}{n\pi a}\int_0^l \psi(x)\sin\frac{n\pi}{l}x\,\mathrm{d}x, \tag{3.1.14}$$

初始条件(3.1.3)就能满足. 将式(3.1.14)所确定的 C_n, D_n 代入到式(3.1.12),就得到了原问题的解.

当然,如上所述,要使式(3.1.12)所确定的函数 $u(x,t)$ 满足方程(3.1.1)~(3.1.3),除了其中的系数 C_n, D_n 必须由式(3.1.14)确定外,还要求其中的级数收敛,并且能够对 x 和 t 逐项微分两次. 这些要求只要对 $\varphi(x)$ 和 $\psi(x)$ 加上一些条件就能满足. 可以证明(参阅谷超豪、李大潜等编《数学物理方法》2002年第二版第1章§3),如果 $\varphi(x)$ 三次连续可微,$\psi(x)$ 二次连续可微,且 $\varphi(0) = \varphi(l) = \varphi''(0) = \varphi''(l) = \psi(0) = \psi(l) = 0$,则问题(3.1.1)~(3.1.3)的解存在,并且这个解可以由式(3.1.12)给出,其中 C_n, D_n 由式(3.1.14)确定. 这样的解称为古典解.

以上方法的特点是就是利用具有变量分离形式的特解(3.1.4)来构造定解问题(3.1.1)~(3.1.3)的解,故这一方法称为分离变量法. 18世纪初,Fourier 首先利用这种方法求解偏微分方程,这种求解过程显示了 Fourier 级数的作用与威力,因此分离变量法又称为 Fourier 级数方法.

需要指出的是,当 $\varphi(x)$ 和 $\psi(x)$ 不满足这里所述的条件时,由式(3.1.12)和式(3.1.14)确定的函数 $u(x,t)$ 不具备古典解的要求,它只能是原定解问题的一个形式解. 根据实变函数的理论,只要 $\varphi(x)$ 和 $\psi(x)$ 在 $[0,l]$ 上是 L^2 可积的,函数列

$$\varphi_n(x) = \sum_{k=1}^{n}C_k\sin\frac{k\pi}{l}x, \quad \psi_n(x) = \sum_{k=1}^{n}\frac{k\pi a}{l}D_k\sin\frac{k\pi}{l}x$$

分别平均收敛(设 f_n, f 都是平方可积的,即对任给 $\varepsilon > 0$,存在 N,当 $n > N$ 时,有

$\left\{\int_E (f_n - f)^2 \mathrm{d}x\right\}^{\frac{1}{2}} < \varepsilon$ 成立,则称 f_n 平均收敛于 f) 于 $\varphi(x)$ 和 $\psi(x)$,其中 C_k, D_k 由式(3.1.14)确定.

如果将初始条件代之以
$$u(x,t)\big|_{t=0} = \varphi_n(x), \quad \frac{\partial u(x,t)}{\partial t}\bigg|_{t=0} = \psi_n(x),$$
则相应的定解问题的解为
$$S_n(x,t) = \sum_{k=1}^n \left(C_k \cos\frac{k\pi a}{l}t + D_k \sin\frac{k\pi a}{l}t\right)\sin\frac{k\pi}{l}x,$$

当 $n \to +\infty$,它平均收敛于式(3.1.12)所给的形式解 $u(x,t)$. 由于 $S_n(x,t)$ 既满足方程(3.1.1)及边界条件(3.1.2),又近似地满足初始条件(3.1.3),所以当 n 很大时,可以把 $S_n(x,t)$ 看成是原问题的近似解. 作为近似解平均收敛的极限 $u(x,t)$, 当然也是很有意义的.

此外,从上述求解偏微分方程的方法来看,在大多数情况下,也都是先求形式解,然后在一定条件下验证这个形式解就是古典解. 这个验证的过程称为综合工作,鉴于篇幅和讲授时间的限制,也因为本书中所讨论的问题都是经典问题,在今后的叙述中,都不去做这个综合工作. 也不去讨论所得的形式解成为古典解时需要附加的条件,只要求得了形式解,就认为问题得到了解决.

从前面的运算过程可以看出,用分离变量法求解定解问题的关键步骤是确定固有函数和运用叠加原理. 这些运算之所以能够进行,是因为所讨论的偏微分方程和边界条件都是线性齐次的,这是使用分离变量法的基础,希望读者注意.

例 3.1.1 解下列定解问题:
$$\begin{cases} \dfrac{\partial^2 u}{\partial t^2} = a^2 \dfrac{\partial^2 u}{\partial x^2} & (0<x<l, t>0), \\ u\big|_{x=0} = 0, \quad \dfrac{\partial u}{\partial x}\bigg|_{x=l} = 0 & (t>0), \\ u\big|_{t=0} = x^2 - 2lx, \quad \dfrac{\partial u}{\partial t}\bigg|_{t=0} = 0 & (0<x<l). \end{cases}$$

解 这里所考虑的方程仍是式(3.1.1),所不同的只是在 $x=l$ 这一端的边界条件不是第一类齐次边界条件 $u\big|_{x=l}=0$,而是第二类齐次边界条件 $\dfrac{\partial u}{\partial x}\bigg|_{x=l}=0$. 因此,通过分离变量(即令 $u(x,t)=X(x)T(t)$)的步骤后,仍得到方程(3.1.5)与方程(3.1.6)

$$T''(t) + \lambda a^2 T(t) = 0, \tag{1}$$
$$X''(x) + \lambda X(x) = 0. \tag{2}$$

但条件(3.1.7)应代之以
$$X(0) = X'(l) = 0, \tag{3}$$
相应的固有值问题为求
$$\begin{cases} X''(x) + \lambda X(x) = 0, \\ X(0) = X'(l) = 0, \end{cases} \quad 0<x<l$$
的非零解.

重复前面的讨论可知,只有当 $\lambda = \beta^2 > 0$ 时,上述固有值问题才有非零解. 此时式(2)的通解仍为
$$X(x) = A\cos\beta x + B\sin\beta x.$$
代入条件(3),得
$$A = 0, \quad B\cos\beta l = 0,$$

由于 $B \neq 0$，故 $\cos \beta l = 0$，即

$$\beta = \frac{2n+1}{2l}\pi \quad (n = 0, 1, 2, \cdots),$$

从而得到一系列固有值与固有函数

$$\lambda_n = \frac{(2n+1)^2 \pi^2}{4l^2}, \quad X_n(x) = B_n \sin \frac{(2n+1)\pi}{2l} x \quad (n = 0, 1, 2, \cdots).$$

与这些固有值相对应的方程(1)的通解为

$$T_n(t) = C'_n \cos \frac{(2n+1)\pi a}{2l} t + D'_n \sin \frac{(2n+1)\pi a}{2l} t \quad (n = 0, 1, 2, \cdots).$$

于是，所求定解问题的一般解可表示为

$$u(x,t) = \sum_{n=0}^{\infty} \left(C_n \cos \frac{(2n+1)\pi a}{2l} t + D_n \sin \frac{(2n+1)\pi a}{2l} t \right) \sin \frac{(2n+1)\pi}{2l} x.$$

下面利用初始条件确定其中的任意常数 C_n, D_n，由 $\left. \frac{\partial u}{\partial t} \right|_{t=0} = 0$ 得

$$\sum_{n=0}^{\infty} D_n \sin \frac{(2n+1)\pi x}{2l} = 0,$$

一个 Fourier 级数为零，只能是各项系数都为零，即

$$D_n = 0, \quad (n = 0, 1, 2, \cdots);$$

再由 $u|_{t=0} = x^2 - 2lx$，得到

$$\sum_{n=0}^{\infty} C_n \sin \frac{(2n+1)\pi x}{2l} = x^2 - 2xl.$$

于是 C_n 应该与函数 $x^2 - 2xl$ 的正弦 Fourier 展开级数的系数相等，即

$$C_n = \frac{2}{l} \int_0^l (x^2 - 2lx) \sin \frac{(2n+1)\pi}{2l} x \, dx.$$

这个积分可用 Maple 计算

> c[n]:= 2/l * int((x^2 - 2 * l * x) * sin((2 * n + 1) * Pi * x/(2 * l)), x = 0..l);

$$c_n := -\frac{4l^2(8 + 4\sin(\pi n)n\pi^2 + 4\sin(\pi n)n^2\pi^2 + \sin(\pi n)\pi^2 + 8\sin(\pi n))}{\pi^3(8n^3 + 12n^2 + 6n + 1)}$$

> factor(8 * n^3 + 12 * n^2 + 6 * n + 1);

$$(2n+1)^3$$

因为，$\sin n\pi = 0$，故可知

$$C_n = -\frac{32l^2}{(2n+1)^3 \pi^3}.$$

将这里得到的 C_n 和 D_n 代入到一般解的表达式，得到所求定解问题的解为

$$u(x,t) = -\frac{32l^2}{\pi^3} \sum_{n=0}^{\infty} \frac{1}{(2n+1)^3} \cos \frac{(2n+1)\pi a}{2l} t \sin \frac{(2n+1)\pi}{2l} x. \tag{3.1.15}$$

在上面定解问题的求解过程中，我们看到求解本征值问题和确定形式解中的任意常数是关键，本征值问题与所给的边界条件有关，而确定常数主要是计算初始函数的 Fourier 展开系数，这两个关键步骤可以借助于数学软件完成. 甚至像在上述积分结果中令 $\sin(n\pi) = 0$，和使 $8n^3 + 12n^2 + 6n + 1 = (2n+1)^3$ 的这样的计算过程，也可以在 Maple 中完成：只要在 Maple 中输入命令

> res1:= int((x^2 - 2 * l * x) * sin((2 * n + 1) * Pi * x/(2 * l)), x = 0..l);

$$res1 := -\frac{2l^3(8 + 4\sin(\pi n)n\pi^2 + 4\sin(\pi n)n^2\pi^2 + \sin(\pi n)\pi^2 + 8\sin(\pi n))}{\pi^3(8n^3 + 12n^2 + 6n + 1)}$$

>res2: = subs(sin(Pi * n) = 0,res1);
$$res2:=-\frac{16l^3}{\pi^3(8n^3+12n^2+6n+1)}$$
>factor(8 * n^3 + 12 * n^2 + 6 * n + 1);
$$(2n+1)^3.$$

这样,借助于计算机的帮助,就可以避开原来的难点或烦琐的推导与计算,读者就可以节省大量原来用来计算的时间来思考问题本身.

为了加深理解,我们来分析一下级数形式解(3.1.12)的物理意义.先分析级数的每一项

$$u_n(x,t)=\left(C_n\cos\frac{n\pi a}{l}t+D_n\sin\frac{n\pi a}{l}t\right)\sin\frac{n\pi}{l}x \quad (n=1,2,\cdots) \tag{3.1.16}$$

的物理意义.分析的方法是,先固定时间 t,看看在任意指定时刻波形是什么形状;再固定弦上一点,看看该点的振动规律.

把式(3.1.16)括号内的式子改变一下形式,得到

$$u_n(x,t)=A_n\cos(\omega_n t-\theta_n)\sin\frac{n\pi}{l}x,$$

其中 $A_n=\sqrt{C_n+D_n}$,$\omega_n=\frac{n\pi a}{l}$,$\theta_n=\arctan\frac{C_n}{D_n}$.当时间 t 取固定值 t_0 时,得

$$u_n(x,t_0)=A'_n\sin\frac{n\pi}{l}x,$$

其中 $A'_n=A_n\cos(\omega_n t_0-\theta_n)$ 是一个固定值.这表示在任意时刻,波形 $u_n(x,t_0)$ 的形状都是一些正弦曲线,只是它们的振幅随着时间的改变而改变.

当弦上任意一点的横坐标 x 取定值 x_0 时,得

$$u_n(x_0,t)=B_n\cos(\omega_n t-\theta_n),$$

其中 $B_n=A_n\sin\frac{n\pi}{l}x_0$ 是一个定值.这说明弦上以 x_0 点为横坐标的点作简谐振动,其振幅为 B_n,角频率为 ω_n,初位相为 θ_n.若 x 取另外一个定值,情况也一样.只是振幅 B_n 不同而已.所以 $u_n(x,t)$ 表示这样一些振动波:弦上各点以同样的角频率 ω_n 作简谐振动,各点的初位相也相同,而各点的振幅则随位置的改变而改变;此振动波在任意时刻的外形是一条正弦曲线.

这种振动还有一个特点,在 $[0,l]$ 范围内还有 $n+1$ 个点(包括两个端点)永远保持不动.这是因为在 $x_m=\frac{ml}{n}(m=0,1,2,\cdots,n)$ 这些点上,$\sin\frac{n\pi}{l}x_m=\sin m\pi=0$ 的缘故.这些点在物理上称为节点.这也说明 $u_n(x,t)$ 的振动是在 $[0,l]$ 范围内的分段振动,其中有 $n+1$ 个节点.人们把这种包含节点的振动波叫作驻波.另外驻波还有 n 点达到最大值(读者可以自己讨论),这种使振动达到最大值的点叫作腹点.图 3.1.1 是用 Maple 画出的在某一时刻 $t,n=1,2,3$ 时的驻波形状.而在时间段 $t\in[0,10]$ 内,$n=1,2,3$ 时,立体形式的驻波如图 3.1.2 所示.

综上所述,可知 $u_1(x,t),u_2(x,t),\cdots,u_n(x,t)$ 是一系列驻波,它们的频率、位相与振幅都随 n 不同而不同.因此我们可以说,一维波动方程用分离变量法解出的解 $u(x,t)$ 是由一系列驻波叠加而成的,而每一个驻波的波形由固有函数确定,它的频率由固有值确定.这完全符合实际情况.因为人们在考察弦的振动时,就发现许多驻波,它们的叠加又可以构成各种各样的波形.因此很自然地会想到用驻波的叠加表示弦振动方程的解.这就是分离变量法的物理背景,所以分离变量法又称驻波法.

>plot([sin(Pi * x),sin(2 * Pi * x),sin(3 * Pi * x)],x = 0..1);

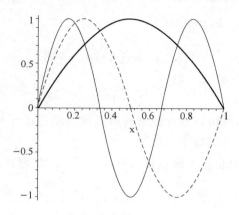

图 3.1.1

```
>plot3d(cos(t-Pi/2)*sin(Pi*x),t=0..10,x=0..1);
>plot3d(cos(t-Pi/2)*sin(2*Pi*x),t=0..10,x=0..1);
>plot3d(cos(t-Pi/2)*sin(3*Pi*x),t=0..10,x=0..1);
```

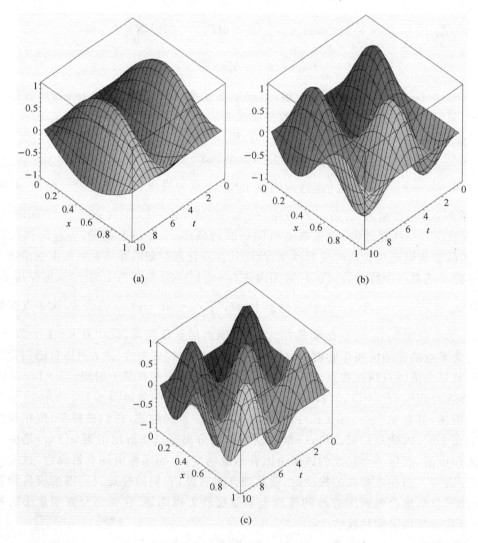

图 3.1.2

3.1.2 有限长杆上的热传导

对于齐次热传导方程的混合问题,如果边界条件均是第一类齐次的,由于求解步骤与相关的特征值问题和有限弦的自由振动问题相同,因此,只给出必要过程,而不做详细讨论.

设有一均匀细杆,长为 l,两端点的坐标为 $x=0, x=l$,端点处的温度保持为 $0\,℃$,已知初始温度为 $\varphi(x)$,求杆上的温度变化规律.

即求解下列定解问题

$$\begin{cases} \dfrac{\partial u}{\partial t} = a^2 \dfrac{\partial^2 u}{\partial x^2} & (0<x<l,\ t>0), \\ u(0,t)=0, u(l,t)=0 & (t>0), \\ u(x,0)=\varphi(x) & (0<x<l). \end{cases}$$

仍用分离变量法来求解这个问题. 设 $u(x,t)=X(x)T(t)$,其中 $X(x)\neq 0$,代入泛定方程并分离变量得 $\dfrac{T'(t)}{a^2 T(t)} = \dfrac{X''(x)}{X(x)}$,易知此式等于一个常数. 设常数为 $-\lambda$,于是得到关于 $X(x)$ 和 $T(t)$ 的两个常微分方程:

$$T'(t)+a^2\lambda T(t)=0, \quad X''(x)+\lambda X(x)=0$$

由边界条件知 $X(0)=0, X(l)=0$,因此就得到了一个常微分方程的特征值问题

$$\begin{cases} X''(t)+\lambda X(t)=0 \\ X(0)=0, X(l)=0 \end{cases}$$

解之得到该原定解问题的特征值为 $\lambda = \left(\dfrac{n\pi}{l}\right)^2$ $(n=1,2,3,\cdots)$,特征函数为 $X_n(x) = \sin\dfrac{n\pi}{l}x$ $(n=1,2,3,\cdots)$.

将 $\lambda = \left(\dfrac{n\pi}{l}\right)^2$ $(n=1,2,3,\cdots)$ 代入另一常微分方程 $T'(t)+a^2\lambda T(t)=0$ 中并求解,得到 $T_n(t) = C_n \mathrm{e}^{-\frac{n^2\pi^2}{l^2}a^2 t}$ $(n=1,2,\cdots)$. 于是原定解问题的特解为

$$u_n(x,t) = C_n \mathrm{e}^{-\frac{n^2\pi^2}{l^2}a^2 t} \sin\dfrac{n\pi x}{l} \quad (n=1,2,\cdots),$$

则定解问题的一般解为

$$u(x,t) = \sum_{n=1}^{\infty} u_n(x,t) = \sum_{n=1}^{\infty} C_n \mathrm{e}^{-\frac{n^2\pi^2}{l^2}a^2 t} \sin\dfrac{n\pi x}{l}$$

由初始条件 $u(x,0)=\varphi(x)$,得 $\varphi(x) = \sum_{n=1}^{\infty} C_n \sin\dfrac{n\pi x}{l}$,则

$$C_n = \dfrac{2}{l}\int_0^l \varphi(x) \sin\dfrac{n\pi}{l}x\,\mathrm{d}x, (n=0,1,2,\cdots)$$

同样,当边界条件的类型发生改变后,即一个或两个边界条件为第二类边界条件或第三类边界条件时,这种定解问题的求解方式不变,只是求出的特征值和特征函数会发生变化.

设有一个均匀细杆,长为 l,两端点的坐标为 $x=0, x=l$,杆的侧面是绝热的,且在端点

$x=0$ 处温度为 $0\ ℃$,而在另一端 $x=l$ 处杆的热量自由地发散到周围温度是 $0\ ℃$ 的介质中去(参考§2.2 中第三类边界条件,并注意到在杆的 $x=l$ 端的截面上,外法线方向就是 x 轴的正方向).已知初始温度为 $\varphi(x)$,求杆上的温度变化规律.问题可以化为求解下列定解问题

$$\begin{cases} \dfrac{\partial u}{\partial t}=a^2\dfrac{\partial^2 u}{\partial x^2} & (0<x<l,\ t>0),\\ u(0,t)=0,\quad \dfrac{\partial u(l,t)}{\partial t}+hu(l,t)=0 & (t>0),\\ u(x,0)=\varphi(x) & (0<x<l). \end{cases} \tag{3.1.17}$$

我们仍用分离变量法来求解这个问题.首先求出满足边界条件而且是变量被分离形式的特解,为此设

$$u(x,t)=X(x)T(t), \tag{3.1.18}$$

代入到(3.1.17)的泛定方程,得

$$X''(x)+\lambda X(x)=0, \tag{3.1.19}$$

和

$$T'(t)+\lambda a^2 T(t)=0, \tag{3.1.20}$$

其中 $\lambda>0$(对 $\lambda<0$ 和 $\lambda=0$ 的情况,可以像 3.1.1 节那样进行讨论,得知当 $\lambda<0$ 和 $\lambda=0$ 时,方程没有满足边界条件的非零解)为待定常数.由边界条件得

$$X(0)=0,\quad X'(l)+hX(l)=0. \tag{3.1.21}$$

式(3.1.19)和式(3.1.21)构成本征值问题.现求解之.

式(3.1.19)的通解为

$$X(x)=A\cos\sqrt{\lambda}x+B\sin\sqrt{\lambda}x, \tag{3.1.22}$$

考虑边界条件(3.1.21),由 $X(0)=0$ 得 $A=0$,由 $X'(l)+hX(l)=0$ 得 $B\sqrt{\lambda}\cos\sqrt{\lambda}l+hB\sin\sqrt{\lambda}l=0$,因为 $B\neq 0$,有

$$\sqrt{\lambda}\cos\sqrt{\lambda}l+h\sin\sqrt{\lambda}l=0, \tag{3.1.23}$$

为了求出 λ,令 $\lambda=\beta^2$,并将(3.1.23)写成

$$\tan\gamma=\alpha\gamma, \tag{3.1.24}$$

其中 $\gamma=\beta l=\sqrt{\lambda}l$,$\alpha=-\dfrac{1}{hl}$.方程(3.1.24)的解可以看作曲线 $y_1=\tan\gamma$ 与直线 $y_2=\alpha\gamma$ 交点的横坐标(如图 3.1.3 所示).显然,由于函数 $\tan\gamma$ 为周期函数,故这样的交点有无穷多个,即方程(3.1.24)有无穷多个根.由这些根可以确定出固有值 $\lambda=\beta^2$.设方程(3.1.24)的无穷多个正根(不取负根是由于负根与正根只差一个符号,如图 3.1.3 所示,再根据 3.1.1 节中所述的同样理由)依次为

$$\gamma_1,\gamma_2,\cdots,\gamma_n.$$

于是得到固有值问题(3.1.19)和(3.1.21)的无穷多个固有值

$$\lambda_1=\beta_1^2=\dfrac{\gamma_1^2}{l^2},\quad \lambda_2=\beta_2^2=\dfrac{\gamma_2^2}{l^2},\quad \cdots,\quad \lambda_n=\beta_n^2=\dfrac{\gamma_n^2}{l^2}$$

和相应的固有函数

$$X_n(x)=B_n\sin\beta_n x\quad (n=1,2,\cdots).$$

```
>plot({tan(x),-1/2*x},x=-10..10,y=-10..10);
```

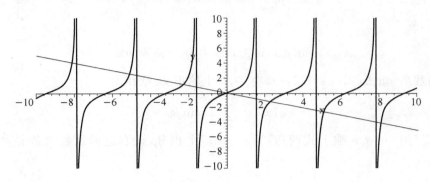

图 3.1.3

将得到的固有值代入到(3.1.20),用 Maple 求解
```
>dsolve(diff(T(t),t)+a^2*lambda[n]*T(t)=0);
```
$$T(t) = \_C1e^{(-a^2\lambda_n t)}$$

即
$$T_n(t) = C'_n e^{-a^2\lambda_n t} = C'_n e^{-a^2\beta_n^2 t} \quad (n=1,2,\cdots).$$

代入式(3.1.18),得到方程(3.1.15)满足边界条件(3.1.16)的一组特解
$$u_n(x,t) = X_n(x)T_n(t) = C_n e^{-a^2\beta_n^2 t} \sin\beta_n x \quad (n=1,2,\cdots), \tag{3.1.25}$$

其中 $C_n = B_n C'_n$ 是待定常数. 由于方程(3.1.15)和边界条件(3.1.16)都是线性齐次的,所以上述解的叠加
$$u(x,t) = \sum_{n=1}^{\infty} C_n e^{-a^2\beta_n^2 t} \sin\beta_n x \tag{3.1.26}$$

仍然满足方程和边界条件. 最后考虑 $u(x,t)$ 能否满足初始条件(3.1.17). 由式(3.1.26)得
$$u(x,0) = \sum_{n=1}^{\infty} C_n \sin\beta_n x,$$

现在希望它等于已知函数 $\varphi(x)$. 那么首先要问在 $[0,l]$ 上 $\varphi(x)$ 能否展开为 $\sum_{n=1}^{\infty} C_n \sin\beta_n x$ 的级数形式,其次要问系数 C_n 如何确定. 关于前者只要 $\varphi(x)$ 在 $[0,l]$ 上满足 Dirichlet 条件即可. 关于求系数的问题,回忆 Fourier 展开系数的得来是根据三角函数系 $\sin\frac{n\pi x}{l}$ $(n=1,2,\cdots)$ 在 $[0,l]$ 上的正交性. 所以现在要考虑三角函数系 $\sin\beta_n x$ $(n=1,2,\cdots)$ 在 $[0,l]$ 上的正交性. 因为对于不同的 β_n 和 β_m, $\sin\beta_n x$ 及 $\sin\beta_m x$ 是微分方程(3.1.22)的解,故有
$$(\sin\beta_n x)'' + \beta_n^2 \sin\beta_n x = 0,$$
$$(\sin\beta_m x)'' + \beta_m^2 \sin\beta_m x = 0.$$

上面第一式乘以 $\sin\beta_m x$,第二式乘以 $\sin\beta_n x$,两式相减,并在 $[0,l]$ 上积分得
$$\int_0^l [\sin\beta_m x (\sin\beta_n x)'' - \sin\beta_n x (\sin\beta_m x)''] dx + (\beta_n^2 - \beta_m^2) \int_0^l \sin\beta_n x \sin\beta_m x \, dx = 0,$$

对上式第一个积分应用分部积分法,并应用边界条件(3.1.21),可得
$$\int_0^l [\sin\beta_m x (\sin\beta_n x)' - \sin\beta_n x (\sin\beta_m x)'] dx = 0,$$

于是

$$(\beta_n^2 - \beta_m^2) \int_0^l \sin\beta_n x \sin\beta_m x \, dx = 0.$$

由于 $\beta_n \neq \beta_m$,故

$$\int_0^l \sin\beta_n x \sin\beta_m x \, dx = 0 \quad (m \neq n). \tag{3.1.27}$$

说明三角函数系 $\sin\beta_n x$ $(n=1,2,\cdots)$ 在 $[0,l]$ 上的正交. 现在设

$$\varphi(x) = \sum_{n=1}^\infty C_n \sin\beta_n x,$$

来求系数 C_n. 用 $\sin\beta_m x$ 乘上式两边,并在 $[0,l]$ 上积分,设右边的级数收敛并可以逐项积分,得

$$\int_0^l \varphi(x) \sin\beta_m x \, dx = \sum_{n=1}^\infty C_n \int_0^l \sin\beta_m x \sin\beta_n x \, dx,$$

由三角函数系 $\sin\beta_n x$ $(n=1,2,\cdots)$ 在 $[0,l]$ 上的正交性,并记

$$L_n = \int_0^l \sin\beta_n x \sin\beta_n x \, dx = \int_0^l \sin^2(\beta_n x) \, dx \quad (m=n), \tag{3.1.28}$$

得

$$C_n = \frac{1}{L_n} \int_0^l \varphi(x) \sin\beta_n x \, dx. \tag{3.1.29}$$

将式(3.1.29)代入到式(3.1.26),即得到定解问题(3.1.15)~(3.1.17)的解.

例 3.1.1 求解一维热传导方程,其初始条件及边界条件为

$$u|_{t=0} = x, \quad u_x|_{x=0} = 0, \quad u_x|_{x=l} = 0$$

解 由题意即求定解问题

$$\begin{cases} \dfrac{\partial u}{\partial t} = a^2 \dfrac{\partial^2 u}{\partial x^2} & (0<x<l,\ t>0), \\ u_x|_{x=0} = 0,\ u_x|_{x=l} = 0 & (t>0), \\ u|_{t=0} = x & (0<x<l). \end{cases} \tag{3.1.30}$$

设 $u(x,t) = X(x)T(t)$,代入方程,分离变量得

$$\begin{cases} T'(t) + a^2\lambda T(t) = 0, \tag{3.1.31} \\ X''(t) + \lambda X(t) = 0, \tag{3.1.32} \end{cases}$$

其中 λ 为分离常数. 由边界条件得

$$X'(0) = X'(l) = 0. \tag{3.1.33}$$

式(3.1.32)和式(3.1.33)构成本征值问题. 分三种情况讨论

(1) 当 $\lambda<0$ 时,方程(3.1.32)的通解为

$$X(x) = A e^{-\sqrt{-\lambda}x} + B e^{\sqrt{-\lambda}x},$$

代入(3.1.33)得

$$-A + B = 0, \quad -A e^{-\sqrt{-\lambda}l} + B e^{\sqrt{-\lambda}l} = 0,$$

解得 $A=B=0$,故不可能有 $\lambda<0$.

(2) 当 $\lambda=0$ 时,方程(3.1.32)的通解为

$$X(x) = Ax + B,$$

代入(3.1.33)得 $A=0$,得特解 $X_0(x) = B$.

由此可见,当边界条件为第二类边界条件时,$\lambda=0$ 是一个本征值. 相应的本征函数是 $X_0(x) = B$(常数).

(3) 当 $\lambda>0$ 时,方程(3.1.32)的通解是
$$X(x)=C\cos\sqrt{\lambda}x+D\sin\sqrt{\lambda}x,$$
代入(3.1.33)得 $D=0$,$-C\sqrt{\lambda}\sin\sqrt{\lambda}l=0$,即
$$\sqrt{\lambda}=\frac{n\pi}{l},\quad \lambda=\left(\frac{n\pi}{l}\right)^2 \quad (n=1,2,3,\cdots),$$
相应的本征函数为
$$X_n(x)=C_n'\cos\frac{n\pi}{l}x \quad (n=1,2,3,\cdots).$$
综合(2)、(3)两种情况,得到本问题的本征值和本征函数分别为
$$\lambda=\left(\frac{n\pi}{l}\right)^2 \quad (n=0,1,2,3,\cdots), \tag{3.1.34}$$
$$X_n(x)=C_n'\cos\frac{n\pi}{l}x \quad (n=0,1,2,3,\cdots). \tag{3.1.35}$$
注意 n 从 0 开始计.

将式(3.1.34)代入式(3.1.32),解得
$$T_0=E_0 \quad (n=0),\quad T_n(t)=E_n\mathrm{e}^{-\lambda a^2 t}=E_n\mathrm{e}^{-\frac{n^2\pi^2}{l^2}a^2 t} \quad (n=1,2,\cdots).$$
于是,原方程满足边界条件的解为
$$u_n(x,t)=C_n\mathrm{e}^{-\frac{n^2\pi^2}{l^2}a^2 t}\cos\frac{n\pi x}{l} \quad (n=0,1,2,\cdots),$$
其中 $C_n=C_n'E_n$.将这些解叠加起来,得到原问题的一般解为
$$u(x,t)=X_0 T_0+\sum_{n=1}^{\infty}C_n\mathrm{e}^{-\frac{n^2\pi^2}{l^2}a^2 t}\cos\frac{n\pi x}{l}=C_0+\sum_{n=1}^{\infty}C_n\mathrm{e}^{-\frac{n^2\pi^2}{l^2}a^2 t}\cos\frac{n\pi x}{l}.$$
根据初始条件 $u|_{t=0}=x$,有 $u(x,0)=C_0+\sum_{n=1}^{\infty}C_n\cos\frac{n\pi x}{l}=x$,由 Fourier 余弦展开定理,有
$$C_0=\frac{1}{2}\left(\frac{2}{l}\int_0^l x\mathrm{d}x\right)=\frac{l}{2},\quad C_n=\frac{2}{l}\int_0^l x\cos\frac{n\pi}{l}x\mathrm{d}x=\frac{2l}{n^2\pi^2}[(-1)^n-1],$$
故得原定解问题的解为
$$u(x,t)=\frac{l}{2}+\sum_{n=1}^{\infty}\frac{2l}{n^2\pi^2}[(-1)^n-1]\mathrm{e}^{-\frac{n^2\pi^2}{l^2}a^2 t}\cos\frac{n\pi x}{l}.$$

由此可见,本征函数和定解问题解的形式与边界条件密切相关,读者可以自己讨论一维波动方程和一维热传导方程在其他边界条件下的本征函数和解的形式.

下面我们列出用分离变量法求解定解问题的基本步骤.

(1) 首先将问题中的偏微分方程通过分离变量化成常微分方程的定解问题,对于线性齐次常微分方程来说是可以办到的.

(2) 确定固有值与固有函数.由于固有函数是要经过叠加的,所以用来确定固有函数的方程和边界条件,当函数经过叠加之后,仍要满足.当边界条件是齐次时,求固有函数就是求一个常微分方程(其通解可用 Maple 来求)满足零边界条件的非零解.

(3) 定出固有值、固有函数后,再解其他常微分方程(也可以用 Maple 来求),把得到的解与固有函数乘起来成为本征解 $u_n(x,t)$,这时 $u_n(x,t)$ 中还包含有任意常数.

(4) 最后,为了使解满足其余的定解条件,需要把所有的 $u_n(x,t)$ 叠加起来成为级数形式,

这时级数中的一系列任意常数就由其余的定解条件来确定. 在这最后的一步工作中, 需要把已知的函数展开成固有函数系的级数, 这种展开的合理性将在第 4 章中论述, 而其中的展开式系数可以用 Maple 来计算.

3.2 二维 Laplace 方程的定解问题

通过以上内容可以看出,在利用分离变量法求解数学物理定解问题时,数理方程和边界条件都要进行变量分离. 一般来说,能否应用分离变量法,除了与方程和边界条件的形式有关,还与采用什么样的坐标系有关. 坐标系选择不当,变量就可能分离不开. 下面以拉普拉斯方程的分离变量为例介绍平面极坐标系下的分离变量法.

例 3.2.1 在矩形域 $0 \leqslant x \leqslant a$, $0 \leqslant y \leqslant b$ 内求 Laplace 方程

$$\nabla^2 u = \frac{\partial^2 u}{\partial x^2} + \frac{\partial^2 u}{\partial y^2} = 0 \tag{3.2.1}$$

的解,使其满足边界条件

$$\begin{cases} u|_{x=0} = 0, \quad u|_{x=a} = Ay, \tag{3.2.2} \\ u_y|_{y=0} = 0, \quad u_y|_{y=b} = 0. \tag{3.2.3} \end{cases}$$

注意,本例题与 3.1 节的例题有些不同,这里的两组定解条件都是边界条件,但从数学上讲,边界条件与初始条件并无不同,这里我们利用一组边界条件来确定本征函数.

解 令 $u(x,y) = X(x)Y(y)$,代入式(3.2.1),得

$$X''(x) - \lambda X(x) = 0, \tag{3.2.4}$$

$$Y''(y) + \lambda Y(y) = 0. \tag{3.2.5}$$

又由边界条件(3.2.3)得

$$Y'(0) = Y'(b) = 0. \tag{3.2.6}$$

式(3.2.5)和式(3.2.6)构成本征值问题. 采用与 3.1 节同样的方法可以得到:当 $\lambda < 0$ 时,式(3.2.5)的通解为

$$Y(y) = C_1 e^{-\sqrt{-\lambda} y} + C_2 e^{\sqrt{-\lambda} y},$$

由式(3.2.6)有

$$-C_1 + C_2 = 0,$$
$$-C_1 e^{-\sqrt{-\lambda} b} + C_2 e^{\sqrt{-\lambda} b} = 0,$$

由此得 $C_1 = C_2 = 0$,即式(3.2.5)没有满足式(3.2.6)无非零解.

当 $\lambda = 0$ 时,式(3.2.5)的通解为

$$Y(y) = A_1 y + A_0,$$

从而 $Y'(y) = A_1$.

由 $Y'(0) = Y'(b) = 0$ 推出 $A_1 = 0$,故得 $Y_0(y) = A_0$(常数).

当 $\lambda > 0$ 时,式(3.2.5)的通解为

$$Y(y) = A\cos\sqrt{\lambda} y + B\sin\sqrt{\lambda} y.$$

从而 $Y'(y) = -A\sqrt{\lambda}\sin\sqrt{\lambda} y + \sqrt{\lambda} B\cos\sqrt{\lambda} y,$

由 $Y'(0) = 0$ 得 $B = 0$,由 $Y'(b) = 0$ 得 $A\sqrt{\lambda}\sin\sqrt{\lambda} b = 0$,故得 $\lambda = 0$ 或 $\sqrt{\lambda} b = n\pi$,即 $\lambda = \dfrac{n^2\pi^2}{b^2}$ ($n=$

$1,2,\cdots)$.

综合 $\lambda=0$ 和 $\lambda>0$ 两种情况,可知,本征值为
$$\lambda=\frac{n^2\pi^2}{b^2} \quad (n=0,1,2,\cdots),$$

本征函数为
$$Y_n(y)=A_n\cos\frac{n\pi}{b}y \quad (n=0,1,2,\cdots).$$

将 λ 的值代入式(3.2.4),解得
$$X_0=C_0+D_0 x \quad (\lambda=0),$$
$$X_n(x)=C_n e^{\frac{n\pi x}{b}}+D_n e^{-\frac{n\pi x}{b}} \quad (n=1,2,\cdots).$$

故问题的一般解为
$$\begin{aligned}u(x,y) &= X_0(x)Y_0(y)+\sum_{n=1}^{+\infty}X_n(x)Y_n(y)\\ &= C_0+D_0 x+\sum_{n=1}^{+\infty}(C_n e^{\frac{n\pi x}{b}}+D_n e^{-\frac{n\pi x}{b}})\cos\frac{n\pi}{b}y.\end{aligned} \quad (3.2.7)$$

由边界条件 $u|_{x=0}=0$ 得到
$$C_0+\sum_{n=1}^{\infty}(C_n+D_n)\cos\frac{n\pi y}{b}=0.$$

一个无穷级数等于零,说明各项系数均为零,因此
$$C_0=0, \quad C_n+D_n=0 \quad (n=1,2,\cdots). \quad (3.2.8)$$

又由 $u|_{x=a}=Ay$ 得
$$D_0 a+\sum_{n=1}^{\infty}(C_n e^{\frac{n\pi a}{b}}+D_n e^{-\frac{n\pi a}{b}})\cos\frac{n\pi}{b}y=Ay,$$

将 Ay 展开成 Fourier 余弦级数,并比较系数有
$$D_0 a=\frac{1}{2}\left(\frac{2}{b}\int_0^b Ay\,dy\right)=\frac{A}{b}\frac{1}{2}b^2=\frac{Ab}{2},$$

由此得
$$D_0=\frac{Ab}{2a}.$$

$$C_n e^{\frac{n\pi a}{b}}+D_n e^{-\frac{n\pi a}{b}}=\frac{2}{b}\int_0^b Ay\cos\frac{n\pi y}{b}dy=\frac{2Ab}{n^2\pi^2}(\cos n\pi-1). \quad (3.2.9)$$

我们已经知道,上面两式的积分可以用 Maple 来计算.从式(3.2.8)和式(3.2.9)中解出 C_n 和 D_n 也可用 Maple 来完成:

```
>solve({C[n]+D[n]=0,C[n]*exp(n*Pi*a/b)+D[n]*exp(-n*Pi*a/b)=2*A*b/
(n^2*Pi^2)*(cos(n*Pi)-1)},[C[n],D[n]]);
```

$$\left[\left[C_n=\frac{2Ab(\cos(n\pi)-1)}{n^2\pi^2(e^{(\frac{n\pi a}{b})}-e^{(-\frac{n\pi a}{b})})}, D_n=-\frac{2Ab(\cos(n\pi)-1)}{n^2\pi^2(e^{(\frac{n\pi a}{b})}-e^{(-\frac{n\pi a}{b})})}\right]\right]$$

整理一下,得
$$C_n=\frac{Ab(\cos n\pi-1)}{n^2\pi^2\,\text{sh}\frac{n\pi a}{b}}, \quad D_n=\frac{-Ab(\cos n\pi-1)}{n^2\pi^2\,\text{sh}\frac{n\pi a}{b}} \quad (n=1,2,\cdots).$$

其中 $\text{sh}\frac{n\pi a}{b}$ 是双曲函数,将 C_n, D_n, C_0, D_0 代入式(3.2.7)得问题的解为

$$u(x,y) = \frac{Ab}{2a}x + \frac{2Ab}{\pi^2}\sum_{n=1}^{\infty}\frac{\cos n\pi - 1}{n^2 \operatorname{sh}\frac{n\pi a}{b}} \operatorname{sh}\frac{n\pi x}{b}\cos\frac{n\pi y}{b}. \tag{3.2.10}$$

有些问题中的边界条件在极坐标下的表达式较为简单,所以常常需要在极坐标下求解定解问题,看下面的例题.

例 3.2.2 带电云与大地之间的静电场近似匀强静电场,其电场强度 E_0 是铅垂的. 水平架设的输电线处在这个静电场中. 输电线是导体圆柱. 柱面由于静电感应出现感应电荷,圆柱附近的静电场也就不再是匀强的了. 不过,离圆柱"无限远"处的静电场仍保持匀强,现研究导体圆柱怎样改变了匀强静电场(即讨论导线附近的电场分布).

解 化成定解问题,取柱轴为 z 轴,设导线"无限长",那么场强和电势都与 z 无关,只需在 x,y 平面上讨论. 如图 3.2.1 所示,圆柱在 x,y 平面上的截面的圆周 $x^2+y^2=a^2$(a 为半径)作为静电场的边界. 采用极坐标. 柱外空间无电荷,电势满足二维 Laplace 方程 $\frac{\partial^2 u}{\partial x^2}+\frac{\partial^2 u}{\partial y^2}=0$,化成极坐标即为

$$\frac{\partial^2 u}{\partial \rho^2}+\frac{1}{\rho}\frac{\partial u}{\partial \rho}+\frac{1}{\rho^2}\frac{\partial^2 u}{\partial \varphi^2}=0 \quad (\rho > a). \tag{3.2.11}$$

现在给出边界条件:当导体表面上的电荷不再移动时,说明导体表面上的电势相同,又因为电势具有相对意义,可以把导体表面的电势当作零,故

$$u|_{\rho=a}=0. \tag{3.2.12}$$

"无穷远"处也为一个边界(圆内则考虑圆心点),"无穷远"处静电场仍为匀强静电场 E_0,由于选取了 x 轴平行 E_0,故有

$$E_y=0, \quad E_x=E_0.$$

由电势与场强的关系 $\boldsymbol{E}=-\boldsymbol{\nabla}u$,有 $-\frac{\partial u}{\partial x}=E_0$,积分得 $u=-E_0 x=-E_0\rho\cos\varphi$,因此有

$$u|_{\rho\to\infty}=-E_0\rho\cos\varphi \tag{3.2.13}$$

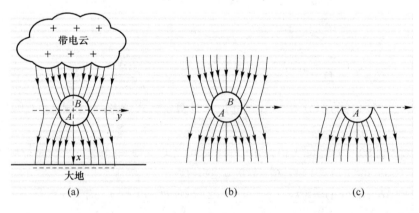

图 3.2.1

式(3.2.11)~式(3.2.13)为带电云与大地之间匀强电场中输电线问题的定解问题,下面求解这个定解问题. 首先分离变量,令

$$u=u(\rho,\varphi)=R(\rho)\Phi(\varphi),$$

代入方程(3.2.11),得到两个常微分方程

$$\Phi''+\lambda\Phi=0, \tag{3.2.14}$$

$$\rho^2 \frac{d^2R}{d\rho^2} + \rho \frac{dR}{d\rho} - \lambda R = 0, \tag{3.2.15}$$

其中 λ 为分离常数. 因为极角具有周期性, (ρ,φ) 和 $(\rho,\varphi+2\pi)$ 应表示一个点, 同一点处的 u 值应该相同, 故有

$$u(\rho,\varphi+2\pi) = u(\rho,\varphi),$$

即
$$R(\rho)\Phi(\varphi+2\pi) = R(\rho)\Phi(\varphi),$$

于是有
$$\Phi(\varphi+2\pi) = \Phi(\varphi). \tag{3.2.16a}$$

方程(3.2.16a)称为自然周期条件. 由于方程(3.2.14)是二阶常微分方程, 其非零解除了满足(3.2.16a)外, 还需满足

$$\Phi'(\varphi+2\pi) = \Phi'(\varphi). \tag{3.2.16b}$$

方程(3.2.14)和方程(3.2.16)构成本征值问题, 先求解之.

(1) 当 $\lambda < 0$ 时, (3.2.14)的通解为

$$\Phi(\varphi) = Ae^{\sqrt{-\lambda}\varphi} + Be^{-\sqrt{-\lambda}\varphi}$$

显然这个解当 $A \neq 0$, $B \neq 0$ 时不满足条件(3.2.16), 故不能有 $\lambda < 0$;

(2) 当 $\lambda = 0$ 时, 方程(3.2.14)的通解为

$$\Phi(\varphi) = A + B\varphi$$

当 $B = 0$ 时, 特解 $\Phi_0(\varphi) = A$ 满足条件(3.2.16);

(3) 当 $\lambda > 0$ 时, 方程(3.2.14)的通解为

$$\Phi(\varphi) = A\cos\sqrt{\lambda}\varphi + B\sin\sqrt{\lambda}\varphi, \tag{3.2.17}$$

要使其满足边界条件(3.2.16), 应有

$$\sqrt{\lambda} = m, \quad m = 1, 2, \cdots \tag{3.2.18}$$

综合情形(2)和(3), 我们得到本问题的本征值和本征函数分别为

$$\lambda = m^2, \quad \Phi(\varphi) = A\cos m\varphi + B\sin m\varphi. \quad m = 0, 1, 2, \cdots$$

将本征值代入到方程(3.2.15), 有

$$\rho^2 \frac{d^2R}{d\rho^2} + \rho \frac{dR}{d\rho} - m^2 R = 0 \tag{3.2.19}$$

这是一个 Euler 方程. 作变换 $\rho = e^t$ 化成常系数线性微分方程, 也可以直接用 Maple 求解其通解:

>dsolve(rho^2 * diff(R(rho),rho $ 2) + rho * diff(R(rho),rho) = 0);
$$R(\rho) = \_C1 + \_C2\ln(\rho) \quad (m=0)$$

>dsolve(rho^2 * diff(R(rho),rho $ 2) + rho * diff(R(rho),rho) - m^2 * R(rho) = 0);
$$R(\rho) = \_C1\rho^{(-m)} + \_C2\rho^m \quad (m>0)$$

即

$$R_0 = C_0 + D_0 \ln\rho \quad (m=0),$$

$$R = C_m\rho^m + D_m \frac{1}{\rho^m} \quad (m>0).$$

于是得极坐标系中 Laplace 方程的本征解为

$$u_0(\rho,\varphi) = C_0 + D_0\ln\rho,$$

$$u_m(\rho,\varphi) = (A_m\cos m\varphi + B_m\sin m\varphi)\left(C_m\rho^m + D_m\frac{1}{\rho^m}\right). \quad m=1,2,\cdots$$

一般解应通过叠加得到

$$u(\rho,\varphi) = C_0 + D_0 \ln \rho + \sum_{m=1}^{\infty} (A_m \cos m\varphi + B_m \sin m\varphi)\left(C_m \rho^m + D_m \frac{1}{\rho^m}\right). \quad (3.2.20)$$

由边界条件(3.2.12),有

$$C_0 + D_0 \ln a + \sum_{m=1}^{\infty} (A_m \cos m\varphi + B_m \sin m\varphi)\left(C_m a^m + D_m \frac{1}{a^m}\right) = 0,$$

一个 Fourier 级数为零,各系数为零,即

$$C_0 + D_0 \ln a = 0, \quad C_m a^m + D_m \frac{1}{a^m} = 0.$$

由此,得

$$C_0 = -D_0 \ln a, \quad D_m = -C_m a^{2m}.$$

代入式(3.3.20),有

$$u(\rho,\varphi) = D_0 \ln \frac{\rho}{a} + \sum_{m=1}^{\infty} (A_m \cos m\varphi + B_m \sin m\varphi)\left(\rho^m - a^{2m} \frac{1}{\rho^m}\right). \quad (3.2.21)$$

其中 C_m 已经合到 A_m, B_m 中,下面再进一步确定之.

由边界条件(3.2.13),令 $\rho \to \infty$ 略去 $\ln \frac{\rho}{a}$ 及 $\frac{1}{\rho^m}$ 项,即

$$\lim_{\rho \to \infty} \sum_{m=1}^{+\infty} \rho^m (A_m \cos m\varphi + B_m \sin m\varphi) = -E_0 \rho \cos \varphi.$$

比较等式两边的系数,有

$$A_1 = -E_0, \quad A_m = 0 \quad (m \neq 1),$$
$$B_m = 0 \quad (m = 1, 2, \cdots).$$

代入式(3.2.21),得导体周围的电势分布

$$u(\rho,\varphi) = D_0 \ln \frac{\rho}{a} - E_0 \rho \cos \varphi + E_0 \frac{a^2}{\rho} \cos \varphi. \quad (3.2.22)$$

式(3.2.22)中间项为原来静电场的电势分布,最后一项当 $\rho \to \infty$ 时可以忽略,所以它代表在导体圆柱附近对匀强电场的修正,这自然是柱面感应电荷的影响.前面的一项与导体原来的带电量有关,如果导体不带电,则 $D_0 = 0$,这时圆柱周围的电势是

$$u(\rho,\varphi) = -E_0 \rho \cos \varphi + E_0 \frac{a^2}{\rho} \cos \varphi.$$

由此计算出图 3.2.1(a)中 A、B 两点的电场强度是

$$E = -\frac{\partial u}{\partial \rho}\bigg|_{\substack{\rho=a \\ \varphi=0,\pi}} = \left(E_0 \rho \cos \varphi + E_0 \frac{a^2}{\rho^2} \cos \varphi\right)\bigg|_{\substack{\rho=a \\ \varphi=0,\pi}} = \pm 2E_0,$$

是原来匀强电场的两倍.所以在这两点处特别容易击穿,而且场强的大小与圆柱的半径无关.

图 3.2.1(a)中 y 轴上的电势是

$$u|_{\varphi=\pm\frac{\pi}{2}} = \left(-E_0 \rho \cos \varphi + E_0 \frac{a^2}{\rho} \cos \varphi\right)\bigg|_{\varphi=\pm\frac{\pi}{2}} = 0,$$

跟导体圆柱的电势相同.图 3.2.1(a)中 y 轴实际上代表三维空间中的 Oyz 平面,因此 Oyz 平面上的电势跟导体圆柱上的电势相同.既然导体圆柱跟 Oyz 平面电势相同,如果让导体圆柱的两侧沿 $O=yz$ 平面延伸出两翼(图 3.2.1(b)),静电场并不改变,电势分布仍然是(3.2.22).

要是只看带翼圆柱体的下方(图 3.2.1(c)),可以看成平板电容器两极板间的静电场,A 点突起,则其电场强度可以达到 $2E_0$,极易击穿.因此高压电容器的极板必须刨得特别平滑.

例 3.2.3 在扇形区域内求解下列定解问题：
$$\begin{cases} \nabla^2 u = 0 \\ u|_{\varphi=0} = 0, \ u|_{\varphi=\alpha} = 0 \\ u|_{\rho=a} = f(\varphi) \end{cases}$$

解 采用极坐标表示 $\nabla^2 u = 0$，即 $\nabla^2 u = \dfrac{\partial^2 u}{\partial \rho^2} + \dfrac{1}{\rho}\dfrac{\partial u}{\partial \rho} + \dfrac{1}{\rho^2}\dfrac{\partial^2 u}{\partial \varphi^2} = 0$

将 $u(\rho, \varphi) = R(\rho)\Phi(\varphi)$ 代入方程及边界条件，得
$$\Phi'' + \lambda \Phi = 0 \tag{1}$$
$$\rho^2 \frac{\partial^2 R}{\partial \rho^2} + \rho \frac{\partial R}{\partial \rho} - \lambda R = 0 \tag{2}$$
及
$$\Phi(0) = \Phi(\alpha) = 0 \tag{3}$$

方程(1)和边界条件(3)构成本征值问题. 当 $\lambda > 0$ 时($\lambda < 0$ 和 $\lambda = 0$ 时，方程(1)没有满足边界条件(3)的非零解)，方程(1)的通解为
$$\Phi(\varphi) = A\cos\sqrt{\lambda}\varphi + B\sin\sqrt{\lambda}\varphi$$

由边界条件(3)知 $A = 0$. 本征值 $\lambda = \left(\dfrac{n\pi}{\alpha}\right)^2 (n = 1, 2, \cdots)$，本征函数为
$$\Phi_n(\varphi) = B_n \sin\frac{n\pi\varphi}{\alpha}$$

将 λ 代入到方程(2)，有
$$\rho^2 \frac{\partial^2 R}{\partial \rho^2} + \rho \frac{\partial R}{\partial \rho} - \left(\frac{n^2 \pi^2}{\alpha^2}\right) R = 0$$

这是 Euler 方程，令 $\rho = e^t$，得其通解为
$$R_n = C_n \rho^{\frac{n\pi}{\alpha}} + D_0 \rho^{-\frac{n\pi}{\alpha}} \quad (n = 1, 2, \cdots)$$

由自然条件 $|u_{\rho=0}| < +\infty$，取 $D_0 = 0 (n = 1, 2, \cdots)$，于是问题的本征解为
$$u_n(\rho, \varphi) = C_n \rho^{\frac{n\pi}{\alpha}} \sin\frac{n\pi\varphi}{\alpha}$$

一般解为本征解的叠加
$$u(\rho, \varphi) = \sum_{n=1}^{\infty} C_n \rho^{\frac{n\pi}{\alpha}} \sin\frac{n\pi\varphi}{\alpha} \tag{4}$$

由余下的边界条件 $u|_{\rho=a} = f(\varphi)$，得
$$u(a, \varphi) = \sum_{n=1}^{\infty} C_n a^{\frac{n\pi}{\alpha}} \sin\frac{n\pi\varphi}{\alpha} = f(\varphi),$$

有
$$C_n = \frac{1}{a^{\frac{n\pi}{\alpha}}} \frac{2}{\alpha} \int_0^{\alpha} f(\varphi) \sin\frac{n\pi\varphi}{\alpha} d\varphi$$

代入到一般解的表达式(4)，得到定解问题为
$$u(\rho, \varphi) = \sum_{n=1}^{\infty} \left[\frac{2}{\alpha}\int_0^{\alpha} f(\varphi)\sin\frac{n\pi\varphi}{\alpha}d\varphi\right] \left(\frac{\rho}{a}\right)^{\frac{n\pi}{\alpha}} \sin\frac{n\pi\varphi}{\alpha}$$

当 $f(\varphi)$ 为具体的函数时，括号中的积分是可以计算出具体数值的.

下面举一个所谓无初始条件的例子.

例 3.2.4 长为 l 的理想传输线，一端接于电动势为 $v_0 \sin\omega t$ 的交流电源，另一端开路，求

解线上的稳恒电振荡.

解 经历交流电的许多周期后,初始条件所引起的自由振荡衰减到可以认为已经消失,这时的电振荡完全是由交流电源引起的,所以叫作稳恒振荡.因此是没有初始条件的问题:

$$\begin{cases} u_{tt}-a^2 u_{xx}=0 \quad (a=\dfrac{1}{\sqrt{LC}}), \\ u|_{x=0}=v_0 e^{j\omega t}, \quad u|_{x=l}=0. \end{cases}$$

为了计算方便,将电动势 $v_0 \sin \omega t$ 写成 $v_0 e^{j\omega t}$ （其中 $j=\sqrt{-1}$）,最后将得到的解取虚部.

由于振荡完全由交流电源引起,当然可以认为振荡的周期与交流电源相同,即令

$$u(x,t)=X(x)e^{j\omega t},$$

代入方程得

$$(j\omega)^2 e^{j\omega t} X(x)-a^2 X''(x)e^{j\omega t}=0,$$

即

$$X''(x)+\left(\dfrac{\omega}{a}\right)^2 X(x)=0.$$

其通解为

$$X(x)=Ae^{j\frac{\omega}{a}x}+Be^{-j\frac{\omega}{a}x}.$$

故有

$$u(x,t)=[Ae^{j\frac{\omega}{a}x}+Be^{-j\frac{\omega}{a}x}]e^{j\omega t}.$$

由 $u|_{x=0}=v_0 e^{j\omega t}$ 得

$$A+B=v_0, \tag{3.2.23}$$

及

$$u|_{x=l}=0,$$

得

$$Ae^{j\frac{\omega}{a}l}+Be^{-j\frac{\omega}{a}l}=0. \tag{3.2.24}$$

从式(3.2.23)和式(3.2.24)中解出

$$A=\dfrac{v_0}{1-e^{2j\frac{\omega}{a}l}}=\dfrac{jv_0 e^{-j\frac{\omega}{a}l}}{2\sin\left(\dfrac{\omega}{a}l\right)}, \quad B=\dfrac{v_0}{1-e^{-2j\frac{\omega}{a}l}}=-\dfrac{jv_0 e^{j\frac{\omega}{a}l}}{2\sin\left(\dfrac{\omega}{a}l\right)}.$$

代入解的表达式,得

$$u(x,t)=\dfrac{v_0 \left[e^{j\frac{\omega}{a}(x-l)}-e^{-j\frac{\omega}{a}(x-l)}\right]e^{j\omega t}}{-2j\sin\left(\dfrac{\omega}{a}l\right)}=\dfrac{v_0 \left[e^{j\frac{\omega}{a}(l-x)}-e^{-j\frac{\omega}{a}(l-x)}\right]e^{j\omega t}}{2j\sin\left(\dfrac{\omega}{a}l\right)}$$

$$=\dfrac{v_0 \sin\dfrac{\omega}{a}(l-x)}{\sin\left(\dfrac{\omega l}{a}\right)}e^{j\omega t}.$$

取虚部,并以 $a=\sqrt{\dfrac{1}{LC}}$ 代入,得传输线内稳恒的电振荡

$$u(x,t)=\dfrac{v_0 \sin \omega \sqrt{LC}(l-x)}{\sin \omega l \sqrt{LC}}\sin \omega t.$$

3.3 高维 Fourier 级数及其在高维定解问题中的应用

二元函数的 Fourier 展开与一元函数的 Fourier 级数展开理论是类似的，这里我们简单叙述二重 Fourier 级数的结果，三元和三元以上函数的 Fourier 展开可以如法进行. 若函数 $f(x,y)$ 具有如下性质
$$f(x+2l,y)=f(x,y+2q)=f(x,y),$$
可先将 y 暂时看成不变的，对 $f(x,y)$ 按 x 展开为 Fourier 级数：
$$f(x,y) = \frac{a_0(y)}{2} + \sum_{m=1}^{\infty}\left[a_m(y)\cos\frac{m\pi x}{l} + b_m(y)\sin\frac{m\pi x}{l}\right], \quad (3.3.1)$$

其中 $a_0(y), a_m(y)$ 和 $b_m(y)$ （$m=1,2,\cdots$）是 y 的函数，并且
$$a_m(y) = \frac{1}{l}\int_{-l}^{l} f(x,y)\cos\frac{m\pi x}{l}\mathrm{d}x \quad (m=0,1,2,\cdots),$$
$$b_m(y) = \frac{1}{l}\int_{-l}^{l} f(x,y)\sin\frac{m\pi x}{l}\mathrm{d}x \quad (m=1,2,\cdots).$$

再将 $a_m(y)$ 和 $b_m(y)$ （$m=1,2,\cdots$）展开成 Fourier 级数，有
$$a_m(y) = \frac{a_{m0}}{2} + \sum_{n=1}^{\infty}\left[a_{mn}\cos\frac{n\pi y}{q} + b_{mn}\sin\frac{n\pi y}{q}\right],$$
$$b_m(y) = \frac{c_{m0}}{2} + \sum_{n=1}^{\infty}\left[c_{mn}\cos\frac{n\pi y}{q} + d_{mn}\sin\frac{n\pi y}{q}\right],$$

其中
$$a_{mn} = \frac{1}{lq}\int_{-l}^{l}\int_{-q}^{q} f(x,y)\cos\frac{m\pi x}{l}\cos\frac{n\pi y}{q}\mathrm{d}x\mathrm{d}y,$$
$$b_{mn} = \frac{1}{lq}\int_{-l}^{l}\int_{-q}^{q} f(x,y)\cos\frac{m\pi x}{l}\sin\frac{n\pi y}{q}\mathrm{d}x\mathrm{d}y,$$
$$c_{mn} = \frac{1}{lq}\int_{-l}^{l}\int_{-q}^{q} f(x,y)\sin\frac{m\pi x}{l}\cos\frac{n\pi y}{q}\mathrm{d}x\mathrm{d}y,$$
$$d_{mn} = \frac{1}{lq}\int_{-l}^{l}\int_{-q}^{q} f(x,y)\sin\frac{m\pi x}{l}\sin\frac{n\pi y}{q}\mathrm{d}x\mathrm{d}y.$$

这里 $m,n=0,1,2,\cdots$. 将以上系数代入(3.3.1)得
$$\begin{aligned}f(x,y) =& \frac{a_{00}}{4} + \frac{1}{2}\sum_{n=1}^{\infty}\left(a_{0n}\cos\frac{n\pi y}{q} + b_{0n}\sin\frac{n\pi y}{q}\right) + \\ & \frac{1}{2}\sum_{m=1}^{+\infty}\left(a_{m0}\cos\frac{m\pi x}{l} + c_{m0}\sin\frac{m\pi x}{l}\right) + \\ & \sum_{m=1}^{+\infty}\sum_{n=1}^{+\infty}\left(a_{mn}\cos\frac{m\pi x}{l}\cos\frac{n\pi y}{q} + b_{mn}\cos\frac{m\pi x}{l}\sin\frac{n\pi y}{q} + \right. \\ & \left. c_{mn}\sin\frac{m\pi x}{l}\cos\frac{n\pi y}{q} + d_{mn}\sin\frac{m\pi x}{l}\sin\frac{n\pi y}{q}\right).\end{aligned} \quad (3.3.2)$$

式(3.3.2)即是二元函数 $f(x,y)$ 的二重 Fourier 级数，当 $f(x,y)$ 具有某种对称性时，上式中的系数还可以简化.

(1) 当 $f(-x,y)=f(x,y)$ 及 $f(x,-y)=f(x,y)$，即 $f(x,y)$ 是关于 x,y 的偶函数时，则

除了 a_{mn} 外,其余系数都为零,此时式(3.3.2)变成

$$f(x,y) = \frac{a_{00}}{4} + \frac{1}{2}\sum_{n=1}^{+\infty} a_{0n}\cos\frac{n\pi y}{q} + \frac{1}{2}\sum_{m=1}^{+\infty} a_{m0}\cos\frac{m\pi x}{l} + \sum_{m=1}^{+\infty}\sum_{n=1}^{+\infty} a_{mn}\cos\frac{m\pi x}{l}\cos\frac{n\pi y}{q}, \tag{3.3.3}$$

其中 $a_{mn} = \dfrac{4}{lq}\displaystyle\int_0^l\int_0^q f(x,y)\cos\dfrac{m\pi x}{l}\cos\dfrac{n\pi y}{q}\mathrm{d}x\mathrm{d}y$.

(2) 当 $f(-x,y)=f(x,y)$ 及 $f(x,-y)=-f(x,y)$,即 $f(x,y)$ 是关于 x 的偶函数,关于 y 的奇函数时,有

$$f(x,y) = \frac{1}{2}\sum_{n=1}^{\infty} b_{0n}\sin\frac{n\pi y}{q} + \sum_{m=1}^{\infty}\sum_{n=1}^{\infty} b_{mn}\cos\frac{m\pi x}{l}\sin\frac{n\pi y}{q}, \tag{3.3.4}$$

其中 $b_{mn} = \dfrac{4}{lq}\displaystyle\int_0^l\int_0^q f(x,y)\cos\dfrac{m\pi x}{l}\sin\dfrac{n\pi y}{q}\mathrm{d}x\mathrm{d}y$.

(3) 当 $f(-x,y)=-f(x,y)$ 及 $f(x,-y)=f(x,y)$,即 $f(x,y)$ 是关于 x 的奇函数,关于 y 的偶函数时,有

$$f(x,y) = \frac{1}{2}\sum_{m=1}^{\infty} c_{m0}\sin\frac{m\pi x}{l} + \sum_{m=1}^{\infty}\sum_{n=1}^{\infty} c_{mn}\sin\frac{m\pi x}{l}\cos\frac{n\pi y}{q}, \tag{3.3.5}$$

其中 $c_{mn} = \dfrac{4}{lq}\displaystyle\int_0^l\int_0^q f(x,y)\sin\dfrac{m\pi x}{l}\cos\dfrac{n\pi y}{q}\mathrm{d}x\mathrm{d}y$.

(4) 当 $f(-x,y)=-f(x,y)$ 及 $f(x,-y)=-f(x,y)$,即 $f(x,y)$ 关于 x,y 都是奇函数时,有

$$f(x,y) = \sum_{m=1}^{\infty}\sum_{n=1}^{\infty} d_{mn}\sin\frac{m\pi x}{l}\sin\frac{n\pi y}{q},$$

其中 $d_{mn} = \dfrac{4}{lq}\displaystyle\int_0^l\int_0^q f(x,y)\sin\dfrac{m\pi x}{l}\sin\dfrac{n\pi y}{q}\mathrm{d}x\mathrm{d}y$.

例 3.3.1 在区域 $-\pi<x<\pi$,$-\pi<y<\pi$ 内把函数 $f(x,y)=xy$ 展开成二重 Fourier 级数.

解 $f(x,y)$ 展于情形(4),而 $l=\pi$,$q=\pi$,故

$$d_{mn} = \frac{4}{\pi^2}\int_0^\pi\int_0^\pi xy\sin mx\sin ny\,\mathrm{d}x\mathrm{d}y = (-1)^{m+n}\frac{4}{mn},$$

于是 $f(x,y)$ 在 $-\pi<x<\pi$,$-\pi<y<\pi$ 内的二重 Fourier 级数为

$$f(x,y) = 4\sum_{m=1}^{\infty}\sum_{n=1}^{\infty}(-1)^{m+n}\frac{\sin mx\sin ny}{mn}.$$

三元函数 $f(x,y,z)$ 的三重 Fourier 展开,也可用于上述方法相同的方法来计算,这里不再详述.

例 3.3.2 求解长为 a,宽为 b 的一块薄膜的振动问题. 定解问题为

$$\begin{cases} u_{tt} = c^2(u_{xx}+u_{yy}) & (0<x<a,\ 0<y<b,\ t>0), \\ u(0,y,t)=u(a,y,t)=0 & (0\leqslant y\leqslant b,\ t>0), \\ u(x,0,t)=u(x,b,t)=0 & (0\leqslant x\leqslant a,\ t>0); \\ u(x,y,0)=f(x,y) & (0\leqslant x\leqslant a,\ 0\leqslant y\leqslant b), \\ u_t(x,y,0)=g(x,y) & (0\leqslant x\leqslant a,\ 0\leqslant y\leqslant b). \end{cases}$$

解 令 $u(x,y,t)=v(x,y)T(t)$，代入方程得到
$$T''+\lambda c^2 T=0, \tag{3.3.6}$$
及
$$\nabla^2 v+\lambda v=0. \tag{3.3.7}$$
其中 λ 为分离常数，式(3.3.7)称为二维 Helmholtz 方程.

式(3.3.6)的通解为
$$T(t)=A\cos\sqrt{\lambda}ct+B\sin\sqrt{\lambda}ct. \tag{3.3.8}$$

再将式(3.3.7)分离变量，即令 $v(x,y)=X(x)Y(y)$，代入式(3.3.7)得两个常微分方程
$$X''-\mu X=0, \tag{3.3.9}$$
及
$$Y''+(\lambda+\mu)Y=0. \tag{3.3.10}$$
其中 μ 是第二次分离出现的常数. 令 $\mu=-\beta^2$，式(3.3.9)和式(3.3.10)的通解分别为
$$X(x)=C\cos\beta x+D\sin\beta x, \tag{3.3.11}$$
$$Y(y)=E\cos\gamma y+F\sin\gamma y, \tag{3.3.12}$$
其中
$$\gamma^2=\lambda+\mu=\alpha^2-\beta^2.$$
由齐次边界条件 $X(0)=X(a)=0$，得到
$$C=0,\ \beta=\frac{m\pi}{a}\quad (m=1,2,\cdots),$$
及
$$X_m(x)=D_m\sin\frac{m\pi}{a}x. \tag{3.3.13}$$
同样，由 $Y(0)=Y(b)=0$ 得到
$$E=0,\ \gamma=\frac{n\pi}{b}\quad (n=1,2,\cdots),$$
及
$$Y_n(y)=F_n\sin\frac{n\pi}{b}y. \tag{3.3.14}$$
于是得到二维振动问题的本征值和本征函数分别为
$$\alpha_{mn}^2=\frac{m^2\pi^2}{a^2}+\frac{n^2\pi^2}{b^2}\quad (m,n=1,2,\cdots),$$
$$v_{mn}(x,y)=X_m(x)Y_n(y)\sin\frac{m\pi x}{a}\sin\frac{n\pi y}{b}\quad (m,n=1,2,\cdots).$$
二维本征函数的图像如图 3.3.1 所示. 定解问题解的一般形式应叠加
$$u(x,y,t)=\sum_{m=1}^{\infty}\sum_{n=1}^{\infty}(a_{mn}\cos\alpha_{mn}ct+b_{mn}\sin\alpha_{mn}ct)\sin\frac{m\pi x}{a}\sin\frac{n\pi y}{b}, \tag{3.3.15}$$
其中 $\alpha_{mn}^2=\frac{m^2\pi^2}{a^2}+\frac{n^2\pi^2}{b^2}$，$a_{mn}$ 和 b_{mn} 为常数.

现在利用初始条件定常数.

由 $u(x,y,0)=f(x,y)$ 及 $u_t(x,y,0)=g(x,y)$，得
$$\sum_{m=1}^{\infty}\sum_{n=1}^{\infty}a_{mn}\sin\frac{m\pi x}{a}\sin\frac{n\pi y}{b}=f(x,y), \tag{3.3.16}$$
$$\sum_{m=1}^{\infty}\sum_{n=1}^{\infty}b_{mn}\alpha_{mn}\sin\frac{m\pi x}{a}\sin\frac{n\pi y}{b}=g(x,y). \tag{3.3.17}$$
以上两式可看成 $f(x,y)$ 及 $g(x,y)$ 在矩形域上的二重 Fourier 级数.

将式(3.3.16)两边乘以 $\sin\dfrac{k\pi x}{a}\sin\dfrac{l\pi y}{b}$,再在矩形上积分,由三角函数的正交性,得

$$\frac{ab a_{mn}}{4}=\iint\limits_{D}f(x,y)\sin\frac{m\pi x}{a}\sin\frac{n\pi y}{b}\mathrm{d}x\mathrm{d}y,$$

即

$$a_{mn}=\frac{4}{ab}\int_{0}^{a}\int_{0}^{b}f(x,y)\sin\frac{m\pi x}{a}\sin\frac{n\pi y}{b}\mathrm{d}x\mathrm{d}y.$$

同样,由式(3.3.17)得

$$b_{mn}=\frac{4}{\omega_{mn}ab}\int_{0}^{a}\int_{0}^{b}g(x,y)\sin\frac{m\pi x}{a}\sin\frac{n\pi y}{b}\mathrm{d}x\mathrm{d}y.$$

将 a_{mn},b_{mn} 代入式(3.3.15),即得矩阵膜振动问题的解. 图3.3.1 表示二维本征振动的图形
> plot3d(sin(Pi * x) * sin(Pi * y), x = 0..1, y = 0..1);
> plot3d(sin(2 * Pi * x) * sin(Pi * y), x = 0..1, y = 0..1);
> plot3d(sin(2 * Pi * x) * sin(2 * Pi * y), x = 0..1, y = 0..1);

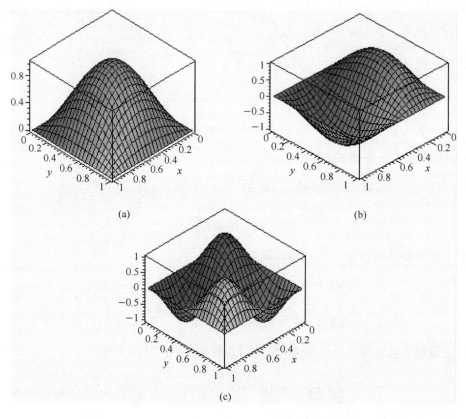

图 3.3.1

例 3.3.3 长方体内的波.

在齐次边界条件下,在长方体内由初始扰动而引起的波的传播,可由下列定解问题加以描述:

$$\begin{cases} u_{tt}=k^2\nabla^2 u=k^2\left(\dfrac{\partial^2 u}{\partial x^2}+\dfrac{\partial^2 u}{\partial y^2}+\dfrac{\partial^2 u}{\partial z^2}\right) \quad (0<x<a,\ 0<y<b,\ 0<z<c,\ t>0); \\ u(0,y,z,t)=u(a,y,z,t)=0,\ u(x,0,z,t)=u(x,b,z,t)=0, \\ u(x,y,0,t)=u(x,y,c,t)=0, \\ u(x,y,z,0)=f(x,y,z),\ u_t(x,y,z,0)=g(x,y,z). \end{cases}$$

解 分离变量,令 $u(x,y,z,t)=v(x,y,z)T(t)$,代入方程得

$$T''+\lambda k^2 T=0, \tag{3.3.18}$$

及

$$\nabla^2 v+\lambda v=0. \tag{3.3.19}$$

式(3.3.19)为三维 Helmholtz 方程. 对此再分离变量,即设 $v(x,y,z)=X(x)Y(y)Z(z)$,代入式(3.3.19),得

$$\frac{X''(x)}{X(x)}+\frac{Y''(y)}{Y(y)}+\frac{Z''(z)}{Z(z)}+\lambda=0$$

令 $X''(x)=\mu X(x)$,$Y''(y)=\nu Y(y)$,代入上式得

$$Z''+(\lambda+\mu+\nu)Z=0,$$

由于关于 x 的边界条件是齐次的,令 $\mu=-\alpha^2$,得

$$X(x)=A\cos\alpha x+B\sin\alpha x,$$

再由 $X=0$ 和 $X=a$ 处的边界条件,得

$$X_l(x)=B_l\sin\frac{l\pi x}{a} \quad (l=1,2,3,\cdots).$$

同样令 $\nu=-\beta^2$,得

$$Y(y)=C\cos\beta y+D\sin\beta y,$$

再由 $y=0$ 和 $y=b$ 处的边界条件,得

$$Y_m(y)=D_m\sin\frac{m\pi y}{b} \quad (m=1,2,3,\cdots).$$

令 $q^2=\lambda+\mu+\nu=\lambda-\alpha^2-\beta^2$,得到 $Z(z)=E\cos qz+F\sin qz$,利用关于 z 的齐次边界条件,得

$$Z_n(z)=F_m\sin\frac{n\pi z}{c} \quad (n=1,2,3,\cdots).$$

而式(3.3.18)的解为

$$T_{lmn}=G_{lmn}\cos\sqrt{\lambda_{lmn}}kt+H_{lmn}\sin\sqrt{\lambda_{lmn}}kt.$$

因此问题的一般解为

$$u(x,y,z,t)=\sum_{l=1}^{\infty}\sum_{m=1}^{\infty}\sum_{n=1}^{\infty}(a_{lmn}\cos\sqrt{\lambda_{lmn}}kt+b_{lmn}\sin\sqrt{\lambda_{lmn}}kt)\times \tag{3.3.20}$$
$$\sin\frac{l\pi x}{a}\sin\frac{m\pi y}{b}\sin\frac{n\pi z}{c}.$$

其中 a_{lmn},b_{lmn} 为任意常数,由初始条件确定,由 $u(x,y,z,0)=f(x,y,z)$,得

$$f(x,y,z)=\sum_{l=1}^{\infty}\sum_{m=1}^{\infty}\sum_{n=1}^{\infty}a_{lmn}\sin\frac{l\pi x}{a}\sin\frac{m\pi y}{b}\sin\frac{n\pi z}{c}.$$

右端即为 $f(x,y,z)$ 的三重 Fourier 级数,其中

$$a_{lmn}=\frac{8}{abc}\int_0^a\int_0^b\int_0^c f(x,y,z)\sin\frac{l\pi x}{a}\sin\frac{m\pi y}{b}\sin\frac{n\pi z}{c}\mathrm{d}x\mathrm{d}y\mathrm{d}z,$$

由 $u_t(x,y,z,0)=g(x,y,z)$,有

$$b_{lmn} = \frac{8}{\sqrt{\lambda_{lmn}}\,kabc}\int_0^a\int_0^b\int_0^c g(x,y,z)\sin\frac{l\pi x}{a}\sin\frac{m\pi y}{b}\sin\frac{n\pi z}{c}\mathrm{d}x\mathrm{d}y\mathrm{d}z,$$

其中
$$\lambda_{lmn} = \left(\frac{l^2}{a^2}+\frac{m^2}{b^2}+\frac{n^2}{c^2}\right)\pi^2.$$

将 a_{lmn}，b_{lmn} 的值代入式(3.3.20)，即得定解问题的解.

3.4 非齐次方程的解法

前面所讨论的问题中的偏微分方程都是齐次的，现在来讨论非齐次偏微分方程的解法. 为方便起见，以弦的强迫振动为例，所用方法对其他类型(例如热传导问题和稳定问题)的方程也适合.

3.4.1 固有函数法

我们所研究的问题是一根弦在两端固定的情况下，受强迫力作用所产生的振动现象，即考虑定解问题

$$\begin{cases} \dfrac{\partial^2 u}{\partial t^2}=a^2\dfrac{\partial^2 u}{\partial x^2}+f(x,t) & (0<x<l,\,t>0), \\ u\big|_{x=0}=0,\quad u\big|_{x=l}=0 & (t>0), \\ u\big|_{t=0}=\varphi(x),\quad \dfrac{\partial u}{\partial t}\bigg|_{t=0}=\psi(x) & (0<x<l). \end{cases}$$
(3.4.1)
(3.4.2)
(3.4.3)

在上述定解问题中，弦的振动是由两部分干扰引起的：一是初始函数 $\varphi(x)$ 和 $\psi(x)$，一是强迫力 $f(x,t)$. 由问题的物理意义可知，此时的振动可以看作仅由强迫力引起的振动和仅由初始函数引起的振动的合成.

由此得到启发，我们设定解问题(3.4.1)～(3.4.3)的解为
$$u(x,t)=v(x,t)+w(x,t) \tag{3.4.4}$$
其中 $w(x,t)$ 表示仅由初始条件引起弦的位移，它满足

$$\begin{cases} \dfrac{\partial^2 w}{\partial t^2}=a^2\dfrac{\partial^2 w}{\partial x^2} & (0<x<l,\,t>0), \\ w\big|_{x=0}=0,\quad w\big|_{x=l}=0 & (t>0), \\ w\big|_{t=0}=\varphi(x),\quad \dfrac{\partial w}{\partial t}\bigg|_{t=0}=\psi(x) & (0<x<l). \end{cases} \tag{3.4.5}$$

而 $v(x,t)$ 表示仅由强迫力引起弦的位移，它满足

$$\begin{cases} \dfrac{\partial^2 v}{\partial t^2}=a^2\dfrac{\partial^2 v}{\partial x^2}+f(x,t) & (0<x<l,\,t>0), \\ v\big|_{x=0}=0,\quad v\big|_{x=l}=0 & (t>0), \\ v\big|_{t=0}=0,\quad \dfrac{\partial v}{\partial t}\bigg|_{t=0}=0 & (0<x<l). \end{cases} \tag{3.4.6}$$

不难验证，如果 w 是(3.4.5)的解，v 是(3.4.6)的解，则 $u=v+w$ 一定是原定解问题的解.

问题(3.4.5)可以直接用分离变量法求解，由第 3.1.1 节的讨论我们知道，定解问题(3.4.5)的本征值和本征函数分别是

$$\lambda_n = \frac{n^2\pi^2}{l^2} \quad (n=1,2,\cdots), \tag{3.4.7}$$

$$X_n(x) = B_n \sin\frac{n\pi}{l}x \quad (n=1,2,\cdots). \tag{3.4.8}$$

而问题的一般解是

$$w(x,t) = \sum_{n=1}^{\infty}\left(C_n\cos\frac{n\pi a}{l}t + D_n\sin\frac{n\pi a}{l}t\right)\sin\frac{n\pi}{l}x. \tag{3.4.9}$$

其中的任意常数 C_n 和 D_n 可以由初始条件确定.

现在来讨论如何求解问题(3.4.6).

关于求解问题(3.4.6),我们采用类似于线性非齐次常微分方程中所常用的参数变异法,并保持如下设想:即这个定解问题的解可以分解成无穷多个驻波的叠加,而每个驻波的波形仍然是由相应齐次方程通过分离变量所得到的固有值问题的固有函数所决定.这就是说,我们假设定解问题(3.4.6)的解具有形式

$$v(x,t) = \sum_{n=1}^{\infty}v_n(t)\sin\frac{n\pi}{l}x, \tag{3.4.10}$$

其中 $v_n(t)$ 为待定函数. 为了确定 $v_n(t)$, 将自由项 $f(x,t)$ 也按固有函数系展开成下列级数

$$f(x,t) = \sum_{n=1}^{\infty}f_n(t)\sin\frac{n\pi}{l}x, \tag{3.4.11}$$

其中

$$f_n(t) = \frac{2}{l}\int_0^l f(x,t)\sin\frac{n\pi}{l}x\,\mathrm{d}x.$$

将式(3.4.10)和式(3.4.11)代入(3.4.6)的第一式,得到

$$\sum_{n=1}^{+\infty}\left[v_n''(t) + \frac{a^2n^2\pi^2}{l^2}v_n(t) - f_n(t)\right]\sin\frac{n\pi}{l}x = 0,$$

由此可得

$$v_n''(t) + \frac{a^2n^2\pi^2}{l^2}v_n(t) = f_n(t). \tag{3.4.12}$$

再将式(3.4.10)代入(3.4.5)式的初始条件得

$$v_n(0) = 0, \quad v_n'(0) = 0. \tag{3.4.13}$$

这样一来,确定函数 $v_n(t)$ 的问题就成为求解常微分方程的初值问题(3.4.12)和(3.4.13).

用 Laplace 变换法(或参数变异法或特解法)利用 Maple 求解(3.4.12)和(3.4.13)得到

>ode: = diff(v(t),t$2) + a^2 * n^2 * Pi^2/l^2 * v(t) = f(t);

$$ode := \left(\frac{\mathrm{d}^2}{\mathrm{d}t^2}v(t)\right) + \frac{a^2n^2\pi^2v(t)}{l^2} = f(t)$$

>ics: = v(0) = 0,D(v)(0) = 0;

$$ics := v(0) = 0, D(v)(0) = 0$$

>dsolve({ode,ics},v(t),method = laplace);

$$v(t) = -\left(\frac{\sqrt{-a^2n^2l^2}}{\pi n^2 a^2}\int_0^t f(\_U1)\sinh\left(\frac{\pi\sqrt{-a^2n^2l^2}(t-\_U1)}{l^2}\right)d\_U1\right)$$

整理一下,即有

$$v_n(t) = \frac{l}{n\pi a}\int_0^l f_n(\tau)\sin\frac{n\pi a(t-\tau)}{l}\mathrm{d}\tau.$$

将其代入到式(3.4.10)得到(3.4.5)的解

$$v(x,t) = \sum_{n=1}^{\infty} \left[\frac{l}{n\pi a} \int_0^t f_n(\tau) \sin \frac{n\pi a(t-\tau)}{l} d\tau \right] \sin \frac{n\pi x}{l}. \tag{3.4.14}$$

将这个解与式(3.4.5)的解加起来,就得到原定解问题(3.4.1)~(3.4.3)的解.

这里所给的求解定解问题(3.4.6)的方法,实质是将方程的自由项和方程的解都按齐次方程所对应的一组固有函数展开.随着方程和边界条件不同,固有函数也不同,但总是把非齐次方程的解按照与其相应的固有函数展开,这种方法叫作固有函数法.

以上的方法中是将问题分成两部分式(3.4.5)和式(3.4.6)来求解,从式(3.4.5)的求解中可以得到固有函数,对于固有函数已知的问题也可以不必将问题分成两部分,而是将初始条件也按固有函数系展开,然后求解常微分方程的非齐次初始值问题.看下面的例子.

例 3.4.1 求解具有放射衰变的热传导方程

$$\frac{\partial^2 u}{\partial x^2} - a^2 \frac{\partial u}{\partial t} + A e^{-\alpha x} = 0, 0 < x < l, t > 0$$

已知边界条件为

$$u|_{x=0} = 0, \ u|_{x=l} = 0,$$

初始条件为

$$u|_{t=0} = T_0 (\text{常数}).$$

解 首先令 $\frac{1}{a^2} = b^2$, $\frac{A}{a^2} = B$,将定解问题化为如下更整齐的形式

$$\begin{cases} \frac{\partial u}{\partial t} = b^2 \frac{\partial^2 u}{\partial x^2} + B e^{-\alpha x}, \\ u|_{x=0} = u|_{x=l} = 0, \\ u|_{t=0} = T_0. \end{cases}$$

解法(1) 分成两部分来处理,令

$$u(x,t) = v(x,t) + w(x,t),$$

其中 $w(x,t)$ 和 $v(x,t)$ 分别满足

$$(\text{I}) \begin{cases} \frac{\partial w}{\partial t} = b^2 \frac{\partial^2 w}{\partial x^2}, \\ w|_{x=0} = w|_{x=l} = 0, \\ w|_{t=0} = T_0. \end{cases} \qquad (\text{II}) \begin{cases} \frac{\partial v}{\partial t} = b^2 \frac{\partial^2 v}{\partial x^2} + B e^{-\alpha x}, \\ v|_{x=0} = v|_{x=l} = 0, \\ v|_{t=0} = 0. \end{cases}$$

用分离变量法求解问题(I).令 $w(x,t) = X(x) T(t)$,代入到方程和边界条件得本征值问题

$$\begin{cases} X''(x) + \lambda X(x) = 0, \\ X(0) = X(l) = 0. \end{cases}$$

和 $T(t)$ 所满足的方程

$$T'(t) + \lambda b^2 T(t) = 0.$$

求解本征值问题,得本征值和本征函数分别为

$$\lambda_n = \frac{n^2 \pi^2}{l^2}, \quad X_n = B_n \sin \frac{n\pi}{l} x \quad (n = 1, 2, \cdots).$$

而

$$T_n(t) = C_n e^{-\left(\frac{n\pi b}{l}\right)^2 t}.$$

于是问题(I)的一般解为

$$w(x,t) = \sum_{n=1}^{\infty} B_n e^{-(\frac{n\pi b}{l})^2 t} \sin \frac{n\pi x}{l}.$$

由初始条件定得 $B_n = \frac{2T_0}{n\pi}[1-(-1)^n]$，从而问题（Ⅰ）的解为

$$w(x,t) = \sum_{n=1}^{\infty} \frac{2T_0}{n\pi}[1-(-1)^n] e^{-(\frac{n\pi b}{l})^2 t} \sin \frac{n\pi x}{l}$$

$$= \sum_{n=1}^{\infty} \frac{2T_0}{n\pi}[1-(-1)^n] e^{-(\frac{n\pi}{la})^2 t} \sin \frac{n\pi x}{l}.$$

再用固有函数法求解问题（Ⅱ）.

将未知函数 $v(x,t)$ 和自由项 $Be^{-\alpha x}$ 按固有函数系展开

$$v(x,t) = \sum_{n=1}^{\infty} v_n(t) \sin \frac{n\pi}{l} x, \quad Be^{-\alpha x} = \sum_{n=1}^{\infty} f_n(t) \sin \frac{n\pi}{l} x,$$

其中

$$f_n(t) = \frac{2}{l} \int_0^l Be^{-\alpha \xi} \sin \frac{n\pi}{l} \xi \, d\xi = \frac{2n\pi B}{l^2} \frac{[1-(-1)^n e^{-\alpha l}]}{\alpha^2 + (\frac{n\pi}{l})^2} = \frac{2n\pi B[1-(-1)^n e^{-\alpha l}]}{\alpha^2 l^2 + n^2 \pi^2}.$$

代入到问题（Ⅱ）的方程，得

$$\sum_{n=1}^{\infty} v_n'(t) \sin \frac{n\pi}{l} x + b^2 \sum_{n=1}^{\infty} v_n(t) \left(\frac{n\pi}{l}\right)^2 \sin \frac{n\pi}{l} x - \sum_{n=1}^{\infty} f_n(t) \sin \frac{n\pi}{l} x = 0.$$

比较等式两边系数，并由齐次初始条件有

$$\begin{cases} v_n'(t) + \left(\frac{n\pi b}{l}\right)^2 v_n(t) = f_n(t), \\ v_n(0) = 0. \end{cases}$$

这是一阶线性常微分方程的初值问题，其解为

$$v(x,t) = \sum_{n=1}^{\infty} \frac{l^2 f_n}{n^2 \pi^2 b^2} (1 - e^{(\frac{n\pi b}{l})^2 t}) \sin \frac{n\pi}{l} x = \sum_{n=1}^{\infty} \frac{l^2 f_n a^2}{n^2 \pi^2} (1 - e^{(\frac{n\pi}{al})^2 t}) \sin \frac{n\pi}{l} x.$$

最后

$$u(x,t) = w(x,t) + v(x,t)$$

$$= \sum_{n=1}^{+\infty} \frac{2T_0}{n\pi}[1-(-1)^n] e^{-(\frac{n\pi}{la})^2 t} \sin \frac{n\pi x}{l} + \sum_{n=1}^{+\infty} \frac{l^2 f_n a^2}{n^2 \pi^2} (1 - e^{(\frac{n\pi}{al})^2 t}) \sin \frac{n\pi}{l} x$$

$$= \sum_{n=1}^{+\infty} \left\{ \frac{2T_0}{n\pi}[1-(-1)^n] e^{-(\frac{n\pi}{al})^2 t} + \frac{2Al^2}{n\pi} \frac{[1-(-1)^n e^{-\alpha l}]}{\alpha^2 + (n\pi)^2} [1 - e^{-(\frac{n\pi}{al})^2 t}] \right\} \sin \frac{n\pi}{l} x.$$

解法（2）直接利用固有函数展开

由于对应的齐次问题具有第一类齐次边界条件，我们知道其本征值和本征函数分别为 $\lambda_n = \frac{n^2 \pi^2}{l^2}$，$X_n = B_n \sin \frac{n\pi}{l} x \quad (n=1,2,\cdots)$.

故可直接令

$$u(x,t) = \sum_{n=1}^{\infty} T_n(t) \sin \frac{n\pi}{l} x, \quad Be^{-\alpha x} = \sum_{n=1}^{\infty} f_n(t) \sin \frac{n\pi}{l} x.$$

代入到原方程和初始条件得

$$\begin{cases} \sum_{n=1}^{\infty}\left[T'_n(t)+\left(\frac{n\pi b}{l}\right)^2 T_n(t)\right]\sin\frac{n\pi}{l}x = \sum_{n=1}^{\infty}f_n(t)\sin\frac{n\pi}{l}x, \\ \sum_{n=1}^{\infty}T_n(0)\sin\frac{n\pi}{l}x = T_0. \end{cases}$$

即

$$\begin{cases} T'_n(t)+\left(\frac{n\pi b}{l}\right)^2 T_n(t) = f_n(t), \\ T_n(0) = \frac{2}{l}\int_0^l T_0\sin\frac{n\pi}{l}\xi\,\mathrm{d}\xi = \frac{2T_0}{n\pi}[1-(-1)^n], \end{cases} \quad (3.4.15)$$

其中

$$f_n(t) = \frac{2}{l}\int_0^l Be^{-\alpha t}\sin\frac{n\pi}{l}\xi\,\mathrm{d}\xi = \frac{2n\pi B}{l^2}\frac{[1-(-1)^n e^{-\alpha t}]}{\alpha^2+\left(\frac{n\pi}{l}\right)^2} = \frac{2n\pi B[1-(-1)^n e^{-\alpha t}]}{\alpha^2+(n\pi)^2}.$$

(3.4.16)

用 Maple 求解方程(3.4.15)，过程和结果如下：

`>ode:=diff(T(t),t)+(n*Pi*b/l)^2*T(t)=f;`

$$ode := \left(\frac{\mathrm{d}}{\mathrm{d}t}T(t)\right)+\frac{n^2\pi^2 b^2 T(t)}{l^2}=f$$

`>ics:=T(0)=2*T[0]/(n*Pi)*(1-(-1)^n);`

$$ics := T(0) = \frac{2T_0(1-(-1)^n)}{n\pi}$$

`>res:=dsolve({ode,ics});`

$$res := T(t) = \frac{l^2 f}{n^2\pi^2 b^2}+e^{\left(-\frac{n^2\pi^2 b^2 t}{l^2}\right)}\left(-\frac{2T_0(-1+(-1)^n)}{n\pi}-\frac{l^2 f}{n^2\pi^2 b^2}\right)$$

`>f:=2*n*Pi*B/l^2*((1-(-1)^n*e^(-a*l))/(a^2+(n*Pi/l)^2));`

$$f := \frac{2n\pi B(1-(-1)^n e^{(-al)})}{l^2\left(a^2+\frac{n^2\pi^2}{l^2}\right)}$$

`>res;`

$$T(t) = \frac{2B(1-(-1)^n e^{(-al)})}{n\pi b^2\left(a^2+\frac{n^2\pi^2}{l^2}\right)}+e^{\left(-\frac{n^2\pi^2 b^2 t}{l^2}\right)}\left(-\frac{2T_0(-1+(-1)^n)}{n\pi}-\frac{2B(1-(-1)^n e^{(-al)})}{n\pi b^2\left(a^2+\frac{n^2\pi^2}{l^2}\right)}\right)$$

整理一下，并将 $T(t)$ 写成 $T_n(t)$，即有

$$T_n(t) = \frac{2T_0}{n\pi}[1-(-1)^n]e^{-\left(\frac{n\pi b}{l}\right)^2 t}-\frac{2B}{b^2 n\pi}\frac{[1-(-1)^n e^{-\alpha t}]}{\alpha^2+\left(\frac{n\pi}{l}\right)^2}\left[e^{-\left(\frac{n\pi b}{l}\right)^2 t}-1\right]$$

$$= \frac{2T_0}{n\pi}[1-(-1)^n]e^{-\left(\frac{n\pi}{al}\right)^2 t}+\frac{2Al^2}{n\pi}\frac{[1-(-1)^n e^{-\alpha t}]}{\alpha^2+(n\pi)^2}\left[1-e^{-\left(\frac{n\pi}{al}\right)^2 t}\right].$$

于是原定解问题的解为

$$u(x,t) = \sum_{n=1}^{\infty}\left\{\frac{2T_0}{n\pi}[1-(-1)^n]e^{-\left(\frac{n\pi}{al}\right)^2 t}+\frac{2Al^2}{n\pi}\frac{[1-(-1)^n e^{-\alpha t}]}{\alpha^2+(n\pi)^2}\left[1-e^{-\left(\frac{n\pi}{al}\right)^2 t}\right]\right\}\sin\frac{n\pi}{l}x.$$

(3.4.17)

显然，直接展开法简单，但在不知道固有函数的情况下，还是要先求解齐次方程的定解问

题,得到固有函数.

例 3.4.2 在环形域 $a \leqslant \sqrt{x^2+y^2} \leqslant b (0<a<b)$ 内求解下列定解问题:

$$\begin{cases} \dfrac{\partial^2 u}{\partial x^2}+\dfrac{\partial^2 u}{\partial y^2}=12(x^2-y^2) & (a<\sqrt{x^2+y^2}<b), \\ u\big|_{\sqrt{x^2+y^2}=a}=0, \quad \dfrac{\partial u}{\partial n}\bigg|_{\sqrt{x^2+y^2}=b}=0. \end{cases}$$

解 由于求解区域是环形区域,所以我们选用平面极坐标系,利用直角坐标系与极坐标系之间的关系

$$\begin{cases} x=\rho\cos\varphi, \\ y=\rho\sin\varphi. \end{cases}$$

可将上述定解问题用极坐标 ρ, φ 表示为:

$$\begin{cases} \dfrac{1}{\rho}\dfrac{\partial}{\partial \rho}\left(\rho\dfrac{\partial u}{\partial \rho}\right)+\dfrac{1}{\rho^2}\dfrac{\partial^2 u}{\partial \varphi^2}=12\rho^2\cos 2\varphi, & (a<\rho<b), \qquad (3.4.18)\\ u\big|_{\rho=a}=0, \quad \dfrac{\partial u}{\partial \rho}\bigg|_{\rho=b}=0. \qquad (3.4.19) \end{cases}$$

这是一个非齐次方程附有齐次边界条件的定解问题.采用固有函数法,并注意到圆域 Laplace 方程所对应的固有函数(见 3.2 节例 2),可令问题(3.4.18)~(3.4.19)的解的形式为

$$u(\rho,\varphi)=\sum_{n=0}^{\infty}[A_n(\rho)\cos n\varphi + B_n(\rho)\sin n\varphi], \qquad (3.4.20)$$

代入式(3.4.18)并整理得到

$$\sum_{n=0}^{\infty}\left\{\left[A_n''(\rho)+\dfrac{1}{\rho}A_n'(\rho)-\dfrac{n^2}{\rho^2}A_n(\rho)\right]\cos n\varphi + \left[B_n''(\rho)+\dfrac{1}{\rho}B_n'(\rho)-\dfrac{n^2}{\rho^2}B_n(\rho)\right]\sin n\varphi\right\}$$
$$=12\rho^2\cos 2\varphi.$$

比较两端关于 $\cos n\varphi, \sin n\varphi$ 的系数,可得

$$A_2''(\rho)+\dfrac{1}{\rho}A_2'(\rho)-\dfrac{4}{\rho^2}A_2(\rho)=12\rho^2, \qquad (3.4.21\text{a})$$

$$A_n''(\rho)+\dfrac{1}{\rho}A_n'(\rho)-\dfrac{n^2}{\rho^2}A_n(\rho)=0 \quad (n\neq 2), \qquad (3.4.21\text{b})$$

$$B_n''(\rho)+\dfrac{1}{\rho}B_n'(\rho)-\dfrac{n^2}{\rho^2}B_n(\rho)=0. \qquad (3.4.22)$$

再由条件(3.4.19)得

$$A_n(a)=A_n'(b)=0, \qquad (3.4.23)$$
$$B_n(a)=B_n'(b)=0. \qquad (3.4.24)$$

方程(3.4.21a)、(3.4.21b)和(3.4.22)都是 Euler 方程,其中(3.4.21a)是非齐次的,(3.4.21b)和(3.4.22)是齐次的,做变换 $\rho=e^t$ 可以将它们化成常系数线性常微分方程求解.也可以用 Maple 求解,命令如下:

ode1: = diff(A[2](x),x $ 2) + (1/x) * diff(A[2](x),x) - 4/x^2 * A[2](x) = 12 * x^2;

$$ode1:=\left(\dfrac{\mathrm{d}^2}{\mathrm{d}x^2}A(x)\right)+\dfrac{\dfrac{\mathrm{d}}{\mathrm{d}x}A_2(x)}{x}-\dfrac{4A_2(x)}{x^2}=12x^2$$

>dsolve(ode1);

$$A_2(x)=\dfrac{\_C2}{x^2}+x^2\_C1+x^4$$

```
>ode2: = diff(A[n](x),x $ 2) + (1/x) * diff(A[n](x),x) − n^2/x^2 * A[n](x) = 0;
```

$$ode2:=\left(\frac{\mathrm{d}^2}{\mathrm{d}x^2}A_n(x)\right)+\frac{\frac{\mathrm{d}}{\mathrm{d}x}A_n(x)}{x}-\frac{n^2 A_n(x)}{x^2}=0$$

```
>dsolve(ode2);
```

$$A_n(x) = \_C1 x^{(-n)} + \_C2 x^n$$

即(3.4.21a)的通解为

$$A_2(x) = \frac{\_C2}{x^2} + x^2\_C1 + x^4$$

其中 $\_C_1$ 和 $\_C_2$ 表示两个任意常数. 而(3.4.21b)和(3.4.22)的通解就是

$$A_n(\rho) = c_n \rho^n + d_n \rho^{-n},$$
$$B_n(\rho) = c'_n \rho^n + d'_n \rho^{-n}.$$

其中 c_n, d_n, c'_n, d'_n 是任意常数. 由条件(3.4.23)与(3.4.24)可得

$$A_n(\rho) \equiv 0 \quad (n \neq 2),$$
$$B_n(\rho) \equiv 0 \quad (n = 1, 2, \cdots).$$

由条件(3.4.23)确定 $\_C1$ 和 $\_C2$,这一步可用 Maple 完成:
```
T(a): = subs(x = a,1/x^2 * _C2 + x^2 * _C1 + x^4);
```

$$T(a) := \frac{\_C2}{a^2} + a^2\_C1 + a^4$$

```
>T(b): = subs(x = b,diff((1/x^2 * _C2 + x^2 * _C1 + x^4),x));
```

$$T(b) := -\frac{2\_C2}{b^3} + 2b\_C1 + 4b^3$$

```
>solve({T(a),T(b)},[_C1,_C2]);
```

$$\left[\left[\_C1 = -\frac{2b^6 + a^6}{b^4 + a^4}, \_C2 = \frac{b^4 a^4(-a^2 + 2b^2)}{b^4 + a^4}\right]\right]$$

因此

$$A_2(\rho) = -\frac{a^6 + 2b^6}{a^4 + b^4}\rho^2 - \frac{a^4 b^4(a^2 - 2b^2)}{a^4 + b^4}\rho^{-2} + \rho^4,$$

将 $A_n(\rho) \equiv 0$ $(n \neq 2)$, $B_n(\rho) \equiv 0$ $(n = 1, 2, \cdots)$ 和上式的 $A_2(\rho)$ 代入到原问题解的表达式(3.4.20). 得原定解问题的解为

$$u(\rho,\varphi) = -\frac{1}{a^4 + b^4}[(a^6 + 2b^6)\rho^2 + a^4 b^4(a^2 - 2b^2)\rho^{-2} - (a^4 + b^4)\rho^4]\cos 2\varphi.$$

高维非齐次方程的定解问题也可以同法处理.

例 3.4.3 求解下列长方形膜在齐次边界条件下的受迫振动问题. 其定解问题为

$$\begin{cases} u_{tt} - c^2 \nabla^2 u = F(x,y,t) & (0<x<a,\ 0<y<b,\ t>0), \\ u(x,y,0) = f(x,y),\ u_t(x,y,0) = g(x,y) & (0<x<a,\ 0<y<b); \\ u(0,y,t) = u(a,y,t) = 0 & (0<y<b,\ t>0), \\ u(x,0,t) = u(x,b,t) = 0 & (0<x<a,\ t>0). \end{cases}$$

解 由 3.3 节知其相应的齐次方程的本征值和本征函数为

$$\alpha_{mn}^2 = \frac{m^2\pi^2}{a^2} + \frac{n^2\pi^2}{b^2} \quad (m,n = 1,2,3,\cdots),$$

$$v(x,y) = \sin\frac{m\pi x}{a}\sin\frac{n\pi y}{b}.$$

于是可令 $u(x,y,t)=\sum_{m=1}^{\infty}\sum_{n=1}^{\infty}u_{mn}(t)\sin\dfrac{m\pi x}{a}\sin\dfrac{n\pi y}{b}$. 同时,将 $F(x,y,t)$ 展开成二重 Fourier 级数

$$F(x,y,t)=\sum_{m=1}^{\infty}\sum_{n=1}^{\infty}F_{mn}(t)\sin\dfrac{m\pi x}{a}\sin\dfrac{n\pi y}{b},$$

其中 $F_{mn}(t)=\dfrac{4}{ab}\int_0^a\int_0^b F(x,y,t)\sin\dfrac{m\pi x}{a}\sin\dfrac{n\pi y}{b}dxdy$.

代入方程,并比较系数得

$$u''_{mn}+c^2\alpha_{mn}^2 u_{mn}=F_{mn}(t),$$

其中 $\alpha_{mn}^2=\left(\dfrac{m\pi}{a}\right)^2+\left(\dfrac{n\pi}{b}\right)^2$,用 Laplace 变换法求解上述常微分方程,用 Maple 完成如下:

\>ode：= diff(u(t),t \$ 2) + c^2 * alpha^2 * u(t) = F(t);

$$ode:=\left(\dfrac{\mathrm{d}^2}{\mathrm{d}t^2}u(t)\right)+c^2\alpha^2 u(t)=F(t)$$

\>dsolve(ode,u(t),method = laplace);

$$u(t)=u(0)\cos(c\alpha t)+\dfrac{D(u)(0)\sin(c\alpha t)+\int_0^t F(\_U1)\sin(c\alpha(t-\_U1))d\_U1}{c\alpha}$$

即

$$u_{mn}(t)=A_{mn}\cos\alpha_{mn}ct+B_{mn}\sin\alpha_{mn}ct+\dfrac{1}{\alpha_{mn}c}\int_0^t F_{mn}(\tau)\sin\alpha_{mn}c(t-\tau)d\tau,$$

其中 A_{mn},B_{mn} 为常数,由初始条件,有

$$u(x,y,0)=f(x,y)=\sum_{m=1}^{\infty}\sum_{n=1}^{\infty}A_{mn}\sin\dfrac{m\pi x}{a}\sin\dfrac{n\pi y}{b}.$$

设 $f(x,y)$ 关于 x,y 连续,则

$$A_{mn}=\dfrac{4}{ab}\int_0^a\int_0^b f(x,y)\sin\dfrac{m\pi x}{a}\sin\dfrac{n\pi y}{b}dxdy.$$

同样,由

$$u_t(x,y,0)=g(x,y)=\sum_{m=1}^{\infty}\sum_{n=1}^{\infty}B_{mn}\alpha_{mn}c\sin\dfrac{m\pi x}{a}\sin\dfrac{n\pi y}{b},$$

在 $g(x,y)$ 连续的条件下,得到

$$B_{mn}=\dfrac{1}{ab\alpha_{mn}c}\int_0^a\int_0^b g(x,y)\sin\dfrac{m\pi x}{a}\sin\dfrac{n\pi y}{b}dxdy.$$

将 A_{mn},B_{mn} 代回即得原问题的解.

3.4.2 冲量法

使用冲量法的前提是,除了方程是非线性的外,其他定解条件都是齐次的(初始条件全为零).否则就用叠加原理进行分解.

强迫振动问题

还以弦的强迫振动为例进行讨论,定解问题如下

$$\begin{cases} \dfrac{\partial^2 u}{\partial t^2}=a^2\dfrac{\partial^2 u}{\partial x^2}+f(x,t) & (0<x<l,t>0), \quad (3.4.25)\\ u_{x=0}=0, \quad u\big|_{x=l}=0 & (t>0), \quad (3.4.26)\\ u\big|_{t=0}=0, \quad \dfrac{\partial u}{\partial t}\bigg|_{t=0}=0 & (0<x<l). \quad (3.4.27) \end{cases}$$

其中方程的非齐次项 $f(x,t)$ 表示作用力（单位时间内，单位长度上），因此它对时间 t 的累积表示冲量，其数值等于曲线、虚线与横轴所包围的面积（如图 3.4.1 所示）。

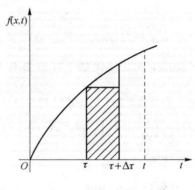

图 3.4.1

如果在某时刻 τ 附近取一个小间隔 $\Delta\tau$，则 $f(x,\tau)\Delta\tau$ 在 $\Delta\tau$ 内的冲量（等于图 3.4.1 中阴影的面积），这个冲量使系统的速度有一个改变量（因为 $f(x,t)$ 是单位质量上受到的外力，故动量在数值上等于速度）。现在，我们把在时间间隔 $\Delta\tau$ 内得到的速度改变量看成是在 $t=\tau$ 时刻的一瞬间集中得到的；而在 $\Delta\tau$ 的其余时间则认为没有冲量作用，即认为在这段时间里没有外力的作用，故方程应该是齐次方程；在 $t=\tau$ 时，集中得到的速度可置于"初始"条件中。这样，在 $\tau<t<\tau+\Delta\tau$ 的时间内，有定解问题如下

$$\begin{cases} \dfrac{\partial^2 V}{\partial t^2}=a^2\dfrac{\partial^2 V}{\partial x^2} & (0<x<l,\tau<t<\tau+\Delta\tau),\\ V_{x=0}=0, \quad V\big|_{x=l}=0 & (\tau<t<\tau+\Delta\tau),\\ V\big|_{t=\tau}=0, \quad \dfrac{\partial V}{\partial t}\bigg|_{t=\tau}=f(x,\tau)\Delta\tau & (0<x<l). \end{cases}$$

不难看出，V 将是 x,t,τ 与 $\Delta\tau$ 的函数。设 $V(x,t;\tau,\Delta\tau)=v(x,t;\tau)\Delta\tau$，则上述定解问题变成

$$\begin{cases} \dfrac{\partial^2 v}{\partial t^2}=a^2\dfrac{\partial^2 v}{\partial x^2} & (0<x<l,t>\tau), \quad (3.4.28)\\ v_{x=0}=0, \quad v\big|_{x=l}=0 & (t>\tau), \quad (3.4.29)\\ v\big|_{t=\tau}=0, \quad \dfrac{\partial v}{\partial t}\bigg|_{t=\tau}=f(x,\tau) & (0<x<l). \quad (3.4.30) \end{cases}$$

因为 $V(x,t;\tau)$ 表示 $\Delta\tau$ 内的解，在时间间隔 $[0,t]$ 内的解应是所有 $V(x,t;\tau)$ 的叠加，当 $\Delta\tau\to 0$ 时，则有

$$u(x,t)=\lim_{\Delta\tau\to 0}\sum_{\tau=0}^{t}V(x,t;\tau)=\lim_{\Delta\tau\to 0}\sum_{\tau=0}^{t}v(x,t;\tau)\Delta\tau=\int_0^t v(x,t;\tau)\mathrm{d}\tau. \quad (3.4.31)$$

这就是定解问题 (3.4.25)~(3.4.27) 的解，而 v 则是问题 (3.4.28)~(3.4.30) 的解。

对以上求解方法的合理性可以进行简单证明。由 (3.4.31) 可以分别求出

$$u_t = v(x,t;\tau)|_{\tau=t} + \int_0^t v_t(x,t;\tau)\mathrm{d}\tau = \int_0^t v_t(x,t;\tau)\mathrm{d}\tau,$$

$$u_{tt} = v_t(x,t;\tau)|_{\tau=t} + \int_0^t v_{tt}(x,t;\tau)\mathrm{d}\tau = f(x,t) + \int_0^t v_{tt}(x,t;\tau)\mathrm{d}\tau,$$

$$u_{xx} = \int_0^t v_{xx}(x,t;\tau)\mathrm{d}\tau.$$

将这些结果代入方程(3.4.25),考虑方程(3.4.28),得到的结果无矛盾.同理,由条件(3.4.29)和(3.4.30)也能证明,满足定解条件(3.4.26)~(3.4.27).这个结果通常称为齐次化原理.

这样通过冲量法,将连续的冲量作用分解成许多不连续的集中的冲量作用(即分解成许多脉冲),把关于 u 的非齐次方程的定解问题化成关于 v 的齐次方程的定解问题.求出 v 的方法完全和以前所用的齐次方程的解法一样,只是将以前结果中的 t 换成 $t-\tau$ 就可以了.这是因为这里是以 $t=\tau$ 为起始时刻,而以前的问题一般是以 $t=0$ 为起始时刻.求出 v 以后,再根据(3.4.31)求出 u.

冲量法的求解步骤:

第一步:列出 $v(x,t;\tau)$ 的定解问题;

第二步:利用分离变量法或者本征函数展开法求解 $v(x,t;\tau)$ 的定解问题;

第三步:将 $v(x,t;\tau)$ 的表达式带入积分 $u(x,t)=\int_0^t v(x,t;\tau)\mathrm{d}\tau$ 即可求出原定解问题的解.

冲量法的适用条件:从冲量法的整个过程可以看出,冲量法的使用条件是方程非齐次、边界条件齐次、初始条件取零值的非稳定问题,由于稳定问题与时间无关,所以不适合用冲量法.

例 3.4.4 用冲量法求解如下定解问题:

$$\begin{cases} u_{tt} - a^2 u_{xx} = A\cos\dfrac{\pi x}{l}\sin\omega t & (0<x<l,\ t>0), \\ u_x|_{x=0}=0,\quad u_x|_{x=l}=0, \\ u|_{t=0}=0,\quad u_t|_{t=0}=0. \end{cases}$$

解 应用冲量法,将上述定解问题变为 v 的定解问题,则有

$$\begin{cases} v_{tt} - a^2 v_{xx} = 0 & (0<x<l,\ t>\tau), \\ v_x|_{x=0}=0,\quad v_x|_{x=l}=0 & (t>\tau), \\ v|_{t=\tau}=0,\quad v_t|_{t=\tau}=A\cos\dfrac{\pi x}{l}\sin\omega\tau & (0<x<l). \end{cases}$$

这是齐次方程的定解问题,分离变量后,根据第二类齐次边界条件,得到本征解为

$$v_0 = X_0 T_0 = A_0 + B_0(t-\tau),$$

$$v_n = X_n T_n = \left[A_n\cos\dfrac{n\pi}{l}a(t-\tau) + B_n\sin\dfrac{n\pi}{l}a(t-\tau)\right] \times \cos\dfrac{n\pi}{l}x \quad (n=1,2,\cdots).$$

而

$$v = \sum_{n=0}^{\infty} v_n = A_0 + B_0(t-\tau) + \sum_{n=1}^{\infty}\left[A_n\cos\dfrac{n\pi a}{l}(t-\tau) + B_n\sin\dfrac{n\pi a}{l}(t-\tau)\right]\cos\dfrac{n\pi}{l}x.$$

由初始条件可确定积分常数为

$$A_0 = 0,\quad A_n = 0,$$

及

$$v_t|_{t=\tau} = B_0 + \sum_{n=1}^{\infty} B_n\dfrac{n\pi a}{l}\cos\dfrac{n\pi}{l}x = A\cos\dfrac{\pi x}{l}\sin\omega\tau.$$

比较两端系数,很容易得到

$$B_0 = 0, \quad B_1 = \frac{lA}{\pi a}\sin\omega\tau, \quad B_n = 0 \quad (n=2,3,\cdots).$$

于是得
$$v = \frac{lA}{\pi a}\sin\omega\tau \sin\frac{\pi a}{l}(t-\tau)\cos\frac{\pi}{l}x.$$

利用(3.4.31),将 v 积分得到
$$u(x,t) = \int_0^t v(x,t;\tau)\mathrm{d}\tau = \frac{Al}{\pi a}\left\{\frac{\omega\sin\frac{\pi a}{l}t - \frac{\pi a}{l}\sin\omega t}{\omega^2 - \frac{\pi^2 a^2}{l^2}}\right\}\cos\frac{\pi}{l}x.$$

例 3.4.5　解如下定解问题：
$$\begin{cases} u_t - a^2 u_{xx} = A\sin\omega t & (0<x<l,\ t>0), \\ u|_{x=0} = 0, \quad u_x|_{x=l} = 0, \\ u|_{t=0} = 0. \end{cases}$$

解　首先写出 v 的定解问题：
$$\begin{cases} v_t - a^2 v_{xx} = 0 & (0<x<l,\ t>\tau), \\ v|_{x=0} = 0, \quad v_x|_{x=l} = 0, \\ v|_{t=\tau} = A\sin\omega\tau. \end{cases}$$

注意到这个定解问题的边界条件既有一类的，又有二类的，因此通过分离变量法求到的本征函数和本征值与前面不同. 本征值问题为
$$\begin{cases} X_n'' + \lambda_n X_n = 0, \\ X_n(0) = 0, \quad X_n'(l) = 0. \end{cases}$$

由此得到本征值和本征函数分别为
$$\lambda_n = \frac{\left(n+\frac{1}{2}\right)^2 \pi^2}{l^2}, \qquad X_n(x) = \sin\frac{\left(n+\frac{1}{2}\right)\pi}{l}x \quad (n=0,1,2,\cdots).$$

而
$$T_n = A_n \mathrm{e}^{-\frac{\left(n+\frac{1}{2}\right)^2 \pi^2 a^2}{l^2}(t-\tau)}.$$

于是本征解为
$$v_n = X_n T_n = A_n \sin\frac{\left(n+\frac{1}{2}\right)\pi}{l}x\, \mathrm{e}^{-\frac{\left(n+\frac{1}{2}\right)^2 \pi^2 a^2}{l^2}(t-\tau)} \quad (n=0,1,2,\cdots).$$

将 v_n 叠加后，根据"起始"条件确定 A_n. 因为
$$v|_{t=\tau} = \sum_{n=0}^{\infty} A_n \sin\frac{\left(n+\frac{1}{2}\right)\pi}{l}x = A\sin\omega\tau,$$

于是
$$A_n = \frac{2}{l}\int_0^l A\sin\omega\tau \sin\frac{\left(n+\frac{1}{2}\right)\pi}{l}\xi\, \mathrm{d}\xi = \frac{2A}{\left(n+\frac{1}{2}\right)\pi}\sin\omega\tau,$$

这样求出

$$v = \sum_{n=0}^{\infty} v_n = \sum_{n=0}^{\infty} \frac{2A}{\left(n+\frac{1}{2}\right)\pi} \sin \omega\tau \cdot e^{-\frac{\left(n+\frac{1}{2}\right)^2 \pi^2 a^2}{l^2}(t-\tau)} \sin \frac{\left(n+\frac{1}{2}\right)\pi}{l} x.$$

最后将 v 积分,得到解为

$$u = \int_0^t v \, d\tau$$

$$= \sum_{n=0}^{\infty} \frac{2A}{\left(n+\frac{1}{2}\right)\pi} \frac{\frac{\left(n+\frac{1}{2}\right)^2 \pi^2 a^2}{l^2} \sin \omega t - \omega \cos \omega t + \omega e^{-\frac{\left(n+\frac{1}{2}\right)^2 \pi^2 a^2}{l^2} t}}{\frac{\left(n+\frac{1}{2}\right)^4 \pi^4 a^4}{l^4} + \omega^2} \times \sin \frac{\left(n+\frac{1}{2}\right)\pi}{l} x.$$

注意,冲量法不能用来求解稳定方程(即与时间无关的方程,比如 Laplace 方程).

3.4.3 特解法

我们以两端固定弦的受迫运动为例来介绍特解法,其中假设弦的初始位移和初速度均为零.这样,定解条件为

$$\begin{cases} u_{tt} - a^2 u_{xx} = f(x,t), 0 < x < l, t > 0 \\ u|_{x=0} = 0, u|_{x=l} = 0 \\ u|_{t=0} = 0, u_t|_{t=0} = 0 \end{cases}$$

与常微分方程的特解法思路一样,不妨先找到非齐次方程的一个特解 $v(x,t)$, v 满足

$$u_{tt} - a^2 u_{xx} = f(x,t)$$

然后,令

$$u(x,t) = v(x,t) + w(x,t),$$

则 $w(x,t)$ 一定是相应的齐次方程 $w_{tt} - a^2 w_{xx} = 0$ 的解. 从而关于 $u(x,t)$ 的非其次方程定解问题的求解转化为关于 $w(x,t)$ 的齐次方程的定解问题求解. 但是需要注意的是, 为了使 $w(x,t)$ 满足齐次边界条件 $w|_{x=0} = 0, w|_{x=l} = 0$, 必须要求 $v(x,t)$ 满足与 $u(x,t)$ 相同的边界条件 $v|_{x=0} = 0, v|_{x=l} = 0$ (从这个意义上来说, 特解法不要求边界一定是齐次的). 也就是说, 我们所选取的特解 $v(x,t)$ 应该同时满足非齐次方程和齐次边界条件

$$\begin{cases} v_{tt} - a^2 u_{xx} = f(x,t), \\ v|_{x=0} = 0, v|_{x=l} = 0 \end{cases}$$

一旦求得了这样的特解 $v(x,t)$, 利用分离变量法或者本征函数展开法即可求解 $w(x,t)$ 的定解问题

$$\begin{cases} w_{tt} - a^2 w_{xx} = 0, 0 < x < l, t > 0 \\ w|_{x=0} = 0, w|_{x=l} = 0 \\ w|_{t=0} = -v|_{t=0}, w_t|_{t=0} = -v_t|_{t=0} \end{cases}$$

从而,原定解问题的解为

$$u(x,t) = v(x,t) + w(x,t)$$

我们称这种方法为特解法,其中的关键在于找出特解 $v(x,t)$.

如果方程的非齐次项 $f(x,t)$ 的形式比较简单,可以尝试采用特解法. 特别的,当非齐次项

与时间 t 无关时,采用此法会非常简单.

例 3.4.6 求解圆域上的定解问题:

$$\begin{cases} \nabla^2 u = a + b(x^2 - y^2), & x^2 + y^2 < r_0^2, \\ u\big|_{x^2 + y^2 = r_0^2} = C. \end{cases}$$

解 设 $u = \bar{u} + v$,其中 $\bar{u}$ 与 v 分别满足下列方程:

$$\nabla^2 \bar{u} = 0, \quad \nabla^2 v = a + b(x^2 - y^2).$$

假定特解 v 的形式为

$$v = X(x) + Y(y),$$

代入方程得

$$X'' + Y'' = a + bx^2 - by^2.$$

取一个简单情况:

$$X'' = \frac{a}{2} + bx^2, \quad X = \frac{a}{4}x^2 + \frac{b}{12}x^4;$$

$$Y'' = \frac{a}{2} - by^2, \quad Y = \frac{a}{4}y^2 - \frac{b}{12}y^4.$$

于是找到了 v 的一个特解为

$$v = \frac{a}{4}(x^2 + y^2) + \frac{b}{12}(x^4 - y^4).$$

考虑到边界是个圆域,因此须将 v 写成极坐标形式:

$$v = \frac{a}{4}r^2 + \frac{b}{12}r^4 \cos 2\varphi.$$

由此,对于 $\bar{u}$ 就该有如下定解问题:

$$\begin{cases} \nabla^2 \bar{u} = 0, \\ \bar{u}\big|_{r = r_0} = (u - v)_{r = r_0} = C - \frac{a}{4}r_0^2 - \frac{b}{12}r_0^4 \cos 2\varphi. \end{cases}$$

这样,通过取特解的方法,将非齐次方程化为齐次方程.至于边界条件的变化,在此不增加原则上的困难.可是对于其他有些情况,在选择特解时,以不改变原来的齐次边界条件为宜,否则就不要用特解法.

例 3.4.7 解定解问题:

$$\begin{cases} u_{tt} - a^2 u_{xx} = A, & 0 < x < l, t > 0, \\ u\big|_{x=0} = 0, \quad u\big|_{x=l} = 0, \\ u\big|_{t=0} = \varphi(x), \quad u_t\big|_{t=0} = \psi(x). \end{cases}$$

解 设特解为 $v(x)$,只是 x 的函数(如是 t 的函数,则会改变边界条件),代回方程,并考虑边界条件,则有

$$\begin{cases} -a^2 v''(x) = A, & 0 < x < l \\ v(0) = 0, \quad v(l) = 0. \end{cases}$$

由此可以确定

$$v(x) = \frac{Ax}{2a^2}(l - x).$$

而齐次方程部分的定解问题为

$$\begin{cases} \bar{u}_{tt} - a^2 \bar{u}_{xx} = 0, \\ \bar{u}|_{x=0} = 0, \quad \bar{u}|_{x=l} = 0, \\ \bar{u}|_{t=0} = (u-v)_{t=0} = \varphi(x) - v(x), \quad \bar{u}_t|_{t=0} = \psi(x). \end{cases}$$

这样选择的特解没有改变原来的齐次边界条件. 如选择 $\bar{v}(x) = \dfrac{-A}{2a^2} x^2$, 虽是满足方程的一个特解,但它却破坏了齐次的边界条件,故不能这样选.

例 3.4.8 求解矩形域的定解问题:

$$\begin{cases} \nabla^2 u = -x^2 y, \ 0 < x < a, \ -\dfrac{b}{2} < y < \dfrac{b}{2}, \\ u|_{x=0} = 0, \quad u|_{x=a} = 0, \\ u|_{y=-\frac{b}{2}} = 0, \quad u|_{y=\frac{b}{2}} = 0. \end{cases}$$

解 为了找一个特解 $v(x,y)$, 根据非齐次项的特点,可以令 $v_{xx} = -x^2 y$, $v_{yy} = 0$. 再考虑边界条件 $v|_{x=0} = v|_{x=a} = 0$, 不难求出特解

$$v = \frac{(a^3 - x^3)xy}{12}.$$

而齐次方程部分的定解问题变为

$$\begin{cases} \nabla^2 \bar{u} = 0, \\ \bar{u}|_{x=0} = 0, \quad \bar{u}|_{x=a} = 0, \\ \bar{u}|_{y=-\frac{b}{2}} = (u-v)|_{y=-\frac{b}{2}} = \dfrac{(a^3-x^3)x}{12} \cdot \dfrac{b}{2}, \\ \bar{u}|_{y=\frac{b}{2}} = (u-v)|_{y=\frac{b}{2}} = -\dfrac{(a^3-x^3)x}{12} \cdot \dfrac{b}{2}. \end{cases}$$

不难看到,代入特解后,齐次边界条件只保持了一组,而另一组则受到了破坏,但是这种破坏是必须的,否则只能得到零解(实际上,在此问题中,只要有一组齐次边界条件,就可应用本征函数法).

3.5 非齐次边界条件的处理

前面所讨论的定解问题,无论方程是齐次的还是非齐次的,边界条件都是齐次的. 如果遇到非齐次边界条件的情况,应该如何处理? 总的原则是设法将边界条件化成齐次的. 具体地说,就是取一个适当的未知函数之间的代换,使对新的未知函数,边界条件是齐次的. 现在仍以一维波动方程的定解问题为例,说明选取代换的方法.

设有定解问题

$$\begin{cases} \dfrac{\partial^2 u}{\partial t^2} = a^2 \dfrac{\partial^2 u}{\partial x^2} + f(x,t) \quad (0 < x < l, t > 0), & (3.5.1) \\ u|_{x=0} = \alpha_1(t), \quad u|_{x=l} = \alpha_2(t) \quad (t > 0), & (3.5.2) \\ u|_{t=0} = \varphi(x), \quad \dfrac{\partial u}{\partial t}\Big|_{t=0} = \psi(x) \quad (0 < x < l). & (3.5.3) \end{cases}$$

我们设法做一个代换,将边界条件化成齐次的. 为此令

$$u(x,t) = V(x,t) + W(x,t), \tag{3.5.4}$$

选取 $W(x,t)$，使 $V(x,t)$ 的边界条件化成齐次的，即
$$V\big|_{x=0}=V\big|_{x=l}=0. \quad (3.5.5)$$
由式(3.5.2)和式(3.5.4)容易看出，要使式(3.5.5)成立，只要
$$W\big|_{x=0}=\alpha_1(t), \quad W\big|_{x=l}=\alpha_2(t). \quad (3.5.6)$$
也就是说，只要选取 W 满足式(3.5.6)，就能达到我们的目的．而满足式(3.5.6)的函数是容易找到的，例如取 W 为 x 的一次函数，即设
$$W(x,t)=A(t)x+B(t).$$
用式(3.5.6)确定 A 和 B，分别为
$$A(t)=\frac{1}{l}\big[\alpha_2(t)-\alpha_1(t)\big], \quad B(t)=\alpha_1(t).$$
显然，函数 $W(x,t)=\alpha_1(t)+\frac{1}{l}[\alpha_2(t)-\alpha_1(t)]x$ 满足式(3.5.6)，因此只要做代换
$$u=V+\alpha_1(t)+\frac{1}{l}[\alpha_2(t)-\alpha_1(t)]x, \quad (3.5.7)$$
就能使新的未知函数 V 满足齐次边界条件，即经过这个代换后，得到关于 V 的定解问题为
$$\begin{cases} \dfrac{\partial^2 V}{\partial t^2}=a^2\dfrac{\partial^2 V}{\partial x^2}+f_1(x,t) & (0<x<l, t>0), \\ V\big|_{x=0}=0, \quad V\big|_{x=l}=0 & (t>0), \\ V\big|_{t=0}=\varphi_1(x), \quad \dfrac{\partial V}{\partial t}\bigg|_{t=0}=\psi_1(x) & (0<x<l). \end{cases} \quad (3.5.8)$$
其中
$$\begin{aligned} f_1(x,t) &= f(x,t)-\left[\alpha_1''(t)+\frac{\alpha_2''(t)-\alpha_1''(t)}{l}x\right], \\ \varphi_1(x) &= \varphi(x)-\left[\alpha_1(0)+\frac{\alpha_2(0)-\alpha_1(0)}{l}x\right], \\ \psi_1(x) &= \psi(x)-\left[\alpha_1'(0)+\frac{\alpha_2'(0)-\alpha_1'(0)}{l}x\right]. \end{aligned} \quad (3.5.9)$$
问题(3.5.8)可以用 3.4 节介绍的方法求解，将式(3.5.8)的解代入式(3.5.7)即得原定解问题的解．

上面的例子中由式(3.5.6)定 $W(x,t)$ 时，取 $W(x,t)$ 为 x 的一次式是为了使(3.5.9)中的几个式子简单些，并且 $W(x,t)$ 本身也容易定出．其实只要满足式(3.5.6)的任何函数都行．比如当 f, α_1 和 α_2 都与 t 无关时，可取适当的 $W(x)$（也与 t 无关），使 $V(x,t)$ 的方程与边界条件同时都化成齐次的．这样就可以省掉对 $V(x,t)$ 的求解要进行解非齐次偏微分方程的繁重工作．这种 $W(x)$ 如何找，将在后面的例题中说明．

如边界条件不全是第一类的，本节的方法仍适用，不同的只是函数 $W(x,t)$ 的形式．读者可以就下列几种边界条件的情况写出相应的 $W(x,t)$ 来：

(1) $u_{x=0}=\alpha_1(t), \quad \dfrac{\partial u}{\partial x}\bigg|_{x=l}=\alpha_2(t);$

(2) $\dfrac{\partial u}{\partial x}\bigg|_{x=0}=\alpha_1(t), \quad u\big|_{x=l}=\alpha_2(t);$

(3) $\dfrac{\partial u}{\partial x}\bigg|_{x=0}=\alpha_1(t), \quad \dfrac{\partial u}{\partial x}\bigg|_{x=l}=\alpha_2(t).$

例 3.5.1 求解一端固定，一端作周期运动 $\sin\omega t$ 的弦的振动问题：

$$\begin{cases} u_{tt}=a^2 u_{xx} & (0<x<l,\ t>0), \\ u|_{x=0}=0, \quad u|_{x=l}=\sin\omega t & (t>0), \\ u|_{t=0}=0, \quad u_t|_{t=0}=0 & (0\leqslant x\leqslant l). \end{cases} \tag{3.5.10}$$

解法 1 令 $$u(x,t)=v(x,t)+W(x,t),$$

取 $$W(x,t)=\frac{\alpha_2(t)-\alpha_1(t)}{l}x+\alpha_1(t)=\frac{x}{l}\sin\omega t, \tag{3.5.11}$$

则定解问题转化为

$$\begin{cases} v_{tt}-a^2 v_{xx}=\dfrac{\omega^2}{l}x\sin\omega t, \\ v(0,t)=v(l,t)=0, \\ v(x,0)=0, \quad v_t(x,0)=-\dfrac{\omega}{l}x. \end{cases} \tag{3.5.12}$$

为了解出满足非齐次方程的 v，又令

$$v(x,t)=v^{\mathrm{I}}(x,t)+v^{\mathrm{II}}(x,t),$$

其中 $v^{\mathrm{I}}(x,t)$, $v^{\mathrm{II}}(x,t)$ 分别满足

$$\begin{cases} v_{tt}^{\mathrm{I}}=a^2 v_{xx}^{\mathrm{I}}, \\ v^{\mathrm{I}}(0,t)=v^{\mathrm{I}}(l,t)=0, \\ v^{\mathrm{I}}(x,0)=0, \quad v_t^{\mathrm{I}}(x,0)=-\dfrac{\omega}{l}x. \end{cases} \tag{3.5.13}$$

$$\begin{cases} v_{tt}^{\mathrm{II}}=a^2 v_{xx}^{\mathrm{II}}+\dfrac{\omega^2}{l}x\sin\omega t, \\ v^{\mathrm{II}}(0,t)=v^{\mathrm{II}}(l,t)=0, \\ v^{\mathrm{II}}(x,0)=v_t^{\mathrm{II}}(x,0)=0. \end{cases} \tag{3.5.14}$$

用分离变量法求解式(3.5.13)，得

$$v^{\mathrm{I}}(x,t)=\sum_{n=1}^{\infty}(-1)^n \frac{2\omega l}{an^2\pi^2}\sin\frac{n\pi at}{l}\sin\frac{n\pi}{l}x. \tag{3.5.15}$$

用固有函数法求解问题(3.5.14)，即设

$$v^{\mathrm{II}}(x,t)=\sum_{n=1}^{\infty} v_n(t)\sin\frac{n\pi x}{l},$$

$$\frac{\omega^2}{l}x\sin\omega t=\sum_{n=1}^{\infty} f_n(t)\sin\frac{n\pi x}{l}.$$

其中 $f_n(t)$ 可以用 Maple 计算如下

>hs: = omega^2/l * x * sin(omega * t) * sin(n * Pi * x/l);

$$hs:=\frac{\omega^2 x\sin(\omega t)\sin\left(\dfrac{n\pi x}{l}\right)}{l}$$

>T: = int(hs,x = 0..l);

$$T:=-\frac{\omega^2\sin(\omega t)l(-\sin(n\pi)+n\pi\cos(n\pi))}{n^2\pi^2}$$

>f[n](t): = 2/l * T;

$$f_n(t):=-\frac{2\omega^2\sin(\omega t)(-\sin(n\pi)+n\pi\cos(n\pi))}{n^2\pi^2}$$

即
$$f_n(t) = \frac{2}{l}\int_0^l \frac{\omega^2}{l} x \sin\omega t \sin\frac{n\pi x}{l} dx = (-1)^{n+1}\frac{2\omega^2}{n\pi}\sin\omega t$$

代入方程(3.5.14),得

$$\begin{cases} v_n''(t) + \frac{a^2 n^2 \pi^2}{l} v_n(t) = f_n(t), \\ v_n(0) = 0, \quad v_n'(0) = 0 \quad (n=1,2,\cdots). \end{cases} \tag{3.5.16}$$

用 Maple1 求解(3.5.16):

>ode: = diff(v[n](t),t$2) + a^2 * n^2 * Pi^2/l * v[n](t) = (-1)^(n + 1) * 2 * omega^2/(n * Pi) * sin(omega * t);

$$ode: = \left(\frac{d^2}{dt^2}v_n(t)\right) + \frac{a^2 n^2 \pi^2 v_n(t)}{l} = \frac{2(-1)^{(n+1)}\omega^2 \sin(\omega t)}{n\pi}$$

>ics: = v[n](0) = 0,D(v[n])(0) = 0;

$$ics: = v_n(0) = 0, \quad D(v_n)(0) = 0$$

>dsolve({ode,ics},v[n](t),method = laplace);

$$v_n(t) = \frac{2\left(\dfrac{\omega^2 \sin(\omega t)}{\pi n} + \dfrac{\omega^3 \sqrt{-a^2 n^2 l}\sinh\left(\dfrac{\pi\sqrt{-a^2 n^2 l\, t}}{l}\right)}{\pi^2 a^2 n^3}\right)(-1)^n l}{-a^2 n^2 \pi^2 + \omega^2 l}$$

代入 $v^{\mathrm{II}}(x,t)$,并整理,得

$$v^{\mathrm{II}}(x,t) = \sum_{n=1}^{\infty}(-1)^{n+1}\frac{\omega^2 l}{(n\pi)^2 a}\left[\frac{\sin\omega t + \sin\omega_n t}{\omega + \omega_n} - \frac{\sin\omega_n t - \sin\omega t}{\omega_n - \omega}\right]\sin\frac{n\pi}{l}x,$$

其中
$$\omega_n = \frac{n\pi a}{l}.$$

因此,原定解问题的解为

$$u(x,t) = v^{\mathrm{I}}(x,t) + v^{\mathrm{II}}(x,t) + \frac{x}{l}\sin\omega t.$$

解法 2 取
$$W(x,t) = \frac{\sin\dfrac{\omega}{a}x}{\sin\dfrac{l}{a}\omega}\sin\omega t.$$

则原问题化为

$$\begin{cases} v_{tt}'' = a^2 v_{xx}'', \\ v|_{x=0} = 0, \quad v|_{x=l} = 0, \\ v|_{t=0} = 0, \quad v_t|_{t=0} = -\omega\sin\dfrac{\omega}{a}x/\sin\dfrac{l}{a}\omega. \end{cases} \tag{3.5.17}$$

方程和边界条件同时齐次化了.

用分离变量法解方程(3.5.17),得

$$v(x,t) = \frac{\omega}{\pi a \sin\dfrac{l}{a}\omega}\sum_{n=1}^{\infty}\frac{1}{n}\left(\frac{1}{\alpha_n}\sin\alpha_n l - \frac{1}{\beta_n}\sin\beta_n l\right)\sin\frac{n\pi a t}{l}\sin\frac{n\pi x}{l},$$

其中
$$\alpha_n = \left(\frac{\omega}{a} + \frac{n\pi}{l}\right), \quad \beta_n = \left(\frac{\omega}{a} - \frac{n\pi}{l}\right).$$

原定解问题的解为

$$u(x,t)=v(x,t)+\frac{\sin\frac{\omega}{a}x}{\sin\frac{l}{a}\omega}\sin\omega t.$$

应当指出,同两种方法得到的定解问题的解在形式上不一样,但可以证明它们是等价的,这是由定解问题解的唯一性决定的.

例 3.5.2 求下列定解问题

$$\begin{cases} \frac{\partial^2 u}{\partial t^2}=a^2\frac{\partial^2 u}{\partial x^2}+A & (0<x<l,\ t>0), & (3.5.18)\\ u|_{x=0}=0,\quad u|_{x=l}=B & (t>0), & (3.5.19)\\ u|_{t=0}=\frac{\partial u}{\partial t}\Big|_{t=0}=0 & (0<x<l). & (3.5.20) \end{cases}$$

的形式解,其中 A,B 均为常数.

解 这个定解问题的特点是:方程及边界条件都是非齐次的.根据上述原则,首先应将边界条件化成齐次的.由于方程(3.5.18)的自由项及边界条件都与 t 无关,所以我们有可能通过一次代换将方程及边界条件都变成齐次的.具体做法如下:

令

$$u(x,t)=V(x,t)+W(x),$$

代入方程(3.5.18),得

$$\frac{\partial^2 V}{\partial t^2}=a^2\left[\frac{\partial^2 V}{\partial x^2}+W''(x)\right]+A.$$

为了使这个方程及边界条件同时化成齐次的,选 $W(x)$ 满足

$$\begin{cases} a^2 W''(x)+A=0,\\ W|_{x=0}=0,\quad W|_{x=l}=B. \end{cases} \quad (3.5.21)$$

方程(3.5.21)是一个二阶常系数线性非齐次常微分方程的边值问题,它的解可以通过两次积分求得:

$$W(x)=-\frac{A}{2a^2}x^2+\left(\frac{Al}{2a^2}+\frac{B}{l}\right)x.$$

求出函数 $W(x)$ 之后,再由式(3.5.20)可知函数 $V(x,t)$ 为下列定解问题

$$\begin{cases} \frac{\partial^2 V}{\partial t^2}=a^2\frac{\partial^2 V}{\partial x^2} & (0<x<l,\ t>0), & (3.5.22)\\ V|_{x=0}=V|_{x=l}=0 & (t>0), & (3.5.23)\\ V|_{t=0}=-W(x),\quad \frac{\partial V}{\partial t}\Big|_{t=0}=0 & (0<x<l). & (3.5.24) \end{cases}$$

的解.

应用分离变量法,可得式(3.5.22)满足齐次边界条件(3.5.23)的解为

$$V(x,t)=\sum_{n=1}^{\infty}\left(C_n\cos\frac{n\pi a}{l}t+D_n\sin\frac{n\pi a}{l}t\right)\sin\frac{n\pi}{l}x. \quad (3.5.25)$$

利用式(3.5.24)中第二个条件可得 $D_n=0$.

于是定解问题(3.5.22)、(3.5.23)、(3.5.24)的解可表示为

$$V(x,t)=\sum_{n=1}^{\infty}C_n\cos\frac{n\pi a}{l}t\sin\frac{n\pi}{l}x,$$

代入式(3.5.24)中第一个条件,得

$$-W(x) = \sum_{n=1}^{\infty} C_n \sin \frac{n\pi}{l} x,$$

即

$$\frac{A}{2a^2}x^2 - \left(\frac{Al}{2a^2} + \frac{B}{l}\right)x = \sum_{n=1}^{\infty} C_n \sin \frac{n\pi}{l} x.$$

由 Fourier 级数的系数公式可得

$$\begin{aligned} C_n &= \frac{2}{l}\int_0^l \left[\frac{A}{2a^2}x^2 - \left(\frac{Al}{2a^2} + \frac{B}{l}\right)x\right]\sin\frac{n\pi}{l}x\,\mathrm{d}x \\ &= \frac{A}{a^2 l}\int_0^l x^2 \sin\frac{n\pi}{l}x\,\mathrm{d}x - \left(\frac{A}{a^2} + \frac{2B}{l^2}\right)\int_0^l x\sin\frac{n\pi}{l}x\,\mathrm{d}x \\ &= -\frac{2Al^2}{a^2 n^3 \pi^3} + \frac{2}{n\pi}\left(\frac{Al^2}{a^2 n^2 \pi^2} + B\right)\cos n\pi. \end{aligned} \quad (3.5.26)$$

因此,原定解问题的解为

$$u(x,t) = -\frac{A}{2a^2}x^2 + \left(\frac{Al}{2a^2} + \frac{B}{l}\right)x + \sum_{n=1}^{\infty} C_n \cos\frac{n\pi a}{l}t \sin\frac{n\pi}{l}x,$$

其中 C_n 由式(3.5.26)确定.

例 3.5.3 求解

$$\begin{cases} u_{tt} - c^2(u_{xx} + u_{yy}) = 0, & (3.5.27) \\ u(0,y,t) = u(a,y,t) = 0, & (3.5.28) \\ u(x,0,t) = 0, \quad u(x,b,t) = \sin\frac{\pi x}{a}\sin t, & (3.5.29) \\ u(x,y,0) = u_t(x,y,0) = 0. & (3.5.30) \end{cases}$$

解 为使边界条件齐次化,令

$$u(x,y,t) = V(x,y,t) + W(x,y,t), \quad (3.5.31)$$

代入式(3.5.27)及条件(3.5.28)~(3.5.30),使 V 只满足齐次边界条件,为此去构造适当的 W,使之满足这个要求,解出 $W(x,y,t)$ 后,再去解相应的关于 V 的定解问题.

将式(3.5.31)代入式(3.5.27)~式(3.5.30)后,有

$$\begin{cases} V_{tt} - c^2(V_{xx} + V_{yy}) + W_{tt} - c^2(W_{xx} + W_{yy}) = 0, & (3.5.32) \\ V(0,y,t) + W(0,y,t) = 0, & (3.5.33) \\ V(a,y,t) + W(a,y,t) = 0; & (3.5.34) \\ V(x,0,t) + W(x,0,t) = 0, & (3.5.35) \\ V(x,b,t) + W(x,b,t) = \sin\frac{\pi x}{a}\sin t; & (3.5.36) \\ V(x,y,0) + W(x,y,0) = 0, & (3.5.37) \\ V_t(x,y,0) + W_t(x,y,0) = 0. & (3.5.38) \end{cases}$$

为了使 V 满足齐次边界条件, W 必须满足

$$W(0,y,t) = 0, \quad W(a,y,t) = 0,$$

$$W(x,0,t) = 0, \quad W(x,b,t) = \sin\frac{\pi x}{a}\sin t.$$

由观察法可知,取

$$W(x,y,t) = \frac{y}{b}\sin\frac{\pi x}{a}\sin t, \tag{3.5.39}$$

可以满足上述要求,这时 V 满足

$$\begin{cases} V_{tt} - c^2(V_{xx}+V_{yy}) = \left(1-\frac{c^2\pi^2}{a^2}\right)\frac{y}{b}\sin\frac{\pi x}{a}\sin t, & (3.5.40)\\ V(0,y,t)=V(a,y,t)=0, & (3.5.41)\\ V(x,0,t)=V(x,b,t)=0, & (3.5.42)\\ V(x,y,0)=0, \quad V_t(x,y,0)=-\frac{y}{b}\sin\frac{\pi x}{a}. & (3.5.43) \end{cases}$$

令式(3.5.40)右端为 $F(x,y,t)$,齐次方程在齐次边界条件(3.5.42)、(3.5.43)下的本征函数为

$$\varphi_{mn}(x,y) = \sin\frac{m\pi x}{a}\sin\frac{n\pi y}{b}.$$

故可令

$$F(x,y,t) = \sum_{m=1}^{\infty}\sum_{n=1}^{\infty}F_{mn}(t)\sin\frac{m\pi x}{a}\sin\frac{n\pi y}{b} = \left(1-\frac{c^2\pi^2}{a^2}\right)\frac{y}{b}\sin\frac{\pi x}{a}\sin t,$$

其中

$$\begin{aligned}F_{mn}(t) &= \frac{4}{ab}\int_0^a\int_0^b\left(1-\frac{c^2\pi^2}{a^2}\right)\frac{y}{b}\sin\frac{\pi x}{a}\sin t \cdot \sin\frac{m\pi x}{a}\sin\frac{n\pi y}{b}\mathrm{d}x\mathrm{d}y\\ &= \frac{2(-1)^{n+1}}{n\pi}\left(1-\frac{c^2\pi^2}{a^2}\right)\sin t \cdot \delta_{m1}.\end{aligned}$$

又设

$$V(x,y,t) = \sum_{m=1}^{\infty}\sum_{n=1}^{\infty}T_{mn}(t)\sin\frac{m\pi x}{a}\sin\frac{n\pi y}{b},$$

将 $F(x,y,t)$ 及 $V(x,y,t)$ 的级数形式代入方程后,比较系数得常微分方程

$$T''_{mn} + c^2\alpha_{mn}^2 T_{mn} = F_{mn}(t),$$

其中

$$\alpha_{mn}^2 = \left(\frac{m^2}{a^2}+\frac{n^2}{b^2}\right)\pi^2 \quad (m,n=1,2,3,\cdots).$$

这个方程的通解为

$$T_{mn} = A_{mn}\cos\alpha_{mn}ct + B_{mn}\sin\alpha_{mn}ct + \frac{1}{\alpha_{mn}c}\int_0^t F_{mn}(\tau)\sin\alpha_{mn}c(t-\tau)\mathrm{d}\tau.$$

因为 $V(x,y,0)=0$,有 $A_{mn}=0$,又

$$V'_t(x,y,0) = -\frac{y}{b}\sin\frac{\pi x}{a} = \sum_{m=1}^{\infty}\sum_{n=1}^{\infty}T'_{mn}(0)\sin\frac{m\pi x}{a}\sin\frac{n\pi y}{b},$$

即

$$-\frac{y}{b}\sin\frac{\pi x}{a} = \sum_{m=1}^{\infty}\sum_{n=1}^{\infty}B_{mn}\alpha_{mn}c\sin\frac{m\pi x}{a}\sin\frac{n\pi y}{b},$$

得到

$$B_{mn} = \frac{4}{ab\alpha_{mn}c}\int_0^a\int_0^b\left(-\frac{y}{b}\sin\frac{\pi x}{a}\right)\sin\frac{m\pi x}{a}\sin\frac{n\pi y}{b}\mathrm{d}x\mathrm{d}y = \frac{2(-1)^n}{\alpha_{mn}cn\pi}\delta_{m1},$$

于是

$$T_{mn}(t) = \frac{2(-1)^n \delta_{m1}}{\alpha_{mn} cn\pi} \sin \alpha_{mn} ct + \frac{2(-1)^n \delta_{m1}}{\alpha_{mn} a^2 cn\pi (1-\alpha_{mn}^2 c^2)}$$
$$\times (a^2 - c^2\pi^2)(\sin \alpha_{mn} ct - \alpha_{mn} c \sin t),$$

因此所求的解为

$$u(x,y,t) = \frac{y}{b}\sin\frac{\pi x}{a}\sin t + \sum_{m=1}^{\infty}\sum_{n=1}^{\infty} T_{mn}(t)\sin\frac{m\pi x}{a}\sin\frac{n\pi y}{b}.$$

习 题 三

1. 就下列初始条件及边界条件解弦振动方程
$$u(x,0)=0, \quad \frac{\partial u(x,0)}{\partial t}=x(l-x); \quad u(0,t)=u(l,t)=0.$$

2. 两端固定的弦的长度为 l,用细棒敲击弦上 $x=x_0$ 点,即在 $x=x_0$ 施加冲力,设其冲量为 I,求解弦的振动. 即求解定解问题
$$\begin{cases} u_{tt} - a^2 u_{xx} = 0 & (0 \leqslant x \leqslant l, t > 0), \\ u|_{x=0} = u|_{x=l} = 0 & (t > 0), \\ u|_{t=0} = 0, \quad u_t|_{t=0} = \frac{I}{\rho}\delta(x-x_0) & (0 \leqslant x \leqslant l). \end{cases}$$

3. 长为 l 的杆,一端固定,另一端因受力 F 而伸长,其定解问题为
$$\begin{cases} u_{tt} - a^2 u_{xx} = 0 & (0 \leqslant x \leqslant l, t > 0), \\ u|_{x=0} = 0, u_x|_{x=0} = 0 & (t > 0), \\ u(x,0) = \int_0^x \frac{\partial u}{\partial x} dx = \int_0^x \frac{F_0}{YS} dx, \quad u_t(x,0) = 0 & (0 \leqslant x \leqslant l). \end{cases}$$

4. 设弦的两端固定于 $x=0$ 及 $x=l$,弦的初始位移如图所示,初速度为零,又没有外力作用,求弦作横向振动时的位移函数 $u(x,t)$.

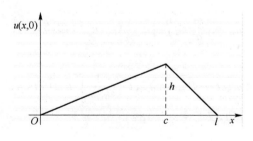

第 4 题图

5. 试求适合于下列初始条件及边界条件的一维热传导方程的解
$$u|_{t=0} = x(l-x), \quad u|_{x=0} = u|_{x=l} = 0.$$

6. 求解一维热传导方程,其初始条件及边界条件为
$$u|_{t=0} = x, \quad u_x|_{x=0} = 0, \quad u_x|_{x=l} = 0.$$

7. 在圆形区域内求解 $\nabla^2 u = 0$,使满足边界条件

(1) $u|_{\rho=a} = A\cos\varphi$, (2) $u|_{\rho=a} = A + B\sin\varphi$.

8. 求下列定解问题

$$\begin{cases} \dfrac{\partial u}{\partial t}=a^2\dfrac{\partial^2 u}{\partial x^2}+A,\\ u|_{x=0}=u|_{x=l}=0,\\ u|_{t=0}=0. \end{cases}$$

9. 求满足下列定解条件的一维热传导方程的解

$u|_{x=0}=10, u|_{x=l}=5$

$u|_{t=0}=kx$，k 为常数

10. 试确定下列定解问题

$$\begin{cases} \dfrac{\partial u}{\partial t}=a^2\dfrac{\partial^2 u}{\partial x^2}+f(x)\\ u|_{x=0}=A, u|_{x=l}=B\\ u|_{t=0}=g(x) \end{cases}$$

解的一般形式.

11. 在矩形域 $0\leqslant x\leqslant a$，$0\leqslant y\leqslant b$ 内求拉普拉斯方程的解，使满足边界条件

$$\begin{cases} u|_{x=0}=0, \quad u|_{x=a}=Ay\\ \left.\dfrac{\partial u}{\partial y}\right|_{y=0}=0, \quad \left.\dfrac{\partial u}{\partial y}\right|_{y=b}=0. \end{cases}$$

12. 求半带形区域（$0\leqslant x\leqslant a, y\geqslant 0$）内的静电势，已知边界 $x=0$ 和 $y=0$ 上的电势都是零，而边界 $x=a$ 上的电势为 u_0（常数）.

13. 求解薄膜的恒定表面浓度扩散问题. 薄膜厚度为 l，杂质从两面进入薄膜，由于薄膜周围气体中含有充分的杂质，薄膜表面上的杂质浓度得以保持为恒定的 N_0，其定解问题为

$$\begin{cases} u_t-a^2 u_{xx}=0,\\ u(0,t)=u(l,t)=N_0,\\ u(x,0)=0. \end{cases}$$

求解 u.

14. 求等腰直角三角形区域内的静电势，已知两直角边的电势保持为零，而斜边的电势恒为 u_0（常数）.

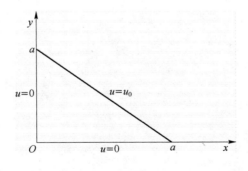

第 14 题图

15. 求解细杆导热问题，初始温度为零，一段 $x=l$ 保持零度，另一端 $x=0$ 的温度为 At.

16. 解如下定解问题：

$$\begin{cases} u_t - a^2 u_{xx} = A\sin\omega t & (0<x<l,\ t>0), \\ u|_{x=0}=0,\quad u_x|_{x=l}=0 & (t>0) \\ u|_{t=0}=0 & (0<x<l). \end{cases}$$

17. 求解圆域上的定解问题：
$$\begin{cases} \boldsymbol{\nabla}^2 u = a + b(x^2 - y^2), \\ u|_{x^2+y^2=r_0^2} = C. \end{cases}$$

18. 解定解问题：
$$\begin{cases} u_{tt} - a^2 u_{xx} = A, \\ u|_{x=0}=0,\quad u|_{x=l}=0, \\ u|_{t=0}=\varphi(x),\quad u_t|_{t=0}=\psi(x). \end{cases}$$

19. 求解下列定解问题
$$\begin{cases} u_{tt} - a^2(u_{xx}+u_{yy}+u_{zz}) = 0 & (0\leqslant x\leqslant b_1,\ 0\leqslant y\leqslant b_2,\ 0\leqslant z\leqslant b_3), \\ u|_{x=0}=u|_{x=b_1}=0,\ u|_{y=0}=u|_{y=b_2}=0,\ u|_{z=0}=u|_{z=b_3}=0, \\ u|_{t=0}=\varphi(x,y,z),\ u_t|_{t=0}=\varphi_1(x,y,z). \end{cases}$$

第4章 二阶常微分方程的级数解法 本征值问题

从第3章可以看到，在应用分离变量法求解数学物理问题时，我们需要求解二阶常微分方程的本征值问题，但在上一章中涉及的微分方程是二阶线性常系数常微分方程（或可化为常系数常微分方程的方程，如 Euler 方程）．在进一步的讨论中，比如在正交曲线坐标系（如球坐标系或柱坐标系）中用分离变量法求解数学物理定解问题时，要遇到更一般的，即二阶线性变系数常微分方程的本征值问题．为此，我们在这一章中讨论形如

$$y''(x)+p(x)y'+q(x)y=0 \tag{4.1.1}$$

的方程的解法，并给出相应本征值问题的一些共性．

§4.1 二阶常微分方程系数与解的关系

我们知道，作为二阶线性常微分方程，方程(4.1.1)解通解的形式是

$$y(x)=c_1y_1(x)+c_2y_2(x)$$

其中 $y_1(x)$、$y_2(x)$ 是方程(4.1.1)的两个线性无关解，c_1、c_2 是两个任意常数．解 $y_1(x)$、$y_2(x)$ 的性质与方程的系数 $p(x)$ 和 $q(x)$ 的关系甚为密切．因为

$$\begin{cases} y_1''+p(x)y_1'+q(x)y_1=0, \\ y_2''+p(x)y_2'+q(x)y_2=0. \end{cases} \tag{4.1.2}$$

从式(4.1.2)中解出

$$p(x)=-\frac{y_2''y_1-y_1''y_2}{y_2'y_1-y_1'y_2}, \quad q(x)=\frac{y_2''y_1'-y_1''y_2'}{y_2'y_1-y_1'y_2}. \tag{4.1.3}$$

引入 Wrongski 行列式

$$\Delta(y_1,y_2)=\begin{vmatrix} y_1 & y_2 \\ y_1' & y_2' \end{vmatrix},$$

则有 $\dfrac{\mathrm{d}}{\mathrm{d}x}[\Delta(y_1,y_2)]=y_2''y_1-y_1''y_2$，从而 $p(x)$ 和 $q(x)$ 可表示为

$$p(x)=\frac{-\dfrac{\mathrm{d}}{\mathrm{d}x}[\Delta(y_1,y_2)]}{\Delta(y_1,y_2)}, \quad q(x)=-\frac{y_1''}{y_1}-p(x)\frac{y_1'}{y_1}.$$

将第一式积分得

$$\Delta(y_1,y_2)=\Delta_0 \mathrm{e}^{-\int_{x_0}^{x}p(x)\mathrm{d}x}. \tag{4.1.4}$$

又因为

$$\frac{\mathrm{d}}{\mathrm{d}x}\left(\frac{y_2}{y_1}\right) = \frac{y_2' y_1 - y_1' y_2}{y_1^2} = \frac{\Delta(y_1, y_2)}{y_1^2}, \tag{4.1.5}$$

如果 y_2 与 y_1 线性相关,即 $\frac{y_2}{y_1} = c$(常数),则式(4.1.5)为 0,即 $\Delta \equiv 0$,否则 y_2 与 y_1 线性无关.将式(4.1.5)两边对 x 积分,得

$$y_2(x) = y_1(x) \int \frac{\Delta(y_1, y_2)}{y_1^2} \mathrm{d}x, \tag{4.1.6}$$

或由式(4.1.4)有

$$y_2(x) = \Delta_0 y_1(x) \int \frac{\mathrm{e}^{-\int_{x_0}^{x} p(x)\mathrm{d}x}}{y_1^2} \mathrm{d}x. \tag{4.1.7}$$

由此可知,如求出方程(4.1.1)的一个解 y_1 可由式(4.1.7)求出另一个与之线性无关的解 y_2.

根据解的解析性定理,系数 $p(x)$, $q(x)$ 的解析性质完全可以决定方程解的解析性质.为了用复变函数的方法讨论方程(4.1.1)及其解的解析性质,这里将 x 延拓到复数域(仍用 x 表示).

如果 $p(x)$, $q(x)$ 皆在 x_0 点解析,则 x_0 称为方程(4.1.1)的常点;如果在 x_0 点 $p(x)$ 和 $q(x)$ 有一个不是解析的,则 x_0 称为方程(4.1.1)的奇点.下面分别讨论方程(4.1.1)在常点邻域及在奇点邻域内的解.

§4.2 二阶常微分方程的级数解法

4.2.1 常点邻域内的级数解法

定理 4.2.1(Cauchy 定理) 设问题为

$$\begin{cases} y''(x) + p(x) y' + q(x) y = 0, \\ y(x_0) = c_0, \quad y'(x_0) = c_1. \end{cases} \tag{4.2.1}$$

其中 $p(x)$, $q(x)$ 在 $|x - x_0| < R$ 内解析(这时 x_0 称为方程的常点),则上述初值问题在 $|x - x_0| < R$ 内有唯一的解析解

$$y(x) = \sum_{n=0}^{\infty} c_n (x - x_0)^n, \tag{4.2.2}$$

其中系数 c_n 可由初始条件和方程唯一确定,进一步还可证明所得幂级数的收敛半径至少是 R.

下面给出具体解法:

令解为 $y(x) = \sum_{n=0}^{\infty} c_n (x - x_0)^n$,将 $p(x)$ 和 $q(x)$ 也展开成 Taylor 级数,有

$$p(x) = \sum_{k=0}^{\infty} a_k (x - x_0)^k, \quad q(x) = \sum_{l=0}^{\infty} b_l (x - x_0)^l.$$

代入方程(4.2.1),有

$$\sum_{n=0}^{\infty} c_n n(n-1)(x - x_0)^{n-2} + \sum_{k=0}^{\infty} a_k (x - x_0)^k \cdot \sum_{n=0}^{\infty} c_n n (x - x_0)^{n-1} +$$

$$\sum_{l=0}^{\infty} b_l (x - x_0)^l \cdot \sum_{n=0}^{\infty} c_n (x - x_0)^n = 0. \tag{4.2.3}$$

由幂级数的乘法：

$$\sum_{k=0}^{\infty}\alpha_k(x-x_0)^k \cdot \sum_{l=0}^{\infty}\beta_l(x-x_0)^l = \sum_{n=0}^{\infty}\sum_{k=0}^{n}(\alpha_{n-k}\beta_k)(x-x_0)^n,$$

及

$$\sum_{n=0}^{\infty}c_n n(n-1)(x-x_0)^{n-2} = \sum_{n=2}^{\infty}c_n n(n-1)(x-x_0)^{n-2}$$
$$= \sum_{n=0}^{\infty}c_{n+2}(n+2)(n+1)(x-x_0)^n,$$

$$\sum_{n=0}^{\infty}c_n n(x-x_0)^{n-1} = \sum_{n=1}^{\infty}c_n n(x-x_0)^{n-1} = \sum_{n=0}^{\infty}c_{n+1}(n+1)(x-x_0)^n,$$

可将式(4.2.3)写成

$$\sum_{n=0}^{\infty}c_{n+2}(n+2)(n+1)(x-x_0)^n + \sum_{n=0}^{\infty}\left[\sum_{k=0}^{n}(k+1)a_{n-k}c_{k+1}\right](x-x_0)^n +$$
$$\sum_{n=0}^{\infty}\left[\sum_{k=0}^{n}b_{n-k}c_k\right](x-x_0)^n = 0.$$

比较等式两边$(x-x_0)$同次幂的系数有

$$(n+2)(n+1)c_{n+2} + \sum_{k=0}^{n}(k+1)a_{n-k}c_{k+1} + \sum_{k=0}^{n}b_{n-k}c_k = 0 \quad (n=0,1,2,\cdots).$$
(4.2.4)

c_n完全可由初值c_0,c_1和a_k,b_k表示出来,如：

令 $n=0$ 有 $c_2 = -\dfrac{1}{2}(a_0 c_1 + b_0 c_0),$

$n=1$ 有 $c_3 = -\dfrac{1}{6}(a_1 c_1 + 2a_0 c_2 + b_1 c_0 + b_0 c_1)$

$\qquad\qquad = -\dfrac{1}{6}(a_0^2 - a_1 - b_0)c_1 + 2a_0 c_2 + (a_0 b_0 - b_1)c_0$

……

以此类推,可求出全部系数c_n,得到式(4.2.1)的级数解.它包含两个常数c_0,c_1(由初始条件确定),于是可将级数(4.2.2)分成两个级数$y_0(x)$和$y_1(x)$,它们各含c_0和c_1,这两个级数的第一项分别为c_0和$c_1(x-x_0)$,故$y_0(x)$和$y_1(x)$线性无关,于是构成式(4.2.1)的基础解系,即方程(4.2.1)的通解可以写成

$$y(x) = c_0 y_0(x) + c_1 y_1(x).$$

例 4.2.1 在$x_0 = 0$的邻域内求解常微分方程$y'' + \omega^2 y = 0$ （ω为常数）.

解 这里$p(x) \equiv 0$, $q(x) = \omega^2$显然在$x_0 = 0$处解析,故由定理4.2.1,设方程的解为

$$y(x) = c_0 + c_1 x + c_2 x^2 + \cdots + c_k x^k + \cdots, \qquad (1)$$

则

$$y'(x) = 1 c_1 + 2 c_2 x + \cdots + (k+1)c_{k+1} x^k + \cdots,$$
$$y''(x) = 2 \times 1 c_2 + 3 \times 2 c_3 x + \cdots + (k+2)(k+1)c_{k+2} x^k + \cdots.$$

把以上结果代入方程(因为$p(x) \equiv 0$和$q(x) = \omega^2$都已是Taylor级数),比较系数有

$$2 \times 1 c_2 + \omega^2 c_0 = 0, \quad 3 \times 2 c_3 + \omega^2 c_1 = 0,$$
$$4 \times 3 c_4 + \omega^2 c_2 = 0, \quad 5 \times 4 c_5 + \omega^2 c_3 = 0,$$

由此得到系数的递推公式
$$(k+1)(k+2)c_{k+2}+\omega^2 c_k=0,$$
及

$$c_2=-\frac{\omega^2}{2!}c_0, \qquad c_3=-\frac{\omega^2}{3!}c_1,$$

$$c_4=-\frac{\omega^4}{4!}c_0, \qquad c_5=\frac{\omega^4}{5!}c_1,$$

$$\vdots \qquad\qquad\qquad \vdots$$

$$c_{2k}=(-1)^k\frac{\omega^{2k}}{(2k)!}c_0. \qquad c_{2k+1}=(-1)^k\frac{\omega^{2k}}{(2k+1)!}c_1.$$

将这些结果代入式(1),得到方程的级数解为

$$y(x)=c_0\left[1-\frac{1}{2!}(\omega x)^2+\frac{1}{4!}(\omega x)^4+\cdots+(-1)^k\frac{1}{(2k)!}(\omega x)^{2k}+\cdots\right]+$$
$$\frac{c_1}{\omega}\left[\omega x-\frac{1}{3!}(\omega x)^3+\frac{1}{5!}(\omega x)^5-\cdots+(-1)^k\frac{(\omega x)^{2k+1}}{(2k+1)!}+\cdots\right]$$
$$=c_0\cos\omega x+\frac{c_1}{\omega}\sin\omega x.$$

或写成
$$y(x)=c_0\cos\omega x+c_1\sin\omega x,$$

其中 c_0, c_1 为任意常数. 这个解是我们熟知的,现在主要是熟悉幂级数解法.

例 4.2.2 Legendre(勒让德)方程的级数解

现在,我们用级数解法来求解重要的特殊函数方程——Legendre 方程:
$$(1-x^2)y''-2xy'+l(l+1)y=0, \tag{4.2.5}$$

其中 l 为参数,称为 Legendre 方程的阶数. 下面我们来求方程(4.2.5)在 $x=0$ 的邻域内的级数解.

由方程(4.2.5)可见
$$p(x)=-\frac{2x}{1-x^2}, \quad q(x)=\frac{l(l+1)}{1-x^2}.$$

因为 $p(x)$ 和 $q(x)$ 在 $x=0$ 解析,所以 $x=0$ 是 $p(x),q(x)$ 的常点,也是方程(4.2.5)的常点,由定理 4.2.1,设方程(4.2.5)的解为
$$y(x)=\sum_{n=0}^{\infty}c_n x^n. \tag{4.2.6}$$

由此可以求出
$$y'(x)=\sum_{n=1}^{\infty}nc_n x^{n-1}=\sum_{k=0}^{\infty}(k+1)c_{k+1}x^k,$$
$$y''(x)=\sum_{n=2}^{\infty}n(n-1)c_n x^{n-2}=\sum_{k=0}^{\infty}(k+2)(k+1)c_{k+2}x^k,$$

于是
$$(1-x^2)y''=\sum_{k=0}^{\infty}(k+2)(k+1)c_{k+2}x^k-\sum_{k=0}^{\infty}(k+2)(k+1)c_{k+2}x^{k+2}$$
$$=\sum_{k=0}^{\infty}(k+2)(k+1)c_{k+2}x^k-\sum_{k=2}^{\infty}k(k-1)c_k x^k,$$
$$-2xy'=-\sum_{k=0}^{\infty}2(k+1)c_{k+1}x^{k+1}=-\sum_{k=1}^{\infty}2kc_k x^k,$$

$$l(l+1)y = \sum_{k=0}^{\infty} l(l+1)c_k x^k.$$

将这些结果代入方程(4.2.5)中,并令 x^k 项系数为零,可得

$$(k+2)(k+1)c_{k+2} - k(k-1)c_k - 2kc_k + l(l+1)c_k = 0,$$

即

$$c_{k+2} = \frac{k(k+1) - l(l+1)}{(k+2)(k+1)} c_k = -\frac{(l-k)(l+k+1)}{(k+2)(k+1)} c_k, \tag{4.2.7}$$

这就是系数的递推公式,$c_{2k}(k=1,2,\cdots)$ 可由 c_0 表示,$c_{2k+1}(k=1,2,\cdots)$ 可由 c_1 表示:

$$c_2 = \frac{(-l)(l+1)}{2!} c_0, \qquad c_3 = \frac{(1-l)(l+2)}{3!} c_1,$$

$$c_4 = \frac{(2-l)(l+3)}{4 \cdot 3} c_2 \qquad c_5 = \frac{(3-l)(l+4)}{5!} c_3$$

$$= \frac{(2-l)(-l)(l+1)(l+3)}{4!} c_0, \qquad = \frac{(3-l)(1-l)(l+2)(l+4)}{5!} c_1,$$

$$\vdots \qquad \vdots$$

$$c_{2k} = \frac{(2k-2-l)(2k-4-l)\cdots(2-l)(-l)(l+1)(l+3)\cdots(l+2k-1)}{(2k)!} c_0; \tag{4.2.8}$$

$$c_{2k+1} = \frac{(2k-1-l)(2k-3-l)\cdots(3-l)(1-l)(l+2)(l+4)\cdots(l+2k)c_1}{(2k+1)!}. \tag{4.2.9}$$

这样得到 l 阶 Legendre 方程的通解

$$y = c_0 y_0(x) + c_1 y_1(x),$$

其中

$$y_0(x) = 1 + \frac{(-l)(l+1)}{2!} x^2 + \frac{(2-l)(-l)(l+1)(l+3)}{4!} x^4 + \cdots$$

$$+ \frac{(2k-2-l)(2k-4-l)\cdots(2-l)(-l)(l+1)(l+3)\cdots(l+2k-1)}{(2k)!} x^{2k} + \cdots$$

$$\tag{4.2.10}$$

$$y_1(x) = x + \frac{(1-l)(l+2)}{3!} x^3 + \frac{(3-l)(1-l)(l+2)(l+4)}{5!} x^5 + \cdots +$$

$$\frac{(2k-1-l)(2k-3-l)\cdots(3-l)(1-l)(l+2)(l+4)\cdots(l+2k)}{(2k+1)!} x^{2k+1} + \cdots.$$

$$\tag{4.2.11}$$

称为 Legendre 函数. 现在确定 $y_0(x)$ 和 $y_1(x)$ 的收敛半径

$$R = \lim_{k \to \infty} \left| \frac{c_k}{c_{k+2}} \right| = \lim_{n \to \infty} \left| \frac{(k+2)(k+1)}{(k-l)(k+l+1)} \right| = \lim_{k \to \infty} \left| \frac{(1+\frac{2}{k})(1+\frac{1}{k})}{(1-\frac{l}{k})(1+\frac{l+1}{k})} \right| = 1.$$

这说明 $y_0(x)$ 和 $y_1(x)$ 在 $|x|<1$ 内收敛,在 $|x|>1$ 处发散. 在 $x=\pm1$ 时,$y_0(x)$ 和 $y_1(x)$ 可表示成常数项级数

$$y_0(x) = \pm c_0 \sum_{k=0}^{\infty} u_k \quad (x=\pm1),$$

$$y_1(x) = \pm c_1 \sum_{k=0}^{\infty} v_k \quad (x=\pm1),$$

由 Gauss 判别法,对 $y_0(x)$,有

$$\frac{u_k}{u_{k+1}} = \frac{(2k+2)(2k+1)}{(2k-l)(2k+1+l)} = 1 + \frac{1}{k} + O\left(\frac{1}{k^2}\right),$$

对 $y_1(x)$,有

$$\frac{v_k}{v_{k+1}} = \frac{(2k+3)(2k+2)}{(2k+1-l)(2k+2-l)} = 1 + \frac{1}{k} + O\left(\frac{1}{k^2}\right).$$

可知级数 $y_0(\pm 1)$ 与 $y_1(\pm 1)$ 均发散,即 Legendre 方程的级数解在 $x=1, x=-1$ 为无限值. 在本书所讨论的实际问题中,Legendre 方程中的自变量 x 与球坐标变量 θ 有关,即有 $x=\cos\theta$,而 $|\cos\theta| \leqslant 1, \theta = 0, \pi$ 对应于 $x=1, x=-1$. 如果要求物理量在一切方向 $0 \leqslant \theta \leqslant \pi$ (即 x 的闭区间 $[-1, 1]$ 上有限),就需要引入自然边界条件 $|y(\pm 1)| < +\infty$.

由 $y_0(x)$ 和 $y_1(x)$ 的系数可以看出,如果常数 l 是某个偶数,比方说 $2k$,则 $y_0(x)$ 只到 x^{2k} 项为止,以后各项的系数都含因子 $(2k-l)$,因而为零,于是 $y_0(x)$ 就不再是无穷级数,而是 $2k$ 次多项式,并且只含偶次幂项,$y_1(x)$ 仍是无穷级数.

同理,当 l 为奇数,比如 $k=2k+1$ 时,则 $y_1(x)$ 是 $2k+1$ 次多项式,并且只含奇次项,$y_0(x)$ 仍是无穷级数.

上述分析的结论是:当 l 为偶(奇)数时,$y_0(x)(y_1(x))$ 是只含偶(奇)次幂的 l 阶多项式,它们就是 Legendre 方程满足自然边界条件的解,而 $y_1(x)(y_0(x))$ 仍是无穷级数,可令 $a_1(a_0=0)$.

由此可知,l 必须取正整数 n,才能保证方程在 $x=\pm 1$ 为有限解,这样导出方程的参数 $\mu(\mu=l(l+1)$,可以证明任意一个实数 μ 都可以表成 $l(l+1)$,l 为另一任意实数),只能取 $\mu = n(n+1)(n=0, 1, 2, \cdots)$,这就是本征值. 因此定解问题

$$\begin{cases} (1-x^2)y'' - 2xy' + \mu y = 0, \\ |y(\pm 1)| < +\infty \end{cases} \tag{4.2.12}$$

的本征值为 $\mu = n(n+1)$ $(n=0, 1, 2, \cdots)$,相应的本征解叫 n 阶 Legendre 多项式,也称为第一类 Legendre 函数,习惯上用记号 $P_n(x)$ 表示(n 为整数):

$$P_n(x) = \sum_{m=0}^{M} (-1)^m \frac{(2n-2m)!}{2^n m! (n-m)! (n-2m)!} x^{n-2m}, \tag{4.2.13}$$

其中

$$M = \begin{cases} \dfrac{n}{2}, & n = 2k \\ \dfrac{n-1}{2}, & n = 2k-1 \end{cases} \quad k = 0, \pm 1, \pm 2, \cdots.$$

关于 Legendre 多项式,在以下章节还要详细讨论.

综上所述,可得如下结论:当 l 不是整数时,方程(4.2.5)的通解为

$$y(x) = c_0 y_0(x) + c_1 y_1(x)$$

其中 $y_0(x), y_1(x)$ 由方程(4.2.10)、方程(4.2.11)确定,而且它们在闭区间 $[-1, 1]$ 的端点上是无界的,所以此时方程(4.2.5)在 $[-1, 1]$ 无有界解;当 l 为整数时,在 c_n 适当选定之后,$y_0(x), y_1(x)$ 中有一个是 Legendre 多项式 $P_n(x)$,另一个仍为无穷级数,记为 $Q_n(x)$,此时方程(4.2.5)的通解为

$$y(x) = a_0 P_n(x) + a_1 Q_n(x),$$

其中 $Q_n(x)$ 称为第二类 Legendre 函数,它在 $[-1, 1]$ 上仍是无界的.

4.2.2 正则奇点附近的级数解法

定理 4.2.2(Fuchs 定理) 设 $y''(x) + \dfrac{P(x)}{(x-x_0)} y' + \dfrac{Q(x)}{(x-x_0)^2} y = 0$ (4.2.14)

其中 $P(x), Q(x)$ 在 $|x-x_0|<R$ 内解析，这时称 x_0 为方程(4.2.14)的正则奇点，则在 $0<|x-x_0|<R$ 内方程(4.2.14)的通解为

$$y(x) = c_1 y_1(x) + c_2 y_2(x) \quad (4.2.15)$$

其中 $y_1(x)$、$y_2(x)$ 是方程(4.2.14)的两个线性无关的解：

$$y_1(x) = (x-x_0)^{\rho_1} \sum_{n=0}^{\infty} a_n (x-x_0)^n \quad (4.2.16)$$

$$y_2(x) = (x-x_0)^{\rho_2} \sum_{n=0}^{\infty} b_n (x-x_0)^n, \quad (4.2.17)$$

或

$$y_2(x) = c_0 y_1(x) \ln(x-x_0) + (x-x_0)^{\rho_2} \sum_{n=0}^{\infty} b_n (x-x_0)^n, \quad (4.2.18)$$

其中 $a_0 \neq 0, b_0 \neq 0$.

下面给出具体解法.

设

$$y(x) = (x-x_0)^{\rho} \sum_{n=0}^{\infty} a_n (x-x_0)^n \quad a_0 \neq 0,$$

$$P(x) = \sum_{i=0}^{\infty} P_i (x-x_0)^i, \quad Q(x) = \sum_{j=0}^{\infty} Q_j (x-x_0)^j,$$

代入方程(4.2.14)，比较 $x^0, x^1, \cdots, x^k$ 的系数可得

$$\begin{cases} f_0(\rho) a_0 = 0, \\ f_0(\rho+1) a_1 + a_0 f_1(\rho) = 0, \\ \vdots \\ f_0(\rho+n) a_n + f_1(\rho+n-1) a_{n-1} + \cdots + a_0 f_n(\rho) = 0 \quad n \geqslant 1. \end{cases} \quad (4.2.19)$$

其中

$$\begin{cases} f_0(\rho) = \rho(\rho-1) + \rho P_0 + Q_0, \\ f_k(\rho) = \rho P_k + Q_k \quad (k=1,2,\cdots). \end{cases} \quad (4.2.20)$$

由于 $a_0 \neq 0$，必有

$$f_0(\rho) = \rho(\rho-1) + \rho P_0 + Q_0 = 0. \quad (4.2.21)$$

称方程(4.2.21)为方程(4.2.14)关于正则奇点 x_0 的指标方程，它的两个根 ρ_1, ρ_2 称为正则奇点 x_0 的指标数.

如果 $\mathrm{Re}\rho_1 \geqslant \mathrm{Re}\rho_2$，在解的级数表达式中首先取 $\rho = \rho_1$，由 $f_0(\rho) = 0, f_0(\rho+n) \neq 0$，$n=1,2,\cdots$，所以对任选 $a_0 \neq 0$，则可从递推关系(4.2.19)中唯一确定 $a_n (n \geqslant 1)$，从而得到一个解

$$y_1(x) = (x-x_0)^{\rho_1} \sum_{n=0}^{\infty} a_n (x-x_0)^n. \quad (4.2.22)$$

可以证明，此幂级数在 $|x-x_0|<R$ 内必收敛，称方程(4.2.22)为方程(4.2.14)的广义幂级数解.

再求第二个特解.

(1) 若 $\rho_1-\rho_2$ 不是整数或零,则在所设解式中取 $\rho=\rho_2$,这时 $f_0(\rho_2)=0$, $f_0(\rho_2+n)\neq 0$, $(n=0,1,2,\cdots)$ 所以,对任意 $a_0\neq 0$,又可得到方程的另一个解

$$y_2(x) = (x-x_0)^{\rho_2}\sum_{n=0}^{\infty}b_n(x-x_0)^n. \tag{4.2.23}$$

不难证明,$y_1(x),y_2(x)$ 线性无关,它们构成方程(4.2.14)在 $0<|x-x_0|<R$ 内的基础解系.

(2) 若 $\rho_1-\rho_2=k$(整数),则由于 $f_0(\rho_2)=0,f_0(\rho_2+k)=0$,则递推关系到了第 k 步,再不能进行,这时可令 $b_0=b_1=\cdots=b_{k-1}=0,b_k\neq 0$,则对任取 $b_k\neq 0$,又可由递推关系(4.2.19)唯一地确定 $b_n(n>k)$,从而得到方程的另一个解

$$y_2(x) = (x-x_0)^{\rho_2}\sum_{n=k}^{\infty}b_n(x-x_0)^n.$$

若 $y_1(x),y_2(x)$ 线性无关,则它们构成方程(4.2.14)的基础解系,若 $y_1(x),y_2(x)$ 线性相关,则可由 §4.1 求得

$$y_2(x) = c_0 y_1(x)\ln(x-x_0) + (x-x_0)^{\rho_2}\sum_{n=k}^{\infty}b_n(x-x_0)^n. \tag{4.2.24}$$

例 4.2.3 Bessel(贝塞尔)方程的级数解

现在我们用级数法求解另一个重要的特殊函数方程——Bessel 方程

$$x^2 y'' + xy' + (x^2-\mu^2)y = 0. \tag{4.2.25}$$

其中参数 μ 称为 Bessel 方程的阶数.

将方程(4.2.25)改写成

$$y'' + \frac{1}{x}y' + \left(\frac{x^2-\mu^2}{x^2}\right)y = 0 \tag{4.2.26}$$

的形式,则可知,$x_0=0$ 是方程的正则奇点.

$$P(x)=1,\quad Q(x)=-\mu^2+x^2, \tag{4.2.27}$$

这两个函数已经是 Taylor 级数的形式了,其中系数 $P_0=1$,$P_n=0$ $(n\geq 1)$;$Q_0=-\mu^2$,$Q_2=1$,$Q_n=0$ $(n\neq 0,2)$.

由定理 4.2.2 可知,方程(4.2.25)(或方程(4.2.26))解的形式是

$$y(x) = (x-x_0)^{\rho}\sum_{k=0}^{\infty}c_k(x-x_0)^k$$

代入方程(4.2.25),消掉公因式 $(x-x_0)^{\rho}$ 项,得

$$\sum_{k=0}^{\infty}(\rho+k)(\rho+k-1)c_k x^k + \sum_{k=0}^{\infty}(\rho+k)c_k x^k + (-\mu^2+x^2)\sum_{k=0}^{\infty}c_k x^k = 0.$$

比较 x 各幂次的系数有

$$\begin{cases}[\rho(\rho-1)+\rho-\mu^2]c_0=0,\\ [(\rho+1)\rho+(\rho+1)-\mu^2]c_1=0,\\ \vdots\\ (\rho+k)(\rho+k-1)c_k+(\rho+k)c_k-\mu^2 c_k+c_{k-2}=0.\end{cases} \tag{4.2.28}$$

其中第一式是指标方程,即 $\rho(\rho-1)+\rho-\mu^2=\rho^2-\mu^2=0$,它的两个根分别是 $\rho_1=\mu$,$\rho_2=-\mu$,称为 Bessel 方程的指标数.

由(4.2.28)中的第三式得系数的递推公式

$$c_k = -\frac{1}{(\rho+k)^2-\mu^2}c_{k-2}. \tag{4.2.29}$$

下面我们来求解 Bessel 方程的通解.

1. 先对指标数 $\rho_1=\mu$ 求出 $y_1(x)$.

将 $\rho=\rho_1=\mu$ 代入方程(4.2.29)中,可得

$$c_k = -\frac{1}{k(2\mu+k)}c_{k-2}. \tag{4.2.30}$$

可见,待定系数 c_{2k} 将可以依次类推,用 c_0 表示出来;类似地,c_{2k+1} 可用 c_1 表示出来,但由方程(4.2.28)第二式,当 $\rho=\mu$ 时有 $c_1=0$,故 $c_{2k+1}=0$.

为了用 c_0 表示 c_{2k},由方程(4.2.30)有

$$c_2 = -\frac{1}{2(2\mu+2)}c_0,$$

$$c_4 = -\frac{1}{4(2\mu+4)}c_2,$$

$$\vdots$$

$$c_{2k-2} = -\frac{1}{(2k-2)(2\mu+2k-2)}c_{2k-4},$$

$$c_{2k} = -\frac{1}{2k(2\mu+2k)}c_{2k-2}.$$

将以上等式的左右两边分别相乘,消去相同因子,立即可得

$$c_{2k} = (-1)^k \frac{1}{2^{2k}k!\,(\mu+1)(\mu+2)\cdots(\mu+k)}c_0.$$

这样就得到了相应于指标数 $\rho=\mu$ 的一个特解

$$y_1(x) = c_0 x^\mu \sum_{k=0}^{\infty}(-1)^k \frac{1}{k!(\mu+1)(\mu+2)\cdots(\mu+k)}\left(\frac{x}{2}\right)^{2k}.$$

若将 c_0 取为

$$c_0 = \frac{1}{2^\mu \Gamma(\mu+1)},$$

这样选取 c_0 可使一般项系数中 2 的次数与 x 的次数相同,并可以运用恒等式

$$(\mu+k)(\mu+k-1)\cdots(\mu+2)(\mu+1)\Gamma(\mu+1) = \Gamma(\mu+k+1),$$

使分母简化,这样 $y_1(x)$ 的形式就比较整齐、简单了:

$$y_1(x) = \sum_{k=0}^{\infty} \frac{(-1)^k}{k!\Gamma(\mu+k+1)}\left(\frac{x}{2}\right)^{\mu+2k}.$$

这里的 $\Gamma(\mu+1)$ 是 Γ 函数,它也是一种特殊函数,且具有性质

$$\Gamma(\mu+1) = \mu\Gamma(\mu) = \mu(\mu-1)\Gamma(\mu-1) = \cdots.$$

显然,当 $\mu=n$(n 为整数)时,Γ 函数便退化为普通的阶乘,即

$$\Gamma(n+1) = n!.$$

用级数收敛的比值判别法(或称达朗贝尔(D'Alembert)判别法)可以判定这个级数在整个数轴上收敛.这个无穷级数所确定的函数,称为 $+\mu$ 阶第一类 Bessel 函数,记作 $J_\mu(x)$,即

$$J_\mu(x) = y_1(x) = \sum_{k=0}^{\infty}\frac{(-1)^k}{k!\Gamma(\mu+k+1)}\left(\frac{x}{2}\right)^{\mu+2k}, \tag{4.2.31}$$

2. 类似地,对应于 $\rho_2=-\mu$,求出 Bessel 方程的另一个解为

$$y_2(x) = c_0 x^{-\mu} \sum_{k=0}^{\infty} \frac{(-1)^k}{k!(-\mu+1)(-\mu+2)\cdots(-\mu+k)} \left(\frac{x}{2}\right)^{2k},$$

通常,也将 c_0 取为

$$c_0 = \frac{1}{2^{-\mu}\Gamma(-\mu+1)}.$$

这样,便得到 $-\mu$ 阶第一类 Bessel 函数

$$J_{-\mu}(x) = y_2(x) = \sum_{k=0}^{\infty} \frac{(-1)^k}{k!\Gamma(-\mu+k+1)} \left(\frac{x}{2}\right)^{-\mu+2k}. \tag{4.2.32}$$

比较式(4.2.31)、式(4.2.32)可见,只要在式(4.2.31)的右端把 μ 换成 $-\mu$,即得式(4.2.32).因此,无论 μ 是正数还是负数,总可以用式(4.2.31)统一地表示第一类 Bessel 函数.

3. 讨论 $y_1(x)$、$y_2(x)$ 的线性相关性,即 Bessel 方程通解的形式.

因为 $\rho_1 - \rho_2 = 2\mu$,所以当 μ 不为整数、半整数时,从上面步骤 1 和步骤 2 得到的两个解 $J_\mu(x)$ 与 $J_{-\mu}(x)$ 是线性无关的,于是非整阶、非半整阶的 Bessel 方程的通解就是 $J_\mu(x)$ 和 $J_{-\mu}(x)$ 的线性组合,即

$$y(x) = a_1 J_\mu(x) + a_2 J_{-\mu}(x), \tag{4.2.33}$$

其中 a_1 和 a_2 为任意常数.

若在式(4.2.33)中取 $a_1 = \cot\mu\pi$,$a_2 = -\csc\mu\pi$,则得到 Bessel 方程(4.2.25)的另一个特解

$$\begin{aligned}Y_\mu(x) &= \cot\mu\pi J_\mu(x) - \csc\mu\pi J_{-\mu}(x) \\ &= \frac{J_\mu(x)\cos\mu\pi - J_{-\mu}(x)}{\sin\mu\pi} \quad (\mu \neq \text{整数}).\end{aligned} \tag{4.2.34}$$

显然 $Y_\mu(x)$ 与 $J_\mu(x)$ 线性无关,因此式(4.2.25)的通解也可写成

$$y(x) = a_1 J_\mu(x) + a_2 Y_\mu(x). \tag{4.2.35}$$

式(4.2.34)所确定的 $Y_\mu(x)$ 称为第二类 Bessel 函数,或称 Neumann 函数.用 Maple 求解 Bessel 方程(4.2.34),得到的就是这个如(4.2.35)的结果:

>ode：= x^2 * diff(y(x),x $ 2) + x * diff(y(x),x) + (x^2 - mu^2) * y(x) = 0;

$$ode := x^2\left(\frac{d^2}{dx^2}y(x)\right) + x\left(\frac{d}{dx}y(x)\right) + (x^2 - \mu^2)y(x) = 0$$

>dsolve(ode);

$$y(x) = \_C1\,\text{BesselJ}(\mu,x) + \_C2\,\text{BesselY}(\mu,x).$$

当 $\mu = $ 整数时,即 $\mu = n (n = 0,1,2,\cdots)$ 时,指标方程的两根之差为整数

$$\rho_1 - \rho_2 = n - (-n) = 2n.$$

方程(4.2.25)的一个特解可取

$$J_n(x) = \sum_{k=0}^{\infty} (-1)^k \frac{1}{k!\Gamma(n+k+1)} \left(\frac{x}{2}\right)^{n+2k},$$

其中 n 为正整数,由于 $\Gamma(n+k+1) = (n+k)!$,故正整数阶的 Bessel 函数 $J_n(x)$ 可以写成

$$J_n(x) = \sum_{k=0}^{\infty} (-1)^k \frac{1}{k!(n+k)!} \left(\frac{x}{2}\right)^{n+2k}.$$

但 $y_2(x)$ 不能取 $J_{-n}(x)$,因为

$$J_{-n}(x) = \sum_{k=0}^{\infty} (-1)^k \frac{1}{k!\Gamma(-n+k+1)} \left(\frac{x}{2}\right)^{-n+2k}.$$

由于 n 为整数,只要 $k<n$,就有 $-n+k+1$ 为负数,那时 Γ 函数为无穷大,$J_{-n}(x)$ 为零,因此对 k 求和实际上是从 $k=n$ 开始,即

$$J_{-n}(x) = \sum_{k=n}^{\infty} (-1)^k \frac{1}{k!\Gamma(-n+k+1)} \left(\frac{x}{2}\right)^{-n+2k}.$$

再作一个变换,令 $m=k-n$,将求和指标从 k 换成 m ($m=0,1,2,\cdots$),则有

$$J_{-n}(x) = \sum_{m=0}^{\infty} (-1)^{m+n} \frac{1}{(m+n)!\Gamma(m+1)} \left(\frac{x}{2}\right)^{n+2m}$$

$$= (-1)^n \sum_{m=0}^{\infty} (-1)^m \frac{1}{m!(m+n)!} \left(\frac{x}{2}\right)^{n+2m}$$

$$= (-1)^n J_n(x).$$

可见 $J_n(x)$ 与 $J_{-n}(x)$ 线性相关,因此 $J_n(x)$ 与 $J_{-n}(x)$ 已不能构成 Bessel 方程的通解. 为了求出 Bessel 方程 (4.2.25) 的通解,修改第二类 Bessel 函数的定义,当 n 为整数时,我们定义第二类 Bessel 函数为

$$Y_n(x) = \lim_{\alpha \to n} \frac{J_\alpha(x)\cos\alpha\pi - J_{-\alpha}(x)}{\sin\alpha\pi} \quad (n \text{ 为整数}).$$

由于当 n 为整数时,$J_{-n}(x) = (-1)^n J_n(x) = \cos n\pi J_n(x)$,所以上式右端的极限是"$\frac{0}{0}$"形的不定式极限,应用洛必塔法则并经过冗长的推导(可参阅 A. H. 萨波洛夫斯基著《特殊函数》,魏执权等译,中国工业出版社出版),最后得到

$$Y_0(x) = \frac{2}{\pi} J_0(x) \left(\ln\frac{x}{2} + c\right) - \frac{2}{\pi} \sum_{m=0}^{\infty} \frac{(-1)^m \left(\frac{x}{2}\right)^{2m}}{(m!)^2} \sum_{k=0}^{m-1} \frac{1}{k+1},$$

$$Y_n(x) = \frac{2}{\pi} J_n(x) \left(\ln\frac{x}{2} + c\right) - \frac{1}{\pi} \sum_{m=0}^{n-1} \frac{(n-m-1)!}{m!} \left(\frac{x}{2}\right)^{-n+2m} -$$

$$\frac{1}{\pi} \sum_{m=0}^{\infty} \frac{(-1)^m \left(\frac{x}{2}\right)^{n+2m}}{m!(n+m)!} \left(\sum_{k=0}^{n+m-1} \frac{1}{k+1} + \sum_{k=0}^{m-1} \frac{1}{k+1}\right) \quad (n=1,2,3,\cdots),$$

其中

$$c = \lim_{n\to\infty}\left(1+\frac{1}{2}+\frac{1}{3}+\cdots+\frac{1}{n}-\ln n\right) = 0.5772\cdots,$$

称为欧拉常数. 根据这个函数的定义,它确实是 Bessel 方程的一个特解,而且与 $J_n(x)$ 线性无关. 因为当 $x=0$ 时,$J_n(x)$ 为有限值,而 $Y_n(x)$ 为无穷大.

综上所述,不论 μ 是否为整数,Bessel 方程 (4.2.25) 的通解都可表示为

$$y(x) = AJ_\mu(x) + BY_\mu(x), \tag{4.2.36}$$

其中 A、B 为任意常数,μ 为任意实数,而

$$Y_\mu(x) = \begin{cases} \dfrac{J_\mu(x)\cos\mu\pi - J_{-\mu}(x)}{\sin\mu\pi} & \mu \neq \text{整数}, \\ \lim\limits_{\alpha \to \mu} \dfrac{J_\alpha(x)\cos\alpha\pi - J_{-\alpha}(x)}{\sin\alpha\pi} & \mu = \text{整数}. \end{cases} \tag{4.2.37}$$

统称为第二类 Bessel 函数或 Neumann 函数.

当 μ 为半整数时,指标方程的两根 ρ_1, ρ_2 之差为 $\rho_1 - \rho_2 = 2\mu$,也是整数. 在此我们研究 $\mu = 1/2$ 的特例,在以后讨论 Bessel 函数的性质时,再给出一般半整数 μ 之 Bessel 方程的解,事实

上,当 $\mu=1/2$ 时,式(4.4.27)的解可用初等函数表示. 当 $\mu=1/2$ 时,方程为
$$x^2 y'' + xy' + \left[x^2 - \left(\frac{1}{2}\right)^2\right] y = 0, \tag{4.2.38}$$
作变量代换
$$y(x) = \left(\frac{2}{\pi x}\right)^{\frac{1}{2}} u(x),$$
则 $u(x)$ 满足
$$u''(x) + u(x) = 0.$$
其基础解系是我们熟知的,即 $\sin x, \cos x$. 于是原方程的两个线性无关的解为
$$y_1(x) = \left(\frac{2}{\pi x}\right)^{\frac{1}{2}} \sin x, \quad y_2(x) = \left(\frac{2}{\pi x}\right)^{\frac{1}{2}} \cos x.$$

用 Maple 求解方程(4.2.38)的结果是

>ode：= x^2 * diff(y(x),x $ 2) + x * diff(y(x),x) + (x^2 - 1/4) * y(x) = 0;
$$ode := x^2 \left(\frac{d^2}{dx^2} y(x)\right) + x \left(\frac{d}{dx} y(x)\right) + \left(x^2 - \frac{1}{4}\right) y(x) = 0$$
>dsolve(ode);
$$y(x) = \frac{\_C1 \sin(x)}{\sqrt{x}} + \frac{\_C2 \cos(x)}{\sqrt{x}}$$

其中 $\_C1$ 和 $\_C2$ 为任意常数. 这样,方程(4.2.25)的通解可表示成
$$y(x) = A y_1(x) + B y_2(x)$$
$$= A \left(\frac{2}{\pi x}\right)^{\frac{1}{2}} \sin x + B \left(\frac{2}{\pi x}\right)^{\frac{1}{2}} \cos x = A J_{\frac{1}{2}}(x) + B J_{-\frac{1}{2}}(x).$$
即半整阶 Bessel 函数为初等函数
$$J_{\frac{1}{2}}(x) = \sqrt{\frac{2}{\pi x}} \sin x, \quad J_{-\frac{1}{2}}(x) = \sqrt{\frac{2}{\pi x}} \cos x. \tag{4.2.39}$$

事实上,上式也可以直接从
$$J_\mu(x) = \sum_{m=0}^{\infty} (-1)^m \frac{1}{m! \Gamma(\mu+m+1)} \left(\frac{x}{2}\right)^{\mu+2m}$$
中得到,因为
$$J_{\frac{1}{2}}(x) = \sum_{m=0}^{\infty} (-1)^m \frac{1}{m! \Gamma\left(\frac{3}{2}+m\right)} \left(\frac{x}{2}\right)^{\frac{1}{2}+2m},$$
而
$$\Gamma\left(\frac{3}{2}+m\right) = \frac{1 \cdot 3 \cdot 5 \cdots (2m+1)}{2^{m+1}} \Gamma\left(\frac{1}{2}\right) = \frac{1 \cdot 3 \cdot 5 \cdots (2m+1)}{2^{m+1}} \sqrt{\pi}.$$
从而
$$J_{\frac{1}{2}}(x) = \sqrt{\frac{2}{\pi x}} \sum_{m=0}^{\infty} \frac{(-1)^m}{(2m+1)!} x^{2m+1} = \sqrt{\frac{2}{\pi x}} \sin x,$$
同理,可求得
$$J_{-\frac{1}{2}}(x) = \left(\frac{2}{\pi x}\right)^{\frac{1}{2}} \cos x.$$
由此可见, $J_{\frac{1}{2}}(x)$ 和 $J_{-\frac{1}{2}}(x)$ 确系初等函数. 由我们将在第 5 章中讨论的 Bessel 函数的递

推公式可以证明所有半整阶 Bessel 函数都是初等函数.

定理 4.2.3(Gauss 定理) 设 $y''(x)+p(x)y'+q(x)y=0$，其中 $p(x),q(x)$ 在 $0<|x-x_0|<R$ 内解析，但 x_0 是 $p(x)$ 的阶数高于一阶的极点，或 x_0 是 $q(x)$ 的阶数高于二阶的极点，这时称 x_0 为方程的非正则奇点，则在 $0<|x-x_0|<R$ 内方程的基础解系为

$$y_1(x)=(x-x_0)^{\rho_1}\sum_{n=-\infty}^{\infty}a_n(x-x_0)^n, \tag{4.2.40}$$

$$y_2(x)=(x-x_0)^{\rho_2}\sum_{n=-\infty}^{\infty}b_n(x-x_0)^n, \tag{4.2.41}$$

或

$$y_2(x)=c_0 y_1(x)\ln(x-x_0)+(x-x_0)^{\rho_2}\sum_{n=-\infty}^{\infty}b_n(x-x_0)^n. \tag{4.2.42}$$

而且可以证明，方程(4.2.40)、方程(4.2.41)中的罗朗级数，一定有无穷多项负幂项，证明过程从略.

4.3 Sturm-Liouville(斯特姆-刘维尔)本征值问题

从第 3 章我们看到，分离变量法的核心是求解固有值(或称本征值、特征值)问题. 在上一节中，我们讨论了一般二阶线性常微分方程的级数解法，这一节，我们讨论一般二阶线性常微分方程固有值问题，并给出固有值问题的共性.

1. Sturm-Liouville 方程

事实上任意二阶线性常微分方程

$$y''(x)+p(x)y'(x)+q(x)y(x)=0, \tag{4.3.1}$$

都可化为所谓的 Sturm-Liouville 方程

$$\frac{\mathrm{d}}{\mathrm{d}x}\left[k(x)\frac{\mathrm{d}y}{\mathrm{d}x}\right]-\gamma(x)y+\lambda\sigma(x)y=0 \tag{4.3.2a}$$

的形式，以函数 $k(x)=\exp\left[\int p(x)\mathrm{d}x\right]$ 乘以(4.3.1)两端后即得式(4.3.2a). 式(4.3.1)中 $a\leqslant x\leqslant b$, $k(x)\geqslant 0$, $\gamma(x)\geqslant 0$, $\sigma(x)\geqslant 0$, λ 为参数，$\sigma(x)$ 为权函数.

如 Bessel 方程

$$x^2 y''+xy'+(k^2 x^2-\mu^2)y=0,$$

可写为

$$\frac{\mathrm{d}}{\mathrm{d}x}\left[x\frac{\mathrm{d}y}{\mathrm{d}x}\right]-\frac{\mu^2}{x}y+k^2 xy=0,$$

其中 $k(x)=x$, $\gamma(x)=\dfrac{\mu^2}{x}$, $\sigma(x)=x$, $\lambda=k^2$(为参数).

又如 Legendre 方程

$$(1-x^2)y''-2xy'+l(l+1)y=0,$$

可写为

$$\frac{\mathrm{d}}{\mathrm{d}x}\left[(1-x^2)\frac{\mathrm{d}y}{\mathrm{d}x}\right]+l(l+1)y=0,$$

$k(x)=1-x^2$, $\gamma(x)=0$, $\sigma(x)=1$, $\lambda=l(l+1)$(为参数).

而对于厄米特方程

有
$$y'' - 2xy' + 2ny = 0,$$
$$k(x) = e^{-x^2}, \text{ 及 } [e^{-x^2} y']' + 2ne^{-x^2} y = 0.$$

拉盖尔方程
$$xy'' + (1-x)y' + \alpha y = 0,$$
有
$$k(x) = xe^{-x}, \text{ 及 } [e^{-x^2} y']' + \alpha e^{-x} y = 0.$$

等.

引进 Sturm-Liouville 算符
$$L[y] = -\frac{d}{dx}\left[k(x)\frac{dy}{dx}\right] + \gamma(x)y,$$

则式(4.3.2a)可以写成
$$L[y] = \lambda \sigma(x) y \tag{4.3.2b}$$

的形式.

2. 本征值问题的一般提法

方程(4.3.2a)中含有参数 λ,在一定的边界条件下,只有当 λ 取某些特定的值时,才有满足边界条件的非零解,这种 λ 值称为问题的本征值(固有值、特征值),而相应的本征解称为本征函数. 那么,要使方程(4.3.2a)构成本征问题需要附加什么样的边界条件呢? 边界条件通常有如下三种提法.

(1) 以端点 $x=a$ 为例,如果 $k(a) \neq 0$,则要附加齐次边界条件,例如第三类边界条件
$$[\alpha y'(x) + \beta y(x)]|_{x=a} = 0, \tag{4.3.3}$$
第一类和第二类的齐次边界条件可以看成它的特例.

比如
$$\begin{cases} y''(x) + \lambda y(x) = 0 \quad (0 \leqslant x \leqslant l), \\ y(0) = 0, \quad y(l) = 0, \end{cases}$$

及
$$\begin{cases} y''(x) + \lambda y(x) = 0 \quad (0 \leqslant x \leqslant l), \\ y(0) = 0, \quad y'(l) + hy(l) = 0 \end{cases}$$

都属于这种情况.

(2) 以端点 $x=a$ 为例,如果 $k(a)=0$,而且 $x=a$ 是 $k(x)$ 的一阶零点(即 $k'(a) \neq 0$, $k(x)=(x-a)\varphi(x)$,$\varphi(x)$ 是连续函数,且 $\varphi(x) \neq 0$),在这种情况下,如果方程(4.5.2)存在一个解 $y_1(x)$,它满足条件 $y_1(a) \neq \infty$,则由求解公式

$$y_2(x) = y_1(x) \left\{ \int_{x_0}^{x} \exp\left[-\int p(\xi) d\xi\right] \frac{1}{y_1^2(\xi)} d\xi + C \right\}$$
$$= y_1(x) \left[\int_{x_0}^{x} \frac{d\xi}{k(\xi) y_1^2(\xi)} + C \right]$$

(其中 x_0 是一个定点,C 为积分常数)可见,该方程与 $y_1(x)$ 线性无关的解 $y_2(x)$ 必定满足 $y_2(a) = \infty$,这时应该附加边界条件
$$y(a) \neq \infty. \tag{4.3.4}$$

这种边界条件称为一种自然边界条件.

例如

$$\begin{cases} (1-x^2)y''(x)-2xy'(x)+\lambda y(x)=0 & (-1\leqslant x\leqslant 1), \\ |y(\pm 1)|<+\infty \end{cases}$$

就属于这种情况.

(3) 如果 $k(a)=k(b)$,这时可以提周期性边界条件:
$$y(a)=y(b), \quad y'(a)=y'(b). \tag{4.3.5}$$
这也是一种自然边界条件. 例如,本征值问题
$$\begin{cases} y''(x)+\lambda y(x)=0 & (0\leqslant x\leqslant 2\pi), \\ y(0)=y(2\pi), \quad y'(0)=y'(2\pi) \end{cases}$$
就属于这种情况,它的本征值和本征函数分别是
$$\lambda_m=m^2, \quad y_m(x)=\begin{cases} \cos mx \\ \sin mx \end{cases} \quad (m=0,1,2,\cdots).$$

方程(4.3.2a)附加两端点如式(4.3.3)或式(4.3.4)或式(4.3.5)的边界条件就构成了 Sturm-Liouville 方程的本征值问题.

其实,n 阶 Bessel 方程也构成本征值问题,其提法是
$$\begin{cases} x^2 y''(x)+xy'(x)+(\lambda x^2-n^2)y(x)=0 & (0\leqslant x\leqslant a), \\ y(0)\neq\infty, \quad [\alpha y'(x)+\beta y(x)]|_{x=a}=0. \end{cases}$$

3. 本征值问题的一般性质

在方程(4.3.2a)假定 $k(x)\geqslant 0$, $q(x)\geqslant 0$ 及 $\sigma(x)\geqslant 0 (a\leqslant x\leqslant b)$,有:

性质 4.3.1 S-L 算符在第一、二、三类齐次边界条件(以及某些自然边界条件、周期条件)下是自伴的或称自共轭的,即
$$\int_a^b \overline{y_1(x)} L[y_2(x)] \mathrm{d}x = \int_a^b y_2(x) L[\overline{y_1(x)}] \mathrm{d}x, \tag{4.3.6a}$$
式中 $\overline{y_1(x)}$ 表示 $y_1(x)$ 的复共轭,$y_1(x)$ 与 $y_2(x)$ 是具有二阶连续导数且满足边界条件(4.3.3)的两个函数.

证明

$$\int_a^b \overline{y_1} L[y_2] \mathrm{d}x - \int_a^b y_2 L[\overline{y_1}] \mathrm{d}x$$
$$= \int_a^b \overline{y_1} \left[-\frac{\mathrm{d}}{\mathrm{d}x}\left(k \frac{\mathrm{d}y_2}{\mathrm{d}x}\right) + \gamma y_2\right] \mathrm{d}x - \int_a^b y_2 \left[-\frac{\mathrm{d}}{\mathrm{d}x}\left(k \frac{\mathrm{d}\overline{y_1}}{\mathrm{d}x}\right) + \gamma \overline{y_1}\right] \mathrm{d}x$$
$$= \int_a^b y_2 \frac{\mathrm{d}}{\mathrm{d}x}\left(k \frac{\mathrm{d}\overline{y_1}}{\mathrm{d}x}\right) \mathrm{d}x - \int_a^b \overline{y_1} \frac{\mathrm{d}}{\mathrm{d}x}\left(k \frac{\mathrm{d}y_2}{\mathrm{d}x}\right) \mathrm{d}x$$
$$= y_2 k \frac{\mathrm{d}\overline{y_1}}{\mathrm{d}x}\bigg|_a^b - \int_a^b \frac{\mathrm{d}y_2}{\mathrm{d}x}\left(k \frac{\mathrm{d}\overline{y_1}}{\mathrm{d}x}\right) \mathrm{d}x - \overline{y_1} k \frac{\mathrm{d}y_2}{\mathrm{d}x}\bigg|_a^b + \int_a^b \frac{\mathrm{d}\overline{y_1}}{\mathrm{d}x}\left(k \frac{\mathrm{d}y_2}{\mathrm{d}x}\right) \mathrm{d}x$$
$$= \left[k\left(\frac{\mathrm{d}\overline{y_1}}{\mathrm{d}x} y_2 - \overline{y_1} \frac{\mathrm{d}y_2}{\mathrm{d}x}\right)\right]\bigg|_a^b. \tag{4.3.6b}$$

(1) 在一般边界条件下,$\overline{y_1(x)}$, $y_2(x)$ 在左、右端点都满足式(4.3.3)的条件,即
$$\begin{cases} \alpha_1 \overline{y_1'}(a) + \beta_1 \overline{y_1}(a) = 0, \\ \alpha_1 y_2'(a) + \beta_1 y_2(a) = 0. \end{cases}$$
及
$$\begin{cases} \alpha_2 \overline{y_1'}(b) + \beta_2 \overline{y_1}(b) = 0, \\ \alpha_2 y_2'(b) + \beta_2 y_2(b) = 0. \end{cases}$$

因为 $\alpha_{1,2}$ 与 $\beta_{1,2}$ 不同时为零,故系数行列式为零

$$(\overline{y_1'}y_2 + \overline{y_1}y_2')|_{x=a} = 0,$$
$$(\overline{y_1'}y_2 + \overline{y_1}y_2')|_{x=b} = 0.$$

代入式(4.3.6b)可知,等式成立.

(2) 在自然边界条件下,$k(x)$ 在某端点为零,即 $k(a)=0$ 或 $k(b)=0$,而在另一端点则满足式(4.3.3)的边界条件,或 $k(a)=k(b)=0$,则有式(4.3.6a)为零.

(3) 在周期条件下
$$\overline{y_1}(a) = \overline{y_1}(b) \quad \overline{y_1'}(a) = \overline{y_1'}(b),$$
$$\overline{y_2}(a) = \overline{y_2}(b) \quad \overline{y_2'}(a) = \overline{y_2'}(b).$$

也有式(4.3.6a)为零.

性质 4.3.2 本征值 λ 是实数,离散谱本征值全体构成可数集,即
$$\lambda_0 \leqslant \lambda_1 \leqslant \lambda_2 \leqslant \cdots \lambda_n \leqslant \cdots,$$
若 λ_0 不存在,则从 λ_1 开始.

证明: 由式(4.3.2b)知
$$L[y] = \sigma(x)\lambda y, \quad L[\overline{y}] = \sigma(x)\overline{\lambda}\overline{y}.$$

由 L 的自伴性,则有
$$\int_a^b \overline{y}L[y]\mathrm{d}x - \int_a^b yL[\overline{y}]\mathrm{d}x = \int_a^b \sigma(x)(\overline{y}\lambda y - y\overline{\lambda}\overline{y})\mathrm{d}x = (\lambda - \overline{\lambda})\int_a^b \sigma(x)|y|^2\mathrm{d}x = 0,$$

式中积分式不为零,故 $\lambda = \overline{\lambda}$,即 λ 为实数.

其次,对于本征值 λ 的任一本征解 $y(x,\lambda)$,皆可表示为两个线性无关解的线性组合
$$y(x,\lambda) = C_1 A(x,\lambda) + C_2 B(x,\lambda). \tag{4.3.7}$$

而且 $y(x,\lambda)$ 满足边界条件
$$\alpha_1 y'(a,\lambda) + \beta_1 y(a,\lambda) = 0,$$
$$\alpha_2 y'(b,\lambda) + \beta_2 y(b,\lambda) = 0.$$

将式(4.3.7)代入边界条件
$$[\alpha_1 A'(a,\lambda) + \beta_1 A(a,\lambda)]C_1 + [\alpha_1 B'(a,\lambda) + \beta_1 B(a,\lambda)]C_2 = 0,$$
$$[\alpha_2 A'(b,\lambda) + \beta_1 A(b,\lambda)]C_1 + [\alpha_2 B'(b,\lambda) + \beta_2 B(b,\lambda)]C_2 = 0.$$

由于 C_1, C_2 不能同时为零,系数行列式为零,即
$$\begin{vmatrix} [\alpha_1 A'(a,\lambda) + \beta_1 A(a,\lambda)] & [\alpha_1 B'(a,\lambda) + \beta_1 B(a,\lambda)] \\ [\alpha_2 A'(b,\lambda) + \beta_1 A(b,\lambda)] & [\alpha_2 B'(b,\lambda) + \beta_2 B(b,\lambda)] \end{vmatrix}$$
$$= \Delta(\lambda) = 0.$$

一般来说,$\Delta(\lambda)$ 不恒为零,只有 λ 取某些特殊的值时 $\Delta(\lambda)$ 才为零. 由此求出一系列根 λ_i 就是本征值,而且是离散的,又因 λ 是实数,这样就可以按 λ_i 的大小排列起来:
$$\lambda_0 \leqslant \lambda_1 \leqslant \lambda_2 \leqslant \lambda_3 \leqslant \cdots,$$
相应地本征函数也可以编上号:
$$y_0(x), y_1(x), y_2(x), y_3(x), \cdots.$$

性质 4.3.3 所有本征值 $\lambda_i \geqslant 0$.

证: 在式(4.3.2b)中,取其第 i 个本征方程,并乘以 $\overline{y_i(x)}$,积分之,得

$$\lambda_i \int_a^b \sigma(x) |y_i(x)|^2 dx$$
$$= -\int_a^b \overline{y_i(x)} \frac{d}{dx}\left[k(x)\frac{dy_i(x)}{dx}\right]dx + \int_a^b q(x)|y_i(x)|^2 dx \qquad (4.3.8)$$
$$= -\left[k\overline{y_i}\frac{dy_i}{dx}\right]_a^b + \int_a^b k\left|\frac{dy_i(x)}{dx}\right|^2 dx + \int_a^b q(x)|y_i(x)|^2 dx.$$

由假定后两项都大于零,而第一项为
$$k(a)\overline{y_i(a)}y_i'(a) - k(b)\overline{y_i(b)}y_i'(b).$$

此式在第一、二类齐次边界条件、自然边界条件、周期边界条件下皆为零,为说明其在第三类边界条件下大于零,将实际背景下的第三类边界条件写成如下形式:
$$y_i(a) - hy_i'(a) = 0, \quad y_i(b) - hy_i'(b) = 0.$$

在上式中如左端是第三类边界条件,则有
$$k(a)\overline{y_i(a)}y_i'(a) = \frac{1}{h}k(a)|y_i(a)|^2 > 0.$$

同样可证当右端是第三类边界条件时也大于零,由此可知式(4.3.8)右端大于零,而左端的积分 $\int_a^b \sigma(x)|y_i(x)|^2 dx > 0$,所以 $\lambda_i \geqslant 0$.

性质 4.3.4 对应于不同本征值 λ_m 和 λ_n 的本征函数 $y_m(x)$ 与 $y_n(x)$ 在区间 $[a,b]$ 上加权正交,即
$$\int_a^b \overline{y_m}(x) y_n(x) \sigma(x) dx = 0 \quad (m \neq n). \qquad (4.3.9)$$

证明:因为
$$\frac{d}{dx}\left[k\frac{d\overline{y_m}}{dx}\right] - \gamma\overline{y_m} + \lambda_m \sigma \overline{y_m} = 0, \qquad (4.3.10)$$
$$\frac{d}{dx}\left[k\frac{dy_n}{dx}\right] - \gamma y_n + \lambda_n \sigma y_n = 0, \qquad (4.3.11)$$

式(4.3.9)乘以 y_n,式(4.3.11)乘以 $\overline{y_m}$,两式相减并积分,得
$$\int_a^b \left[y_n \frac{d}{dx}\left[k\frac{d\overline{y_m}}{dx}\right] - \overline{y_m}\frac{d}{dx}\left(k\frac{dy_n}{dx}\right)\right]dx + (\lambda_m - \lambda_n)\int_a^b \overline{y_m}y_n\sigma dx = 0.$$

对第一项积分进行分部积分,并由式(4.3.6)知其为零,故
$$(\lambda_m - \lambda_n)\int_a^b \overline{y_m}y_n\sigma dx = 0,$$

因为 $\lambda_m \neq \lambda_n$,所以 $\int_a^b \overline{y_m}y_n\sigma dx = 0$.

在函数空间中,公式(4.3.9)可以表示成两函数内积:
$$(y_m, y_n) = \int_a^b \overline{y_m}y_n\sigma dx,$$

内积为零,表示"正交".

当 $m = n$ 时,令 $N_m^2 = \int_a^b |y_m(x)|^2 \sigma(x) dx$,$N_m$ 称为本征函数 $y_m(x)$ 的模,如果 $N_m \equiv 1$,则称 $y_m(x)$ 是归一化的.正交归一化的本征函数可以统一写成
$$\int_a^b \overline{y_m}(x)y_n(x)\sigma(x)dx = \delta_{mn} = \begin{cases} 0 & m \neq n, \\ 1 & m = n. \end{cases}$$

如果 $y_n(x)$ $(n=0,1,2,\cdots)$ 是实函数,则上面的正交归一性可以写成
$$\int_a^b y_m(x)y_n(x)\sigma(x)\mathrm{d}x = \delta_{mn} = \begin{cases} 0 & m \neq n, \\ 1 & m = n. \end{cases}$$

性质 4.3.5 本征函数系列 $y_n(x)(n=1,2,3,\cdots)$ 是完备系列,即任一个有(分段)连续二阶导数和连续一阶导数的函数 $f(x)$,可按此本征函数系列展开为一个绝对且一致收敛的级数:
$$f(x) = \sum_{n=1}^{\infty} f_n y_n(x), \tag{4.3.12}$$
其中
$$f_n = \frac{\int_a^b \overline{y_n(x)} f(x)\sigma(x)\mathrm{d}x}{\int_a^b |y_n(x)|^2 \sigma(x)\mathrm{d}x} = \frac{1}{N_n^2} \int_a^b \overline{y_n(x)} f(x)\sigma(x)\mathrm{d}x. \tag{4.3.13}$$

将函数 $f(x)$ 按本征函数系展开成级数的问题,称为 $f(x)$ 的广义 Fourier 展开.

习 题 四

1. 在 $x=0$ 的邻域内,求解下列方程:
$$(1-x^2)y'' + xy' - y = 0.$$

2. 在 $x=0$ 的邻域上求解方程 $y'' + y = 0$.

3. 在 $x=0$ 的邻域上求解 Airy 方程 $y'' - xy = 0$.

4. 求方程 $x^2 y''(x) - xy'(x) + y = 0$ 在 $x=0$ 邻域内的通解.

5. 将下列方程化为斯特姆—刘维尔型方程的标准形式
(1) $y'' - \cot x y' + \lambda y = 0$;
(2) $xy'' + (1-x)y' + \lambda y = 0$.

6. 求解下列本征值问题的本征值和本征函数
(1) $X''(x) + \lambda X(x) = 0$, $X(0) = 0$, $X'(l) = 0$;
(2) $X''(x) + \lambda X(x) = 0$, $X'(0) = 0$, $X(l) = 0$;
(3) $X''(x) + \lambda X(x) = 0$, $X(0) + HX'(0) = 0$, $X(l) = 0$(H 为常数);
(4) $\dfrac{\mathrm{d}}{r\mathrm{d}r}\left(r\dfrac{\mathrm{d}R}{\mathrm{d}r}\right) + \dfrac{\lambda}{r^2}R = 0$, $R(a) = 0$, $R(b) = 0$ $(0 < a < b)$.

7. 已知二阶线性常微分方程的两个线性无关解 $y_1(x) = e^{a/x}$ 和 $y_2(x) = e^{-a/x}$,求其所满足的方程.

8. 已知二阶线性常微分方程的两个线性无关解 $y_1(x) = x$ 和 $y_2(x) = \sum_{n=0}^{\infty} x^n$ 求其所满足的方程.

9. 在 $x=0$ 的邻域上求解方程 $y'' - 2xy' + (\lambda-1)y = 0$,当取什么数值时可使级数退化为多项式.

10. 求合流超几何方程 $xy''(x) + (\gamma-x)y'(x) - \alpha y(x) = 0$ 在 $x=0$ 附近的通解,其中 α, γ 为常数,且 $\alpha > 0$, $1-\gamma \neq 0$ 及整数.

11. 证明在 $x=0$ 的领域内,求解超几何
$$x(1-x)y''+[\gamma-(\alpha+\beta+1)x]y'-\alpha\beta y=0,$$
其中 $\alpha,\beta,\gamma(\neq 整数)$ 是常数.

12. 证明在下列有界条件下的本征值问题中,本征函数是正交的.
$$\begin{cases} \dfrac{d}{dx}\left[k(x)\dfrac{dy(x)}{dx}\right]+\lambda y(x)=0 & x\in(a,b), \\ |y(a)|<\infty, \quad |y(b)|<\infty. \end{cases}$$
其中 $k(x)$ 为非负的连续实函数,且 $k(a)=k(b)=0$.

第 5 章 Legendre 多项式及其应用

在第 3 章讨论定解问题的分离变量法时,几乎都是在直角坐标系中进行的,仅在求解二维 Laplace 方程的定解问题中用过极坐标.但是实际上,在许多重要场合,物理系统的边界可能是球状或圆柱状的,在那里,解决问题时采用正交曲线坐标更相宜.我们已经在第 1 章中给出了球坐标和柱坐标中 Laplace 算符的表达式,泛定方程在这些坐标中的表达式一般已能写出,那么在使用分离变量法求解定解问题时,会出现些什么新问题、新特点呢?回答是,我们将遇到以特殊函数为解的微分方程,特别是已经作为级数解法的例子在第 4 章中研究过的那些方程,它们的解是特殊函数.在这一章中我们将讨论 Legendre 函数的性质及其应用.Bessel 函数的性质和应用将在第 6 章中讨论.

正交曲线坐标系下方程的分离变量、基本步骤与在直角坐标系中完全一样,下面我们将从一个具体的例子引出 Legendre 方程(关联 Legendre 方程)及其解 Legendre 函数(关联 Legendre 函数).并深入讨论 Legendre 方程(关联 Legendre 方程)在区间$[-1,1]$上有界解构成的正交函数系——Legendre 多项式(关联 Legendre 多项式).

5.1 Legendre 方程与 Legendre 多项式的引入

首先我们从一个实际例子出发,从球坐标系中 Laplace 方程的分离变量法中,引出 Legendre 方程(关联 Legendre 方程),和作为 Legendre 方程(关联 Legendre 方程)本征解的 Legendre 多项式(关联 Legendre 多项式),然后在接下来的章节中,介绍 Legendre 多项式(关联 Legendre 多项式)的性质和应用.

例 5.1.1 在本来匀强的静电场 E_0 中,放置一个导体球,球的半径为 a,试研究导体球怎样改变了匀强电磁场(如图 5.5.1 所示).

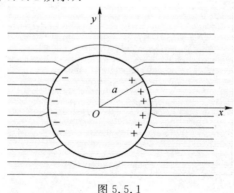

图 5.5.1

这是一个三维静电场问题,球外电势满足 Laplace 方程,在距球无穷远处,电场保持为原来的匀强电场 E_0. 取球坐标系(以球心为原点),定解问题是

$$\begin{cases} \nabla^2 u = 0 \quad (r > a), & (5.1.1) \\ u|_{r \to +\infty} = -E_0 z = -E_0 r\cos\theta, & (5.1.2) \\ u|_{r=a} = 0. & (5.1.3) \end{cases}$$

由于当球面上的电荷不再运动时,可设球面上的电势处处相等,又由于电势具有相对性质,因此设球面上的电势为零.

现在求解这个定解问题. 在球坐标系 (r, θ, φ) 中,Laplace 方程(5.1.1)即 $\nabla^2 u(r, \theta, \varphi) = 0$ 的表达式是

$$\frac{1}{r^2}\frac{\partial}{\partial r}\left(r^2\frac{\partial u}{\partial r}\right) + \frac{1}{r^2\sin\theta}\frac{\partial}{\partial \theta}\left(\sin\theta\frac{\partial u}{\partial \theta}\right) + \frac{1}{r^2\sin^2\theta}\frac{\partial^2 u}{\partial \varphi^2} = 0, \tag{5.1.4}$$

用分离变量法求解,设 $u(r, \theta, \varphi) = R(r)\Theta(\theta)\Phi(\varphi)$,代入式(5.1.4)中,得

$$\frac{\Theta\Phi}{r^2}\frac{\mathrm{d}}{\mathrm{d}r}\left(r^2\frac{\mathrm{d}R}{\mathrm{d}r}\right) + \frac{R\Phi}{r^2\sin\theta}\frac{\mathrm{d}}{\mathrm{d}\theta}\left(\sin\theta\frac{\mathrm{d}\Theta}{\mathrm{d}\theta}\right) + \frac{R\Theta}{r^2\sin^2\theta}\frac{\mathrm{d}^2\Phi}{\mathrm{d}\varphi^2} = 0,$$

将变量 φ 的函数和变量 r, θ 的函数分离. 为此,用 $\dfrac{r^2\sin^2\theta}{R\Theta\Phi}$ 遍乘上式,并适当移项,可得

$$\frac{\sin^2\theta}{R}\frac{\mathrm{d}}{\mathrm{d}r}\left(r^2\frac{\mathrm{d}R}{\mathrm{d}r}\right) + \frac{\sin\theta}{\Theta}\frac{\mathrm{d}}{\mathrm{d}\theta}\left(\sin\theta\frac{\mathrm{d}\Theta}{\mathrm{d}\theta}\right) = -\frac{\Phi''}{\Phi} = m^2,$$

其中 m^2 是分离常数. 由此可得两个微分方程

$$\Phi'' + m^2\Phi = 0, \tag{5.1.5}$$

和

$$\frac{1}{R}\frac{\mathrm{d}}{\mathrm{d}r}\left(r^2\frac{\mathrm{d}R}{\mathrm{d}r}\right) + \frac{1}{\Theta\sin\theta}\frac{\mathrm{d}}{\mathrm{d}\theta}\left(\sin\theta\frac{\mathrm{d}\Theta}{\mathrm{d}\theta}\right) - \frac{m^2}{\sin^2\theta} = 0.$$

对上面第二个方程,再将变量 r, θ 的函数分离

$$\frac{1}{\Theta\sin\theta}\frac{\mathrm{d}}{\mathrm{d}\theta}\left(\sin\theta\frac{\mathrm{d}\Theta}{\mathrm{d}\theta}\right) - \frac{m^2}{\sin^2\theta} = -\frac{1}{R}\frac{\mathrm{d}}{\mathrm{d}r}\left(r^2\frac{\mathrm{d}R}{\mathrm{d}r}\right) = -l(l+1),$$

其中 $l(l+1)$ 是第二次分离变量引入的常数,它可以用一个实数 λ 表示,为了以后讨论方便,令 $\lambda = l(l+1)$[可以证明任意一个实数 λ 都可表示为 $l(l+1)$,其中 l 为另一任意实数或复数]. 由此又得到两个常微分方程

$$\frac{\mathrm{d}}{\mathrm{d}r}\left(r^2\frac{\mathrm{d}R}{\mathrm{d}r}\right) - l(l+1)R = 0, \tag{5.1.6a}$$

即

$$r^2 R''(r) + 2r R'(r) - l(l+1)R(r) = 0, \tag{5.1.6b}$$

以及

$$\frac{1}{\sin\theta}\frac{\mathrm{d}}{\mathrm{d}\theta}\left(\sin\theta\frac{\mathrm{d}\Theta}{\mathrm{d}\theta}\right) + \left[l(l+1) - \frac{m^2}{\sin^2\theta}\right]\Theta = 0. \tag{5.1.7a}$$

对方程(5.1.7a)作变换 $x = \cos\theta$ 以后,可以改写成

$$\frac{\mathrm{d}}{\mathrm{d}x}\left((1-x^2)\frac{\mathrm{d}\Theta}{\mathrm{d}x}\right) + \left[l(l+1) - \frac{m^2}{1-x^2}\right]\Theta = 0, \tag{5.1.7b}$$

即

$$(1-x^2)\Theta''(x) - 2x\Theta'(x) + \left[l(l+1) - \frac{m^2}{1-x^2}\right]\Theta(x) = 0. \tag{5.1.7c}$$

至此球坐标系下的 Laplace 方程(5.1.4)分离变量的结果是得到三个常微分方程(5.1.5)、方程(5.1.6)和方程(5.1.7).

方程(5.1.5)加上周期性条件
$$\Phi(0)=\Phi(2\pi), \quad \Phi'(0)=\Phi'(2\pi) \tag{5.1.8}$$
构成本征值问题,解之得到
$$\Phi(\varphi)=A_m\cos m\varphi+B_m\sin m\varphi, \quad m=0,1,2,\cdots. \tag{5.1.9}$$

方程(5.1.6)是 Euler 方程,做变换 $r=e^t$,或直接用 Maple 求解得
>dsolve(r^2*diff(R(r),r$2)+2*r*diff(R(r),r)-1*(1+1)*R(r)=0);
$$R(r)=\_C1r^l+\_C2r^{(-l-1)}$$
其中_C1 和_C2 是两个积分常数.或用 A_l, B_l 表示任意常数,将其通解写成
$$R(r)=A_l r^l+B_l r^{-(l+1)}. \tag{5.1.10}$$

方程(5.1.7)叫作关联 Legendre 方程.在 $m=0$ 时,它就退化为在第 4 章中讨论过的 Legendre 方程
$$(1-x^2)\Theta''(x)-2x\Theta'(x)+l(l+1)\Theta(x)=0, \tag{5.1.12}$$
(注意这里未知函数用 Θ 表示).这种退化,有着真实的物理含义,它是物理问题具有轴对称的反应.所谓轴对称问题即场量 u 与角度 φ 无关,只是 r 和 θ 的函数.那么,这会在什么情况下发生呢? 重新考虑定解问题(5.1.1)~(5.1.3).非齐次边界条件(5.1.2)是引起场量 u 发生变化的唯一根源,如果这个非齐次函数不是角变量 φ 的函数,则问题就具有轴对称性,我们讨论的问题符合这个条件.

在第 4 章中,我们已经求出了 Legendre 方程(5.1.12)的通解,并且指出,Legendre 方程(5.1.12)加上自然条件
$$|\Theta(\pm 1)|<+\infty, \tag{5.1.13}$$
构成本征值问题,其本征值和本征函数依次是
$$l=n \quad (n=0,1,2,\cdots); \quad \Theta(x)=P_n(x). \tag{5.1.14}$$
在我们讨论的问题中,自然条件(5.1.13)是必需的.因为这里(即球坐标系下 Laplace 方程的分离变量法中)$x=\cos\theta$, $x=\pm 1$ 对应 $\theta=0$ 和 π,我们当然要求物理量 u 在各个方向上都有有限值.

综上,定解问题(5.1.1)~(5.1.3)在具有轴对称性质(即 u 与 φ 无关)的假设下,具有如下所示的一般解——常称为本征解
$$u_n(r,\theta)=(A_n r^n+B_n r^{-(n+1)})P_n(\cos\theta) \quad (n=0,1,2,\cdots), \tag{5.1.15}$$
将这些解叠加起来,得到级数解为
$$u(r,\theta)=\sum_{n=0}^{\infty}(A_n r^n+B_n r^{-(n+1)})P_n(\cos\theta). \tag{5.1.16}$$
要确定其中的未知常数,需要进一步了解 Legendre 多项式的性质,将在下一节中讨论.

式(5.1.16)是轴对称条件下,球坐标系中 Laplace 方程解的一般形式.

当问题不具有轴对称性质时,$m\neq 0$,关联 Legendre 方程(5.1.7c)的解也可用 Legendre 多项式表示.事实上,对方程(5.1.7c)作变换
$$\Theta(x)=(1-x^2)^{m/2}Y(x), \tag{5.1.17}$$
则函数 Y 满足方程
$$(1-x^2)Y''-2(m+1)xY'+[l(l+1)-m(m+1)]Y=0. \tag{5.1.18}$$
另一方面,我们利用求两个函数乘积高阶导数的莱布尼兹法则
$$(uv)^{(m)}=u^{(m)}v+\frac{m}{1!}u^{(m-1)}v'+\frac{m(m-1)}{2}u^{(m-2)}v''+\cdots,$$

将 Legendre 方程
$$(1-x^2)y'' - 2xy' + l(l+1)y = 0$$
对 x 求 m 次导数,可得
$$(1-x^2)y^{(m)''} - 2(m+1)xy^{(m)'} + [l(l+1) - m(m+1)]y^{(m)} = 0, \tag{5.1.18a}$$
其中
$$y^{(m)} = \frac{d^m y}{dx^m}.$$

由此可见,式(5.1.18a)与式(5.1.18)完全一样,所以有 $Y(x) = y^{(m)}(x)$. 因为满足自然条件 (5.1.13) 的 Legendre 方程的解是 Legendre 多项式 $P_n(x)$,所以 $Y(x) = P_n^{(m)}(x)$. 即由式 (5.1.17) 和式 (5.1.18),满足同样边界条件的关联 Legendre 方程的本征函数(称为关联 Legendre 多项式,记作 $P_n^m(x)$)为
$$\Theta_n(x) \stackrel{\Delta}{=} P_n^m(x) = (1-x^2)^{\frac{m}{2}} \frac{d^m P_n(x)}{dx^m} \quad (m = 0, 1, 2, \cdots, n). \tag{5.1.19}$$

因此,非轴对称问题的一般解 $u(r,\theta,\varphi)$ 应该是按本征函数序列的叠加,并且是二重求和, 求和指标为 n, m. 首先本征解是
$$u_{nm}(r,\theta,\varphi) = [Ar^n + Br^{-(n+1)}] \times [C_m \cos m\varphi + D_m \sin m\varphi] P_n^m(\cos\theta), \tag{5.1.20}$$
故一般解就是
$$u(r,\theta,\varphi) = \sum_{n=0}^{\infty} \sum_{m=0}^{+n} u_{nm}(r,\theta,\varphi),$$
关于关联 Legendre 多项式,我们将在 5.4 节中讨论.

5.2 Legendre 多项式的性质

本节中,我们给出 Legendre 多项式的一些常用性质. 为其在定解问题中的应用打下基础.

5.2.1 Legendre 多项式的微分表示

由第 4 章的讨论,我们知道,Legendre 多项式的定义式为
$$P_n(x) = \sum_{k=0}^{M} (-1)^k \frac{(2n-2k)!}{2^n k!(n-k)!(n-2k)!} x^{n-2k}, \tag{5.2.1}$$
其中
$$M = \begin{cases} \dfrac{n}{2} & \text{当 } n \text{ 为偶数时,} \\ \dfrac{n-1}{2} & \text{当 } n \text{ 为奇数时.} \end{cases}$$

现在我们来证明,Legendre 多项式还可表示成如下的微分形式:
$$P_n(x) = \frac{1}{2^n n!} \frac{d^n}{dx^n} (x^2-1)^n, \tag{5.2.2}$$
它称为 **Rodrigues**(罗德里格斯)公式.

证明 将式(5.2.2)中的 $(x^2-1)^n$ 按二项式定理展开,可得

$$(x^2-1)^n = \sum_{k=0}^{n} \frac{n!}{k!(n-k)!}(-1)^k x^{2n-2k}.$$

对上式求导 n 次后,x 的原来幂次 $2n-2k$ 低于 n 的项变为零,而不为零的项必须满足 $2n-2k \geqslant n$,即 $k \leqslant \frac{n}{2}$,这样当 n 是偶数时有

$$\frac{1}{2^n n!}\frac{d^n}{dx^n}(x^2-1)^n = \sum_{k=0}^{n/2} \frac{(-1)^k(2n-2k)\cdots(n-2k+1)}{2^n k!(n-k)!} x^{n-2k}$$

$$= \sum_{k=0}^{n/2}(-1)^k \frac{(2n-2k)!}{2^n k!(n-k)!(n-2k)!} x^{n-2k},$$

这正是式(5.2.1). 当 n 是奇数时,有

$$\frac{1}{2^n n!}\frac{d^n}{dx^n}(x^2-1)^n = \sum_{k=0}^{\frac{n-1}{2}} \frac{(-1)^k(2n-2k)\cdots(n-2k+1)}{2^n k!(n-k)!} x^{n-2k}$$

$$= \sum_{k=0}^{\frac{n-1}{2}}(-1)^k \frac{(2n-2k)!}{2^n k!(n-k)!(n-2k)!} x^{n-2k}$$

Rodrigues 公式由此得证.

利用 Rodrigues 公式(5.2.2),可方便地给出低阶的几个 Legendre 多项式的显式:

$$\left.\begin{aligned}
&P_0 = 1 \\
&P_1 = x = \cos\theta \\
&P_2(x) = \frac{3x^2-1}{2} = \frac{3\cos^2\theta - 1}{2} \\
&P_3(x) = \frac{5x^3-3x}{2} = \frac{5\cos^3\theta - 3\cos\theta}{2} \\
&P_4(x) = \frac{1}{8}(35x^4 - 30x^2 + 3) = \frac{1}{64}(35\cos 4\theta + 20\cos 2\theta + 9) \\
&P_5(x) = \frac{1}{8}(63x^5 - 70x^3 + 15x) = \frac{1}{128}(63\cos 5\theta + 35\cos 3\theta + 30\cos\theta)
\end{aligned}\right\} \quad (5.2.3)$$

利用 Maple,画出它们的图形如图 5.2.1 所示.

>plot({LegendreP(0,x),LegendreP(1,x),LegendreP(2,x),LegendreP(3,x),LegendreP(4,x),LegendreP(5,x)},x=-1..1);

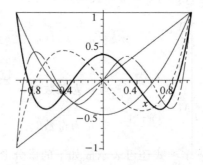

图 5.2.1

由图可见,$P_n(1)=1$,$P_n(x)$ 的奇偶性由 n 的奇偶性来决定.

$$P_{2n}(-x) = P_{2n}(x), \quad P_{2n+1}(-x) = -P_{2n+1}(x);$$

$$P_{2n+1}(0)=0, \quad P_{2n}(0)=(-1)^n \frac{(2n)!}{(2^n n!)^2}=(-1)^n \frac{(2n)!}{[(2n)!!]^2}.$$

5.2.2 Legendre 多项式的积分表示

1. Schlufli(施列夫利)积分

根据复变函数中的 Cauchy 积分公式

$$f^{(n)}(x)=\frac{n!}{2\pi i}\oint_L \frac{f(z)\mathrm{d}z}{(z-x)^{n+1}},$$

$P_n(x)$ 的微分表示又可变为积分表示：

$$P_n(x)=\frac{1}{2^n n!}\frac{\mathrm{d}^n}{\mathrm{d}x^n}(x^2-1)^n=\frac{1}{2^n 2\pi i}\oint_L \frac{(z^2-1)^n}{(z-x)^{n+1}}\mathrm{d}z, \tag{5.2.4}$$

其中 L 是在 z 平面上围绕 $z=x$ 点的任一闭合回路. 式(5.2.4)称为 Schlafli 积分.

2. Laplace 积分

Schlafli 积分也可写成定积分的形式.

在式(5.2.4)中,将积分回路 L 选成:以 $z=x$ 为心,以 $\rho=|x^2-1|^{\frac{1}{2}}$ 为半径的圆周(其中, $|x|<1$). 因此,在积分回路上,有

$$z-x=(1-x^2)^{1/2}\mathrm{e}^{\mathrm{i}\varphi} \quad (0\leqslant \varphi\leqslant 2\pi), \quad \text{即 } z=x+(1-x^2)^{1/2}\mathrm{e}^{\mathrm{i}\varphi}, \text{ 于是}$$

$$\mathrm{d}z=\mathrm{i}(1-x^2)^{1/2}\mathrm{e}^{\mathrm{i}\varphi}\mathrm{d}\varphi.$$

将以上各式代入式(5.2.4)中,可得

$$\begin{aligned}P_n(x)&=\frac{1}{2\pi\mathrm{i}}\int_{-\pi}^{\pi}\frac{(x-1+\sqrt{x^2-1}\mathrm{e}^{\mathrm{i}\varphi})^n(x+1+\sqrt{x^2-1}\mathrm{e}^{\mathrm{i}\varphi})^n}{2^n(x^2-1)^{(n+1)/2}\mathrm{e}^{\mathrm{i}(n+1)\varphi}}\mathrm{i}\sqrt{x^2-1}\mathrm{e}^{\mathrm{i}\varphi}\mathrm{d}\varphi \\ &=\frac{1}{2\pi}\int_{-\pi}^{\pi}(x+\sqrt{x^2-1}\cos\varphi)^n\mathrm{d}\varphi \\ &=\frac{1}{\pi}\int_0^{\pi}(x+\sqrt{x^2-1}\cos\varphi)^n\mathrm{d}\varphi.\end{aligned}$$

按 $x=\cos\theta$,从变量 x 变回变量 θ,可得

$$P_n(x)=\frac{1}{\pi}\int_0^{\pi}[\cos\theta+\mathrm{i}\sin\theta\cos\varphi]^n\mathrm{d}\varphi, \tag{5.2.5}$$

上式称为 Legendre 多项式的 Laplace 积分.

利用式(5.2.5),可得 Legendre 多项式的一些特殊值. 比如

$$P_n(1)=1 \quad \quad \quad \quad (\text{取 } x=1),$$
$$P_n(-1)=(-1)^n \quad \quad (\text{取 } x=-1).$$

5.2.3 Legendre 多项式的母函数

如果一个二元函数按其某个自变量的幂级数展开时,其系数是 Legendre 多项式,则称该函数为 Legendre 多项式的母函数,或称生成函数,即如果有

$$f(x,t)=\sum_{n=0}^{\infty}P_n(t)x^n,$$

则 $f(x,t)$ 称为 Legendre 多项式的母函数. 为求 $f(x,t)$,考虑下例.

考察电量为 $4\pi\varepsilon_0$，位于半径为 1 的单位球北极 N 处的点电荷，如图 5.2.2 所示. 由电学知识可知，它在球内一点 $M(r,\theta,\varphi)$ 处所产生的电势 u 为

$$u=\frac{1}{d}=\frac{1}{(1+r^2-2r\cos\theta)^{1/2}}, \tag{5.2.6}$$

其中 $r<1$，$d=\overline{MN}=(1+r^2-2r\cos\theta)^{1/2}$.

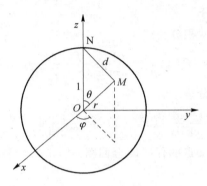

图 5.2.2

另外，球内电势 u 满足 Laplace 方程 $\mathbf{\nabla}^2 u=0$. 在球坐标系中，由于电荷放在极轴上，它所产生的静电场是轴对称的，与变量 φ 无关，即有 $u=u(r,\theta)$. 如在本章第一节的分析，球内任意一点的电势可以表示为式 (5.1.16)，如果再加上 $|u|_{r=0}|<+\infty$ 的条件，取式 (5.1.16) 中的系数 $B_n=0\ (n=0,1,2,\cdots)$，于是上述单位球内各点的电势分布是

$$u=\sum_{n=0}^{\infty} A_n r^n P_n(\cos\theta). \tag{5.2.7}$$

比较式 (5.2.6) 和式 (5.2.7)（它们表示同一点的电势），有

$$\frac{1}{(1+r^2-2r\cos\theta)^{1/2}}=\sum_{n=0}^{\infty} A_n r^n P_n(\cos\theta)\quad (r<1), \tag{5.2.8}$$

为确定系数 A_n，取特殊位置 $\theta=0$，$\cos\theta=1$，式 (5.2.8) 化为

$$\frac{1}{1-r}=\sum_{n=0}^{\infty} A_n r^n \quad (\text{其中已利用了 }P_n(1)=1),$$

因为 $r<1$，上式左方可展成 Talor 级数，即

$$1+r+r^2+\cdots+r^l+\cdots=\sum_{n=0}^{\infty} A_n r^n.$$

比较两边的系数，可知：$A_n=1(n=0,1,2,\cdots)$. 这样，式 (5.2.8) 便化为

$$\frac{1}{(1+r^2-2r\cos\theta)^{1/2}}=\sum_{n=0}^{\infty} r^n P_n(\cos\theta)\quad (r<1) \tag{5.2.9}$$

或

$$\frac{1}{(1-2rx+r^2)^{1/2}}=\sum_{n=0}^{\infty} r^n P_n(x)\quad (r<1) \tag{5.2.10}$$

由此可见，Legendre 多项式 $P_n(x)$ 是函数 $\dfrac{1}{(1-2rx+r^2)^{1/2}}$ 在 $r=0$ 的邻域中进行 Talor 级数展开时所得的系数. 因此，该函数称为 Legendre 多项式 $P_n(x)$ 的母函数.

式 (5.2.9) 和式 (5.2.10) 称为 Legendre 多项式 $P_n(x)$ 的母函数展开式.

类似地，在球外一点的电势为

$$\frac{1}{(1+r^2-2r\cos\theta)^{1/2}} = \sum_{l=0}^{\infty} \frac{1}{r^{l+1}} P_l(\cos\theta) \quad (r>1)$$

或

$$\frac{1}{(1-2rx+r^2)^{1/2}} = \sum_{l=0}^{\infty} \frac{1}{r^{l+1}} P_l(x) \quad (r>1) \tag{5.2.11}$$

对于半径为 R 的球，式(5.2.10)和式(5.2.11)两式应为

$$\frac{1}{(1-2rx+r^2)^{1/2}} = \begin{cases} \sum_{l=0}^{\infty} \dfrac{1}{R^{l+1}} r^l P_l(x) & (r<R) \\ \sum_{l=0}^{\infty} R^l \dfrac{1}{r^{l+1}} P_l(x) & (r>R) \end{cases} \tag{5.2.12}$$

5.2.4 Legendre 多项式的递推公式

阶数相邻的 Legendre 多项式以及它们的微商之间的关系式，称为 Legendre 多项式的递推公式. 我们给出以下 3 个主要的递推公式：

$$(n+1)P_{n+1}(x) - (2n+1)xP_n(x) + nP_{n-1}(x) = 0 \quad (n \geqslant 1) \tag{5.2.13}$$

$$P_n(x) = P'_{n+1}(x) - 2xP'_n(x) + P'_{n-1}(x) \quad (n \geqslant 1) \tag{5.2.14}$$

$$P'_{n+1}(x) = xP'_n(x) + (n+1)P_n(x) \tag{5.2.15}$$

证明 (1) 将母函数公式(5.2.10)的两边对 r 求导一次，得

$$(x-r)(1-2rx+r^2)^{-3/2} = \sum_{n=0}^{\infty} nr^{n-1} P_n(x),$$

再用 $(1-2rx+r^2)$ 乘上式之两边并再次利用(5.2.10)，可得

$$(x-r)\sum_{n=0}^{\infty} r^n P_n(x) = (1-2rx+r^2)\sum_{n=0}^{\infty} nr^{n-1} P_n(x),$$

即

$$\sum_{n=0}^{\infty} xP_n(x)r^n - \sum_{n=0}^{\infty} P_n(x)r^{n+1} = \sum_{n=0}^{\infty} nP_n(x)r^{n-1} - \sum_{n=0}^{\infty} 2nxP_n(x)r^n + \sum_{n=0}^{\infty} nP_n(x)r^{n+1}$$

或

$$\sum_{n=0}^{\infty} nP_n(x)r^{n-1} - \sum_{n=0}^{\infty} (2n+1)xP_n(x)r^n + \sum_{n=0}^{\infty} (n+1)P_n(x)r^{n+1} = 0 \quad (*)$$

但

$$\sum_{n=0}^{\infty} nP_n(x)r^{n-1} = P_1(x) + \sum_{n=1}^{\infty} (n+1)P_{n+1}(x)r^n$$

$$\sum_{n=0}^{\infty} (2n+1)xP_n(x)r^n = xP_0(x) + \sum_{n=1}^{\infty} (2n+1)xP_n(x)r^n$$

$$\sum_{n=0}^{\infty} (n+1)P_n(x)r^{n+1} = \sum_{n=1}^{\infty} nP_{n-1}(x)r^n$$

将这些结果代入式(*)，可得

$$P_1(x) - xP_0(x) + \sum_{n=1}^{\infty} [(n+1)P_{n+1}(x) - (2n+1)xP_n(x) + nP_{n-1}(x)]r^n = 0.$$

由此可知式(5.2.13)是正确的.

(2) 将 $P_n(x)$ 的母函数关系(5.2.10),即 $\dfrac{1}{(1-2rx+r^2)^{1/2}} = \sum\limits_{n=0}^{\infty} r^n P_n(x)$ 两边对 x 求导数,有

$$r(1-2rx+r^2)^{-3/2} = \sum_{n=0}^{\infty} P_n'(x) r^n$$

上式两端乘以 $(1-2rx+r^2)$ 并再利用母函数关系(5.2.10),得

$$r\sum_{n=0}^{\infty} P_n(x) r^n = (1-2rx+r^2) \sum_{n=0}^{\infty} P_n'(x) r^n$$

即

$$r\sum_{n=0}^{\infty} P_n(x) r^n = \sum_{n=0}^{\infty} P_n'(x) r^n - \sum_{n=0}^{\infty} 2x P_n'(x) r^{n+1} + \sum_{n=0}^{\infty} P_n'(x) r^{n+2}$$

或

$$\sum_{n=0}^{\infty} [P_n(x) + 2x P_n'(x)] r^{n+1} - \sum_{n=0}^{\infty} P_n'(x) r^n - \sum_{n=0}^{\infty} P_n'(x) r^{n+2} = 0$$

但

$$\sum_{n=0}^{\infty} [P_n(x) + 2x P_n'(x)] r^{n+1} = r + \sum_{n=1}^{\infty} [P_n(x) + 2x P_n'(x)] r^{n+1}$$

$$\sum_{n=0}^{\infty} P_n'(x) r^n = r + \sum_{n=1}^{\infty} P_{n+1}'(x) r^{n+1}$$

$$\sum_{n=0}^{\infty} P_n'(x) r^{n+2} = \sum_{n=1}^{\infty} P_{n-1}'(x) r^{n+1}$$

于是有

$$\sum_{n=0}^{\infty} [P_n(x) + 2x P_n'(x) - P_{n+1}'(x) - P_{n-1}'(x)] r^{n+1} = 0$$

因此有 $P_n(x) + 2x P_n'(x) - P_{n+1}'(x) - P_{n-1}'(x) = 0$,式(5.2.14)得证.

(3) 将递推公式(5.2.13)两端对 x 求导,得

$$(n+1) P_{n+1}'(x) - (2n+1) P_n(x) - (2n+1) x P_n'(x) + n P_{n-1}'(x) = 0$$

再将递推公式(5.2.14)两边乘以 n,得

$$n P_n(x) + 2xn P_n'(x) - n P_{n+1}'(x) - n P_{n-1}'(x) = 0.$$

以上两式相加即得到要证的式(5.2.15).

5.2.5 Legendre 多项式的正交归一性

Legendre 多项式在 $[-1,1]$ 上满足如下正交归一关系:

$$\int_{-1}^{1} P_n(x) P_k(x) \mathrm{d}x = \begin{cases} 0 & n \neq k, \\ \dfrac{2}{2n+1} & n = k. \end{cases} \tag{5.2.16}$$

第一式称为正交性,第二式是 Legendre 多项式的模方 $N_n^2 = \dfrac{2}{2n+1}$.

证明 事实上 Legendre 方程加上边界条件 $y(x)|_{x=\pm 1} =$ 有限值,构成 Sturm-Liouville 本征值问题,于是 Legendre 多项式作为本征值问题的解——构成本征函数系,由第 4 章知其具有正交性,即第一式成立,也可给出证明如下:

由于 $P_n(x)$ 和 $P_k(x)$ 分别为 n 阶和 k 阶 Legendre 方程的一个特解,故有

$$\frac{\mathrm{d}}{\mathrm{d}x}\left[(1-x^2)\frac{\mathrm{d}P_n(x)}{\mathrm{d}x}\right]+n(n+1)P_n(x)=0,$$

$$\frac{\mathrm{d}}{\mathrm{d}x}\left[(1-x^2)\frac{\mathrm{d}P_k(x)}{\mathrm{d}x}\right]+k(k+1)P_k(x)=0.$$

以 $P_k(x)$ 乘第一式,$P_n(x)$ 乘第二式,再把结果相减,然后在 $[0,1]$ 上积分得

$$\int_{-1}^{1}P_k(x)\frac{\mathrm{d}}{\mathrm{d}x}[(1-x^2)P_n'(x)]\mathrm{d}x-\int_{-1}^{1}P_n(x)\frac{\mathrm{d}}{\mathrm{d}x}[(1-x^2)P_k'(x)]\mathrm{d}x+$$

$$[n(n+1)-k(k+1)]\int_{-1}^{1}P_n(x)P_k(x)\mathrm{d}x=0.$$

(5.2.17)

对前两项利用分部积分,有

$$\int_{-1}^{1}P_k(x)\frac{\mathrm{d}}{\mathrm{d}x}[(1-x^2)P_n'(x)]\mathrm{d}x=(1-x^2)P_k(x)P_n'(x)\Big|_{-1}^{1}-\int_{-1}^{1}(1-x^2)P_n'(x)P_k'(x)\mathrm{d}x,$$

$$\int_{-1}^{1}P_n(x)\frac{\mathrm{d}}{\mathrm{d}x}[(1-x^2)P_k'(x)]\mathrm{d}x=(1-x^2)P_n(x)P_k'(x)\Big|_{-1}^{1}-\int_{-1}^{1}(1-x^2)P_k'(x)P_n'(x)\mathrm{d}x,$$

将结果代入式(5.2.17),即得

$$[n(n+1)-k(k+1)]\int_{-1}^{1}P_n(x)P_k(x)\mathrm{d}x=0,$$

当 $n\neq k$ 时,有

$$\int_{-1}^{1}P_n(x)P_k(x)\mathrm{d}x=0.$$

下面证明第二式.

由母函数关系式(5.2.10),有

$$\frac{1}{1-2xt+t^2}=\sum_{n=0}^{\infty}P_n(x)t^n\cdot\sum_{k=0}^{\infty}P_k(x)t^k=\sum_{n=0}^{\infty}\sum_{k=0}^{\infty}P_n(x)P_k(x)t^{n+k},$$

将上式两边对 x 积分,并应用正交性,有

$$\int_{-1}^{1}\frac{\mathrm{d}x}{1-2xt+t^2}=\sum_{n=0}^{\infty}\sum_{k=0}^{\infty}\int_{-1}^{1}P_n(x)P_k(x)\mathrm{d}x\cdot t^{n+k}=\sum_{n=0}^{\infty}\int_{-1}^{1}P_n^{\ 2}(x)\mathrm{d}x\cdot t^{2n}.$$

又 $\quad\int_{-1}^{1}\frac{\mathrm{d}x}{1-2xt+t^2}=-\frac{1}{2t}\int_{-1}^{1}\frac{\mathrm{d}(1-2xt+t^2)}{(1-2xt+t^2)}=\frac{1}{2t}\ln\frac{(1+t)^2}{(1-t)^2}=\sum_{n=0}^{\infty}\frac{2}{2n+1}t^{2n},$

故有

$$\sum_{n=0}^{\infty}\frac{2}{2n+1}t^{2n}=\int_{-1}^{1}\frac{\mathrm{d}x}{1-2xt+t^2}=\sum_{n=0}^{\infty}\int_{-1}^{1}P_n^{\ 2}(x)\mathrm{d}x\cdot t^{2n}.$$

比较 t^{2n} 的系数,有

$$\int_{-1}^{1}P_n^{\ 2}(x)\mathrm{d}x=\frac{2}{2n+1}.$$

(5.2.18)

记 $N_n^{\ 2}=\dfrac{2}{2n+1}$,称 N_n 为 $P_n(x)$ 的模,而 $\dfrac{1}{N_n}$ 为 $P_n(x)$ 的归一化因子,因为函数 $\dfrac{P_n(x)}{N_n}$ 在 $[-1,1]$ 上归一:

$$\int_{-1}^{1}\left[\frac{P_n(x)}{N_n}\right]^2\mathrm{d}x=1.$$

(5.2.19)

5.2.6 按 $P_n(x)$ 的广义 Fourier 级数展开

按 Sturm-Liouville 型本征值问题的一般结论，本征函数族 $P_n(x)$ 是完备的. 即如果定义在区间 $[-1,1]$ 的函数 $f(x)$ 具有连续二阶导数，且满足与 $P_n(x)$ 相同的边界条件，则可按 $P_n(x)$ 展成绝对且一致收敛级数

$$f(x) = \sum_{n=0}^{\infty} f_n P_n(x), \tag{5.2.20}$$

称为 Fourier-Legendre 级数. 利用 $P_n(x)$ 的正交性及模方公式(5.2.16)，立即可证其系数的计算公式为

$$f_n = \frac{(2n+1)}{2} \int_{-1}^{1} f(x) P_n(x) \mathrm{d}x. \tag{5.2.21}$$

如果使用原来的变量 θ，则为

$$f(\theta) = \sum_{n=0}^{\infty} f_n P_n(\cos\theta), \tag{5.2.22}$$

其中

$$f_n = \frac{(2n+1)}{2} \int_0^{\pi} f(\theta) P_n(\cos\theta) \sin\theta \mathrm{d}\theta. \tag{5.2.23}$$

求级数系数 f_n 时，按式(5.2.21)或式(5.2.23)求积分，一般总能解决. 但是，如果 $f(x)$ 或 $f(\theta)$ 能用更直接的办法写成所要级数的模样时，则采用比较系数法——直接比较等式两边相同基本函数的系数——总是更加简便的. 采用比较系数法时，记住 $P_n(x)$ 或 $P_n(\cos\theta)$ 的几个低阶多项式的显式(5.2.3)是有用的.

5.2.7 一个重要公式

在计算包含 $P_n(x)$ 的积分时，Legendre 多项式的正交性、模方、递推公式、母函数等都是常用的关系式. 这里再介绍一个重要公式：

$$\int_x^1 P_n(x) P_m(x) \mathrm{d}x = \frac{(1-x^2)[P_n'(x) P_m(x) - P_m'(x) P_n(x)]}{n(n+1) - m(m+1)}. \tag{5.2.24}$$

证明：写下 Legendre 方程的 Sturm-Liouville 型公式

$$\frac{\mathrm{d}}{\mathrm{d}x}\left[(1-x^2)\frac{\mathrm{d}P_n}{\mathrm{d}x}\right] + n(n+1) P_n = 0, \tag{5.2.25}$$

$$\frac{\mathrm{d}}{\mathrm{d}x}\left[(1-x^2)\frac{\mathrm{d}P_m}{\mathrm{d}x}\right] + m(m+1) P_m = 0. \tag{5.2.26}$$

用 $P_m(x)$ 乘以式(5.2.25)，$P_n(x)$ 乘以式(5.2.26)，并将所得结果相减后再积分之，得

$$\int_x^1 \left\{ P_m \frac{\mathrm{d}}{\mathrm{d}x}\left[(1-x^2)\frac{\mathrm{d}P_n}{\mathrm{d}x}\right] - P_n \frac{\mathrm{d}}{\mathrm{d}x}\left[(1-x^2)\frac{\mathrm{d}P_m}{\mathrm{d}x}\right] \right\} \mathrm{d}x$$

$$= [m(m+1) - n(n+1)] \int_x^1 P_n P_m \mathrm{d}x.$$

对左端的两项实施分部积分，未积出的部分相互抵消，从而式(5.2.24)得证.

5.3 Legendre 多项式的应用

这一节中,我们举一些利用 Legendre 多项式解定解问题的例子,以便更好地掌握它们.

先看 5.1 节例 5.1.1 的问题:在均匀电场 $\boldsymbol{E}_0$ 中放置一个导体球.球的半径为 a,求在球外区域中的电场.

我们已经写出了其定解问题:

$$\nabla^2 u = 0 \quad (a < r < \infty), \tag{5.3.1}$$

$$u|_{r=a} = 0, \tag{5.3.2}$$

$$u|_{r \to +\infty} = -E_0 r \cos\theta. \tag{5.3.3}$$

并求出其级数形式的一般解为(5.1.16),即

$$u = \sum_{n=0}^{\infty} [A_n r^n + B_n r^{-(n+1)}] P_n(\cos\theta). \tag{5.3.4}$$

为确定待定系数 A_n, B_n,先利用条件(5.3.3),将其代入(5.3.4),可得

$$u|_{r \to +\infty} = -E_0 r \cos\theta = \sum_{n=0}^{\infty} A_n r^n P_n(\cos\theta) = A_0 + A_1 r \cos\theta + \sum_{n=2}^{\infty} A_n r^n P_n(\cos\theta),$$

比较两边的系数,可定出系数 A_n:

$$A_0 = 0, \quad A_1 = -E_0, \quad A_n = 0 \quad (n \geq 2). \tag{5.3.5}$$

将上式代入式(5.3.4),得到

$$u(r,\theta) = -E_0 r P_1(\cos\theta) + \sum_{n=0}^{\infty} B_n r^{-(n+1)} P_n(\cos\theta). \tag{5.3.6}$$

现在,再利用条件(5.3.2)来确定系数 B_n.将上式代入以后,得到

$$\frac{B_0}{a} + \left(-E_0 a + \frac{B_1}{a^2}\right) P_1(\cos\theta) + \sum_{n=2}^{\infty} B_n a^{-(n+1)} P_n(\cos\theta) = 0,$$

比较系数可得

$$B_0 a^{-1} = 0, \quad -E_0 a + B_1 a^{-2} = 0, \quad B_n = 0 \quad (n \geq 2),$$

解出

$$B_0 = -0, \quad B_1 = E_0 a^3, \quad B_n = 0 \quad (n \geq 2). \tag{5.3.7}$$

将它们代入式(5.3.4),得到最后的解是

$$u(r,\theta) = -E_0 r \cos\theta + E_0 a^3 \frac{\cos\theta}{r^2}. \tag{5.3.8}$$

其中第一项就是原来的匀强电场,第二项是导体球上感应电荷的影响,与 r^{-2} 成正比,说明在远离球面的地方,这个影响将消失.

例 5.3.2 在 $[-1, +1]$ 上将函数 $f(x) = x^3$ 按 $P_n(x)$ 展开成 Fourier-Legendre 级数.

解 设 $f(x) = x^3 = \sum_{l=0}^{\infty} f_n P_n(x)$.

求系数 f_n 有两种方法:一种是按式(5.2.21),将 $f(x) = x^3$ 代入,利用 Rodrigues 公式,采用分部积分技巧等.这方法较烦琐.另一种为比较系数法.

我们知道

$$P_3(x) = \frac{5x^3 - 3x}{2} = \frac{5x^3 - 3P_1(x)}{2}$$

所以

$$f(x) = x^3 = \frac{3P_1(x)}{5} + \frac{2P_3(x)}{5}$$

这就是 $f(x) = x^3$ 的 Fourier-Legendre 级数，展开式系数为：$f_1 = 3/5$，$f_3 = 2/5$，$f_n = 0$（当 $n \neq 1, 3$ 时）.

例 5.3.3 设 $f(x)$ 是一个 k 次多项式，试证明当 $k < n$ 时，

$$\int_{-1}^{1} f(x) P_n(x) \mathrm{d}x = 0$$

即 $f(x)$ 和 $P_n(x)$ 在 $[-1, 1]$ 上正交.

证明 利用 Legendre 多项式 $P_n(x)$ 的微分表达式

$$P_n(x) = \frac{1}{2^n n!} \frac{\mathrm{d}^n}{\mathrm{d}x^n} (x^2 - 1)^n \tag{5.3.9}$$

和分部积分公式，有

$$\int_{-1}^{1} f(x) P_n(x) \mathrm{d}x = \frac{1}{2^n n!} \int_{-1}^{1} f(x) \frac{\mathrm{d}^n}{\mathrm{d}x^n} (x^2 - 1)^n \mathrm{d}x$$

$$= \frac{1}{2^n n!} \left[f(x) \frac{\mathrm{d}^{n-1}}{\mathrm{d}x^{n-1}} (x^2 - 1)^n \right]\bigg|_{-1}^{1} - \frac{1}{2^n n!} \int_{-1}^{1} f'(x) \frac{\mathrm{d}^{n-1}}{\mathrm{d}x^{n-1}} (x^2 - 1)^n \mathrm{d}x$$

上式右端第一项之值为零，再对第二项分部积分 $(k-1)$ 次，并注意 $f(x)$ 是一个 k 次多项式，$f^{(k)}(x)$ 是常数，于是上式变为

$$\int_{-1}^{1} f(x) P_n(x) \mathrm{d}x = (-1)^k \frac{1}{2^n n!} \int_{-1}^{1} f^{(k)}(x) \frac{\mathrm{d}^{n-k}}{\mathrm{d}x^{n-k}} (x^2 - 1)^n \mathrm{d}x$$

$$= (-1)^k \frac{1}{2^n n!} f^{(k)}(x) \int_{-1}^{1} \frac{\mathrm{d}^{n-k}}{\mathrm{d}x^{n-k}} (x^2 - 1)^n \mathrm{d}x$$

$$= (-1)^k \frac{1}{2^n n!} f^{(k)}(x) \left[\frac{\mathrm{d}^{n-k-1}}{\mathrm{d}x^{n-k-1}} (x^2 - 1)^n \right]\bigg|_{-1}^{1} = 0.$$

例 5.3.4 计算积分 $\displaystyle\int_{-1}^{1} P_n(x) \mathrm{d}x$.

解 方法一

$$\int_{-1}^{1} P_n(x) \mathrm{d}x = \int_{-1}^{1} P_0(x) P_n(x) \mathrm{d}x = \begin{cases} 0 & n \neq 0, \\ \dfrac{2}{2 \cdot 0 + 1} = 2 & n = 0. \end{cases}$$

方法二 利用递推公式

$$(2n+1) P_n(x) = P'_{n+1}(x) - P'_{n-1}(x),$$

有

$$\int_{-1}^{1} P_n(x) \mathrm{d}x = \frac{1}{2n+1} \int_{-1}^{1} [P'_{n+1}(x) - P'_{n-1}(x)] \mathrm{d}x$$

$$= \frac{1}{2n+1} [P_{n+1}(1) - P_{n+1}(-1) - P_{n-1}(1) + P_{n-1}(-1)],$$

但

$$P_n(1) \equiv 1, \quad P_n(-1) = (-1)^n P_n(1) = (-1)^n,$$

于是

$$\int_{-1}^{1} P_n(x)\mathrm{d}x = \frac{1}{2n+1}[1-(-1)^{n+1}-1+(-1)^{n-1}] = \begin{cases} 0 & n \neq 0, \\ 2 & n = 0. \end{cases}$$

例 5.3.5 计算积分

$$\int_{-1}^{1} x^2 P_n(x) P_{n+2}(x)\mathrm{d}x.$$

解 利用递推公式

$$(n+1)P_{n+1}(x)-(2n+1)xP_n(x)+nP_{n-1}(x)=0,$$

可得

$$xP_n(x)=\frac{1}{2n+1}[(n+1)P_{n+1}(x)+nP_{n-1}(x)],$$

$$xP_{n+2}(x)=\frac{1}{2(n+2)+1}[(n+3)P_{n+3}(x)+(n+2)P_{n+1}(x)],$$

将这两个式子代入被积函数后,利用 Legendre 多项式和模方计算公式有

$$\int_{-1}^{1} x^2 P_n(x) P_{n+2}(x)\mathrm{d}x = \frac{1}{(2n+1)(2n+5)} \times$$

$$\int_{-1}^{1}[(n+1)P_{n+1}(x)+nP_{n-1}(x)][(n+3)P_{n+3}(x)+(n+2)P_{n+1}(x)]\mathrm{d}x$$

$$= \frac{(n+1)(n+2)}{(2n+1)(2n+5)}\int_{-1}^{1} P_{n+1}^2(x)\mathrm{d}x = \frac{(n+1)(n+2)}{(2n+1)(2n+5)} \cdot \frac{1}{2(n+1)+1}$$

$$= \frac{2(n+1)(n+2)}{(2n+1)(2n+3)(2n+5)}.$$

例 5.3.6 计算积分 $\int_0^1 P_n(x)\mathrm{d}x.$

解 当 $n=0$ 时,

$$I_0 = \int_0^1 P_0(x)\mathrm{d}x = \int_0^1 \mathrm{d}x = 1;$$

当 $n=2k$, $k=1,2,\cdots$ 时,

$$I_{2k} = \int_0^1 P_{2k}(x)\mathrm{d}x = \frac{1}{2}\int_{-1}^{1} P_{2k}(x)\mathrm{d}x = 0.$$

此处利用了例 5.3.4 的结果.

当 $n=2k+1$, $k=0,1,2,\cdots$ 时,

$$I_{2k+1} = \int_0^1 P_{2k+1}(x)\mathrm{d}x = \frac{1}{2(2k+1)+1}\int_0^1 [P'_{2k+1+1}(x)-P'_{2k+1-1}(x)]\mathrm{d}x$$

$$= \frac{1}{4k+3}[P_{2k+2}(1)-P_{2k+2}(0)-P_{2k}(1)+P_{2k}(0)]$$

$$= \frac{1}{4k+3}[P_{2k}(0)-P_{2k+2}(0)]$$

$$= \frac{1}{4k+3}\left[\frac{(-1)^k(2k)!}{2^{2k}k!k!}-\frac{(-1)^{k+1}[2(k+1)]!}{2^{2k+2}(k+1)!(k+1)!}\right]$$

$$= \frac{1}{4k+3}\frac{(-1)^k(2k+2)!}{2^{2k+2}[(k+1)!]^2} = \frac{(-1)^k(2k-1)!!}{(2k+2)!!}.$$

例 5.3.7 在半径为 a 的球面上,电势分布为 $f(\theta)$,试求在球内、外区域中的电势分布.

解 (1) 球内电势满足

$$\nabla^2 u = 0 \quad (r<a,\ 0<\theta<\pi,\ 0<\varphi<2\pi), \tag{5.3.10}$$

$$u|_{r=a} = f(\theta), \tag{5.3.11}$$

及
$$u|_{r=0} = \text{有限值}. \tag{5.3.12}$$

因为边界条件与 φ 无关,问题具有轴对称性,由第一节的讨论,知问题的级数解为

$$u(r,\theta) = \sum_{n=0}^{\infty} [A_n r^n + B_n r^{-(n+1)}] P_n(\cos\theta). \tag{5.3.13}$$

下面用边界条件确定系数 A_n, B_n. 由球内自然条件(5.3.12)应取

$$B_n = 0,$$

将式(5.3.13)代入边界条件(5.3.11),可得

$$u|_{r=a} = f(\theta) = \sum_{n=0}^{\infty} A_n a^n P_n(\cos\theta),$$

这是将函数 $f(\theta)$ 按 $P_n(\cos\theta)$ 的 Fourier-Legendre 级数展开问题. 按式(5.2.23),有

$$A_n = \frac{2n+1}{2a^n} \int_0^\pi f(\theta) P_n(\cos\theta) \sin\theta \mathrm{d}\theta. \tag{5.3.14}$$

于是球内电势的分布是

$$u(r,\theta) = \sum_{n=0}^{\infty} \left[\frac{(2n+1)r^n}{2a^n} \int_0^\pi f(\theta) P_n(\cos\theta) \sin\theta \mathrm{d}\theta \right] P_n(\cos\theta).$$

(2) 球外电势满足

$$\nabla^2 u = 0 \quad (a < r < +\infty,\ 0 < \theta < \pi,\ 0 < \varphi < 2\pi), \tag{5.3.15}$$

$$u|_{r=a} = f(\theta), \tag{5.3.16}$$

及
$$u|_{r \to +\infty} = \text{有限值}. \tag{5.3.17}$$

问题依然具有轴对称性,故一般解仍为式(5.3.13). 但由条件(5.3.17),应取 $A_n = 0$,所以球外电势为

$$u = \sum_{n=0}^{\infty} B_n r^{-(n+1)} P_n(\cos\theta). \tag{5.3.18}$$

将式(5.3.18)代入条件(5.3.16)中,可得

$$u|_{r=a} = f(\theta) = \sum_{n=0}^{\infty} B_n a^{-(n+1)} P_n(\cos\theta),$$

按式(5.2.23),系数为

$$B_n = \frac{(2n+1)a^{n+1}}{2} \int_0^\pi f(\theta) P_n(\cos\theta) \sin\theta \mathrm{d}\theta. \tag{5.3.19}$$

因此球外电势分布为

$$u = \sum_{n=0}^{\infty} \left[\frac{(2n+1)a^{n+1}}{2r^{n+1}} \int_0^\pi f(\theta) P_n(\cos\theta) \sin\theta \mathrm{d}\theta \right] P_n(\cos\theta).$$

例 5.3.8 一个半球形热良导体,在球坐标系下,其半球表面维持温度为函数 $\cos^2\theta$,底面维持为零度,试求出导体内部的稳定温度分布.

解 球体表面温度分布为 $\cos^2\theta$ 与 φ 无关,因此球体内的温度分布 u 具有轴对称性, u 与 φ 无关. 于是 u 满足如下定解问题

$$\begin{cases} \dfrac{1}{r^2}\dfrac{\partial}{\partial r}\left(r^2\dfrac{\partial u}{\partial r}\right) + \dfrac{1}{r^2\sin\theta}\dfrac{\partial}{\partial\theta}\left(\sin\theta\dfrac{\partial u}{\partial\theta}\right) = 0 \quad 0 < r < a,\ 0 < \theta < \dfrac{\pi}{2}, \\ u|_{r=a} = \cos^2\theta, \\ u|_{\theta=\frac{\pi}{2}} = 0. \end{cases}$$

由半球底面的边界条件 $u|_{\theta=\frac{\pi}{2}}=0$ 以及方程关于 θ 的奇偶不变性,可以对 $u(r,\theta)$ 关于 $\theta=\frac{\pi}{2}$ 作奇延拓为新未知函数 $\bar{u}(r,\theta)$,上述定解问题变为

$$\begin{cases} \dfrac{1}{r^2}\dfrac{\partial}{\partial r}\left(r^2\dfrac{\partial \bar{u}}{\partial r}\right)+\dfrac{1}{r^2\sin\theta}\dfrac{\partial}{\partial \theta}\left(\sin\theta\dfrac{\partial \bar{u}}{\partial \theta}\right) & 0<r<a,\quad 0<\theta<\pi, \\ \bar{u}|_{r=a}=\cos^2\theta & 0<\theta\leqslant\pi. \end{cases}$$

设 $\bar{u}(r,\theta)=R(r)\Theta(\theta)$,做代换 $x=\cos\theta$,并记 $\Theta(\theta)$ 为 $P(x)$,由 5.1 节可知,R,P 分别满足 Euler 方程和 Legendre 方程

$$r^2 R''+2rR'-n(n+1)R=0,$$
$$(1-x^2)P''-2xP+n(n+1)P=0.$$

它们有物理意义的特解分别是 $R=r^n$ 和 $P=P_n(x)$,由叠加原理,得问题有物理意义的级数解为

$$\bar{u}(r,\theta)=\sum_{n=0}^{\infty}C_n r^n P_n(x),$$

在变换 $x=\cos\theta$ 下,边界条件可以写成 $\bar{u}(a,\theta)=x^2$,因此

$$x^2=\sum_{n=0}^{\infty}C_n a^n P_n(x).$$

因为 $P_n(x)$ 是 n 次多项式,而等式左边是二次多项式,因此,当 $n\geqslant 3$ 时,$C_n=0$,由 Legendre 函数的正交关系可以求出

$$C_n=\dfrac{2n+1}{2a^n}\int_{-1}^{1}x^2 P_n(x)\mathrm{d}x,\quad n=0,1,2,\cdots.$$

$P_1(x)$ 是奇函数,所以 $C_1=0$,而

$$C_0=\dfrac{1}{2}\int_{-1}^{1}x^2\mathrm{d}x=\dfrac{1}{3},$$
$$C_2=\dfrac{5}{2a^2}\int_{-1}^{1}x^2\dfrac{3x^2-1}{2}\mathrm{d}x=\dfrac{2}{3a^2}.$$

因此,有

$$\bar{u}(r,\theta)=\dfrac{1}{3}+\dfrac{2r^2}{3a^2}P_2(\cos\theta)=\dfrac{1}{3}-\dfrac{r^2}{3a^2}+\dfrac{r^2}{a^2}\cos^2\theta,$$

最后

$$u(r,\theta)=\dfrac{1}{3}+\dfrac{2r^2}{3a^2}P_2(\cos\theta)=\dfrac{1}{3}-\dfrac{r^2}{3a^2}+\dfrac{r^2}{a^2}\cos^2\theta,\quad \left(0<\theta<\dfrac{\pi}{2}\right).$$

5.4 关联 Legendre 多项式

由 5.1 节知道,关联 Legendre 方程

$$(1-x^2)\Theta''(x)-2x\Theta'(x)+\left[l(l+1)-\dfrac{m^2}{1-x^2}\right]\Theta(x)=0 \tag{5.4.1}$$

对应于本征值 n 的本征函数是如下的关联 Legendre 多项式

$$P_n^m(x)=(1-x^2)^{\frac{m}{2}}\dfrac{\mathrm{d}^m P_n(x)}{\mathrm{d}x^m}\quad m=0,1,2,\cdots,n, \tag{5.4.2}$$

它是关联 Legendre 方程(5.4.1)的有限解.

由式(5.4.2)及式(5.2.3)可得

$$\begin{cases} P_0^0(x)=1, \\ P_1^0(x)=x=\cos\theta, \\ P_1^1(x)=(1-x^2)^{\frac{1}{2}}=\sin\theta, \\ P_2^1(x)=3(1-x^2)^{\frac{1}{2}}x=\dfrac{3}{2}\sin 2\theta, \\ P_2^2(x)=3(1-x^2)=\dfrac{3}{2}(1-\cos 2\theta). \end{cases} \tag{5.4.3}$$

以下给出关联 Legendre 多项式的其他重要性质:

5.4.1 关联 Legendre 函数的微分表示

将 Rodrigues 公式代入式(5.4.2),立即可得

$$P_n^m(x)=(1-x^2)^{\frac{m}{2}}\frac{1}{2^n n!}\frac{\mathrm{d}^{n+m}}{\mathrm{d}x^{n+m}}[(x^2-1)^n]. \tag{5.4.4}$$

因为在关联 Legendre 方程中,参数 m 是以 m^2 的形式出现的,故若将 m 用 $-m$ 置换,方程并不发生任何改变. 所以下式也是满足自然边界条件的本征函数

$$P_n^{-m}(x)=(1-x^2)^{-\frac{m}{2}}\frac{1}{2^n n!}\frac{\mathrm{d}^{n-m}}{\mathrm{d}x^{n-m}}[(x^2-1)^n]. \tag{5.4.5}$$

它与 $P_n^m(x)$ 仅差一个常数因子,即

$$P_n^m(x)=(-1)^m\frac{(n+m)!}{(n-m)!}P_n^{-m}(x). \tag{5.4.6}$$

5.4.2 关联 Legendre 函数的积分表示

利用 Cauchy 积分公式

$$[(x^2-1)^n]^{(n+m)}=\frac{(n+m)!}{2\pi i}\oint_L\frac{(z^2-1)^n\mathrm{d}z}{(z-x)^{n+m+1}},$$

$P_n^m(x)$ 也可写成施列夫利积分

$$P_n^m(x)=\frac{(1-x^2)^{\frac{m}{2}}}{2^n}\frac{(n+m)!}{n!}\frac{1}{2\pi i}\oint_L\frac{(z^2-1)^n\mathrm{d}z}{(z-x)^{n+m+1}}, \tag{5.4.7}$$

其中,L 是围绕 $z=x$ 的任一闭合回路.

如将围路 L 取为以 x 为心,以 $(|x^2-1|)^{\frac{1}{2}}$ 为半径的圆,$P_l^m(x)$ 也可表示成定积分——Laplace 积分

$$P_n^m(x)=\frac{(n+m)!}{\pi n!}\int_0^\pi (x+i\sqrt{1-x^2}\cos\varphi)^n\cos m\varphi\,\mathrm{d}\varphi. \tag{5.4.8}$$

令 $x=\cos\theta$,则

$$P_n^m(\cos\theta)=\frac{(n+m)!}{\pi n!}\int_0^\pi(\cos\theta+i\sin\theta\cos\varphi)^n\cos m\varphi\,\mathrm{d}\varphi. \tag{5.4.9}$$

5.4.3 关联 Legendre 函数的正交性与模方

正交性：对应于不同本征值 n 和 k 的本征函数相互正交，即

$$\int_{-1}^{1} P_n^m(x) P_k^m(x) \mathrm{d}x = 0 \quad (k \neq n), \tag{5.4.10a}$$

或

$$\int_{0}^{\pi} P_n^m(\cos\theta) P_k^m(\cos\theta) \sin\theta \mathrm{d}\theta = 0 \quad (k \neq n) \tag{5.4.10b}$$

模方：

$$(N_n^m)^2 = \int_{-1}^{+1} [P_n^m(x)]^2 \mathrm{d}x = \frac{2(n+m)!}{(2n+1)(n-m)!}. \tag{5.4.11a}$$

或

$$(N_n^m)^2 = \int_{0}^{\pi} [P_n^m(\cos\theta)]^2 \sin\theta \mathrm{d}\theta = \frac{2(n+m)!}{(2n+1)(n-m)!}. \tag{5.4.11b}$$

将式(5.4.10)和式(5.4.11)写在一起有

$$\int_{-1}^{1} P_n^m(x) P_k^m(x) \mathrm{d}x = \int_{0}^{\pi} P_n^m(\cos\theta) P_k^m(\cos\theta) \sin\theta \mathrm{d}\theta = \frac{(n+m)!}{(n-m)!} \frac{2}{2n+1} \delta_{kn}, \tag{5.4.12}$$

其中 $\delta_{kn} = \begin{cases} 1 & k = n, \\ 0 & k \neq n. \end{cases}$

5.4.4 按 $P_l^m(x)$ 的广义 Fourier 级数展开

如果函数 $f(x)$ 可展开为如下绝对且一致收敛的级数

$$f(x) = \sum_{n=0}^{\infty} f_n P_n^m(x), \tag{5.4.13}$$

则其展开系数的计算公式为

$$f_n = \frac{(2n+1)(n-m)!}{2(n+m)!} \int_{-1}^{+1} f(x) P_n^m(x) \mathrm{d}x. \tag{5.4.14}$$

或用变量 θ 写出

$$f(\theta) = \sum_{n=0}^{\infty} f_n P_n^m(\cos\theta), \tag{5.4.15}$$

其中

$$f_n = \frac{(2n+1)(n-m)!}{2(n+m)!} \int_{0}^{\pi} f(\theta) P_n^m(\cos\theta) \sin\theta \mathrm{d}\theta. \tag{5.4.16}$$

5.4.5 关联 Legendre 函数递推公式

阶数相邻的关联 Legendre 多项式之间满足下列递推公式

$$(k+1-m) P_{k+1}^m(x) - (2k+1) x P_k^m(x) + (k+m) P_{k-1}^m = 0. \tag{5.4.17}$$

例 5.4.1 设有一个半径为 a 的球壳，球面上的电势分布为 $(1+3\cos\theta)\sin\theta\cos\varphi$，试求球内的静电势分布.

解 问题写成定解问题是

$$\begin{cases} \nabla^2 u = 0 & r<a, \\ u|_{r=a} = (1+3\cos\theta)\sin\theta\cos\varphi. \end{cases}$$

由边界条件与 θ 和 φ 均有关知,这是一个非轴对称问题.

首先分离变量,即令 $u(r,\theta,\varphi) = R(r)\Theta(\theta)\Phi(\varphi)$,代入方程,按照 5.1 节同样讨论,得到问题的一般解为

$$u(r,\theta,\varphi) = \sum_{n=0}^{\infty}\sum_{m=0}^{+n} [A_n r^n + B_n r^{-(n+1)}](C_m\cos m\varphi + D_m\sin m\varphi)P_n^m(\cos\theta), \quad (5.4.18)$$

如果加上 $|u|_{r=0}|<+\infty$ 的自然条件,则得球内电势解为

$$u(r,\theta,\varphi) = \sum_{n=0}^{\infty}\sum_{m=0}^{+n} r^n(C_{mn}\cos m\varphi + D_{mn}\sin m\varphi)P_n^m(\cos\theta), \quad (5.4.19)$$

其中常数 A_n 合到 C_m 和 D_m 中,然后记为 C_{mn} 和 D_{mn}. 现在由边界条件确定这些任意常数. 将边界条件代入得

$$\sum_{n=0}^{\infty}\sum_{m=0}^{+n} a^n(C_{mn}\cos m\varphi + D_{mn}\sin m\varphi)P_n^m(\cos\theta) = \sin\theta\cos\varphi + \frac{3}{2}\sin 2\theta\cos\varphi.$$

对比上式两边三角函数 $\cos m\varphi$ 和 $\sin m\varphi$ 的展开系数得

$$\sum_{n=0}^{\infty} C_{1n}a^n P_n^1(\cos\theta) = \sin\theta + \frac{3}{2}\sin 2\theta, \quad (5.4.20)$$

于是

$$C_{mn}a^n P_n^m(\cos\theta) = 0, \; m\neq 1; \quad D_{mn}a^n P_n^m(\cos\theta) \equiv 0,$$

即

$$C_{mn} = 0, \; m\neq 1; \quad D_{mn} \equiv 0. \quad (5.4.21)$$

又由式(5.4.3)知

$$P_1^1(x) = (1-x^2)^{\frac{1}{2}} = \sin\theta, \quad P_2^1(x) = 3(1-x^2)^{\frac{1}{2}}x = \frac{3}{2}\sin 2\theta,$$

代入式(5.4.20),得

$$\sum_{n=0}^{\infty} C_{1n}a^n P_n^1(\cos\theta) = P_1^1(\cos\theta) + P_2^1(\cos\theta),$$

对比上式两边 $P_n^m(\cos\theta)$ 的展开式系数得

$$C_{11}a = 1, \quad C_{12}a^2 = 1,$$

即

$$C_{11} = \frac{1}{a}, \quad C_{12} = \frac{1}{a^2}. \quad (5.4.22)$$

将式(5.4.21)、式(5.4.22)代入式(5.4.19),得本问题的解为

$$u(r,\theta,\varphi) = \frac{r}{a}\cos\varphi P_1^1(\cos\theta) + \frac{r^2}{a^2}\cos\varphi P_2^1(\cos\theta) \quad (5.4.23)$$

$$= \frac{r}{a}\cos\varphi\sin\theta + \frac{3r^2}{2a^2}\cos\varphi\sin 2\theta.$$

例 5.4.2 设有一个半径为 a 的球壳,球面上的电势分布为 $f(\theta,\varphi)$,求球内的静电势分布.

解 问题写成定解问题是

$$\begin{cases} \nabla^2 u = 0 & r < a, \\ u|_{r=a} = f(\theta, \varphi). \end{cases}$$

本例与上例的定解问题具有完全相同的形式,只是边界条件给定的不是具体函数,故在用边界条件确定展开式系数时,不能像上例那样,通过对比分析来得到,而必须用展开式系数公式来求.

球内电势的一般解仍是

$$u(r,\theta,\varphi) = \sum_{n=0}^{\infty} \sum_{m=0}^{+n} r^n (C_{mn} \cos m\varphi + D_{mn} \sin m\varphi) P_n^m(\cos\theta),$$

代入本题的边界条件有

$$\sum_{n=0}^{\infty} \sum_{m=0}^{+n} a^n (C_{mn} \cos m\varphi + D_{mn} \sin m\varphi) P_n^m(\cos\theta) = f(\theta,\varphi), \tag{5.4.24}$$

因为

$$\int_{-1}^{1} P_n^m(x) P_k^m(x) dx = \int_0^\pi P_n^m(\cos\theta) P_k^m(\cos\theta) \sin\theta d\theta = \frac{(n+m)!}{(n-m)!} \frac{2}{2n+1} \delta_{kn} \tag{5.4.25}$$

$$\int_0^{2\pi} \cos n\varphi \cos m\varphi \, d\varphi = \pi \delta_{mn}, \tag{5.4.26}$$

$$\int_0^{2\pi} \sin n\varphi \sin m\varphi \, d\varphi = \pi \delta_{mn}, \tag{5.4.27}$$

$$\int_0^{2\pi} \sin m\varphi \cos n\varphi \, d\varphi = 0. \tag{5.4.28}$$

所以为了求出系数 C_{mn},我们将式(5.4.24)两边同乘 $P_k^l(\cos\theta)\cos l\varphi$,然后在单位球面上积分,有

$$\begin{aligned} \sum_{n=0}^{\infty} \sum_{m=0}^{+n} \bigg[C_{mn} a^n & \int_0^{2\pi} \int_0^\pi P_n^m(\cos\theta) P_k^l(\cos\theta) \cos m\varphi \cos l\varphi \sin\theta d\theta d\varphi \\ & + D_{mn} a^n \int_0^{2\pi} \int_0^\pi P_n^m(\cos\theta) P_k^l(\cos\theta) \sin m\varphi \cos l\varphi \sin\theta d\theta d\varphi \\ & = \int_0^{2\pi} \int_0^\pi f(\theta,\varphi) P_k^l(\cos\theta) \cos l\varphi \sin\theta d\theta d\varphi, \end{aligned} \tag{5.4.29}$$

将正交性公式(5.4.25)、式(5.4.26)和式(5.4.28)代入即得

$$C_{kl} = \frac{(2k+1)(k-l)!}{2\pi a^k (k+l)!} \int_0^{2\pi} \int_0^\pi f(\theta,\varphi) P_k^l(\cos\theta) \cos l\varphi \sin\theta d\theta d\varphi$$

即

$$C_{mn} = \frac{(2n+1)(n-m)!}{2\pi a^n (n+m)!} \int_0^{2\pi} \int_0^\pi f(\theta,\varphi) P_n^m(\cos\theta) \cos m\varphi \sin\theta d\theta d\varphi. \tag{5.4.30}$$

类似地,将式(5.4.24)两边同乘 $P_k^l(\cos\theta)\sin l\varphi$,然后在单位球面上积分,并代入正交性公式(5.4.25)、式(5.4.27)和式(5.4.28),可得到

$$D_{mn} = \frac{(2n+1)(n-m)!}{2\pi a^n (n+m)!} \int_0^{2\pi} \int_0^\pi f(\theta,\varphi) P_n^m(\cos\theta) \sin m\varphi \sin\theta d\theta d\varphi. \tag{5.4.31}$$

将式(5.4.30)、式(5.4.31)代入式(5.4.19),即得到定解问题的解.

习 题 五

1. 氢原子定态问题的量子力学 Schrodinger(薛定谔)方程是

$$-\frac{h^2}{8\pi^2\mu}\nabla^2 u - \frac{Ze^2}{r}u = Eu$$

其中 h, μ, Z, e, E 都是常数. 试在球坐标系下把这个方程分离变量, 即得到各个单变量函数所满足的常微分方程.

2. 试在平面极坐标系中把二维波动方程表示出来并分离变量:
$$u_{tt} - a^2(u_{xx} + u_{yy}) = 0$$
即得到各个单变量函数所满足的常微分方程.

3. 证明: (1) $x^2 = \frac{2}{3}P_2(x) + \frac{1}{3}P_0(x)$;   (2) $x^3 = \frac{2}{5}P_3(x) + \frac{3}{5}P_1(x)$.

4. 求证 $\int_{-1}^{1}(1-x^2)[P'_n(x)]^2\,dx = \frac{2n(n+1)}{2n+1}$.

5. 证明:

(1) $P_l(x) = \frac{1}{l}[xP'_l(x) - P'_{l-1}(x)]$

(2) $P_l(x) = \frac{1}{l+1}[P'_{l+1}(x) - xP'_l(x)]$

(3) $(1-x^2)P_l(x) = l[xP_l(x) - P_{l-1}(x)]$

6. 已知 $P_0(x) = 1$, $P_1(x) = x$, $P_2(x) = \frac{1}{2}(3x^2 - 1)$

(1) 用递推公式求: $P_3(x)$, $P_4(x)$;

(2) 求证: $x^3 = \frac{2}{5}P_3(x) + \frac{1}{5}P_1(x)$.

7. 在 $(-1,1)$ 上, 将下列函数按 Legendre 多项式展开为广义傅里叶级数.
$$f(x) = \begin{cases} x & (0<x<1) \\ 0 & (-1<x<0) \end{cases}$$

8. 利用 Legendre 多项式的生成函数(母函数)证明:
$$P_n(-1) = (-1)^n, \quad P_{2n-1}(0) = 0, \quad P_{2n}(0) = \frac{(-1)^n(2n)!}{2^{2n}(n!)^2}.$$

9. 在半径为 1 的球内求解 Laplace 方程 $\nabla^2 u = 0$, 使
$$u|_{r=1} = 3\cos 2\theta + 1.$$

10. 在半径为 1 的球内求解 Laplace 方程 $\nabla^2 u = 0$, 已知在球面上
$$u|_{r=1} = \begin{cases} A & 0 \leq \theta \leq \alpha \\ 0 & \alpha < \theta \leq \pi \end{cases}.$$

11. 在半径为 1 的球外求解 Laplace 方程 $\nabla^2 u = 0$, 使
$$u|_{r=1} = \cos^2\theta.$$

12. 在半径为 a 的球外 ($r>a$) 求解:
$$\begin{cases} \nabla^2 u = 0 \\ u|_{r=a} = f(\theta, \varphi) \end{cases}$$

13. (辐射速度势问题)设半径为 r_0 的球面径向速度分布为 $v = v_0 \frac{1}{4}(3\cos 2\theta + 1)\cos \omega t$, 这个球在空气中辐射出去的声场中的速度势满足三维波动方程: $v_{tt} - a^2 \nabla^2 v = 0$, 其中 $a^2 = \frac{p_0 r}{\rho_0}$, p_0 是初始压强, ρ_0 是初始密度, r 是定压比热的比值, 设 $r_0 \ll \lambda$(声波长), 求速度势 v, 当 r 很大时 $v|_{r\to\infty}$ 的渐近表达式是什么?

第 6 章　Bessel 函数的性质及其应用

在第 4 章中,作为常微分方程级数解的例子,我们求解了 Bessel 方程,给出了作为 Bessel 方程解的 Bessel 函数的概念,这一章我们将深入讨论 Bessel 函数的性质,并结合定解问题来讨论 Bessel 函数的应用.

6.1　Bessel 方程的引出

我们先通过一个例子来引入 Bessel 方程.

例 6.1.1　设有半径为 b 的薄圆盘,其侧面绝热,若圆盘边界上的温度恒保持为零度,且初始温度已知,求圆盘内瞬时温度分布规律.

这个问题可以归结为求解下列定解问题

$$\begin{cases} \dfrac{\partial u}{\partial t}=a^2\left(\dfrac{\partial^2 u}{\partial x^2}+\dfrac{\partial^2 u}{\partial y^2}\right) & (x^2+y^2<b^2,\quad t>0), \quad (6.1.1)\\ u\big|_{x^2+y^2=b^2}=0, & (t>0) \quad\quad\quad\quad\quad\quad\quad (6.1.2)\\ u\big|_{t=0}=f(x,y). & (x^2+y^2<b^2) \quad\quad\quad\quad (6.1.3) \end{cases}$$

用分离变量法解这个问题.先将 t 的函数分离出来,令 $u(x,y,t)=v(x,y)T(t)$,代入式(6.1.1)得

$$v(x,y)T'(t)=a^2(v_{xx}+v_{yy})T(t),$$

用 $a^2 v(x,y)T(t)$ 除上式两边得

$$\frac{T'(t)}{a^2 T(t)}=\frac{v_{xx}+v_{yy}}{v(x,y)}=-\lambda,$$

其中 λ 为分离常数.由此得到

$$T'(t)+\lambda a^2 T(t)=0, \quad\quad\quad (6.1.4)$$

和

$$v_{xx}+v_{yy}+\lambda v=0. \quad\quad\quad (6.1.5)$$

方程(6.1.4)的通解是

$$T(t)=A\mathrm{e}^{-\lambda a^2 t},$$

其中 A 为积分常数.方程(6.1.5)称为二维 Helmholtz 方程.为了求出这个方程满足边界条件

$$v\big|_{x^2+y^2=b^2}=0 \quad\quad\quad (6.1.6)$$

的解,需采用平面极坐标系,将方程(6.1.5)和条件(6.1.6)改写成极坐标下的形式

$$\begin{cases} \dfrac{\partial^2 v}{\partial \rho^2}+\dfrac{1}{\rho}\dfrac{\partial v}{\partial \rho}+\dfrac{1}{\rho^2}\dfrac{\partial^2 v}{\partial \varphi^2}+\lambda v=0 \quad (0<\rho<b), & (6.1.7) \\ v\big|_{\rho=b}=0. & (6.1.8) \end{cases}$$

再分离变量,令 $v(\rho,\varphi)=R(\rho)\Phi(\varphi)$,代入式(6.1.7)并令分离常数为 μ^2,得到

$$\Phi''(\varphi)+\mu^2\Phi(\varphi)=0, \tag{6.1.9}$$

$$\rho^2 R''(\rho)+\rho R'(\rho)+(\lambda\rho^2-\mu^2)R(\rho)=0. \tag{6.1.10}$$

由式(6.1.9)和周期条件

$$\Phi(\varphi+2\pi)=\Phi(\varphi),\quad \Phi'(\varphi+2\pi)=\Phi'(\varphi)$$

得

$$\mu^2=m^2,\quad (m=0,1,2,\cdots)$$

相应的本征函数系为

$$\Phi_m=A_m\cos m\varphi+B_m\sin m\varphi,\quad (m=0,1,2,\cdots)$$

这里 m 取非负整数的理由与 3.1 节例 3.1.1 相同.

将 $\mu^2=m^2$ 代入式(6.1.10),得

$$\rho^2 R''(\rho)+\rho R'(\rho)+(\lambda\rho^2-m^2)R(\rho)=0 \quad (m=0,1,2,\cdots). \tag{6.1.10}$$

方程(6.1.10)与 Bessel 方程(4.2.25)相比,除了变量名不同外,就是第三项中 ρ^2 的系数是 λ 而不是 1. 当 $\lambda>0$ 时,作变换 $r=\sqrt{\lambda}\rho$,式(6.1.10)就变成了和式(4.2.25)一样的标准 Bessel 方程

$$r^2 R''(r)+r R'(r)+(r^2-m^2)R(r)=0 \tag{6.1.11}$$

因此方程(6.1.10)也称为 Bessel 方程.由式(6.1.11)和第 4.2 节的讨论,知方程(6.1.10)的通解是

$$R(\rho)=C_m J_m(\sqrt{\lambda}\rho)+D_m Y_m(\sqrt{\lambda}\rho) \tag{6.1.12}$$

其中 $J_m(\sqrt{\lambda}\rho)$ 和 $Y_m(\sqrt{\lambda}\rho)$ 分别为第一类和第二类 Bessel 函数.

由条件(6.1.8)及盘上各点的温度都应该是有限的要求,还需加上条件

$$\begin{cases} R(b)=0, & (6.1.13) \\ |R(0)|<+\infty. & (6.1.14) \end{cases}$$

这时,由条件(6.1.14)及 6.2 节要讲的 Bessel 函数的性质,需要取 $D_m=0$,因此有

$$\begin{cases} R(\rho)=C_m J_m(\sqrt{\lambda}\rho),\quad 0<\rho<b, \\ R(b)=0. \end{cases} \tag{6.1.15}$$

这就是在第一类边界条件下,Bessel 函数的本征值问题,要进一步讨论,就涉及 Bessel 函数的零点,函数按 Bessel 函数展开等问题,将在 6.2 节中讨论.

当 $\lambda=0$ 时,方程(6.1.10)变成

$$\rho^2 R''(\rho)+\rho R'(\rho)-m^2 R(\rho)=0 \quad (m=0,1,2,\cdots).$$

这是在 §3.2 中求解过的 Euler 方程,其通解是

$$R_0=C_0+D_0\ln\rho \quad (m=0),$$

$$R=C_m\rho^m+D_m\dfrac{1}{\rho^m} \quad (m>0).$$

由条件(6.1.13)和条件(6.1.14),可知有 $C_0=D_0=C_m=D_m=0 \quad (m=1,2,\cdots)$,因此当 $\lambda=0$ 时,带有第一类齐次边界条件的 Bessel 方程没有非零解.

当 $\lambda<0$ 时,令 $\lambda=-\mu^2$,方程(6.1.10)可以写成如下形式,
$$\rho^2 R''(\rho)+\rho R'(\rho)-(\mu^2\rho^2+m^2)R(\rho)=0 \quad (m=0,1,2,\cdots). \tag{6.1.16}$$
这个方程称为修正 Bessel 方程,将在 6.4 节中讨论.

6.2 Bessel 函数的性质

6.2.1 Bessel 函数的基本形态及本征值问题

用 Maple 画出的第一类和第二类 Bessel 函数的图像如图 6.2.1 所示.
```
>plot({BesselJ(0,x),BesselJ(1,x),BesselJ(2,x),BesselJ(3,x)},x=0..15);
>plot({BesselY(0,x),BesselY(1,x),BesselY(2,x),BesselY(3,x)},x=0..15,-1..1);
```

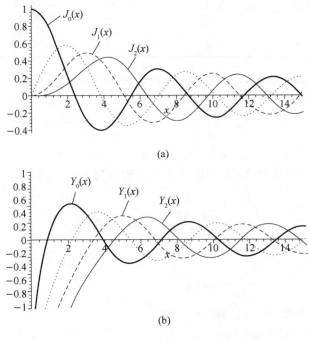

图 6.2.1

从图像上可以直观地看到:

1. $J_m(x)$ 在 $x=0$ 点有有限值,$Y_m(x)$ 在 $x=0$ 点无有限值;所以在要求在坐标原点处有有限值的问题中,第二类 Bessel 函数 $Y_m(x)$ 便不能使用.这就是在例 6.1.1 的讨论中,取 $Y_m(x)$ 前的系数 $D_m=0$ 的原因.

2. Bessel 函数 $J_m(x)$ 和 $Y_m(x)$ 都有无穷多个单重实零点,且 $J_m(x)$ 的实零点在 x 轴上关于原点是对称分布的,因而 $J_m(x)$ 必有无穷多个单重正零点.

3. $J_m(x)$ 的零点与 $J_{m+1}(x)$ 的零点是彼此相间分布的,即在 $J_m(x)$ 的任意两个相邻零点之间必存在且仅存在一个 $J_{m+1}(x)$ 的零点. 以 $x_n^{(m)}$ 表示 $J_m(x)$ 的第 n 个正零点,有 $x_n^{(m)}<x_n^{(m+1)}$.

4. 当 $n \to \infty$ 时，$x_{n+1}^{(m)} - x_n^{(m)}$ 无限趋近于 π，即 $J_m(x)$ 几乎是以 2π 为周期的周期函数，$J_m(x)$ 和 $Y_m(x)$ 有如下渐近公式

$$J_m(x)|_{x \to \infty} \to \left(\frac{2}{\pi x}\right)^{1/2} \cos\left(x - \frac{\pi m}{2} - \frac{\pi}{4}\right),$$

$$Y_m(x)|_{x \to \infty} \to \left(\frac{2}{\pi x}\right)^{1/2} \sin\left(x - \frac{\pi m}{2} - \frac{\pi}{4}\right).$$

5. 在解定解问题时，要用到 Bessel 函数零点的数值，为了便于工程上的应用，Bessel 函数零点的数值已经被详细地计算出来，并且列成了表格，在一般的《数学手册》上都可以查到. 表 6.2.1 给出了 $J_0(x)$ 和 $J_1(x)$ 的前十个正零点.

表 6.2.1 $J_0(x), J_1(x)$ 的零点

n	$x_n^{(0)}$	$x_n^{(1)}$	n	$x_n^{(0)}$	$x_n^{(1)}$
1	2.4048	3.8317	6	18.0711	19.6159
2	5.5201	7.0156	7	21.2116	22.7601
3	8.6537	10.1735	8	26.3525	26.9037
4	11.7925	13.3237	9	27.4935	29.0468
5	14.9309	16.4706	10	30.6346	32.1897

利用上述关于 Bessel 函数零点的讨论，本征值问题 (6.1.15) 应为

$$C_m J_m(\sqrt{\lambda} b) = 0.$$

因为 $C_m \neq 0$，必有

$$\sqrt{\lambda} b = x_n^{(m)}, \quad n = 1, 2, \cdots$$

其中 $x_n^{(m)}$ 是 $J_m(x)$ 的第 n 个正零点，只取正零点的理由与 3.1 节例 3.1.1 相同. 由此得到本征值为

$$\lambda_n = \frac{[x_n^{(m)}]^2}{b^2} \quad (n = 1, 2, \cdots),$$

相应的本征函数是

$$R_m(\rho) = C_m J_m\left(\frac{x_n^{(m)}}{b} \rho\right), \quad (n = 1, 2, \cdots).$$

一般地，Bessel 方程的本征值问题是

$$\begin{cases} \rho^2 R''(\rho) + \rho R'(\rho) + (\lambda \rho^2 - m^2) R(\rho) = 0, \\ [\alpha R(\rho) + \beta R'(\rho)]|_{\rho = R} = 0, \quad |R(0)| < +\infty. \end{cases}$$

$\beta = 0$ 或 $\alpha = 0$ 对应第一类或第二类边界条件，$\alpha \neq 0$，$\beta \neq 0$ 对应第三类边界条件.

如上面的讨论，对于第一类边界条件，本征值由 $J_m(x)$ 的零点 $x_n^{(m)}$ 确定. 对于第二类齐次边界条件，由 $C_m \sqrt{\lambda} J_m'(\sqrt{\lambda} b) = 0$，$C_m \neq 0$，$\lambda > 0$，本征值由 Bessel 函数一阶导数的零点 $J_m'(\sqrt{\lambda} b) = 0$ 来确定.

对于 $m = 0$ 的特例，由下面列出的 Bessel 函数的递推公式可知，$J_0'(x)$ 的零点，就是 $J_1(x)$ 的零点. 对于 $m \neq 0$ 的情况，由

$$J_m'(x) = \frac{1}{2}[J_{m-1}(x) - J_{m+1}(x)].$$

可知，$J_m'(x)$ 的零点，正是 $J_{m-1}(x)$ 和 $J_{m+1}(x)$ 两曲线的交点.

例 6.2.1 证明空心圆柱上 Bessel 方程的第一类边值问题

$$\begin{cases} \rho^2 R''(\rho) + \rho R'(\rho) + (\lambda \rho^2 - m^2) R(\rho) = 0, & (a < \rho < b), \\ R(a) = R(b) = 0 \end{cases}$$

的特征函数为 $R_{mn} = Y_m(\xi_n a) J_m(\xi_n \rho) - J_m(\xi_n a) Y_m(\xi_n \rho)$. 其中 ξ_n 是 $Y_m(ax) J_m(bx) - J_m(ax) Y_m(bx) = 0$ 的第 n 个正根.

证明 题中 Bessel 方程的通解是

$$R_m(\rho) = A_m J_m(\sqrt{\lambda} \rho) + B_m Y_m(\sqrt{\lambda} \rho) \tag{1}$$

由边界条件,有

$$R_m(a) = A_m J_m(\sqrt{\lambda} a) + B_m Y_m(\sqrt{\lambda} a) = 0$$
$$R_m(b) = A_m J_m(\sqrt{\lambda} b) + B_m Y_m(\sqrt{\lambda} b) = 0 \tag{2}$$

由于 A_m, B_m 应不全为零,所以上述方程的系数行列式为零

$$\begin{vmatrix} J_m(\sqrt{\lambda} a) & Y_m(\sqrt{\lambda} a) \\ J_m(\sqrt{\lambda} b) & Y_m(\sqrt{\lambda} b) \end{vmatrix} = J_m(\sqrt{\lambda} a) Y_m(\sqrt{\lambda} b) - J_m(\sqrt{\lambda} b) Y_m(\sqrt{\lambda} a) = 0,$$

所以本征值 λ 是方程

$$J_m(\sqrt{\lambda} a) Y_m(\sqrt{\lambda} b) - J_m(\sqrt{\lambda} b) Y_m(\sqrt{\lambda} a) = 0$$

的根,第 n 个根记为 ξ_n,即 $\sqrt{\lambda_n} = \xi_n (n = 1, 2, \cdots)$;同时可取常数 $A_m = Y_m(\xi_n a), B_m = -J_m(\xi_n a)$,代入式(1)得本征函数为

$$R_{mn} = Y_m(\xi_n a) J_m(\xi_n \rho) - J_m(\xi_n a) Y_m(\xi_n \rho).$$

6.2.2 Bessel 函数的递推公式

阶数相邻的 Bessel 函数之间存在着一定的关系,这些关系称为 Bessel 函数的递推公式,下面将讨论之.

由 4.2 节的讨论知,μ 阶第一类 Bessel 函数的表达式是

$$J_\mu(x) = \sum_{k=0}^{\infty} \frac{(-1)^k}{k! \Gamma(\mu + k + 1)} \left(\frac{x}{2} \right)^{\mu + 2k} \tag{6.2.1}$$

它满足如下的递推公式

$$\frac{d}{dx} \left[\frac{J_\mu(x)}{x^\mu} \right] = -\frac{J_{\mu+1}(x)}{x^\mu}, \tag{6.2.2}$$

$$\frac{d}{dx} [x^\mu J_\mu(x)] = x^\mu J_{\mu-1}(x), \tag{6.2.3}$$

$$x J'_\mu(x) - \mu J_\mu(x) = -x J_{\mu+1}(x), \tag{6.2.4}$$

$$x J'_\mu(x) + \mu J_\mu(x) = x J_{\mu-1}(x), \tag{6.2.5}$$

$$\mu J_\mu(x) = \frac{x}{2} [J_{\mu+1}(x) + J_{\mu-1}(x)], \tag{6.2.6}$$

$$J'_\mu(x) = \frac{1}{2} [J_{\mu-1}(x) - J_{\mu+1}(x)]. \tag{6.2.7}$$

证明 在以上六式中,我们只证明开头两式,后面四式可以从这两个基本公式的变形或适当组合得到. 实际上,只要将头两式左端的微商求出来,就可以得到式(6.2.4)和式(6.2.5);将式(6.2.4)和式(6.2.5)相减和相加,即可得式(6.2.6)和式(6.2.7).下面证明式(6.2.2)和

式(6.2.3).

(1) 将式(6.2.1)代入式(6.2.2)之左端,并求导得

$$\frac{d}{dx}\left[\frac{J_\mu(x)}{x^\mu}\right] = \sum_{k=1}^{\infty} \frac{(-1)^k}{(k-1)!\Gamma(\mu+k+1)} \left(\frac{1}{2}\right)^{\mu+2k-1} x^{2k-1},$$

将求和指标变换成 $l:l=k-1$,即 $k=l+1$,有

$$\frac{d}{dx}\left[\frac{J_\mu(x)}{x^\mu}\right] = -\sum_{l=0}^{\infty} \frac{(-1)^l}{l!\Gamma(\mu+l+2)} \left(\frac{1}{2}\right)^{\mu+2l+1} x^{2l+1}$$

$$= -\frac{1}{x^\mu} \sum_{l=0}^{\infty} \frac{(-1)^l}{l!\Gamma(\mu+l+2)} \left(\frac{x}{2}\right)^{\mu+2l+1} = -J_{\mu+1}(x)/x^\mu,$$

递推公式(6.2.3)由此得证.

(2) 将式(6.2.1)代入式(6.2.3)之左端,并求导有

$$\frac{d}{dx}[x^\mu J_\mu(x)] = \sum_{k=0}^{\infty} \frac{(-1)^k (2\mu+2k) x^{2\mu+2k-1}}{k!\Gamma(\mu+k+1)} \left(\frac{1}{2}\right)^{\mu+2k}$$

$$= \sum_{k=0}^{\infty} \frac{(-1)^k (\mu+k) x^{2\mu+2k-1}}{k!(\mu+k)\Gamma(\mu+k)} \left(\frac{1}{2}\right)^{\mu+2k-1}$$

$$= x^\mu \sum_{k=0}^{\infty} \frac{(-1)^k}{k!\Gamma(\mu+k)} \left(\frac{x}{2}\right)^{\mu+2k-1}$$

$$= x^\mu J_{\mu-1}(x)$$

由此递推公式(6.2.3)得证.

下面,就递推公式再作几点补充说明:

(1) 将式(6.2.6)改写成

$$J_{\mu+1}(x) = 2\mu J_\mu(x)/x - J_{\mu-1}(x). \tag{6.2.8}$$

这是一种 Bessel 函数的降阶公式,高阶的 Bessel 函数可用此式连续降阶,最后用零阶和一阶 Bessel 函数表示.

(2) 式(6.2.2)的特例($\mu=0$)是

$$J_0'(x) = -J_1(x). \tag{6.2.9}$$

由此可得不定积分公式

$$\int J_1(x) dx = -J_0(x) + C. \tag{6.2.10}$$

(3) 由式(6.2.2)和式(6.2.3)可得不定积分公式

$$\int \frac{J_{\mu+1}(x)}{x^\mu} dx = -\frac{J_\mu(x)}{x^\mu} + C, \tag{6.2.11}$$

$$\int x^\mu J_{\mu-1}(x) dx = x^\mu J_\mu(x) + C. \tag{6.2.12}$$

第二类 Bessel 函数也具有与第一类 Bessel 函数相同的递推公式:

$$\begin{cases} \frac{d}{dx}[x^\mu Y_\mu(x)] = x^\mu Y_{\mu-1}(x), \\ \frac{d}{dx}[x^{-\mu} Y_\mu(x)] = -x^{-\mu} Y_{\mu+1}(x), \\ Y_{\mu-1}(x) + Y_{\mu+1}(x) = \frac{2\mu}{x} Y_\mu(x), \\ Y_{\mu-1}(x) - Y_{\mu+1}(x) = 2Y_\mu'(x). \end{cases}$$

作为 Bessel 函数递推公式的应用，我们考虑高阶半整数阶 Bessel 函数. 在 4.2 节中我们已经知道：
$$J_{\frac{1}{2}}(x) = \sqrt{\frac{2}{\pi x}} \sin x, \quad \text{及} \quad J_{-\frac{1}{2}}(x) = \sqrt{\frac{2}{\pi x}} \cos x.$$

利用递推公式(6.2.8)得到
$$J_{\frac{3}{2}}(x) = \frac{1}{x} J_{\frac{1}{2}}(x) - J_{-\frac{1}{2}}(x) = \sqrt{\frac{2}{\pi x}} \left(-\cos x + \frac{1}{x} \sin x \right)$$
$$= -\sqrt{\frac{2}{\pi}} x^{\frac{3}{2}} \cdot \frac{1}{x} \frac{\mathrm{d}}{\mathrm{d}x} \left(\frac{\sin x}{x} \right) = -\sqrt{\frac{2}{\pi}} x^{\frac{3}{2}} \cdot \left(\frac{1}{x} \frac{\mathrm{d}}{\mathrm{d}x} \right) \left(\frac{\sin x}{x} \right).$$

同理可得
$$J_{-\frac{3}{2}}(x) = \sqrt{\frac{2}{\pi}} x^{\frac{3}{2}} \cdot \left(\frac{1}{x} \frac{\mathrm{d}}{\mathrm{d}x} \right) \left(\frac{\cos x}{x} \right).$$

一般地有
$$J_{n+\frac{1}{2}}(x) = (-1)^n \sqrt{\frac{2}{\pi}} x^{n+\frac{1}{2}} \cdot \left(\frac{1}{x} \frac{\mathrm{d}}{\mathrm{d}x} \right)^n \left(\frac{\sin x}{x} \right),$$
$$J_{-(n+\frac{1}{2})}(x) = \sqrt{\frac{2}{\pi}} x^{n+\frac{1}{2}} \cdot \left(\frac{1}{x} \frac{\mathrm{d}}{\mathrm{d}x} \right)^n \left(\frac{\cos x}{x} \right).$$

这里为了简便起见，采用了微分算子 $\left(\frac{1}{x} \frac{\mathrm{d}}{\mathrm{d}x} \right)^n$，它是算子 $\frac{1}{x} \frac{\mathrm{d}}{\mathrm{d}x}$ 连续作用 n 次的缩写. 如
$$\left(\frac{1}{x} \frac{\mathrm{d}}{\mathrm{d}x} \right)^2 \left(\frac{\sin x}{x} \right) = \frac{1}{x} \frac{\mathrm{d}}{\mathrm{d}x} \left[\frac{1}{x} \frac{\mathrm{d}}{\mathrm{d}x} \left(\frac{\sin x}{x} \right) \right],$$

千万不能把它与 $\frac{1}{x^n} \frac{\mathrm{d}^n}{\mathrm{d}x^n}$ 混为一谈.

由以上分析可见，半整数阶 Bessel 函数 $J_{n+\frac{1}{2}}(x)$，$J_{-(n+\frac{1}{2})}(x)$ $(n=0,1,2,\cdots)$ 都是初等函数.

例 6.2.2 利用 Bessel 函数的递推公式证明

(1) $\int x^n J_0(x) \mathrm{d}x = x^n J_1(x) + (n-1)x^{n-1} J_0(x) - (n-1)^2 \int x^{n-2} J_0(x) \mathrm{d}x$；

(2) $\int_0^a x^3 J_0 \left(\frac{\xi}{a} x \right) \mathrm{d}x = \frac{2a^4}{\xi^2} J_0(\xi)$，其中 ξ 是 $J_1(x) = 0$ 的正根.

证明 (1) 由 $\frac{\mathrm{d}}{\mathrm{d}x}[xJ_1(x)] = xJ_0(x)$，$\frac{\mathrm{d}J_0(x)}{\mathrm{d}x} = -J_1(x)$，并应用分部积分法有
$$\int x^n J_0(x) \mathrm{d}x = \int x^{n-1} \mathrm{d}(xJ_1) = x^n J_1(x) - (n-1) \int x^{n-1} J_1(x) \mathrm{d}x$$
$$= x^n J_1(x) + (n-1) \int x^{n-1} \mathrm{d}(J_0(x))$$
$$= x^n J_1(x) + (n-1)x^{n-1} J_0 - (n-1)^2 \int x^{n-2} J_0(x) \mathrm{d}x.$$

(2) 在上式中，取 $n = 3$，并再次利用 $(xJ_1)' = xJ_0$，有
$$\int x^3 J_0(x) \mathrm{d}x = x^3 J_1(x) + 2x^2 J_0(x) - 4xJ_1(x) + c$$

其中 c 是积分常数. 在上式中代入积分上下限，并注意 $J_1(\xi) = J_0'(\xi) = 0$，得
$$\int_0^a x^3 J_0 \left(\frac{\xi}{a} x \right) \mathrm{d}x = \frac{a^4}{\xi^4} \left[x^3 J_1(x) + 2x^2 J_0(x) - 4xJ_1(x) \right] \Big|_0^\xi = \frac{2a^4}{\xi^2} J_0(\xi).$$

6.2.3 Bessel 函数的正交性和模方

将 Bessel 方程(6.1.10)写成 Sturm-Liouville 型方程是

$$\frac{\mathrm{d}}{\mathrm{d}\rho}\Big[\rho\frac{\mathrm{d}R(\rho)}{\mathrm{d}\rho}\Big]-\frac{m^2}{\rho}R(\rho)+\lambda\rho R(\rho)=0. \quad (6.2.13)$$

其中 λ 是参数,由此知 Bessel 方程的权函数是 ρ,如记 $\lambda=\eta^2$,$J_m(\eta_k\rho)$、$J_m(\eta_n\rho)$ 分别为对应不同本征值 η_k、η_n 的本征函数,则 Bessel 函数的正交关系表示为

$$\int_0^b R_k(\rho)R_n(\rho)\rho\mathrm{d}\rho = \int_0^b J_m(\eta_k\rho)J_m(\eta_n\rho)\rho\mathrm{d}\rho = 0 \quad (k\neq n), \quad (6.2.14)$$

其中 $\eta_k=\sqrt{\lambda_k}$,$\eta_n=\sqrt{\lambda_n}$ 分别表示第 k 和第 n 个本征值. 当 $k=n$ 时,有

$$\begin{aligned}[N_n^{(m)}]^2 &= \int_0^b [R_n(\rho)]^2\rho\mathrm{d}\rho = \int_0^b [J_m(\eta_n\rho)]^2\rho\mathrm{d}\rho \\ &= \frac{b^2}{2}[J'_m(\eta_n b)]^2 + \frac{1}{2}\Big(b^2-\frac{m^2}{\eta_n^2}\Big)[J_m(\eta_n b)]^2.\end{aligned} \quad (6.2.15)$$

$[N_n^{(m)}]^2$ 称为 Bessel 函数的模方,式(6.2.15)称为 Bessel 函数模方的计算公式.

式(6.2.14)可以作为§4.3 性质 4.3.4 的具体应用来承认,也可以仿照性质 4.3.4 的证明方法来证明,留给读者完成. 现在来证明式(6.2.15),用 $\rho R'_n$ 乘 Sturm-Liouville 型 Bessel 方程(6.2.13)

$$\frac{\mathrm{d}}{\mathrm{d}\rho}\Big(\rho\frac{\mathrm{d}R_n}{\mathrm{d}\rho}\Big)+\Big(\eta_n^2\rho-\frac{m^2}{\rho}\Big)R_n(\rho)=0,$$

的两边,得到

$$\rho R'_n\frac{\mathrm{d}}{\mathrm{d}\rho}\Big(\rho\frac{\mathrm{d}R_n}{\mathrm{d}\rho}\Big)+(\eta_n^2\rho^2-m^2)R_n R'_n=0,$$

它可以改写成

$$\frac{1}{2}\frac{\mathrm{d}}{\mathrm{d}\rho}(\rho R'_n)^2+\frac{1}{2}(\eta_n^2\rho^2-m^2)\frac{\mathrm{d}R_n^2}{\mathrm{d}\rho}=0.$$

将上式对 ρ 从 0 到 b 进行积分,得

$$\frac{b^2}{2}[R'_n(b)]^2+\frac{1}{2}\int_0^b(\eta_n^2\rho^2-m^2)\mathrm{d}R_n^2 = 0,$$

将 $R'_n(b)=\eta_n J'_m(\eta_n b)$ 代入上式,再对上式中的积分项进行分部积分,可得

$$\frac{b^2}{2}\eta_n^2[J'_m(\eta_n b)]^2+\frac{1}{2}(\eta_n^2\rho^2-m^2)R_n^2\Big|_0^b-\int_0^b\eta_n^2[R_n(\rho)]^2\rho\mathrm{d}\rho=0.$$

上式左端第二项,在下限 $\rho=0$ 处的值为零. 因为当 $m=0$ 时,它显然为零;当 $m\neq 0$ 时,由于 $R(0)=J_m(0)=0$,故其值也为零. 这样,对上式进行整理,化简就有

$$[N_n^{(m)}]^2 = \int_0^b[R_n(\rho)]^2\rho\mathrm{d}\rho = \frac{b^2}{2}[J'_m(\eta_n b)]^2+\frac{1}{2}\Big(b^2-\frac{m^2}{\eta_n^2}\Big)[J_m(\eta_n b)]^2.$$

式(6.2.15)的导出,并未涉及边界条件的类型,它对三类齐次边界条件都适用. 针对不同的边界条件,公式可以简化.

(1) 对第一类齐次边界条件

因为这时有 $J_m(\eta_n b)=0$,故式(6.2.15)化为

$$[N_n^{(m)}]^2 = \frac{b^2}{2}[J'_m(\eta_n b)]^2 = \frac{b^2}{2}[J_{m+1}(\eta_n b)]^2. \quad (6.2.16)$$

上式的最后一步中,已利用了递推公式(6.2.4)和此时的边界条件.

(2) 对第二类齐次边界条件

因为这时有 $J'_m(\eta_n b)=0$,故式(6.2.15)化为

$$[N_n^{(m)}]^2 = \frac{1}{2}\left(b^2 - \frac{m^2}{\eta_n^2}\right)[J_m(\eta_n b)]^2. \tag{6.2.17}$$

(3) 对第三类齐次边界条件

因为这时有

$$J'_m(\eta_n b) = -\frac{1}{H\eta_n}J_m(\eta_n b),$$

所以模方公式化为

$$[N_n^{(m)}]^2 = \frac{1}{2}\left(b^2 - \frac{m^2}{\eta_n^2} + \frac{b^2}{H^2 \eta_n^2}\right)[J_m(\eta_n b)]^2. \tag{6.2.18}$$

6.2.4 按 Bessel 函数的广义 Fourier 级数展开

如果函数 $f(\rho)$ 满足展开成 Fourier 级数的条件,就可以展开成下列绝对且一致收敛的级数——称为 Fourier-Bessel 级数或广义 Fourier 级数

$$f(\rho) = \sum_{n=1}^{\infty} f_n J_m(\eta_n \rho), \tag{6.2.19}$$

由正交性公式和模方的定义,级数的系数按下面公式计算

$$f_n = \frac{1}{[N_n^{(m)}]^2} \int_0^b f(\rho) J_m(\eta_n \rho) \rho \mathrm{d}\rho. \tag{6.2.20}$$

求 f_n 常要求某些包含 Bessel 函数的积分.这个问题要用到递推公式等一些技巧,放到后面的例题中介绍.

例 6.2.3 在第一类齐次边界条件下,把定义在 $(0,b)$ 上的函数

$$f(\rho) = H(1-\rho^2/b^2)$$

(其中 H 为常数)按零阶 Bessel 函数 $J_0(\eta_n \rho)$ 展开成级数.

解 按式(6.2.19)与式(6.2.20),有

$$H\left(1 - \frac{\rho^2}{b^2}\right) = \sum_{n=1}^{\infty} f_n J_0(\eta_n \rho) \tag{6.2.21}$$

$$f_n = \frac{1}{[N_n^{(0)}]^2} \int_0^b H\left(1 - \frac{\rho^2}{b^2}\right) J_0(\eta_n \rho) \rho \mathrm{d}\rho, \tag{6.2.22}$$

其中 $N_n^{(0)}$ 为模方,因为属于第一类齐次边界条件

$$J_0(\eta_n b) = 0,$$

由零阶 Bessel 函数的零点 $x_n^{(0)}$ 确定本征值

$$\eta_n = \frac{x_n^{(0)}}{b}. \tag{6.2.23}$$

按式(6.2.16)有

$$[N_n^{(0)}]^2 = \frac{b^2}{2}[J_1(x_n^{(0)})]^2. \tag{6.2.24}$$

为求式(6.2.24)中的积分,先计算以下不定积分

(1) $I_1 = \int x J_0(x) \mathrm{d}x \xrightarrow{\text{由递推公式}(6.2.3)} \int \dfrac{\mathrm{d}}{\mathrm{d}x}[x J_1(x)] \mathrm{d}x = x J_1(x) + C;$ (6.2.25)

(2) 由递推公式和分部积分法, 有

$$\begin{aligned} I_2 &= \int x^3 J_0(x) \mathrm{d}x = \int x^2 [x J_0(x)] \mathrm{d}x \\ &= \int x^2 \mathrm{d}[x J_1(x)] = x^3 J_1(x) - \int 2x^2 J_1(x) \mathrm{d}x \\ &= x^3 J_1(x) - 2x^2 J_2(x) + C. \end{aligned}$$

这个积分可以由 Maple 直接算出:

$>\mathrm{int}(\mathrm{x}\verb|^|3*\mathrm{BesselJ}(0,\mathrm{x}),\ \mathrm{x});$

$$x^3 \mathrm{BesselJ}(1,x) - 2x^2 \mathrm{BesselJ}(2,x).$$

利用 Bessel 函数的降阶公式还可以将结果简化:

$$\begin{aligned} I_2 &= x^3 J_1(x) + 2x^2 J_0(x) - 4x J_1(x) + C \\ &= (x^3 - 4x) J_1(x) + 2x^2 J_0(x) + C. \end{aligned}$$ (6.2.26)

利用式 (6.2.25)、式 (6.2.26) 两式, 就可求出式 (6.2.22) 中的积分

$$\int_0^b H\left(1 - \dfrac{\rho^2}{b^2}\right) J_0(\eta_n \rho) \rho \mathrm{d}\rho = \dfrac{4Hb^2 J_1(x_n^{(0)})}{[x_n^{(0)}]^3}.$$ (6.2.27)

将式 (6.2.24)、式 (6.2.27) 代入式 (6.2.22) 中, 求得系数为

$$f_n = \dfrac{8H}{[x_n^{(0)}]^3 J_1(x_n^{(0)})}.$$ (6.2.28)

于是

$$H\left(1 - \dfrac{\rho^2}{b^2}\right) = \sum_{n=1}^{\infty} \dfrac{8H}{[x_n^{(0)}]^3 J_1(x_n^{(0)})} J_0(\eta_n \rho).$$

6.2.5 Bessel 函数的母函数 积分表示和加法公式

函数 $\mathrm{e}^{\frac{x}{2}\left(t - \frac{1}{t}\right)}$ $(0 < |t| < \infty)$ 展开为 t 的 Laurent 级数时, 其系数是 $J_n(x)$, 即

$$\mathrm{e}^{\frac{x}{2}\left(t - \frac{1}{t}\right)} = \sum_{n=-\infty}^{\infty} J_n(x) t^n \quad (0 < |t| < \infty)$$ (6.2.29)

因此, 函数 $\mathrm{e}^{\frac{x}{2}\left(t - \frac{1}{t}\right)}$ 称为 $J_n(x)$ 的母函数或生成函数. 上式称为 $J_n(x)$ 的母函数关系.

证明 由 Taylor 级数知识, $\mathrm{e}^z = \sum\limits_{k=0}^{\infty} \dfrac{1}{k!} z^k$, 因而

$$\mathrm{e}^{\frac{x}{2}t} = \sum_{l=0}^{\infty} \dfrac{1}{l!} \left(\dfrac{x}{2} t\right)^l = \sum_{l=0}^{\infty} \dfrac{1}{l!} \left(\dfrac{x}{2}\right)^l t^l,$$

$$\mathrm{e}^{-\frac{x}{2t}} = \sum_{k=0}^{\infty} \dfrac{1}{k!} \left(-\dfrac{x}{2t}\right)^k = \sum_{l=0}^{\infty} (-1)^k \dfrac{1}{k!} \left(\dfrac{x}{2}\right)^k t^{-k},$$

于是

$$\mathrm{e}^{\frac{x}{2}\left(t - \frac{1}{t}\right)} = \sum_{l=0}^{\infty} \sum_{k=0}^{\infty} (-1)^k \dfrac{\left(\dfrac{x}{2}\right)^{k+l}}{l! k!} t^{l-k}.$$

令

$$l - k = n,$$

以 n 代替 l, 因为 $0 \leqslant l < \infty$, $0 \leqslant k < \infty$, 则 $-\infty < l - k < \infty$, 即 $-\infty < n < \infty$, 因而

$$e^{\frac{x}{2}(t-\frac{1}{t})} = \sum_{n=-\infty}^{\infty} \sum_{k=0}^{\infty} (-1)^k \frac{1}{k!(n+k)!} \left(\frac{x}{2}\right)^{n+2k} t^n = \sum_{n=-\infty}^{\infty} J_n(x) t^n.$$

这就是所要证明的.

令 $t = e^{i\xi}$,则式(6.2.29)可以改写成

$$e^{ix\sin\xi} = \sum_{n=-\infty}^{\infty} J_n(x) e^{in\xi}; \tag{6.2.30}$$

又令 $\xi = \psi - \dfrac{\pi}{2}$,式(6.2.30)又可以改写成

$$e^{-ix\cos\psi} = \sum_{n=-\infty}^{\infty} (-i)^n J_n(x) e^{in\psi}; \tag{6.2.31}$$

又令 $\psi = \theta + \pi$,式(6.2.31)改写成

$$e^{ix\cos\psi} = \sum_{n=-\infty}^{\infty} (i)^n J_n(x) e^{in\theta}. \tag{6.2.32}$$

式(6.2.29)~式(6.2.32)是彼此等价的.

把式(6.2.30)的右端看作复数形式的 Fourier 级数,那么 $J_n(x)$ 就是 $e^{ix\sin\xi}$ 的 Fourier 级数,所以

$$J_n(x) = \frac{1}{2\pi} \int_{-\pi}^{\pi} e^{ix\sin\xi} e^{-in\xi} d\xi = \frac{1}{2\pi} \int_{-\pi}^{\pi} e^{ix\sin\xi - in\xi} d\xi. \tag{6.2.33}$$

被积函数 $e^{ix\sin\xi - in\xi} = \cos(x\sin\xi - n\xi) + i\sin(x\sin\xi - n\xi)$,虚部是 ξ 的奇函数,在区间 $[-\pi, \pi]$ 上积分为零,所以

$$J_n(x) = \frac{1}{2\pi} \int_{-\pi}^{\pi} \cos(x\sin\xi - n\xi) d\xi = \frac{1}{2\pi} \int_{-\pi}^{\pi} (n\xi - x\sin\xi) d\xi$$
$$= \frac{1}{2\pi} \int_{-\pi}^{\pi} e^{in\xi - ix\sin\xi} d\xi. \tag{6.2.34}$$

如果用 ψ 和 θ 代替 ξ,则有

$$J_n(x) = \frac{(-i)^n}{2\pi} \int_{-\pi}^{\pi} e^{ix\cos\psi + in\psi} d\psi; \tag{6.2.35}$$

和

$$J_n(x) = \frac{i^n}{2\pi} \int_{-\pi}^{\pi} e^{-ix\cos\theta + in\theta} d\theta. \tag{6.2.36}$$

式(6.2.34)~式(6.2.36)称为整阶 Bessel 函数的积分表示.

下面推导整阶 Bessel 函数的加法公式.由母函数公式(6.2.29),有

$$\sum_{n=-\infty}^{\infty} J_n(a+b) t^n = e^{\frac{1}{2}(a+b)(t-\frac{1}{t})} = e^{\frac{1}{2}a(t-\frac{1}{t})} e^{\frac{1}{2}b(t-\frac{1}{t})},$$

对右边两个函数分别应用母函数公式(6.2.29),有

$$\sum_{n=-\infty}^{\infty} J_n(a+b) t^n = \sum_{k=-\infty}^{\infty} J_k(a) t^k \sum_{n=-\infty}^{\infty} J_n(b) t^n,$$

比较等式两边 t^n 的系数,即得到加法公式

$$J_n(a+b) = \sum_{k=-\infty}^{\infty} J_k(a) J_{n-k}(b). \tag{6.2.37}$$

6.3 Bessel 函数在定解问题中的应用

现在,我们举些 Bessel 函数在定解问题中应用的例子,以加深对它们的理解和掌握.

首先回到第 6.1 节例 6.1.1,在极坐标中分离变量,即令 $u(t,\rho,\varphi)=T(t)R(\rho)\Phi(\varphi)$,我们已经得到 $T(t)=Ae^{-\lambda a^2 t}$,$\Phi_m = A_m\cos m\varphi + B_m\sin m\varphi$,$(m=0,1,2,\cdots)$ 和 $R_m(\rho)=C_m J_m(\sqrt{\lambda}\rho) + D_m Y_m(\sqrt{\lambda}\rho)$,其中 A、A_m、B_m、C_m 和 D_m 为任意常数. 由边界条件和 Bessel 函数的性质,我们进一步定得 $D_m=0$,和本征值 $\lambda=\left(\dfrac{x_n^{(m)}}{b}\right)^2$ $(n=1,2,\cdots)$,其中 $x_n^{(m)}$ 为 m 阶 Bessel 函数 $J_m(x)$ 的第 n 零点. 这样经过组合、叠加,第 6.1 节例 6.1.1 中定解问题的解,即圆盘中各点的温度分布可以表示为

$$u(t,\rho,\varphi) = \sum_{m=0}^{\infty}\sum_{n=1}^{\infty} T_n(t)R_{mn}(\rho)\Phi_m(\varphi)$$

$$= \sum_{m=0}^{\infty}\sum_{n=1}^{\infty} e^{-\left(\frac{x_n^{(m)}}{b}\right)^2 a^2 t} J_m\left(\frac{x_n^{(m)}}{b}\rho\right)(A_{mn}\cos m\varphi + B_{mn}\sin m\varphi)$$

注意,这里将各个函数中的任意常数都合并到 A_{mn} 和 B_{mn} 中了. 下面的任务是用初始条件确定 A_{mn} 和 B_{mn}.

由问题的初始条件 $u|_{t=0}=f(\rho,\varphi)$,得

$$\sum_{m=0}^{\infty}\sum_{n=1}^{\infty} J_m\left(\frac{x_n^{(m)}}{b}\rho\right)(A_{mn}\cos m\varphi + B_{mn}\sin m\varphi) = f(\rho,\varphi)$$

要确定 A_{mn} 和 B_{mn},就需要将左端的函数按 ρ 和 φ 进行双重展开,即按 φ 进行三角级数展开,而按 ρ 进行 Fourier-Bessel 展开. 为了计算方便并不失一般性,我们讨论轴对称问题. 即如果初始条件只与 ρ 有关,而与 φ 无关,即初始条件变为 $u|_{t=0}=f(\rho)$,这时可以认为,圆盘内的温度分布也与 φ 无关,即 $u=u(\rho,t)$,这类问题就称为轴对称问题. 为了计算上的方便,在本课程中我们讨论轴对称问题.

如果设 $f(\rho)=1-\rho^2$,并设圆盘的半径为 $b=1$,则例 6.1.1 中的定解问题变为

$$\begin{cases} \dfrac{\partial u}{\partial t}=a^2\left(\dfrac{\partial^2 u}{\partial \rho^2}+\dfrac{1}{\rho}\dfrac{\partial u}{\partial \rho}\right), & 0<\rho<b=1, \\ u|_{\rho=1}=0, \\ u|_{t=0}=1-\rho^2. \end{cases} \tag{6.3.1}$$

这里是第一类齐次边界条件,经过分离变量法,可知这时 $m=0$,问题的一般解成为

$$u(\rho,t) = \sum_{n=1}^{\infty} A_n e^{-a^2\left[x_n^{(0)}\right]^2 t} J_0(x_n^{(0)}\rho), \tag{6.3.2}$$

注意:因为 u 与 φ 无关,故 $m=0$,$\Phi(\varphi)=$常数. $J_0(x_n^{(0)}\rho)$ 是零阶 Bessel 函数,$x_n^{(0)}$ $(n=1,2,\cdots)$ 为零阶 Bessel 函数 $J_0(x)$ 第 n 个零点. 由初始条件得,

$$1-\rho^2 = \sum_{n=1}^{\infty} A_n J_0(x_n^{(0)}\rho),$$

将左端的函数按 Bessel 函数展开,并比较等式两边级数的系数,有

$$A_n = \frac{2}{[J_0'(x_n^{(0)})]^2} \int_0^1 (1-\rho^2)\rho J_0(x_n^{(0)}\rho)\mathrm{d}\rho$$

$$= \frac{2}{[J_1(x_n^{(0)})]^2}\left[\int_0^1 \rho J_0(x_n^{(0)}\rho)\mathrm{d}\rho - \int_0^1 \rho^3 J_0(x_n^{(0)}\rho)\mathrm{d}\rho\right],$$

现在计算上式右端的两个积分，令 $x=x_n^{(0)}\rho$，并利用 $\mathrm{d}[xJ_1(x)]=xJ_0(x)\mathrm{d}x$，有

$$\int_0^1 \rho J_0(x_n^{(0)}\rho)\mathrm{d}\rho = \int_0^{x_n^{(0)}} \frac{x}{x_n^{(0)}}J_0(x)\frac{\mathrm{d}x}{x_n^{(0)}} = \frac{1}{[x_n^{(0)}]^2}\int_0^{x_n^{(0)}} xJ_0(x)\mathrm{d}x$$

$$= \frac{1}{[x_n^{(0)}]^2}\int_0^{x_n^{(0)}} \mathrm{d}[xJ_1(x)] = \frac{1}{[x_n^{(0)}]^2}[xJ_1(x)]\Big|_0^{x_n^{(0)}} = \frac{1}{x_n^{(0)}}J_1(x_n^{(0)})$$

而

$$\int_0^1 \rho^3 J_0(x_n^{(0)}\rho)\mathrm{d}\rho = \int_0^{x_n^{(0)}} \frac{x^3 J_0(x)}{[x_n^{(0)}]^3}\frac{\mathrm{d}x}{x_n^{(0)}}$$

$$= \frac{1}{[x_n^{(0)}]^4}\int_0^{x_n^{(0)}} x^3 J_0(x)\mathrm{d}x = \frac{1}{[x_n^{(0)}]^4}\int_0^{x_n^{(0)}} x^2 \mathrm{d}[xJ_1(x)]$$

$$= \frac{1}{[x_n^{(0)}]^4}[x^3 J_1(x)]\Big|_0^{x_n^{(0)}} - 2\frac{1}{[x_n^{(0)}]^4}\int_0^{x_n^{(0)}} x^2 J_1(x)\mathrm{d}x$$

$$= \frac{J_1(x_n^{(0)})}{x_n^{(0)}} - 2\frac{1}{[x_n^{(0)}]^4}\int_0^{x_n^{(0)}} \mathrm{d}[x^2 J_2(x)]$$

$$= \frac{J_1(x_n^{(0)})}{x_n^{(0)}} - \frac{2}{[x_n^{(0)}]^4}[x^2 J_2(x)]\Big|_0^{x_n^{(0)}} = \frac{J_1(x_n^{(0)})}{x_n^{(0)}} - \frac{2J_2(x_n^{(0)})}{[x_n^{(0)}]^2}.$$

上述计算使用了分部积分法和递推公式(6.2.3)，于是

$$A_n = \frac{4J_2(x_n^{(0)})}{[x_n^{(0)}J_1(x_n^{(0)})]^2},$$

代入(6.3.2)得定解问题(6.3.1)的解为

$$u(\rho,t) = \sum_{n=1}^{\infty} \frac{4J_2(x_n^{(0)})}{[x_n^{(0)}J_1(x_n^{(0)})]^2} J_0(x_n^{(0)}\rho)\mathrm{e}^{-a^2(x_n^{(0)})^2 t}. \tag{6.3.3}$$

例 6.3.1 求解下列定解问题

$$\begin{cases} \dfrac{\partial^2 u}{\partial t^2} = a^2\left(\dfrac{\partial^2 u}{\partial \rho^2} + \dfrac{1}{\rho}\dfrac{\partial u}{\partial \rho}\right), & 0<\rho<b, \\ \dfrac{\partial u}{\partial \rho}\bigg|_{\rho=b} = 0, \ |u|_{\rho=0}| < +\infty, \\ u|_{t=0} = 0, \ \dfrac{\partial u}{\partial t}\bigg|_{t=0} = 1 - \dfrac{\rho^2}{b^2}. \end{cases} \tag{6.3.4}$$

解 这是极坐标系中二维波动方程的定解问题，这里 u 与 φ 无关，为轴对称问题. 应用分离变量法，令 $u(\rho,t)=R(\rho)T(t)$，代入(6.3.4)中的方程，并整理得

$$\rho^2 R''(\rho) + \rho R'(\rho) + \lambda\rho^2 R(\rho) = 0, \tag{6.3.5}$$

及

$$T''(t) + \lambda a^2 T(t) = 0. \tag{6.3.6}$$

方程(6.3.5)是零阶 Bessel 方程，其通解是

$$\begin{cases} R_0(\rho) = C_0 + D_0 \ln\rho & (\lambda=0), \\ R(\rho) = CJ_0(\sqrt{\lambda}\rho) + DY_0(\sqrt{\lambda}\rho) & (\lambda>0). \end{cases} \tag{6.3.7}$$

由边界条件 $\dfrac{\partial u}{\partial \rho}\bigg|_{\rho=b}=0$，$|u|_{\rho=0}|<+\infty$，有 $\dfrac{dR}{d\rho}\bigg|_{\rho=b}=0$，$|R(0)|<+\infty$. 由 $|R(0)|<+\infty$，需要取

$$D_0=0,\quad D=0; \tag{6.3.8}$$

再由 $\dfrac{dR}{d\rho}\bigg|_{\rho=b}=0$，得

$$R_0(\rho)=C_0\quad (\lambda=0),$$
$$CJ_0'(\sqrt{\lambda}b)=0\quad (\lambda>0),$$

由递推公式(6.2.1)，有

$$J_1(\sqrt{\lambda}b)=0,$$

由此得

$$\sqrt{\lambda}b=x_n^{(1)}\quad (n=1,2,\cdots),$$

其中 $x_n^{(1)}\ (n=1,2,\cdots)$ 表示 $J_1(x)$ 的第 n 个零点. 由此得到本征值为

$$\lambda_0=0,\quad \lambda_n=\left(\dfrac{x_n^{(1)}}{b}\right)^2\quad (n=1,2,\cdots). \tag{6.3.9}$$

相应的本征函数为

$$R_0(\rho)=C_0\quad (\lambda_0=0),$$
$$R_n(\rho)=C_n J_0\left(\dfrac{x_n^{(1)}}{b}\rho\right)\quad \left(\lambda_n=\left[\dfrac{x_n^{(1)}}{b}\right]^2\right). \tag{6.3.10}$$

将本征值(6.3.9)代入方程(6.3.6)，解得

$$T_0(t)=A_0+B_0 t,\quad (\lambda_0=0),$$
$$T_n(t)=A_n\cos\dfrac{ax_n^{(1)}t}{b}+B_n\sin\dfrac{ax_n^{(1)}t}{b}\quad \left(\lambda_n=\left[\dfrac{x_n^{(1)}}{b}\right]^2\right). \tag{6.3.11}$$

组合式(6.3.10)和式(6.3.11)并叠加，得到本定解问题的一般解为

$$\begin{aligned}u(\rho,t)&=R_0(\rho)T_0(t)+\sum_{n=1}^{\infty}R_n(\rho)T_n(t)\\ &=A_0+B_0 t+\sum_{n=1}^{\infty}\left(A_n\cos\dfrac{ax_n^{(1)}t}{b}+B_n\sin\dfrac{ax_n^{(1)}t}{b}\right)J_0\left(\dfrac{x_n^{(1)}}{b}\rho\right).\end{aligned} \tag{6.3.12}$$

注意常数 C_0 和 C_n 合到相应的常数中.

由初始条件

$$u|_{t=0}=0,$$

得

$$A_0+\sum_{n=1}^{\infty}A_n J_0\left(\dfrac{x_n^{(1)}}{b}\rho\right)=0,$$

由此得

$$A_0=0,\quad A_n=0\quad (n=1,2,\cdots).$$

再由

$$\dfrac{\partial u}{\partial t}\bigg|_{t=0}=1-\dfrac{\rho^2}{b^2},$$

得

$$B_0 + \sum_{n=1}^{\infty} B_n \frac{a x_n^{(1)}}{b} J_0\left(\frac{x_n^{(1)}}{b}\rho\right) = 1 - \frac{\rho^2}{b^2},$$

分别用 ρ 和 $\rho J_0\left(\frac{x_k^{(1)}}{b}\rho\right)$ 乘上式两边，并分别在 $[0,b]$ 上对 ρ 积分，应用递推公式、$J_1(x_n^{(1)})=0$ 及对应于不同本征值的本征函数在 $[0,b]$ 的加权正交性，依次有

$$\int_0^b B_0 \rho \mathrm{d}\rho + \sum_{n=1}^{\infty} B_n \frac{a x_n^{(1)}}{b} \int_0^b J_0\left(\frac{x_n^{(1)}}{b}\rho\right) \rho \mathrm{d}\rho = \int_0^b \left(1 - \frac{\rho^2}{b^2}\right) \rho \mathrm{d}\rho,$$

但

$$\int_0^b J_0\left(\frac{x_n^{(1)}}{b}\rho\right)\rho\mathrm{d}\rho \xrightarrow{x=\frac{x_n^{(1)}}{b}\rho} \int_0^{x_n^{(1)}} J_0(x)\frac{b}{x_n^{(1)}}x\frac{b}{x_n^{(1)}}\mathrm{d}x$$

$$= \left[\frac{b}{x_n^{(1)}}\right]^2 \int_0^{x_n^{(1)}} \mathrm{d}(xJ_1(x)) = \left[\frac{b}{x_n^{(1)}}\right]^2 [x_n^{(1)} J_1(x_n^{(1)})] = 0$$

故有

$$\left.\begin{array}{l} B_0 \int_0^b \rho \mathrm{d}\rho = \int_0^b \left(1 - \frac{\rho^2}{b^2}\right)\rho \mathrm{d}\rho, \\ B_n \frac{a x_n^{(1)}}{b} [N_n^{(0)}]^2 = \int_0^b \left(1 - \frac{\rho^2}{b^2}\right) J_0\left(\frac{x_n^{(1)}}{b}\rho\right)\rho \mathrm{d}\rho. \end{array}\right\} \quad (6.3.13)$$

由 (6.3.13) 的第一式得

$$B_0 = \frac{1}{2};$$

由于本问题给出的是第二类边界条件，故 (6.2.13) 第二式中的模方应用式 (6.2.9) 计算得

$$[N_n^{(0)}]^2 = \int_0^b J_0^2\left(\frac{x_n^{(1)}}{b}\rho\right)\rho\mathrm{d}\rho = \frac{1}{2}b^2 J_0^{\ 2}(x_n^{(1)}),$$

$$\int_0^b \left(1 - \frac{\rho^2}{b^2}\right) J_0\left(\frac{x_n^{(1)}}{b}\rho\right)\rho\mathrm{d}\rho = \frac{2b^2 J_2(x_n^{(1)})}{[x_n^{(1)}]^2}.$$

代入 (6.3.13) 的第二式，得

$$B_n = \frac{4b J_2(x_n^{(1)})}{a[x_n^{(1)}]^3 J_0^{\ 2}(x_n^{(1)})} = -\frac{4b}{a[x_n^{(1)}]^3 J_0(x_n^{(1)})}.$$

将 B_0 和 B_n 的值代入 (6.3.12)，得定解问题的解是

$$u(\rho,t) = \frac{1}{2}t - \frac{4b}{a}\sum_{n=1}^{\infty} \frac{1}{(x_n^{(1)})^3 J_0(x_n^{(1)})} \sin\frac{a x_n^{(1)} t}{b} J_0\left(\frac{x_n^{(1)}}{b}\rho\right). \quad (6.3.14)$$

例 6.3.2 半径为 a 高为 h 的圆柱体，上底的电势分布为 $f(\rho)=\rho^2$，下底和侧面的电势保持为零，求柱体内的电势分布.

解 问题属于静电场问题，电势满足 Laplace 方程，以柱体的下底面为 $z=0$ 的坐标面，柱轴为 z 轴建立柱坐标系，由边界上的电势分布可以推知柱内电势分布与 φ 无关，写出定解问题是

$$\begin{cases} \nabla^2 u = \dfrac{\partial^2 u}{\partial \rho^2} + \dfrac{1}{\rho}\dfrac{\partial u}{\partial \rho} + \dfrac{\partial^2 u}{\partial z^2} = 0, \quad (\rho<a,\ 0<z<h) \\ u|_{z=0} = 0, \quad u|_{z=h} = \rho^2, \\ u|_{\rho=a} = 0, \quad |u|_{\rho=0}| < +\infty. \end{cases} \quad (6.3.15)$$

分离变量，即令 $u=u(\rho,z)=R(\rho)Z(z)$ 代入 (6.3.15) 中的方程，得

$$Z''(z) - k^2 Z(z) = 0, \quad (6.3.16)$$

$$\rho^2 R''(\rho)+\rho R'(\rho)+(k^2\rho^2-0)R(\rho)=0. \tag{6.3.17}$$

其中$-k^2$是分离常数,当分离常数大于零时,得到修正 Bessel 方程,将在下一节中讨论.方程(6.3.16)和方程(6.3.17)通解依次是

$$\left.\begin{array}{l}Z_0(z)=A_0 z+B_0 \quad (k=0),\\ Z(z)=Ae^{kz}+Be^{-kz} \quad (k>0);\end{array}\right\} \tag{6.3.18}$$

$$\left.\begin{array}{l}R_0(\rho)=C_0+D_0\ln\rho \quad (k=0),\\ R(\rho)=CJ_0(k\rho)+DY_0(k\rho) \quad (k>0).\end{array}\right\} \tag{6.3.19}$$

由边界条件

$$|u|_{\rho=0}|<+\infty \text{和} u|_{\rho=a}=0$$

得

$$C_0=D_0=D=0,$$

及

$$J_0(ka)=0. \tag{6.3.20}$$

可见对应$k=0$问题没有非零解.由式(6.3.20)得本征值为

$$k_n=\frac{x_n^{(0)}}{a} \quad (n=1,2,\cdots), \tag{6.3.21}$$

相应的本征函数为

$$R_n(\rho)=C_n J_0\left(\frac{x_n^{(0)}}{a}\rho\right) \quad (n=1,2,\cdots). \tag{6.3.22}$$

将本征值式(6.3.21)代入式(6.3.18)的第二个式子(由于已经得出本问题在$k=0$无非零解的结论,故式(6.3.18)的第一个式子没有意义),得到

$$Z_n(z)=A_n e^{\frac{x_n^{(0)}}{a}z}+B_n e^{-\frac{x_n^{(0)}}{a}z}.$$

由边界条件$u|_{z=0}=0$,得

$$A_n+B_n=0, \quad \text{即 } B_n=-A_n,$$

于是

$$Z_n(z)=2A_n \frac{e^{\frac{x_n^{(0)}}{a}z}-e^{-\frac{x_n^{(0)}}{a}z}}{2}=a_n \text{sh}\frac{x_n^{(0)}}{a}z. \tag{6.3.23}$$

将式(6.3.22)和式(6.3.23)式组合,并叠加,得到问题的一般解为

$$u(\rho,z)=\sum_{n=1}^{\infty}C_n \text{sh}\left(\frac{x_n^{(0)}}{a}z\right)J_0\left(\frac{x_n^{(0)}}{a}\rho\right). \tag{6.3.24}$$

由边界条件$u|_{z=h}=\rho^2$代入,得

$$\sum_{n=1}^{\infty}C_n \text{sh}\left(\frac{x_n^{(0)}}{a}h\right)J_0\left(\frac{x_n^{(0)}}{a}\rho\right)=\rho^2.$$

右边的级数是左边函数的 Fourier-Bessel 级数,由展开式的系数公式(6.2.12),并考虑此时的边界条件,有

$$C_n=\frac{1}{\text{sh}\left(\frac{x_n^{(0)}}{a}h\right)\frac{a^2}{2}J_1^2(x_n^{(0)})}\int_0^a \rho^3 J_0\left(\frac{x_n^{(0)}}{a}\rho\right)d\rho$$

$$=\frac{2}{\text{sh}\left(\frac{x_n^{(0)}}{a}h\right)a^2 J_1^2(x_n^{(0)})}\frac{a^4}{(x_n^{(0)})^4}\int_0^a \left(\frac{x_n^{(0)}}{a}\rho\right)^3 J_0\left(\frac{x_n^{(0)}}{a}\rho\right)d\left(\frac{x_n^{(0)}}{a}\rho\right),$$

令 $\dfrac{x_n^{(0)}}{a}\rho = x$，应用分部积分法和递推公式，得

$$\int_0^{x_n^{(0)}} x^3 J_0(x)\mathrm{d}x = (x_n^{(0)})^3 J_1(x_n^{(0)}) + 2(x_n^{(0)})^2 J_0(x_n^{(0)}) - 4x_n^{(0)} J_1(x_n^{(0)})$$
$$= x_n^{(0)} J_1(x_n^{(0)})[(x_n^{(0)})^2 - 4],$$

因此

$$C_n = \frac{2a^2[(x_n^{(0)})^2 - 4]}{(x_n^{(0)})^3 J_1(x_n^{(0)}) \operatorname{sh}\left(\dfrac{x_n^{(0)}}{a}h\right)},$$

将上式代入到式(6.3.24)，得原定解问题的解为

$$u(\rho, z) = 2a^2 \sum_{n=1}^{\infty} \frac{[(x_n^{(0)})^2 - 4]}{(x_n^{(0)})^3} \frac{\operatorname{sh}\left(\dfrac{x_n^{(0)}}{a}z\right)}{\operatorname{sh}\left(\dfrac{x_n^{(0)}}{a}h\right)} \frac{J_0\left(\dfrac{x_n^{(0)}}{a}\rho\right)}{J_1(x_n^{(0)})}. \tag{6.3.25}$$

例 6.3.3 研究电磁波在半径为 R 的圆形波导(空心金属管道)中的传播规律.

解 由第 2 章 §2.1 知道，电磁波的方程是如下矢量波动方程

$$\frac{\partial^2 \boldsymbol{E}}{\partial t^2} = a^2 \nabla^2 \boldsymbol{E}, \quad \frac{\partial^2 \boldsymbol{H}}{\partial t^2} = a^2 \nabla^2 \boldsymbol{H}, \tag{6.3.26}$$

其中 $\boldsymbol{E}$ 和 $\boldsymbol{H}$ 依次为电场强度和磁场强度. 现将时间 t 和空间变量 $\boldsymbol{r}$ 分离，即令

$$\boldsymbol{E}(\boldsymbol{r}, t) = \boldsymbol{E}(\boldsymbol{r}) T(t), \quad \boldsymbol{H}(\boldsymbol{r}, t) = \boldsymbol{H}(\boldsymbol{r}) T(t) \tag{6.3.27}$$

代入式(6.3.26)，将该矢量波动方程分解为

$$T''(t) + a^2 k^2 T(t) = 0, \tag{6.3.28}$$

和

$$\nabla^2 \boldsymbol{E}(\boldsymbol{r}) + k^2 \boldsymbol{E}(\boldsymbol{r}) = 0, \quad \nabla^2 \boldsymbol{H}(\boldsymbol{r}) + k^2 \boldsymbol{H}(\boldsymbol{r}) = 0, \tag{6.3.29}$$

这里 k^2 为分离常数. 常微分方程(6.3.28)的通解为

$$T(t) = A\cos akt + B\sin akt.$$

偏微分方程(6.3.29)是矢量形式的 Helmhotz 方程，它实际上可以写成三个分量形式，在直角坐标系中就是

$$\begin{cases} \nabla^2 E_x + k^2 E_x = 0, \quad \nabla^2 E_y + k^2 E_y = 0, \quad \nabla^2 E_z + k^2 E_z = 0; \\ \nabla^2 H_x + k^2 H_x = 0, \quad \nabla^2 H_y + k^2 H_y = 0, \quad \nabla^2 H_z + k^2 H_z = 0. \end{cases}$$

而本题讨论的是圆形波导的问题，故需采用圆柱坐标. 在圆柱坐标中，方程(6.3.29)就是

$$\begin{cases} \nabla^2 E_\rho - \dfrac{E_\rho}{\rho^2} - \dfrac{2}{\rho^2}\dfrac{\partial E_\varphi}{\partial \varphi} + k^2 E_\rho = 0, \\ \nabla^2 E_\varphi - \dfrac{E_\varphi}{\rho^2} + \dfrac{2}{\rho^2}\dfrac{\partial E_\rho}{\partial \varphi} + k^2 E_\varphi = 0, \quad 和 \\ \nabla^2 E_z + k^2 E_z = 0. \end{cases} \quad \begin{cases} \nabla^2 H_\rho - \dfrac{H_\rho}{\rho^2} - \dfrac{2}{\rho^2}\dfrac{\partial H_\varphi}{\partial \varphi} + k^2 H_\rho = 0, \\ \nabla^2 H_\varphi - \dfrac{H_\varphi}{\rho^2} + \dfrac{2}{\rho^2}\dfrac{\partial H_\rho}{\partial \varphi} + k^2 H_\varphi = 0, \\ \nabla^2 H_z + k^2 H_z = 0. \end{cases} \tag{6.3.30}$$

在两组方程的前两个方程中，$E_\rho(H_\rho)$ 和 $E_\varphi(H_\varphi)$ 是耦合在一起的，求解将相当复杂. 第三个方程中只含有一个变量 $E_z(H_z)$，是标量形式的 Helmhotz 方程，求解相对简单. 如果能设法将 $\boldsymbol{E}$ 和 $\boldsymbol{H}$ 用 E_z 和 H_z 表示，问题就将归结为求解 E_z 和 H_z 的 Helmhotz 方程，求解将大大简化. 幸运的是，这是可以做到的. 下面我们就来做把 $\boldsymbol{E}$ 和 $\boldsymbol{H}$ 用 E_z 和 H_z 表示出来的工作.

研究电磁波在圆形波导中传播的问题时，取管轴为 z 轴，设电磁波沿着管轴以谐波的形式传播

$$\begin{cases} \boldsymbol{E}(\rho,\varphi,z,t)=S(\rho,\varphi)\mathrm{e}^{\mathrm{i}(hz-kct)} \\ \boldsymbol{H}(x,y,z,t)=T(\rho,\varphi)\mathrm{e}^{\mathrm{i}(hz-kct)} \end{cases} \tag{6.3.31}$$

将式(6.3.31)代入 Maxwell 方程

$$\frac{\partial \boldsymbol{E}}{\partial t}=\frac{1}{\varepsilon}\boldsymbol{\nabla}\times\boldsymbol{H} \quad \text{和} \quad \frac{\partial \boldsymbol{H}}{\partial t}=-\frac{1}{\mu}\boldsymbol{\nabla}\times\boldsymbol{E},$$

(其中 ε 和 μ 分别表示介质的介电常数和磁导率)并用分量表示,有

$$\begin{cases} -\mathrm{i}kcS_\rho=\dfrac{1}{\varepsilon}\left(\dfrac{1}{\rho}\dfrac{\partial T_z}{\partial \varphi}-\mathrm{i}hT_\varphi\right), \\ -\mathrm{i}kcS_\varphi=\dfrac{1}{\varepsilon}\left(\mathrm{i}hT_\varphi-\dfrac{\partial T_z}{\partial \rho}\right), \\ -\mathrm{i}kcS_z=\dfrac{1}{\varepsilon}\left(\dfrac{\partial T_\varphi}{\partial \rho}+\dfrac{1}{\rho}T_\varphi-\dfrac{1}{\rho}\dfrac{\partial T_\rho}{\partial \varphi}\right); \end{cases} \tag{6.3.32}$$

和

$$\begin{cases} \mathrm{i}kcT_\rho=\dfrac{1}{\mu}\left(\dfrac{1}{\rho}\dfrac{\partial S_z}{\partial \varphi}-\mathrm{i}hS_\varphi\right), \\ \mathrm{i}kcT_\varphi=\dfrac{1}{\mu}\left(\mathrm{i}hS_\varphi-\dfrac{\partial S_z}{\partial \rho}\right), \\ \mathrm{i}kcT_z=\dfrac{1}{\mu}\left(\dfrac{\partial S_\varphi}{\partial \rho}+\dfrac{1}{\rho}S_\varphi-\dfrac{1}{\rho}\dfrac{\partial S_\rho}{\partial \varphi}\right). \end{cases} \tag{6.3.33}$$

从式(6.3.32)的第一式和式(6.3.33)的第二式中可以解出 S_ρ 和 T_φ,从式(6.3.32)的第二式和式(6.3.33)的第一式可以解出 S_φ 和 T_ρ,这里解出的意思是用 S_z 和 T_z 表示出:

$$\begin{cases} S_\rho=\dfrac{\mathrm{i}}{k^2-h^2}\left(h\dfrac{\partial S_z}{\partial \rho}+k\dfrac{1}{\rho}\sqrt{\dfrac{\mu}{\varepsilon}}\dfrac{\partial T_z}{\partial \varphi}\right), \\ S_\varphi=\dfrac{\mathrm{i}}{k^2-h^2}\left(h\dfrac{1}{\rho}\dfrac{\partial S_z}{\partial \varphi}-k\sqrt{\dfrac{\mu}{\varepsilon}}\dfrac{\partial T_z}{\partial \rho}\right); \end{cases} \tag{6.3.34}$$

$$\begin{cases} T_\rho=\dfrac{\mathrm{i}}{k^2-h^2}\left(h\dfrac{\partial T_z}{\partial \rho}-k\dfrac{1}{\rho}\sqrt{\dfrac{\mu}{\varepsilon}}\dfrac{\partial S_z}{\partial \varphi}\right), \\ T_\varphi=\dfrac{\mathrm{i}}{k^2-h^2}\left(h\dfrac{1}{\rho}\dfrac{\partial T_z}{\partial \varphi}+k\sqrt{\dfrac{\mu}{\varepsilon}}\dfrac{\partial S_z}{\partial \rho}\right). \end{cases} \tag{6.3.35}$$

这样就把 $\boldsymbol{E}$ 和 $\boldsymbol{H}$ 用 S_z 和 T_z 表示出来了. E_z 和 H_z 满足标量形式的 Helmhotz 方程 $\boldsymbol{\nabla}^2 E_z+k^2 E_z=0$ 和 $\boldsymbol{\nabla}^2 H_z+k^2 H_z=0$. 以

$$\begin{cases} E_z(\rho,\varphi,z,t)=S_z(\rho,\varphi)\mathrm{e}^{\mathrm{i}(hz-kct)}, \\ H_z(x,y,z,t)=T_z(\rho,\varphi)\mathrm{e}^{\mathrm{i}(hz-kct)} \end{cases}$$

代入,可得

$$\begin{cases} \boldsymbol{\nabla}^2 S_z+(k^2-h^2)S_z=0, \\ \boldsymbol{\nabla}^2 T_z+(k^2-h^2)T_z=0. \end{cases} \tag{6.3.36}$$

现在全部问题归结为求解 Helmhotz 方程(6.3.36).

方程(6.3.36)中的 h 应为实数,否则意味着 $\boldsymbol{E}$ 和 $\boldsymbol{H}$ 沿着管道衰减而通不过波导.对于横磁波(通常称为 TM 波),$T_z=0$,因此只需从 Helmhotz 方程

$$\boldsymbol{\nabla}^2 S_z+(k^2-h^2)S_z=0 \tag{6.3.37}$$

中解出 S_z 即可.如果波导内壁导电性很好,电磁波频率又不是特别高,可以把边界条件写成

$$S_z\big|_{\rho=R}=0. \tag{6.3.38}$$

Helmhotz 方程(6.3.37)的分离变量形式的解为：

$$S_z = J_m(\sqrt{k^2-h^2}\rho)\begin{Bmatrix}\cos m\varphi \\ \sin m\varphi\end{Bmatrix}. \tag{6.3.39}$$

由边界条件(6.3.38)可得

$$\sqrt{k^2-h^2}R = x_n^{(m)} \quad (x_n^{(m)} \text{ 是 } J_m(x) \text{ 的第 } n \text{ 个零点}). \tag{6.3.40}$$

把 $T_z=0$ 和上面求出的 S_z 代入到式(6.3.34)和式(6.3.35)，就得到 S 和 T 的各个分量

$$\begin{cases} S_\rho = \dfrac{ihR}{x_n^{(m)}} J_m'(\dfrac{x_n^{(m)}}{R}\rho)\begin{Bmatrix}\cos m\varphi \\ \sin m\varphi\end{Bmatrix}, \\[2pt] S_\varphi = \dfrac{imkR^2}{\rho[x_n^{(m)}]^2} J_m(\dfrac{x_n^{(m)}}{R}\rho)\begin{Bmatrix}\sin m\varphi \\ -\cos m\varphi\end{Bmatrix}, \\[2pt] S_z = J_m(\dfrac{x_n^{(m)}}{R}\rho)\begin{Bmatrix}\cos m\varphi \\ \sin m\varphi\end{Bmatrix}; \\[2pt] T_\rho = \dfrac{imkR^2}{[x_n^{(m)}]^2\rho}\sqrt{\dfrac{\varepsilon}{\mu}} J_m(\dfrac{x_n^{(m)}}{R}\rho)\begin{Bmatrix}-\sin m\varphi \\ \cos m\varphi\end{Bmatrix}, \\[2pt] T_\varphi = \dfrac{ikR}{x_n^{(m)}}\sqrt{\dfrac{\varepsilon}{\mu}} J_m'(\dfrac{x_n^{(m)}}{R}\rho)\begin{Bmatrix}\cos m\varphi \\ \sin m\varphi\end{Bmatrix}, \\[2pt] T_z = 0. \end{cases} \tag{6.3.41}$$

以上各式遍乘 $e^{i(hx-kct)}$，就得到 E 和 H 的各个分量. 对应于某一特定的 m 和某一特定的 n，分离变量形式的解称为这种波导中电磁波的一个特定模式.

本例就利用求得的分离变量形式的解，亦即各种模式来讨论哪些模式能够通过波导，哪些不能的问题. 而不是把这些分离变量形式的解叠加起来，再利用初始条件定叠加常数. 因为在实际工作中正是要创造条件激发起某一个或某一些模式，而抑制其他所有模式.

将式(6.3.40)改写成

$$h = \sqrt{k^2 - [x_n^{(m)}/R]^2}.$$

要使这种模式的电磁波能够通过波导，h 必须为实数，也就是说要有

$$k \geqslant \dfrac{x_n^{(m)}}{R}. \tag{6.3.42}$$

因为波矢 k 和波长 λ 之间的关系是 $k=\dfrac{2\pi}{\lambda}$，所以式(6.3.40)变成

$$x_n^{(m)} \leqslant \dfrac{2\pi R}{\lambda}. \tag{6.3.43}$$

由 Bessel 函数的性质知，对于一定的 n，m 越大则 $\dfrac{x_n^{(m)}}{R}$ 越大；对于一定的 m，n 越大，则 $\dfrac{x_n^{(m)}}{R}$ 越大. 因此对于特定的电磁波，λ 是一定的，波导越粗(R 越大)，符合式(6.3.43)的 $x_n^{(m)}$ 个数越多，即能通过的电磁波的模式越多，称为多模式传播.

在所有 $x_n^{(m)}$ 中，绝对值最小的非零零点是 $J_0(x)$ 的第一个零点 $x_1^{(0)} = 2.405$，其次是 $J_1(x)$ 的第一个零点 $x_1^{(1)} = 3.832$，这样，如果波导的半径满足

$$\dfrac{\lambda}{2\pi}x_1^{(0)} < R < \dfrac{\lambda}{2\pi}x_1^{(1)},$$

即

$$\frac{2\pi R}{x_1^{(0)}} > \lambda > \frac{2\pi R}{x_1^{(1)}}.$$

则只有 $m=0$(根据(6.3.42),这意味着电磁场的分布以波导的轴为对称轴)而且 $n=1$(根据式(6.3.42),这意味着从管轴 $\rho=0$ 到管壁 $\rho=R$ 不存在节点)的模式通过波导. 如果 $R<\frac{\lambda}{2\pi}x_1^{(0)}$, 即 $\lambda>\frac{2\pi R}{x_1^{(0)}}$, 则什么模式也不能通过波导.

6.4 修正 Bessel 函数

6.4.1 第一类修正 Bessel 函数

在本章 §6.1 中我们曾得到修正 Bessel 方程(6.1.16),就是

$$\rho^2 R''(\rho) + \rho R'(\rho) - (\eta^2 \rho^2 + m^2) R(\rho) = 0 \quad (m=0,1,2,\cdots). \tag{6.4.1}$$

在例 6.3.2 的定解问题中,如果给定的是柱底面齐次边界条件,柱侧面非齐次边界条件,就会遇到这样的问题:

$$\begin{cases} \nabla^2 u = \dfrac{\partial^2 u}{\partial \rho^2} + \dfrac{1}{\rho}\dfrac{\partial u}{\partial \rho} + \dfrac{\partial^2 u}{\partial z^2} = 0, & (\rho<a, 0<z<h) \\ u|_{z=0} = 0, \quad u|_{z=h} = 0, \\ u|_{\rho=a} = f(z), \quad |u|_{\rho=0}| < +\infty. \end{cases}$$

令 $u = u(\rho,z) = R(\rho)Z(z)$ 分离变量,得本征值问题

$$\begin{cases} Z''(z) + \eta^2 Z(z) = 0 \\ Z(0) = 0, \quad Z(h) = 0 \end{cases}$$

和

$$\rho^2 R''(\rho) + \rho R'(\rho) - \eta^2 \rho^2 R(\rho) = 0. \tag{6.4.2}$$

方程(6.4.2)是零阶修正 Bessel 方程,是(6.4.1)在 $m=0$ 时的情况. 下面我们讨论方程(6.4.1).

方程(6.4.1)可以直接用级数求解,但是如果作变换 $\rho=-\mathrm{i}r(r=\mathrm{i}\rho)$,就可以将这个方程化成 Bessel 方程(6.1.10).

由于 $\rho=-\mathrm{i}r(r=\mathrm{i}\rho)$, $\dfrac{\mathrm{d}R}{\mathrm{d}\rho} = \dfrac{\mathrm{d}R}{\mathrm{d}r}\dfrac{\mathrm{d}r}{\mathrm{d}\rho} = \mathrm{i}\dfrac{\mathrm{d}R}{\mathrm{d}r}$, $\dfrac{\mathrm{d}^2 R}{\mathrm{d}\rho^2} = -\dfrac{\mathrm{d}^2 R}{\mathrm{d}r^2}$,将这些结果代入式(6.4.1)就得到

$$r^2 \frac{\mathrm{d}^2 R}{\mathrm{d}r^2} + r\frac{\mathrm{d}R}{\mathrm{d}r} + (\eta^2 r^2 - m^2)R(r) = 0.$$

因此方程(6.4.1)的通解为

$$R(\rho) = A_m J_m(\mathrm{i}\eta\rho) + B_m Y_m(\mathrm{i}\eta\rho). \tag{6.4.3}$$

如果参数 $\eta=1$,式(6.4.1)和式(6.4.3)就变成标准修正 Bessel 方程和解.

因为

$$J_m(\mathrm{i}x) = \mathrm{i}^m \sum_{k=0}^{\infty} \frac{x^{m+2k}}{2^{m+2k} k!\, \Gamma(m+k+1)},$$

将此式乘以 i^{-m} 后,就去掉了虚值,将这个结果定义为第一类修正 Bessel 函数,记作

$$I_m(x) = i^{-m}J_m(ix) = \sum_{k=0}^{\infty} \frac{x^{m+2k}}{2^{m+2k}k!\Gamma(m+k+1)}. \tag{6.4.4}$$

特别地

$$I_0(x) = \sum_{k=0}^{\infty} \frac{\left(\frac{x}{2}\right)^{2k}}{(k!)^2} = 1 + \frac{x^2}{2^2} + \frac{x^4}{2^4(2!)^2} + \frac{x^6}{2^6(3!)^2} + \cdots,$$

$$I_1(x) = I_0'(x) = \sum_{k=0}^{\infty} \frac{\left(\frac{x}{2}\right)^{2k+1}}{(k!)(k+1)!} = \frac{x}{2} + \frac{x^3}{2^3 2!} + \frac{x^5}{2^5 2!3!} + \cdots.$$

与 $J_m(x)$ 类似,当 m 不是整数时,$I_m(x)$ 与 $I_{-m}(x)$ 线性无关. 但当 $m=0,1,2,\cdots$ 为整数时,两者线性相关:

$$\begin{aligned}I_{-m}(x) &= \sum_{k=0}^{\infty} \frac{1}{k!\Gamma(k-m+1)}\left(\frac{x}{2}\right)^{2k-m} \\ &= \sum_{k=0}^{\infty} \frac{1}{k!(k-m)!}\left(\frac{x}{2}\right)^{2k-m} = \sum_{l=0}^{\infty} \frac{1}{(l+m)!l!}\left(\frac{x}{2}\right)^{2l+m} = I_m(x).\end{aligned} \tag{6.4.5}$$

为此,引进第二类修正 Bessel 函数.

6.4.2 第二类修正 Bessel 函数

第二类修正 Bessel 函数定义如下:

当 m 是非整数时

$$K_m(x) = \frac{\pi[I_{-m}(x) - I_m(x)]}{2\sin m\pi}, \tag{6.4.6}$$

当 m 是整数时

$$K_m(x) = \lim_{\alpha \to m} \frac{\pi[I_{-\alpha}(x) - I_\alpha(x)]}{2\sin \alpha\pi}. \tag{6.4.7}$$

所以修正 Bessel 方程

$$x^2 y''(x) + xy'(x) - (x^2 + m^2)y(x) = 0,$$

的通解是

$$y(x) = A_m I_m(x) + B_m K_m(x). \tag{6.4.8}$$

用 Maple 画出的第一类和第二类修正 Bessel 函数的曲线图如图 6.4.1 和图 6.4.2 所示.
>plot({BesselI(0,x),BesselI(1,x),BesselI(2,x)},x=0..5,0..5);

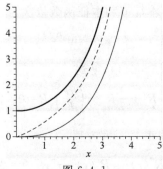

图 6.4.1

```
>plot({BesselK(0,x),BesselK(1,x),BesselK(2,x)},x=0..3,0..3);
```

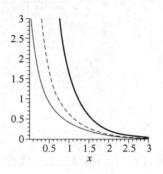

图 6.4.2

可以看出，$I_m(x)$ 是正项级数，是 x 的递增函数. 当 $m=0$ 时，$I_0(x)$ 没有零点；$m\neq 0$ 时，$I_m(x)$ 在 $x=0$ 处有一个零点，即 $I_0(x)=1$；$I_m(x)=1$ $(m\neq 0)$. 第二类修正 Bessel 函数在 $x=0$ 处没有有限值，$I_m(x)$ 和 $K_m(x)$ 都没有正零点，因此图形是单调曲线，这与第一类 Bessel 函数 $J_m(x)$ 和第二类 Bessel 函数 $Y_m(x)$ 不同. 下面举一个例子说明修正 Bessel 函数的应用.

例 6.4.1 一个半径为 a，高度为 h 的均匀导体圆柱，侧面充电维持电势为常数 u_0，求柱体内部的电势.

解 以柱体的轴线为 z 轴建立柱坐标系 (ρ,φ,z)，柱体内的电势 u 的分布是轴对称的，所以它仅仅是 ρ 与 z 的函数，而与 φ 无关. 静电场的电势 u 满足 Laplace 方程，于是定解问题为

$$\begin{cases} u_{\rho\rho}+\dfrac{1}{\rho}u_\rho+u_{zz}=0, & 0<\rho<a,\ 0<z<h, \\ u|_{z=0}=u|_{z=h}=0, \\ u|_{\rho=a}=u_0. \end{cases} \tag{6.4.9}$$

用分离变量法求解. 令 $u(\rho,z)=R(\rho)Z(z)$，代入到方程中，可得

$$\dfrac{R''+\dfrac{1}{\rho}R'}{R}=-\dfrac{Z''}{Z}=\lambda,$$

从而得特征值问题

$$\begin{cases} Z''+\lambda Z=0, \\ Z|_{z=0}=Z|_{z=h}=0, \end{cases} \tag{6.4.10}$$

和修正 Bessel 方程

$$R''+\dfrac{1}{\rho}R'-\lambda R=0. \tag{6.4.11}$$

由本征值问题 (6.4.10)，求得本征值和本征函数依次为

$$\lambda_n=\left(\dfrac{n\pi}{h}\right)^2, \quad Z_n(z)=\sin\dfrac{n\pi z}{h}, \quad n=1,2,\cdots. \tag{6.4.12}$$

将特征值代入到修正 Bessel 方程 (6.4.11)，得到

$$R''+\dfrac{1}{\rho}R'-\left(\dfrac{n\pi}{h}\right)^2 R=0. \tag{6.4.13}$$

令 $r=\dfrac{n\pi}{h}\rho$，则上述方程变成零阶修正 Bessel 方程

$$r^2 R''(r)+rR'(r)-r^2 R(r)=0. \tag{6.4.14}$$

于是方程(6.4.13)的有界解是

$$R_n(\rho) = A_n I_0\left(\frac{n\pi}{h}\rho\right).$$

将 $Z_n(z)$ 和 $R_n(z)$ 组合并叠加,得到方程满足柱底面齐次边界条件的通解是

$$u(\rho,z) = \sum_{n=1}^{\infty} A_n \sin\left(\frac{n\pi z}{h}\right) I_0\left(\frac{n\pi \rho}{h}\right). \tag{6.4.15}$$

在由柱面上的边界条件 $u|_{\rho=a} = u_0$,得

$$u_0 = \sum_{n=1}^{\infty} A_n I_0\left(\frac{n\pi a}{h}\right) \sin\left(\frac{n\pi z}{h}\right), \tag{6.4.16}$$

由上式可以求出展开式的系数为

$$A_n = \frac{2u_0}{n\pi I_0\left(\frac{n\pi a}{h}\right)}[1-(-1)^n],$$

代入式(6.4.15),得定解问题(6.4.9)的解为

$$u(\rho,z) = \frac{2u_0}{\pi} \sum_{n=1}^{\infty} \frac{[1-(-1)^n]}{n} \frac{I_0\left(\frac{n\pi \rho}{h}\right)}{I_0\left(\frac{n\pi a}{h}\right)} \sin\left(\frac{n\pi z}{h}\right). \tag{6.4.17}$$

例 6.4.2 电子光学透镜的某个部件由两个半径为 r 的中空圆柱组成,其电势分别为 u_0 和 $-u_0$。在两筒中间隙缝(缝宽为 2δ)的侧面边缘处电势可以近似表示为 $u = u_0 \sin\frac{\pi z}{2\delta}$。求圆筒内的电势分布。圆筒两端的边界条件可以近似地表示为 $u|_{z=\pm l} = \pm u_0$(如图 6.4.3 所示)。

解 由题意,取圆柱坐标,柱内中心线取作 z 轴,原点取在隙缝中心处,由于问题是轴对称的,故电势与 φ 无关。写出定解问题如下:

$$\nabla^2 u = 0 \quad (0 \leqslant \rho \leqslant r, \ -l < z < l), \tag{6.4.18}$$

$$u|_{z=-l} = -u_0, \quad u|_{z=l} = u_0, \tag{6.4.19}$$

$$u|_{\rho=r} = \begin{cases} u_0 & (\delta < z < l), \\ u_0 \sin\frac{\pi z}{2\delta} & (-\delta < z < \delta), \\ -u_0 & (-l < z < -\delta). \end{cases} \tag{6.4.20}$$

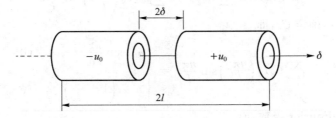

图 6.4.3

为了简化问题,根据问题的对称性:$+z$ 和 $-z$ 部分正好相差一个负号,因此我们可以只求出 $0 \leqslant z \leqslant l$ 部分的解,于是定解问题为

$$\nabla^2 u = \frac{1}{\rho}\frac{\partial}{\partial \rho}\left(\rho\frac{\partial u}{\partial \rho}\right) + \frac{\partial^2 u}{\partial z^2} = 0 \quad (0 \leqslant \rho \leqslant r, \ 0 < z < l), \tag{6.4.21}$$

$$u|_{z=0} = 0, \quad u|_{z=l} = u_0, \tag{6.4.22}$$

$$u|_{\rho=r} = \begin{cases} u_0 \sin \dfrac{\pi z}{2\delta} & (0<z<\delta), \\ u_0 & (\delta \leqslant z \leqslant l). \end{cases} \tag{6.4.23}$$

现在求解定解问题(6.4.21)~(6.4.23). 先把两组非齐次边界条件中的一组齐次化. 因为式(6.4.22)容易齐次化,故令

$$u = v + u_0 \frac{z}{l} \tag{6.4.24}$$

得到 v 的定解问题如下

$$\frac{1}{\rho}\frac{\partial}{\partial \rho}\left(\rho \frac{\partial v}{\partial \rho}\right) + \frac{\partial^2 v}{\partial z^2} = 0 \quad (0 \leqslant \rho \leqslant r, \ 0 < z < l), \tag{6.4.25}$$

$$v|_{z=0} = 0, \quad u|_{z=l} = 0, \tag{6.4.26}$$

$$v|_{\rho=r} = \begin{cases} u_0\left(\sin \dfrac{\pi z}{2\delta} - \dfrac{z}{l}\right) & (0<z<\delta), \\ u_0\left(1 - \dfrac{z}{l}\right) & (\delta \leqslant z \leqslant l). \end{cases} \tag{6.4.27}$$

分离变量,令 $v(\rho,z) = R(\rho)Z(z)$ 代入式(6.4.25)和式(6.4.26)得到两个常微分方程

$$Z''(z) + \lambda Z(z) = 0, \tag{6.4.28}$$

$$R''(\rho) + \frac{1}{\rho}R'(\rho) - \lambda R = 0, \tag{6.4.29}$$

和边界条件

$$Z(0) = Z(l) = 0. \tag{6.4.30}$$

解本征值问题(6.4.28)和(6.4.30),得

$$\lambda_n = \frac{n^2\pi^2}{l^2}, \quad Z_n(z) = \sin \frac{n\pi}{l}z \quad (n=1,2,\cdots).$$

方程(6.4.29)是零阶修正 Bessel 方程,考虑到 $\rho=0$ 时的自然边界条件,其解为

$$R_n(\rho) = I_0\left(\frac{n\pi}{l}\rho\right) \quad (n=1,2,\cdots)$$

于是问题的本征解为

$$v_n(\rho,z) = I_0\left(\frac{n\pi}{l}\rho\right)\sin \frac{n\pi}{l}z \quad (n=1,2,\cdots)$$

将本征解叠加,得到

$$v(\rho,z) = \sum_{n=1}^{\infty} C_n v_n = \sum_{n=1}^{\infty} C_n I_0\left(\frac{n\pi}{l}\rho\right)\sin \frac{n\pi}{l}z \tag{6.4.31}$$

由边界条件(6.4.27)确定 C_n,即

$$v(\rho,z)|_{\rho=r} = \sum_{n=1}^{\infty} C_n I_0\left(\frac{n\pi}{l}r\right)\sin \frac{n\pi}{l}z = \begin{cases} u_0\left(\sin \dfrac{\pi z}{2\delta} - \dfrac{z}{l}\right) & (0<z<\delta), \\ u_0\left(1 - \dfrac{z}{l}\right) & (\delta \leqslant z < l). \end{cases}$$

将右端函数展开为 Fourier 级数,有

$$C_n I_0\left(\frac{n\pi}{l}r\right) = \frac{2}{l}\left[\int_0^{\delta} u_0\left(\sin \frac{\pi \xi}{2\delta} - \frac{\xi}{l}\right)\sin \frac{n\pi \xi}{l}d\xi + \int_{\delta}^{l} u_0\left(1 - \frac{\xi}{l}\right)\sin \frac{n\pi \xi}{l}d\xi\right]$$

$$= \frac{2u_0}{l}\left[\int_0^{\delta}\sin \frac{\pi \xi}{2\delta}\sin \frac{n\pi \xi}{l}d\xi - \frac{1}{l}\int_0^{l}\xi \sin \frac{n\pi \xi}{l}d\xi + \int_{\delta}^{l}\sin \frac{n\pi \xi}{l}d\xi\right]$$

$$= \frac{2u_0}{n\pi}\left[\frac{l^2 \cos \dfrac{n\pi}{l}\delta}{l^2 - (2n\delta)^2} + 2(-1)^{n+1}\right].$$

由此可得
$$C_n = \frac{2u_0}{n\pi I_0\left(\frac{n\pi}{l}r\right)}\left[\frac{l^2\cos\frac{n\pi}{l}\delta}{l^2-(2n\delta)^2}+2(-1)^{n+1}\right]$$

这样就有
$$v(\rho,z) = \sum_{n=1}^{\infty}\frac{2u_0}{n\pi}\left[\frac{l^2\cos\frac{n\pi}{l}\delta}{l^2-(2n\delta)^2}+2(-1)^{n+1}\right]\cdot\frac{I_0\left(\frac{n\pi}{l}\rho\right)}{I_0\left(\frac{n\pi}{l}r\right)}\sin\frac{n\pi z}{l}.$$

最后
$$u(\rho,z) = u_0\frac{z}{l} + \sum_{n=1}^{\infty}\frac{2u_0}{n\pi}\left[\frac{l^2\cos\frac{n\pi}{l}\delta}{l^2-(2n\delta)^2}+2(-1)^{n+1}\right]\cdot\frac{I_0\left(\frac{n\pi}{l}\rho\right)}{I_0\left(\frac{n\pi}{l}r\right)}\sin\frac{n\pi z}{l}. \quad (6.4.32)$$

这个解虽然是在 $0 \leqslant z \leqslant l$ 范围内得到的,但因为在 $z<0$ 范围与 $z>0$ 范围差一个负号,而解(6.4.32)符合这一要求,因此就是问题在 $-l \leqslant z \leqslant l$ 整个范围内的解.

在这一章的最后,我们请读者注意,本章求解的定解问题,都具有轴对称性,即目标物理量 u 与 φ 无关.对非轴对称的问题,即 u 与 φ 有关的问题,涉及对已知函数 $f(\rho,\varphi)$ 的二重展开,只是计算量增加,没有原则上的困难,读者可以自行练习.

6.5 球 Bessel 函数

在诸如球坐标和柱坐标系等三维曲面坐标系中,用分离变量法解波动方程和热传导方程时,将会遇到三维 Helmholtz 方程.在这种含时间问题中,假设定解问题已是"简单的",即泛定方程和边界条件是齐次的,只有初始条件是非零的.因此可以直接应用分离变量法.

6.5.1 波动方程的变量分离

先将波动方程
$$u_{tt} - a^2 \nabla^2 u = 0 \quad (6.5.1)$$
中的 $u(M,t)=u(x,y,z,t)$ 分离为坐标的函数 $V(M)$ 和时间的函数 $T(t)$,即令
$$u(M,t) = V(M)T(t),$$
其中,M 是空间坐标的缩写.将其代入方程,经分离变量后可得
$$\frac{T''}{a^2 T} = \frac{\nabla^2 V}{V} = -k^2, \quad (6.5.2)$$
这里 $-k^2$ 是第一次分离变量引入的常数.由此可得两个微分方程
$$T''(t) + k^2 a^2 T(t) = 0, \quad (6.5.3)$$
和
$$\nabla^2 V(M) + k^2 V(M) = 0. \quad (6.5.4)$$
方程(6.5.3)的通解为
$$T(t) = A\cos kat + B\sin kat. \quad (6.5.5)$$

方程(6.5.4)是 Helmholtz 方程。以下要解决的问题是：在边界条件均为齐次的情况下，对 Helmholtz 方程继续分离变量，求出 3 个空间变量的本征函数族，并确定分离变量过程中引入的 3 个参数本征值。求出本征函数族 $V(M)$ 以后，则波动方程的本征模式就是

$$V(M)(A\cos kat+B\sin kat).$$

由本征模式叠加成的无穷级数，就是定解问题的一般解。其中的待定常数用初始条件来确定。所以问题最后归结为 Helmholtz 方程的分离变量。

6.5.2 热传导方程的分离变量

先将热传导方程

$$u_t - a^2 \nabla^2 u = 0, \tag{6.5.6}$$

中的 $u(M,t)$ 分离为坐标的函数 $V(M)$ 和时间的函数 $T(t)$，即令

$$u(M,t) = V(M)T(t).$$

将其代入方程，经分离变量后可得两个微分方程：

$$T'(t) + k^2 a^2 T(t) = 0, \tag{6.5.7}$$

和

$$\nabla^2 V(M) + k^2 V(M) = 0, \tag{6.5.8}$$

其中，k^2 是第一次分离变量引入的常数。

方程(6.5.7)的通解为

$$T(t) = C\exp(-k^2 a^2 t). \tag{6.5.9}$$

方程(6.5.8)也是 Helmholtz 方程。如果对 Helmholtz 方程分离变量后得到了 $V(M)$ 的 3 个本征函数族，那么热传导方程的本征模式就是

$$V(M)\exp\{-k^2 a^2 t\},$$

而定解问题的一般解，是本征模式的叠加。其中待定系数由初始条件来确定。所以问题最后同样归结为 Helmholtz 方程的分离变量。

6.6.3 Helmholtz 方程的分离变量

我们下面分别讨论球坐标系中和柱坐标系中 Helmholtz 方程的分离变量。

(1) 球坐标系

利用球坐标系 (r,θ,φ) 中的 Laplace 算符表示式，可得 Helmholtz 方程 $\nabla^2 V + k^2 V = 0$ 在球坐标系中的表示式

$$\frac{1}{r^2}\frac{\partial}{\partial r}\left(r^2 \frac{\partial V}{\partial r}\right) + \frac{1}{r^2 \sin\theta}\frac{\partial}{\partial \theta}\left(\sin\theta \frac{\partial V}{\partial \theta}\right) + \frac{1}{r^2 \sin^2\theta}\frac{\partial^2 V}{\partial \varphi^2} + k^2 V = 0. \tag{6.5.10}$$

令 $V(r,\theta,\varphi) = R(r)\Theta(\theta)\Phi(\varphi)$，将其代入方程中，分离变量，可得如下 3 个常微分方程：

$$\Phi''(\varphi) + m^2 \Phi(\varphi) = 0; \tag{6.5.11}$$

$$\frac{1}{\sin\theta}\frac{\mathrm{d}}{\mathrm{d}\theta}\left(\sin\theta \frac{\partial \Theta}{\partial \theta}\right) + \left[l(l+1) - \frac{m^2}{\sin^2\theta}\right]\Theta = 0; \tag{6.5.12}$$

$$\frac{\mathrm{d}}{\mathrm{d}r}\left(r^2 \frac{\mathrm{d}R}{\mathrm{d}r}\right) + [k^2 r^2 - l(l+1)]R = 0. \tag{6.5.13}$$

方程(6.5.11)和关联 Legendre 方程(6.5.12)在前面已经讨论过。

方程(6.5.13)称为球 Bessel 方程,因它和 Bessel 方程密切有关. 作变量和函数变换

$$x = kr, \quad R(r) = \sqrt{\frac{\pi}{2x}} Y(x), \tag{6.5.14}$$

则得函数 $Y(x)$ 应满足方程

$$x^2 Y''(x) + x Y'(x) + \left[x^2 - \left(l + \frac{1}{2}\right)^2\right] Y(x) = 0.$$

它正是半奇数阶的 Bessel 方程. 它的线性无关解是 $J_{l+1/2}(x)$ 和 $Y_{l+1/2}(x)$. 因此,若将球 Bessel 方程的两个线性无关解记作 $j_l(x), n_l(x)$,则按式(6.5.14),可得

$$j_l(kr) = \left(\frac{\pi}{2kr}\right)^{\frac{1}{2}} J_{l+1/2}(kr), \tag{6.5.15}$$

$$n_l(kr) = \left(\frac{\pi}{2kr}\right)^{\frac{1}{2}} Y_{l+1/2}(kr). \tag{6.5.16}$$

它们分别称为球 Bessel 和球 Neumann 函数. 它们与半奇数阶的 Bessel 函数、Neumann 函数有关.

(2) 柱坐标系

利用柱坐标系 (ρ, φ, z) 中的 Laplace 算符,可得 Helmholtz 方程在柱坐标系中的形式:

$$\frac{1}{\rho}\frac{\partial}{\partial \rho}\left(\rho \frac{\partial V}{\partial \rho}\right) + \frac{1}{\rho^2}\frac{\partial^2 V}{\partial \varphi^2} + \frac{\partial^2 V}{\partial z^2} + k^2 V = 0. \tag{6.5.17}$$

设 $V(\rho, \varphi, z) = R(\rho) \Phi(\varphi) Z(z)$,代入方程,经两次分离变量,先后引入两个常数 m^2 和 ω^2,可得如下 3 个本征值问题

$$\begin{cases} \Phi''(\varphi) + m^2 \Phi(\varphi) = 0 \quad \Phi(0) = \Phi(2\pi), \Phi'(0) = \Phi'(2\pi), \\ Z''(z) + \omega^2 Z(z) = 0 \quad (\text{齐次边界条件}), \\ \frac{1}{\rho}\frac{\partial}{\partial \rho}\left(\rho \frac{\partial R}{\partial \rho}\right) + \left(k^2 - \omega^2 - \frac{m^2}{\rho^2}\right) R = 0 \quad (\text{齐次边界条件}). \end{cases} \tag{6.5.18}$$

前两个本征值问题我们已能解. 第三个方程实际上可化为 Bessel 方程. 作变数变换:

$$R(\rho) = Y(x), \quad x = (k^2 - \omega^2)^{1/2} \rho, \tag{6.5.19}$$

它就化为整数阶 Bessel 方程

$$x^2 Y''(x) + x Y'(x) + [x^2 - m^2] Y(x) = 0.$$

由此可得

$$R(\rho) = A J_m((k^2 - \omega^2)^{1/2} \rho) + B Y_m((k^2 - \omega^2)^{1/2} \rho). \tag{6.5.20}$$

综上所述,Helmholtz 方程在柱坐标系中,分离变量所得的本征函数是

$$\begin{bmatrix} J_m((k^2 - \omega^2)^{1/2} \rho) \\ Y_m((k^2 - \omega^2)^{1/2} \rho) \end{bmatrix} \begin{bmatrix} \cos m\varphi \\ \sin m\varphi \end{bmatrix} \begin{bmatrix} \cos \omega z \\ \sin \omega z \end{bmatrix}, \tag{6.5.21}$$

6.5.4 球 Bessel 函数

从上面的讨论我们可以看到,在球坐标系和柱坐标系中用分离变量方法求解波动方程和热传导方程时,遇到的新的函数形式是球 Bessel 函数,下面我们讨论球 Bessel 函数.

在第四章 §3 中,我们已经求解了 1/2 阶的 Bessel 方程,它的两个线性独立解都是初等函数

$$J_{\frac{1}{2}}(x) = \sqrt{\frac{2}{\pi x}} \sin x, \qquad (6.5.22)$$

$$J_{-\frac{1}{2}}(x) = \sqrt{\frac{2}{\pi x}} \cos x. \qquad (6.5.23)$$

实际上,Neumann 函数 $Y_{1/2}(x)$ 与 $J_{-1/2}(x)$ 只相差一个符号. 因为根据 Neumann 函数的统一定义,有

$$Y_{1/2}(x) = \frac{J_{1/2}(x)\cos(\pi/2) - J_{-1/2}(x)}{\sin(\pi/2)} = -J_{-1/2}(x) \qquad (6.5.24)$$

所以

$$Y_{1/2}(x) = -\left(\frac{2}{\pi x}\right)^{1/2} \cos x. \qquad (6.5.25)$$

这样,零阶的球 Bessel 函数,球 Neumann 函数也可用初等函数表示

$$j_0(x) = \sqrt{\frac{\pi}{2x}} J_{1/2}(x) = \frac{\sin x}{x}, \qquad (6.5.26)$$

$$n_0(x) = \sqrt{\frac{\pi}{2x}} Y_{1/2}(x) = -\frac{\cos x}{x}. \qquad (6.5.27)$$

对于高阶球 Bessel 函数,我们可以利用 Bessel 函数的递推公式,从 1/2 阶的 Bessel 函数出发,通过导出高阶半奇数阶的 Bessel 函数来得到. 这里直接找出球 Bessel 函数的递推公式,从零阶球 Bessel 函数出发,更快地导出高阶的函数表示式来.

1. 球 Bessel 函数的递推公式

利用 Bessel 函数和 Neumann 函数的递推公式,可以推出球 Bessel 函数和球 Neumann 函数的递推公式.

Bessel 函数的递推公式

$$\frac{J_{m+1}(x)}{x^m} = -\frac{d}{dx}\left[\frac{J_m(x)}{x^m}\right],$$

对任意 m 也是成立的. 若令 $m = l+1/2$,则有

$$\frac{J_{l+3/2}(x)}{x^{l+1/2}} = -\frac{d}{dx}\left[\frac{J_{l+1/2}(x)}{x^{l+1/2}}\right].$$

将它改写成

$$\frac{J_{l+3/2}(x)}{x^{l+3/2}} = -\frac{1}{x}\frac{d}{dx}\left[\frac{J_{l+1/2}(x)}{x^{l+1/2}}\right].$$

由式(6.5.15),上式就是

$$\frac{j_{l+1}(x)}{x^{l+1}} = -\frac{1}{x}\frac{d}{dx}\left[\frac{j_l(x)}{x^l}\right]. \qquad (6.5.28)$$

同理也有

$$\frac{n_{l+1}(x)}{x^{l+1}} = -\frac{1}{x}\frac{d}{dx}\left[\frac{n_l(x)}{x^l}\right]. \qquad (6.5.29)$$

由此可见,从零阶的球 Bessel 函数和球 Neumann 函数,依次可以推出各阶的球 Bessel 函数和球 Neumann 函数的表达式来.

2. 球 Bessel 函数的初等函数表示

下面,我们利用递推公式(6.5.28)和(6.5.29),推出几个低阶的球 Bessel 函数和球 Neumann 函数之初等函数表达式.

$$j_0(x) = \frac{\sin x}{x}$$

$$j_1(x) = \frac{\sin x - x\cos x}{x^2}$$

$$j_2(x) = \frac{3(\sin x - x\cos x) - x^2 \sin x}{x^3}$$

$$\vdots \qquad (6.5.30)$$

$$n_0(x) = -\frac{\cos x}{x}$$

$$n_1(x) = -\frac{\cos x + x\sin x}{x^2}$$

$$n_2(x) = -\frac{3(\cos x + x\sin x) - x^2 \cos x}{x^3}$$

$$\vdots \qquad (6.5.31)$$

最后需要强调指出：当 $x=0$ 时，$j_l(x)$，$n_l(x)$ 具有不同特性. 由上式可见，当 $x \to 0$ 时，$j_l(x)$ 是有限的，但 $n_l(x)$ 是发散的. 因此，有如下重要结论：

如果定解问题在球内区域，要求满足自然边界条件：$R(0)=$ 有限. 则 $R(r)$ 中必须舍弃球 Neumann 函数，只留下球 Bessel 函数.

3. 球 Bessel 函数的正交性和完备性

我们知道，Helmholtz 方程是与时间有关的波动方程或热传导方程中，当时间与空间变量及其函数分离时，有关空间变量 M 的函数 $V(M)$ 所满足的偏微分方程. 它带的边界条件均是齐次的. 因此，径向部分 $R(r)$ 的球 Bessel 方程附上齐次边界条件，就构成本征值问题. 要完整地解决问题，必须进一步研究球 Bessel 函数的各种性质.

(1) 正交性

球 Bessel 方程的 Sturm-Liouville 型是

$$\frac{\mathrm{d}}{\mathrm{d}r}\left(r^2 \frac{\mathrm{d}R(r)}{\mathrm{d}r}\right) - l(l+1)R(r) + k^2 r^2 R(r) = 0, \qquad (6.5.32)$$

带齐次边界条件

$$\left\{\alpha R(r) + \beta \frac{\mathrm{d}R(r)}{\mathrm{d}r}\right\}\bigg|_{r=a} = 0. \qquad (6.5.33)$$

注意，方程(6.5.32)中的参数 l 是关联 Legendre 方程的本征值，这时的本征值是自然数 k，由条件(6.5.33)确定为 k_n. 球内问题的本征函数为

$$R(r) = C_n j_l(k_n r) \quad (n=1,2,\cdots). \qquad (6.5.34)$$

根据一般理论，同阶球 Bessel 函数，相对于不同本征值 k_n 的本征函数在 $(0,a)$ 上，带权重 r^2 正交

$$\int_0^a j_l(k_n r) j_l(k_m r) r^2 \mathrm{d}r = 0 \quad (n \neq m). \qquad (6.5.35)$$

(2) 模方

$$[N_n^{(l)}]^2 = \int_0^a [j_l(k_n r)]^2 r^2 \mathrm{d}r = \frac{\pi}{2k_n} \int_0^a [J_{l+1/2}(k_n r)]^2 r \mathrm{d}r \qquad (6.5.36)$$

由此可见，球 Bessel 函数模方的计算问题，可以化为 Bessel 函数模方的计算.

(3) 按球 Bessel 函数的广义 Fourier 级数展开

如果函数 $f(r)$ 满足展开成如下绝对且一致收敛的级数的条件

$$f(r) = \sum_{n=1}^{\infty} f_n j_l(k_n r), \tag{6.5.37}$$

则利用正交性及模方公式(6.5.35)和(6.5.36)，级数系数可按下式求取

$$f_n = \frac{1}{[N_n^{(l)}]^2} \int_0^a f(r) j_l(k_n r) r^2 \, dr. \tag{6.5.38}$$

4. 球 Hankel 函数

球 Bessel 方程的两个线性独立的解，不仅可取球 Bessel 函数和球 Neumann 函数，而且同样可取如下定义的第一类和第二类的球 Hankel 函数

$$h_l^{(1)} = j_l(x) + j n_l(x),$$
$$h_l^{(2)} = j_l(x) - j n_l(x).$$

Hankel 函数同样满足式(6.5.28)的递推公式. 因此也可以从零阶的 Hankel 函数的初等函数表达式，导出高阶的 Hankel 函数的表达式来. 我们给出其最低的几个显式：

$$\left. \begin{aligned} h_0^{(1)}(x) &= -\frac{i}{x} e^{ix} \\ h_1^{(1)}(x) &= \left(-\frac{i}{x^2} - \frac{1}{x}\right) e^{ix} \\ h_2^{(1)}(x) &= \left(-\frac{3i}{x^3} - \frac{3}{x^2} + \frac{i}{x}\right) e^{ix} \\ &\vdots \end{aligned} \right\}, \tag{6.5.39}$$

$$\left. \begin{aligned} h_0^{(2)}(x) &= \frac{i}{x} e^{-ix} \\ h_1^{(2)}(x) &= \left(\frac{i}{x^2} - \frac{1}{x}\right) e^{-ix} \\ h_2^{(2)}(x) &= \left(\frac{3i}{x^3} - \frac{3}{x^2} - \frac{i}{x}\right) e^{-ix} \\ &\vdots \end{aligned} \right\}. \tag{6.5.40}$$

由上式可见，Hankel 函数均带有因子 $e^{\pm ix}$，即 $e^{\pm ikr}$.

我们知道，三维波动方程在球坐标系中分离变量，径向函数的解是球 Bessel 函数(如采用球 Hankel 函数，则解中出现因子 $e^{\pm ikr}$). 时间 t 的函数 $T(t)$ 的通解是

$$T(t) = A_n \cos kat + B_n \sin kat.$$

如果换成指数形式，它就是

$$T(t) = C_n e^{\pm ikat}$$

这两者的乘积 $R(r)T(t)$ 就会有如下组合

$$e^{ik(r-at)} \quad \text{或} \quad e^{ik(r+at)}$$

它们具有明显的物理意义：前者为从球面向远处发射出去的波，后者则是从远处向球面收缩的波. 可见，球 Hankel 函数在处理球坐标系中的波动方程的解时将会非常有用.

例 6.5.1 一个装有气体的圆球形容器，以恒定速度 v 做匀速运动. $t=0$ 时突然停止而保持静止不动，试讨论容器内发生的气体振荡.

解 设圆球形容器的半径为 a，取球坐标系，原点位于球心，z 轴平行于容器原来运动的方向，则问题具有轴对称性. 则气体振荡的速度势 $u(r, \theta, t)$ 满足定解问题

$$\begin{cases} \dfrac{\partial^2 u}{\partial t^2}-c^2\Big[\dfrac{1}{r^2}\dfrac{\partial}{\partial r}(r^2\dfrac{\partial u}{\partial r})+\dfrac{1}{r^2\sin\theta}\dfrac{\partial}{\partial\theta}\Big(\sin\theta\dfrac{\partial u}{\partial\theta}\Big)\Big]=0,\\ u|_{r=0}\text{有界},\quad \dfrac{\partial u}{\partial r}\Big|_{r=a}=0,\\ u|_{\theta=0}\text{有界},\quad u|_{\theta=\pi}\text{有界},\\ u|_{t=0}=-vr\cos\theta,\quad \dfrac{\partial u}{\partial t}\Big|_{t=0}=0. \end{cases} \quad (6.5.41)$$

由初始条件的形式,设解为
$$u(r,\theta,t)=w(r,t)\cos\theta \qquad (6.5.42)$$

则 $w(r,t)$ 满足的定解问题是
$$\begin{cases} \dfrac{\partial^2 w}{\partial t^2}-c^2\Big[\dfrac{1}{r^2}\dfrac{\partial}{\partial r}\Big(r^2\dfrac{\partial w}{\partial r}\Big)-\dfrac{2w}{r^2}\Big]=0,\\ w|_{r=0}\text{有界},\quad \dfrac{\partial w}{\partial r}\Big|_{r=a}=0,\\ w|_{t=0}=-vr,\quad \dfrac{\partial w}{\partial t}\Big|_{t=0}=0. \end{cases} \quad (6.5.43)$$

用分离变量法求解,根据边界条件,可得这个问题的一般解为
$$w(r,t)=\sum_{n=1}^{\infty}j_1\Big(\dfrac{\lambda_n}{a}r\Big)\Big[C_n\cos\dfrac{\lambda_n}{a}ct+D_n\sin\dfrac{\lambda_n}{a}ct\Big],$$

其中 λ_n 是
$$j_1'\equiv\dfrac{1}{2x}\sqrt{\dfrac{\pi}{2x}}[2xJ_{3/2}'-J_{3/2}]=0 \qquad (6.5.44)$$

的第 n 个正零点. 代入初始条件,
$$\sum_{n=1}^{\infty}C_n j_1\Big(\dfrac{\lambda_n}{a}r\Big)=vr,\quad \sum_{n=1}^{\infty}D_n\dfrac{\lambda_n c}{a}j_1\Big(\dfrac{\lambda_n}{a}r\Big)=0,$$

利用球 Bessel 函数的正交性,有
$$C_n=-\dfrac{v\int_0^a j_1\Big(\dfrac{\lambda_n}{a}r\Big)r^3\,\mathrm{d}r}{\int_0^a j_1^{\,2}\Big(\dfrac{\lambda_n}{a}r\Big)r^2\,\mathrm{d}r}\xrightarrow{\;\diamondsuit\frac{\lambda_n}{a}r=x\;}-\dfrac{va}{\lambda_n}\dfrac{\int_0^{\lambda_n}j_1(x)x^3\,\mathrm{d}x}{\int_0^{\lambda_n}j_1^{\,2}(x)x^2\,\mathrm{d}x},$$

$$D_n=0.$$

利用球 Bessel 函数与 Bessel 函数的关系以及 Bessel 函数的递推公式计算上式中的积分有
$$\int_0^{\lambda_n}j_1^2(x)x^2\,\mathrm{d}x=\dfrac{\pi}{2}\int_0^{\lambda_n}J_{3/2}^2(x)x\,\mathrm{d}x=\dfrac{\pi}{4}(\lambda_n^{\,2}-2)J_{3/2}^2(\lambda_n),$$

及
$$\int_0^{\lambda_n}j_1(x)x^3\,\mathrm{d}x=\sqrt{\dfrac{\pi}{2}}\int_0^{\lambda_n}J_{3/2}(x)x^{5/2}\,\mathrm{d}x=\sqrt{\dfrac{\pi}{2}}\lambda_n^{5/2}J_{5/2}(\lambda_n)=\dfrac{3}{2}\sqrt{\dfrac{\pi}{2}}\lambda_n^{3/2}J_{3/2}(\lambda_n),$$

所以
$$C_n=-3\sqrt{\dfrac{2\lambda_n}{\pi}}\dfrac{va}{(\lambda_n^{\,2}-2)J_{3/2}(\lambda_n)}=-3va\dfrac{1}{(\lambda_n^2-2)J_1(\lambda_n)}.$$

若用初等函数表示,用 Maple 计算上述两个积分和系数 C_n,有
```
>A[1]: = int((BesselJ(3/2,x))^2 * x, x = 0..lambda[n]);
```

$$A_1 := \frac{\cos(\lambda_n)\sin(\lambda_n)\lambda_n + \lambda_n^2 - 1 + \cos(2\lambda_n)}{\pi\lambda_n}$$

>A[2]:= int(x^(5/2) * BesselJ(3/2,x), x = 0..lambda[n]);

$$A_2 := \frac{\sqrt{2}(\lambda_n^2\sin(\lambda_n) - 3\sin(\lambda_n) + 3\cos(\lambda_n)\lambda_n)}{\sqrt{\pi}}$$

>C[n] = -((va)/lambda[n]) * sqrt(Pi/2) * A[2]/((Pi/2) * A[1]);

$$C_n = \frac{2va(\lambda_n^2\sin(\lambda_n) - 3\sin(\lambda_n) + 3\cos(\lambda_n)\lambda_n)}{\cos(\lambda_n)\sin(\lambda_n)\lambda_n + \lambda_n^2 - 1 + \cos(2\lambda_n)}$$

于是,原定解问题的解是

$$v(r,\theta,t) = -3va\cos\theta \sum_{n=1}^{\infty} \frac{1}{(\lambda_n^2 - 2)j_1(\lambda_n)} j_1\left(\frac{\lambda_n}{a}r\right)\cos\frac{\lambda_n}{a}ct$$

$$= -3va\cos\theta\sqrt{\frac{a}{r}} \sum_{n=1}^{\infty} \frac{1}{(\lambda_n^2 - 2)} \frac{J_{3/2}\left(\frac{\lambda_n}{a}r\right)}{J_{3/2}(\lambda_n)}\cos\frac{\lambda_n}{a}ct.$$

或

$$u(r,\theta,t) = \cos\theta \sum_{n=1}^{\infty} j_1\left(\frac{\lambda_n}{a}r\right)\left[\frac{2va(\lambda_n^2\sin\lambda_n + 3\lambda_n\cos\lambda_n - 3\sin\lambda_n)}{\lambda_n^2 - 1 + \lambda_n\sin\lambda_n\cos\lambda_n + \cos2\lambda_n}\right]\cos\frac{\lambda_n}{a}ct.$$

例 6.5.2 一个匀质圆球,半径为 R,初始温度各处均匀,都是 u_0.将其放入一个烘箱内,使其表面温度保持为 u_1.求球体内各处的温度变化.

解 按题意,定解问题是

$$u_t - a^2\nabla^2 u = 0,$$
$$u|_{r=R} = u_1,$$
$$u|_{t=0} = u_0.$$

问题是含时间的,要用分离变量法求解,则边界条件必须都是齐次的.所以非齐次的边界条件要处理一下.令

$$u = v + w,$$

取特解

$$v = u_1,$$

则函数 w 满足的定解问题就是

$$w_t - a^2\nabla^2 w = 0,$$
$$w|_{r=R} = 0,$$
$$w|_{t=0} = u_0 - u_1.$$

分离变量可得本征模式

$$\begin{bmatrix} j_l(kr) \\ n_l(kr) \end{bmatrix} [P_l^m(\cos\theta)] \begin{bmatrix} \cos m\varphi \\ \sin m\varphi \end{bmatrix} [\exp(-k^2 a^2 t)].$$

由于要求的是球形区域的内部解,解应满足 $R(r)|_{r=0} = $ 有限的要求,故球 Neumann 函数应舍去.

由于问题具有球对称性,u 与变量 θ,φ 均无关,故应取 $m=0, l=0$.由此可得,本征函数是

$$j_0(kr) = \frac{\sin kr}{kr},$$

本征值由齐次边界条件 $w|_{r=R} = 0$ 确定,即

$$j_0(kR) = \frac{\sin kR}{kR} = 0.$$

可见，本征值为
$$k_n = n\pi/R \quad n=1,2,\cdots.$$

一般解是
$$w(r,t) = \sum_{n=1}^{\infty} A_n j_0(n\pi r/R) \exp[-(n\pi a/R)^2 t].$$

代入初始条件
$$w(r,0) = u_0 - u_1 = \sum_{n=1}^{\infty} A_n j_0(n\pi r/R),$$

系数 A_n 为
$$A_n = \frac{\int_0^R (u_0 - u_1) j_0(n\pi r/R) r^2 \mathrm{d}r}{\int_0^R [j_0(n\pi r/R)]^2 r^2 \mathrm{d}r} = 2(-1)^n (u_1 - u_0),$$

最后求得球体内的温度为
$$u = u_1 + \sum_{n=1}^{\infty} \frac{2(-1)^n (u_1 - u_0) R}{n\pi r} \exp[-(n\pi a/R)^2 t] \sin(n\pi r/R).$$

6.6 柱面波与球面波

对于三维空间的波动方程
$$u_{tt} - c^2 \nabla^2 u = 0 \tag{6.6.1}$$

先分离出时间因子，得常微分方程
$$T''(t) + \lambda c^2 T(t) = 0,$$

其两个线性无关的解是
$$\cos\sqrt{\lambda} ct, \quad \sin\sqrt{\lambda} ct.$$

或
$$\mathrm{e}^{\mathrm{i}\sqrt{\lambda}ct}, \quad \mathrm{e}^{-\mathrm{i}\sqrt{\lambda}ct}.$$

空间变量的函数满足 Helmholtz 方程
$$\nabla^2 v + \lambda v = 0. \tag{6.6.2}$$

这个方程因不同的边界条件（如柱面或球面）而选取柱坐标或球坐标，这样一来，求出的波动就成为柱面波或球面波形式．下面分别叙述之．

6.6.1 柱面波

1. 柱面波的形式

形成柱面波的边界是无穷长的圆柱，这时方程(6.6.1)的解（与 z 无关，因此 $\mu=0, \lambda=k^2$）可表示如下：

$$\zeta_m(kr) \begin{Bmatrix} \cos m\varphi \\ \sin m\varphi \end{Bmatrix} \begin{Bmatrix} \mathrm{e}^{\mathrm{i}kct} \\ \mathrm{e}^{-\mathrm{i}kct} \end{Bmatrix}, \tag{6.6.3}$$

式中，$\zeta_m(kr)$ 表示 m 阶 Bessel 函数．考察它们的渐近行为（省去与 φ 有关的部分）便得

$$(1) \quad J_m(kr)e^{\pm ikct} \to \sqrt{\frac{2}{\pi kr}}\cos\left(kr-\frac{m\pi}{2}-\frac{\pi}{4}\right)e^{\pm ikct}, \tag{6.6.4}$$

$$(2) \quad Y_m(kr)e^{\pm ikct} \to \sqrt{\frac{2}{\pi kr}}\sin\left(kr-\frac{m\pi}{2}-\frac{\pi}{4}\right)e^{\pm ikct}. \tag{6.6.5}$$

不难看出，这两种波表示驻波：对空间确定点，振幅不变．而

$$(3) \quad H_m^{(1)}(kr)e^{\pm ikct} \to \sqrt{\frac{2}{\pi kr}}e^{ik(r\pm ct)-i\frac{m\pi}{2}+\frac{\pi}{4}}, \tag{6.6.6}$$

$$(4) \quad H_m^{(2)}(kr)e^{\pm ikct} \to \sqrt{\frac{2}{\pi kr}}e^{ik(r\mp ct)+i\frac{m\pi}{2}+\frac{\pi}{4}} \tag{6.6.7}$$

表示的是行波：含因子 $(r-ct)$ 表示沿 r 方向行进的波，是发散波；而含因子 $(r+ct)$ 表示沿 $-r$ 行进的波，是收敛波．实际上辐射和这两种情况对应，不过，在这种情况下通常都是规定时间因子取作 e^{-ikct}．这样一来 $H_m^{(1)}(kr)e^{-ikct}$ 表示发散波，而 $H_m^{(2)}(kr)e^{-ikct}$ 表示收敛波．

2. 平面波展成柱面波

现在将沿 x 轴传播的平面波 $e^{ik(x-ct)}$ 展成沿 x 轴传播的柱面波（柱轴线取作 z 轴）．因为它们都是方程(6.6.1)的解，故应有一定的联系：时间因子相同，因此只需研究它们与坐标有关的部分．由图(6.6.1)不难看出，$x=r\cos\varphi$，因而

$$e^{ikx} = e^{ikr\cos\varphi}. \tag{6.6.8}$$

另一方面由生成函数关系

$$\exp\left[\frac{x}{2}(z-z^{-1})\right] = \sum_{n=-\infty}^{\infty} J_n(x)z^n,$$

设 $z = ie^{i\varphi}, x = kr$

则生成函数关系变成

$$\exp\left[\frac{x}{2}(z-z^{-1})\right] = \exp(ikr\cos\varphi) = \sum_{n=-\infty}^{\infty} J_n(kr)i^n e^{in\varphi}$$

$$= J_0(kr) + \sum_{n=1}^{\infty}[J_n(kr)i^n e^{in\varphi} + J_{-n}(kr)i^{-n}e^{-in\varphi}] \tag{6.6.9}$$

$$= J_0(kr) + 2\sum_{n=1}^{\infty}[i^n J_n(kr)\cos n\varphi].$$

这就是平面波按柱面波的展开式．

例 6.6.1 有一单色平面电磁波垂直射到一个半径为 a 的长金属圆柱表面上．设平面波的电矢量的偏振方向与柱轴平行，求圆柱面散射的电磁波．

解 由于入射波的电矢量平行于柱轴，则在导体表面上感生的电流以及散射波的电矢量也平行于柱轴．取柱轴为 z 轴，入射方向为 x 方向．则入射波与散射波的电矢量实际上只有一个 z 轴分量，是个标量，故可设 $E=u$，满足波动方程(6.6.1)；又因为是单色波，可设 $u=ve^{-i\omega t}=ve^{-ikct}$，代入式(6.6.1)，得

$$\nabla^2 v + k^2 v = 0, \tag{6.6.10}$$

考虑到柱面是导体，则表面上的电场强度的切向分量应等于零，由此便得到边界条件

$$v|_{r=a} = 0. \tag{6.6.11}$$

方程(6.6.10)的解 v 包括两部分，入射波 v^I 与散射波 v^S，即

$$v = v^I + v^S, \tag{6.6.12}$$

其中 v^I 是已知的,
$$v^I = E_0 e^{ikx} = E_0 e^{ikr\cos\varphi}.$$
由此,根据式(6.6.10)与(6.6.11)两式,散射波 v^S 满足如下方程及边界条件:
$$\nabla^2 v^S + k^2 v^S = 0, \tag{6.6.13}$$
$$v^S|_{r=a} = -v^I|_{r=a} = -E_0 e^{ikc\cos\varphi}. \tag{6.6.14}$$
方程采用柱坐标,由于柱很长,则 v^S 与 z 无关,于是有
$$\frac{1}{r}\frac{\partial}{\partial r}\left(r\frac{\partial v^S}{\partial r}\right) + \frac{1}{r^2}\frac{\partial^2 v^S}{\partial \varphi^2} + k^2 v^S = 0.$$
分离变量后,得到如下形式的解:
$$\zeta_m(kr)\begin{Bmatrix}\cos m\varphi \\ \sin m\varphi\end{Bmatrix},$$
因为解是散射波,故 $\zeta_m(kr)$ 应取第一种 Hankel 函数:
$$\zeta_m(kr) = H_m^{(1)}(kr).$$
这样,方程(6.6.13)的解为
$$v^S = \sum_{n=0}^{\infty}(A_n\cos n\varphi + B_n\sin n\varphi)H_n^{(1)}(kr). \tag{6.6.15}$$
再利用边界条件(6.6.14)确定 A_n 与 B_n,为此将其展开为
$$v^S|_{r=a} = \sum_{n=0}^{\infty}(A_n\cos n\varphi + B_n\sin n\varphi)H_n^{(1)}(ka)$$
$$= -E_0 e^{ika\cos\varphi} = -E_0 J_0(ka) - 2E_0\sum_{n=0}^{\infty}i^n J_n(ka)\cos n\varphi.$$
比较此式两端的 Fourier 展开系数,得
$$A_0 = -\frac{E_0 J_0(ka)}{H_0^{(1)}(ka)}, \quad A_n = -\frac{2E_0 i^n J_n(ka)}{H_n^{(1)}(ka)} \quad (n\geqslant 0),$$
$$B_n = 0.$$
将这些系数代入式(6.6.15),有
$$v^S = -E_0\left[J_0(ka)\frac{H_0^{(1)}(kr)}{H_0^{(1)}(ka)} + 2\sum_{n=1}^{\infty}i^n J_n(ka)\frac{H_n^{(1)}(kr)}{H_n^{(1)}(ka)}\cos n\varphi\right]. \tag{6.6.16}$$
最后得到
$$u = E = (E_0 e^{ikr\cos\varphi} + v^S)e^{-ikct}$$
$$= \Bigg\{J_0(kr) - J_0(kr_0)\frac{H_0^{(1)}(kr)}{H_0^{(1)}(ka)} + \tag{6.6.17}$$
$$2\sum_{n=1}^{\infty}i^n\left[J_n(kr) - J_n(ka)\frac{H_n^{(1)}(kr)}{H_n^{(1)}(ka)}\right]\cos n\varphi\Bigg\}E_0 e^{-ikct}.$$
其中
$$ka = \frac{\omega a}{c} = \frac{2\pi a}{cT} = \frac{2\pi a}{\lambda}. \tag{6.6.18}$$
注意式中的 T 与 λ 是周期与波长.解式(6.6.17),当 $\lambda \gg a$ 时,收敛性较好;而对于短波则不好,此式不能用.

6.6.2 球面波

1. 球面波的形式

形成球面波的边界是球,这时方程(6.6.1)的解(令 $\lambda = k^2$)为

$$\eta_l(kr) P_l^m(\cos\theta) \begin{Bmatrix} \cos m\varphi \\ \sin m\varphi \end{Bmatrix} e^{-ikct}, \tag{6.6.19}$$

式中,$\eta_l(kr)$表示 l 阶的球 Bessel 函数。按上述规定时间因子取作 e^{-ikct}。为方便起见,省去 θ,φ 有关部分,具体写出式(6.6.19)并取渐近形式,则有

$$(1)\ J_l(kr) e^{-ikct} \approx \frac{1}{kr} \cos\left(kr - \frac{l+1}{2}\pi\right) e^{-ikct}, \tag{6.6.20}$$

$$(2)\ n_l(kr) e^{-ikct} \approx \frac{1}{kr} \sin\left(kr - \frac{l+1}{2}\pi\right) e^{-ikct}. \tag{6.6.21}$$

不难看出,这两种也是驻波形式,而

$$(3)\ h_l^{(1)}(kr) e^{-ikct} \approx \frac{1}{kr} \exp\left[ik(r-ct) - i\frac{l+1}{2}\pi\right], \tag{6.6.22}$$

$$(4)\ h_l^{(2)}(kr) e^{-ikct} \approx \frac{1}{kr} \exp\left[ik(r+ct) + i\frac{l+1}{2}\pi\right]. \tag{6.6.23}$$

表示两个球面行波,前者是沿 r 方向的发散波,后者是沿 $-r$ 方向的收敛波。

2. 平面波展成球面波

设平面波沿极轴 z 进行:$e^{ik(z-ct)}$。将它按球面波展开,注意此波与 φ 无关(如图 6.6.2 所示),去掉时间因子,则有

$$e^{ikz} = e^{ikr\cos\theta} = \sum_{l=1}^{\infty} C_l i_l(kr) P_l(\cos\theta), \tag{6.6.24}$$

于是得

$$C_l j_l(kr) = \frac{2l+2}{2} \int_{-1}^{1} e^{ikr\cos\theta} (\cos\theta d(\cos\theta))$$

$$= \frac{2l+2}{2} \int_{-1}^{1} e^{ikrx} P_l(x) dx.$$

现在根据渐近条件来确定 C_l。

$$C_l j_l(kr) \xrightarrow{r\to\infty} C_l \frac{1}{kr} \cos\left(kr - \frac{l+1}{2}\pi\right) = \frac{C_l}{2ikr}\left[e^{i(kr-\frac{l}{2}\pi)} - e^{-i(kr-\frac{l}{2}\pi)}\right], \tag{6.6.25}$$

而

$$\frac{2l+2}{2}\int_{-1}^{1} e^{ikrx} P_l(x) dx = \frac{2l+1}{2ikr}\int_{-1}^{1} P_l(x) d(e^{ikrx})$$

$$= \frac{2l+1}{2ikr}\left[P_l(x) e^{ikrx}\right]_{-1}^{1} - \frac{2l+1}{2ikr}\int_{-1}^{1} e^{ikrx} P_l'(x) dx$$

$$\xrightarrow{r\to\infty} \frac{2l+1}{2ikr}\left[P_l(1) e^{ikr} - P_l(-1) e^{-ikr}\right] = \frac{2l+1}{2ikr} e^{i\frac{l\pi}{2}}\left[e^{i(kr-\frac{l\pi}{2})} - e^{-i(kr-\frac{l\pi}{2})}\right]. \tag{6.6.26}$$

注意,在推导此式时,最后积分式 $\frac{2l+1}{2ikr}\int_{-1}^{1} e^{ikrx} P_l'(x) dx$ 当再次积分时,将变成 $1/r^2$ 项,故当 $r\to\infty$ 时,它变为零。比较式(6.6.25)与式(6.6.26),得

$$C_l = (2l+1) e^{i\frac{l\pi}{2}} = (2l+1) i^l, \tag{6.6.27}$$

代入式(6.6.24),得

$$e^{ikr} = e^{ikr\cos\theta} = \sum_{l=0}^{\infty}(2l+1)i^l j_l(kr)P_l(\cos\theta). \tag{6.6.28}$$

这就是平面波展开为球面波的公式,不过这也是一种特殊情况:波矢量 k(即波的传播方向)的方向是坐标 z 的方向. 如果在一般情况下, k 与 z 是不同向的,而是处于方向 (θ_1, φ_1),即 k 的方位角为 θ_1 与 φ_1,与在方位 (θ_2, φ_2) 的 r 的夹角为 Θ. 则

$$e^{ik\Theta r} = e^{ikr\cos\Theta} = \sum_{l=0}^{\infty}(2l+1)i^l j_l(kr)P_l(\cos\Theta). \tag{6.6.29}$$

再由球函数的加法公式得

$$e^{ik\Theta r} = \sum_{l=0}^{\infty}(2l+1)i^l j_l(kr) \times \sum_{m=-l}^{l}\frac{(l-|m|)!}{(l+|m|)!}P_l^{|m|}(\cos\theta_2)P_l^{|m|}(\cos\theta_1)e^{im(\varphi_2-\varphi_1)}$$

$$= 4\pi\sum_{l=0}^{\infty}\sum_{m=-l}^{l}i^l j_l(kr)\overline{Y_l^m(\theta_1,\varphi_1)}\cdot Y_l^m(\theta_2,\varphi_2). \tag{6.6.30}$$

6.7 可化为 Bessel 方程的方程

在实际问题中,碰到的许多微分方程虽不是 Bessel 方程,但通过变换可以变成 Bessel 方程. 举例如下.

6.7.1 Kelvin (W. ThomSon) 方程

Kelvin 方程为

$$x^2\frac{d^2y}{dx^2}+x\frac{dy}{dx}-(i\beta^2 x^2+m^2)y=0, \tag{6.7.1}$$

如设 $x_1 = \sqrt{-i}\beta x$,则方程 (6.7.1) 变成 x_1 的 Bessel 方程,它的解是 x_1 的 Bessel 函数,如 $J_m(x_1), H_m^{(1)}(x_1), K_m(x_1)$ 等. 今将其实部与虚部分开,则称作 Kelvin 函数. 即

$$beR_m(\beta x) = \text{Re } J_m(\sqrt{-i}\beta x),$$
$$beI_m(\beta x) = \text{Im } J_m(\sqrt{-i}\beta x);$$
$$heR_m(\beta x) = \text{Re } H_m^{(1)}(\sqrt{-i}\beta x),$$
$$heI_m(\beta x) = \text{Im } H_m^{(1)}(\sqrt{-i}\beta x);$$
$$KeR_m(\beta x) = \text{Re } K_m(\sqrt{-i}\beta x),$$
$$KeI_m(\beta x) = \text{Im } K_m(\sqrt{-i}\beta x).$$

6.7.2 其他例子

下面几个方程皆可化成 Bessel 方程,并给出解(Bessel 函数用 Z_m 表示)
(1) $y'' + bx^m y = 0$, \hfill (6.7.2)

$$y = \sqrt{x}\, Z_{\frac{1}{m+2}}\left(\frac{2\sqrt{b}}{m+2}x^{\frac{m+2}{2}}\right).$$

(2) $y'' + \dfrac{1}{x} y' - \left[\dfrac{1}{x} + \left(\dfrac{m}{2x}\right)^2\right] y = 0,$ (6.7.3)

$$y = Z_m(2\mathrm{i}\sqrt{x}).$$

(3) $y'' + \left(\dfrac{2m+1}{x} - k\right) y' - \dfrac{2m+1}{2x} k y = 0,$ (6.7.4)

$$y = \dfrac{1}{x^m} \mathrm{e}^{\frac{kx}{2}} Z_m\left(\dfrac{\mathrm{j}kx}{2}\right).$$

(4) $y'' + \dfrac{1-2a}{x} y' + \left[(\beta r x^{r-1})^2 + \dfrac{a^2 - m^2 r^2}{x^2}\right] y = 0,$ (6.7.5)

$$y = x^a Z_m(\beta x^r).$$

(5) $y'' + \left(\dfrac{1}{x} - 2\tan x\right) y' - \left(\dfrac{m^2}{x^2} + \dfrac{\tan x}{x}\right) y = 0,$ (6.7.6)

$$y = \dfrac{1}{\cos x} Z_m(x).$$

(6) $y'' + \left(\dfrac{1}{x} - 2u\right) y' + \left(1 + \dfrac{m^2}{x^2} + u^2 - u' - \dfrac{u}{x}\right) y = 0,$ (6.7.7)

$$y = \mathrm{e}^{\int u \mathrm{d}x} Z_m(x).$$

其他就不一一列举了.

6.7.3 含 Bessel 函数的积分

计算含 Bessel 函数的积分,在前面曾用递推关系计算过. 不过在许多情况下,这种方法不好用,而常常是把 Bessel 函数表示成级数,交换积分与求和的次序,先积分后求和得出结果. 下面看两个例子.

(1) Sonine 第一积分公式

$$\int_0^{\pi/2} J_\mu(z\sin\theta)(\sin\theta)^{\mu+1}(\cos\theta)^{2v+1}\mathrm{d}\theta$$

$$= \sum_{k=0}^\infty \dfrac{(-1)^k}{k!\Gamma(k+\mu+1)} \left(\dfrac{z}{2}\right)^{2k+\mu} \int_0^{\pi/2} (\sin\theta)^{2k+2\mu+1}(\cos\theta)^{2v+1}\mathrm{d}\theta$$

$$= \sum_{k=0}^\infty \dfrac{(-1)^k}{k!\Gamma(k+\mu+1)} \left(\dfrac{z}{2}\right)^{2k+\mu} \dfrac{\Gamma(k+\mu+1)\Gamma(v+1)}{2\Gamma(k+\mu+v+2)}$$

$$= \dfrac{2^v \Gamma(v+1)}{z^{v+1}} J_{\mu+v+1}(z) \quad (\mathrm{Re}\,\mu, \mathrm{Re}\,v > -1). \quad (6.7.8)$$

(2) 求积分

$$I = \int_0^\infty \mathrm{e}^{-ax} J_0(\beta x)\mathrm{d}x = \int_0^\infty \mathrm{e}^{-ax} \sum_{k=0}^\infty \dfrac{(-1)^k}{(k!)^2} \left(\dfrac{\beta x}{2}\right)^{2k} \mathrm{d}x$$

$$= \sum_{k=0}^\infty \dfrac{(-1)^k}{(k!)^2} \left(\dfrac{\beta}{2}\right)^{2k} \int_0^\infty \mathrm{e}^{-ax} x^{2k} \mathrm{d}x = \sum_{k=0}^\infty \dfrac{(-1)^k}{(k!)^2} \left(\dfrac{\beta}{2}\right)^{2k} \alpha^{-2k-1}(2k)!$$

$$= \dfrac{1}{\alpha} \sum_{k=0}^\infty \dfrac{(-1)^k}{(k!)^2} \dfrac{(2k)!}{2^{2k}} \left(\dfrac{\beta}{\alpha}\right)^{2k} = \dfrac{1}{\alpha} \sum_{k=0}^\infty \begin{pmatrix} -\dfrac{1}{2} \\ k \end{pmatrix} \left(\dfrac{\beta}{\alpha}\right)^{2k}$$

$$= \dfrac{1}{\alpha \sqrt{1+\left(\dfrac{\beta}{\alpha}\right)^2}} = \dfrac{1}{\sqrt{\alpha^2 + \beta^2}}. \quad (6.7.9)$$

在此式推导过程中,利用了 $\alpha > \beta$ 的条件,但结果并不受此条件的限制.

事实上,这个积分亦可利用 $J_0(\beta x)$ 的积分表示进行计算.

$$\begin{aligned}\int_0^\infty \mathrm{e}^{-\alpha x} J_0(\beta x) \mathrm{d}x &= \frac{1}{2\pi} \int_0^\infty \mathrm{e}^{-\alpha x} \mathrm{d}x \int_{-\pi}^\pi \mathrm{e}^{\mathrm{j}\beta x \sin\theta} \mathrm{d}\theta \\ &= \frac{1}{2\pi} \int_{-\pi}^\pi \mathrm{d}\theta \int_0^\infty \mathrm{e}^{-\alpha+\mathrm{j}\beta x \sin\theta} \mathrm{d}x = \frac{1}{2\pi} \int_{-\pi}^\pi \frac{\mathrm{d}\theta}{\alpha - \mathrm{j}\beta\sin\theta} \\ &= \frac{1}{2\pi} \int_{-\pi}^\pi \frac{(\alpha + \mathrm{j}\beta\sin\theta)}{\alpha^2 + \beta^2 \sin^2\theta} \mathrm{d}\theta = \frac{\alpha}{2\pi} \int_{-\pi}^\pi \frac{\mathrm{d}\theta}{\alpha^2 + \beta^2 \sin^2\theta} \\ &= \frac{1}{\sqrt{\alpha^2 + \beta^2}}. \end{aligned} \qquad (6.7.10)$$

最后积分是利用复变函数积分法求出的. 两者结果相同.

例 6.7.1 长为 H、半径为 r_0 的均匀圆柱,所有边界温度为零度,起始温度分布为 $f(r,\varphi,z)$,求圆柱体的温度变化.

解:定解问题表示如下(用柱坐标):

$$\begin{cases} u_t - a^2 \nabla^2 u = 0 \quad (0 \leqslant r \leqslant a,\ 0 < z < H,\ t > 0), & (6.7.11) \\ u|_{z=0} = 0, \quad u|_{z=H} = 0, & (6.7.12) \\ u|_{r=r_0} = 0, \quad u|_{r=0} < \infty, & (6.7.13) \\ u|_{t=0} = f(r,\varphi,z). & (6.7.14) \end{cases}$$

将方程(6.7.11)在柱坐标系中写出来,$\dfrac{\partial u}{\partial t} = a^2 \left(\dfrac{\partial^2 u}{\partial \rho^2} + \dfrac{1}{\rho} \dfrac{\partial u}{\partial \rho} + \dfrac{1}{\rho^2} \dfrac{\partial^2 u}{\partial \varphi^2} + \dfrac{\partial^2 u}{\partial z^2} \right)$ 并分离变量得 $T'(t) + \lambda a^2 T(t) = 0$,$\Phi''(\varphi) + \nu \Phi(\varphi) = 0$,$Z''(z) + \mu Z(z) = 0$ 和 $\dfrac{1}{\rho} \dfrac{\partial}{\partial \rho}\left(\rho \dfrac{\partial R}{\partial \rho}\right) + \left(\lambda - \mu - \dfrac{\nu}{\rho^2}\right) R = 0$ 等方程;本征值 $\nu = m^2$,依据齐次边界条件(6.7.12),本征值 $\mu = \dfrac{-n^2\pi^2}{H^2}$;根据方程 $\dfrac{1}{\rho} \dfrac{\partial}{\partial \rho}\left(\rho \dfrac{\partial R}{\partial \rho}\right) + \left(\lambda - \mu - \dfrac{\nu}{\rho^2}\right) R = 0$ 和齐次边界条件及自然边界条件(6.7.13),令 $\lambda - \mu = k^2$,便得到第一类 Bessel 函数 $J_m(kr)$. 于是选择如下形式的一般解:

$$u = \sum_{i=1}^\infty \sum_{n=1}^\infty \sum_{m=1}^\infty J_m(k_i^{(m)} r) \sin \frac{n\pi}{H} z (A_{imn} \cos m\varphi + B_{imn} \sin m\varphi) \mathrm{e}^{-\lambda_{imn} a^2 t}. \qquad (6.7.15)$$

本征值 $k_i^{(m)}$ 由条件(6.7.13)确定:

$$J_m(k_i^{(m)} r_0) = 0.$$

于是,本征值 λ 即可求出

$$\lambda_{imn} = [k_i^{(m)}]^2 + \frac{n^2\pi^2}{H^2}. \qquad (6.7.16)$$

再由初始条件(6.7.14)确定常数 A_{imn} 和 B_{imn}.

$$u|_{t=0} = \sum_{i=1}^\infty \sum_{n=1}^\infty \sum_{m=1}^\infty J_m(k_i^{(m)} r) \sin \frac{n\pi}{H} z (A_{imn} \cos m\varphi + B_{imn} \sin m\varphi) = f(r,\varphi,z),$$

因而得到

$$A_{imn} = \frac{\int_0^{r_0} r \mathrm{d}r \int_0^{2\pi} \mathrm{d}\varphi \int_0^H f(r,\varphi,z) J_m(k_i^{(m)} r) \sin \dfrac{n\pi}{H} z \cos m\varphi \mathrm{d}z}{\dfrac{\pi H}{2} \int_0^{r_0} [J_m(k_i^{(m)} r)]^2 r \mathrm{d}r},$$

(对于 $m = 0$ 的情况,此式需乘以 2)

$$B_{lmn} = \frac{\int_0^{r_0} r\mathrm{d}r \int_0^{2\pi} \mathrm{d}\varphi \int_0^H f(r,\varphi,z) J_m(k_i^{(m)} r) \sin\frac{n\pi}{H} z \sin m\varphi \mathrm{d}z}{\frac{\pi H}{2} \int_0^{r_0} [J_m(k_i^{(m)} r)]^2 r\mathrm{d}r}.$$

将它们代入式(6.7.15),就得到最后解.

例 6.7.2 在半径为 r_0 的球形容器内,充满气体,在器壁法向施以速度 $AP_l^m(\cos\theta)\cos m\varphi \cos\omega t$,求容器内的气体振动.设初始状态处于静止.

解 速度势 u 服从三维波动方程,因而给出如下定解问题(用球坐标)

$$\begin{cases} u_{tt} - a^2 \nabla^2 u = 0 \quad (0 \leq r < a, t > 0), & (6.7.17) \\ \left.\dfrac{\partial u}{\partial r}\right|_{r=a} = AP_l^m(\cos\theta)\cos m\varphi \cos\omega t, & (6.7.18) \\ u|_{r=0} < \infty, & \\ u|_{t=0} = 0, \quad u_t|_{t=0} = 0. & (6.7.19) \end{cases}$$

这是非齐次边界条件,若化为齐次的,可设

$$u = \bar{u} + V. \tag{6.7.20}$$

因为边界条件(6.7.18)与 θ, φ, t 有关的部分都是方程(6.7.17)的解,故可设

$$V = v(r) P_l^m(\cos\theta) \cos m\varphi \cos\omega t, \tag{6.4.21}$$

其中,$v(r)$ 将是方程(6.7.17)分离变量后得到的球 Bessel 方程的解,而且满足边界条件

$$v'(r_0) = A.$$

由此得到

$$v(r) = A \frac{j_l(kr)}{k j_l'(kr_0)} \quad \left(k = \frac{\omega}{a}\right).$$

代入方程(6.7.21),得

$$V = \frac{j_l(kr)}{k j_l'(kr_0)} A P_l^m(\cos\theta) \cos m\varphi \cos\omega t. \tag{6.7.22}$$

于是,由式(6.7.20)得知 $\bar{u}$ 的定解问题为

$$\begin{cases} \bar{u}_{tt} - a^2 \nabla^2 \bar{u} = 0 \quad (0 \leq r < r_0, t > 0), & (6.7.23) \\ \bar{u}_r|_{r=r_0} = 0, \quad \bar{u}|_{r=0} < \infty, & (6.7.24) \\ \bar{u}|_{t=0} = \dfrac{-j_l(kr)}{k j_l'(kr_0)} A P_l^m(\cos\theta) \cos m\varphi \cos\omega t. & (6.7.25) \end{cases}$$

方程(6.7.23)在球坐标系中写开来是

$$\frac{\partial^2 \bar{u}}{\partial t^2} = a^2 \left(\frac{1}{r^2} \frac{\partial}{\partial r}\left(r^2 \frac{\partial \bar{u}}{\partial r}\right) + \frac{1}{r^2 \sin\theta} \frac{\partial}{\partial \theta}\left(\sin\theta \frac{\partial \bar{u}}{\partial \theta}\right) + \frac{1}{r^2 \sin^2\theta} \frac{\partial^2 \bar{u}}{\partial \varphi^2} \right)$$

分离变量后得

$$T''(t) + k^2 a^2 T(t) = 0$$

$$\Phi''(\varphi) + m^2 \Phi(\varphi) = 0;$$

$$\frac{1}{\sin\theta}\frac{\mathrm{d}}{\mathrm{d}\theta}\left(\sin\theta \frac{\partial \Theta}{\partial \theta}\right) + \left[l(l+1) - \frac{m^2}{\sin^2\theta}\right]\Theta = 0;$$

$$\frac{\mathrm{d}}{\mathrm{d}r}\left(r^2 \frac{\mathrm{d}R}{\mathrm{d}r}\right) + [k^2 r^2 - l(l+1)]R = 0.$$

本征值分别为 $m^2, l(l+1)$ 和 $\lambda = [k_i^{(l)}]^2$.再由自然边界条件(6.7.24),可得如下一般解:

$$\bar{u} = \sum_{i=1}^{\infty}\sum_{f=0}^{\infty}\sum_{n=0}^{\infty} j_f(k_i^{(f)}r) P_f^n(\cos\theta)(A_n \cos n\varphi + B_n \sin n\varphi) \times \tag{6.7.26}$$
$$(C_{if}\cos k_i^{(f)}at + D_{if}\sin k_i^{(f)}at)$$

再由初始条件(6.7.25)确定常数,直接可得 $D_{if}=0$. 由另一条件得到下式

$$\bar{u}\big|_{t=0} = \sum_{i=1}^{\infty}\sum_{f=0}^{\infty}\sum_{n=0}^{\infty} j_f(k_i^{(f)}r)P_f^n(\cos\theta)(A_n C_{if}\cos n\varphi + B_n C_{if}\sin n\varphi)$$
$$= \frac{-j_l(kr)}{kj'_l(kr_0)}AP_l^m(\cos\theta)\cos m\varphi,$$

比较等式两边系数,可得 $B_n=0, n=m, f=l$,于是

$$\sum_{i=1}^{\infty} j_l(k_i^{(l)})A_m C_{il} = \frac{-j_l(kr)}{kj'_l(kr_0)}A,$$

由此求出常数

$$A_m C_{il} = A_i = -A\frac{\int_0^{r_0} j_l(kr) j_l(k_i^{(l)}r)r\mathrm{d}r}{j'_l(kr_0)\int_0^{r_0}[j_l(k_i^{(l)}r)]^2 r\mathrm{d}r} \quad (i=1,2,3,\cdots). \tag{6.7.27}$$

注意本征值 $k_i^{(l)}$ 由边界条件(6.7.24)确定,因而有

$$j'_l(k_i^{(l)}r_0) = 0. \tag{6.7.28}$$

将得到的常数 A_i 代入式(6.7.26),并由式(6.7.20)与式(6.7.22)两式得到解:

$$u = \bar{u} + V = \frac{a}{\omega}\frac{j_l\left(\frac{\omega}{a}r\right)}{j'_l\left(\frac{\omega}{a}r_0\right)}AP_l^m(\cos\theta)\cos m\varphi\cos\omega t + \tag{6.7.29}$$
$$\sum_{i=1}^{\infty} A_i j_l(k_i^{(l)}r)\cos k_i^{(l)}at \cdot P_l^m(\cos\theta)\cos m\varphi.$$

式中的 A_i 由式(6.7.27)决定[注意,在式(6.7.26)中,还可以有一项 $u_0 t$,而 $\nabla^2 u_0 \equiv 0$,但由 $u_t\big|_{t=0}=0$ 条件,使此项为零].

例 6.7.3 已知半径为 r_0 的球面径向速度分布为

$$v = v_0\cos\theta\cos\omega t,$$

试求由此球辐射的声场的速度势.

解: 根据题意写出速度势的定解问题(用球坐标):

$$\begin{cases} u_{tt} - a^2\nabla^2 u = 0, & (6.7.30) \\ u_r\big|_{r=r_0} = v_0 P_1(\cos\theta)\cos\omega t = \mathrm{Re}[v_0 P_1(\cos\theta)\mathrm{e}^{-\mathrm{i}\omega t}]. & (6.7.31) \end{cases}$$

考虑到所求的是辐射场,是沿 r 方向的行波,故可直接写出满足此方程的解的一般形式为

$$u = \sum_{l=0}^{\infty}\sum_{m=0}^{l}\sum_{k} h_l^{(1)}(kr)P_l^m(\cos\theta)\begin{Bmatrix}\cos m\varphi \\ \sin m\varphi\end{Bmatrix}\mathrm{e}^{\mathrm{i}kat}. \tag{6.7.32}$$

再根据边界条件

$$u_r\big|_{r=a} = \sum_{l=0}^{\infty}\sum_{m=0}^{l}\sum_{k}\frac{\mathrm{d}}{\mathrm{d}r}[h_l^{(1)}(kr)]_{r=a}P_l^m(\cos\theta)\times(A_{lm}\cos m\varphi + B_{lm}\sin m\varphi)\mathrm{e}^{-\mathrm{i}\omega t}$$
$$= v_0 P_1(\cos\theta)\mathrm{e}^{-\mathrm{i}\omega t},$$

比较两端可确定出

$$l=1, \quad m=0, \quad k=\frac{\omega}{a}.$$

而

$$A_{10}=\frac{v_0}{\dfrac{\mathrm{d}}{\mathrm{d}r}[h_l^{(1)}(kr)]_{r=r_0}}, \tag{6.7.33}$$

其余常数皆为零.因此,解 u 只有一项:

$$u=A_{10}h_1^{(1)}\left(\frac{\omega}{a}r\right)P_1(\cos\theta)\mathrm{e}^{-\mathrm{i}\omega t}. \tag{6.7.34}$$

如果球半径 R 远小于声波的波长 $\lambda=\dfrac{2\pi}{k}=\dfrac{2\pi a}{\omega}$,则可求出 A_{10} 的近似表示式.注意

$$h_l^{(1)}(kr)=\left(\frac{-\mathrm{i}}{(kr)^2}-\frac{1}{kr}\right)\mathrm{e}^{-\mathrm{i}kr},$$

由式(6.7.33),考虑到 $kR\to 0$,则有

$$A_{10}\approx -\mathrm{i}\,\frac{v_0 k^2 R^s}{2}.$$

代入式(6.7.34),并取实部,则得

$$u=\mathrm{Re}\left[-\mathrm{i}\,\frac{v_0 k^2 R^s}{2}h_l^{(1)}(kr)\cos\theta\mathrm{e}^{-\mathrm{i}\omega t}\right].$$

当 r 较大时, $r\to\infty$,便有

$$u=-\frac{v_0 k R^s}{2r}\cos\theta\sin k(r-at). \tag{6.7.35}$$

在声场中,由于势中出现的是 $\cos\theta=P_1(\cos\theta)$,故称偶极声场.

6.8 其他特殊函数方程简介

下面再介绍一下在近代物理学中常常用到的 Hemiter(厄米特)多项式和 Laguerre(拉盖尔)多项式,它们是 Schrödinger(薛定谔)方程在不同条件下的解.同 Legendre 多项式一样,Hemiter 多项式和 Laguerre 多项式也是正交多项式.

6.8.1 Hemiter 多项式

在量子力学中,处于有势场内的粒子的性态可以用 Schrödinger 方程

$$\mathrm{i}h\frac{\partial\psi}{\partial t}+\frac{h^2}{2m}\nabla^2\psi-U(x,y,z,t)\psi=0 \tag{6.8.1}$$

来描述,其中 $2\pi h$ 是 Planck(普朗克)常数,U 是粒子在力场中的势能,m 是粒子的质量,$\psi=\psi(x,y,z,t)$ 称为波函数.

若力不依赖于时间 t,则 $U=U(x,y,z)$,可设 ψ 具有分离变量形式的解: $\psi=\bar{\psi}(x,y,z)\mathrm{e}^{-\frac{\mathrm{i}Et}{h}}$,其中 E 为粒子的总能量.将此式代入(6.8.1),并把 $\bar{\psi}$ 仍记为 ψ,则有

$$\mathrm{i}h\cdot\bar{\psi}(x,y,z)\mathrm{e}^{-\frac{\mathrm{i}Et}{h}}\left(-\frac{\mathrm{i}Et}{h}\right)+\frac{h^2}{2m}\nabla^2\bar{\psi}\mathrm{e}^{-\frac{\mathrm{i}Et}{h}}-U(x,y,z,t)\bar{\psi}\mathrm{e}^{-\frac{\mathrm{i}Et}{h}}=0,$$

整理得
$$\frac{h^2}{2m}\nabla^2\psi+(E-U)\psi=0. \tag{6.8.2}$$
仍为 Schrödinger 方程.

在 Schrödinger 方程中,具有直接物理意义的不是 ψ 本身,而是 $|\psi|^2$,它在统计上的解释是,式子 $|\psi|^2\mathrm{d}x\mathrm{d}y\mathrm{d}z$ 表示粒子在点 (x,y,z) 的体积元素 $\mathrm{d}x\mathrm{d}y\mathrm{d}z$ 内出现的概率. 因此,前面对特殊函数所讲的归一性就看到物理意义了. $\iiint|\psi|^2\mathrm{d}x\mathrm{d}y\mathrm{d}z=1$,表示空间内总有一个地方"找到这个粒子的概率等于1".

设 Schrödinger 方程所描述的是谐振子,则 $U=\dfrac{m\omega^2}{2}$,ω 是振子的固有频率,引入两个新的常数 $\alpha^2=\dfrac{m^2\omega^2}{h^2}$,$\lambda=\dfrac{2mE}{h^2}$,其中 α 为大于零的定数,而 λ 是取代 E 的位置,这时方程(6.8.2)成为
$$\frac{\mathrm{d}^2\psi}{\mathrm{d}x^2}+(\lambda-\alpha^2x^2)\psi=0,$$
作变换 $\xi=\sqrt{\alpha}x$,并将 ξ 仍记为 x,则有
$$\frac{\mathrm{d}^2\psi}{\mathrm{d}x^2}+\left(\frac{\lambda}{\alpha}-x^2\right)\psi=0. \tag{6.8.3}$$

由常微分方程理论,可设 $\psi(x)=\mathrm{e}^{\theta(x)}H(x)$,代入(6.8.3)通过推算和分析,得到 $\theta(x)=-\dfrac{x^2}{2}$.

因此,将 $\psi(x)=\mathrm{e}^{-\frac{x^2}{2}}H(x)$ 代入(6.8.3),即得 $H(x)$ 应满足的方程
$$\frac{\mathrm{d}^2H(x)}{\mathrm{d}x^2}-2x\frac{\mathrm{d}H(x)}{\mathrm{d}x}+\left(\frac{\lambda}{\alpha}-1\right)H(x)=0.$$
由于边界条件要求取多项式解,令 $\dfrac{\lambda}{\alpha}-1=2n$,$n=0,1,2,\cdots$,得
$$\frac{\mathrm{d}^2H}{\mathrm{d}x^2}-2x\frac{\mathrm{d}H}{\mathrm{d}x}+2nH=0. \tag{6.8.4}$$
这就是所谓的 n 阶 Hermite 方程.

用幂级数方法求解(6.8.4),令
$$H(x)=\sum_{k=0}^{\infty}C_kx^k,$$
代入(6.8.4),得系数的递推公式
$$C_{k+2}=\frac{2k-2n}{(k+2)(k+1)}C_k \quad (k=0,1,2,\cdots).$$
于是
$$H(x)=C_0\left(1+\sum_{k=1}^{\infty}(-2)^k\frac{n(n-2)\cdots(n-2k+2)}{(2k)!}x^{2k}\right)+$$
$$C_1\left(x+\sum_{k=1}^{\infty}(-2)^k\frac{(n-1)(n-3)\cdots(n-2k+1)}{(2k+1)!}x^{2k+1}\right).$$

当 n 为偶数时,我们取 $C_1=0$, $C_0=(-1)^{\frac{n}{2}}2n!\Big/\left(\dfrac{n-1}{2}\right)!$,因此对任意整数 n,$H_n(x)$ 可以

写成
$$H_n(x) = (2x)^n - \frac{n(n-1)}{1!}(2x)^{n-2} + \frac{n(n-1)(n-2)(n-3)}{2}(2x)^{n-4} + \cdots + (-1)^{\left[\frac{n}{2}\right]} \frac{n!}{\left[\frac{n}{2}\right]!}(2x)^{n-2\left[\frac{n}{2}\right]},$$

其中[ ]表示取整.

对 Hermiter 多项式,也可以讨论其母函数,正交归一性等.

6.8.2 Laguerre 多项式

讨论电子在核的库仑场中运动时,其势能为 $U = \frac{-e^2}{r}$,r 是电子到核的距离,$-e$ 是电子的电荷,$+e$ 是核的电荷,于是 Schrödinger 方程具有形式

$$\frac{h^2}{2m}\nabla^2\psi + \left(E + \frac{e^2}{r}\right)\psi = 0. \tag{6.8.5}$$

在球坐标系中利用分离变量法,得到关于 r 的常微分方程.再对函数和自变量作适当变换,可得到

$$\frac{\mathrm{d}}{\mathrm{d}x}(x\omega') + \left(\lambda - \frac{x}{4} - \frac{s^2}{4x}\right)\omega = 0, \tag{6.8.6}$$

其中 $\lambda > 0$,s 为非负定常数,作试探解

$$\omega(x) = e^{-\frac{x}{2}} x^{\frac{s}{2}} L(x),$$

则 $L(x)$ 满足

$$x\frac{\mathrm{d}^2 L}{\mathrm{d}x^2} + (s+1-x)\frac{\mathrm{d}L}{\mathrm{d}x} + \left(\lambda - \frac{s+1}{2}\right)L = 0. \tag{6.8.7}$$

欲使此方程的解为多项式,则应令 $\lambda - \frac{s+1}{2} = n$,$n = 0, 1, 2, \cdots$,于是,有

$$x\frac{\mathrm{d}^2 L}{\mathrm{d}x^2} + (s+1-x)\frac{\mathrm{d}L}{\mathrm{d}x} + nL = 0, \tag{6.8.8}$$

这就是 n 阶 Laguerre 方程.

令 $L(x) = \sum_{k=0}^{\infty} C_k x^k$ 代入(6.8.8),得系数的递推公式

$$C_{k+1} = \frac{k-n}{(k+1)(k+s+1)} C_k \quad (k = 0, 1, 2, \cdots).$$

于是有

$$L(x) = C_0 \left(1 - \frac{n}{s+1} x + \frac{n(n-1)}{2!\,(s+1)(s+2)} x^2 - \frac{n(n-1)(n-2)}{3!\,(s+1)(s+2)(s+3)} x^3 + \cdots + (-1)^n \frac{n(n-1)\cdots 3 \cdot 2 \cdot 1}{n!\,(s+1)(s+2)\cdots(s+n)} x^n\right).$$

令 $C_0 = (s+1)(s+2)\cdots(s+n)$,则有

$$L'_n(x) = (-1)^n \left[x^n - \frac{n}{1!}(s+n)x^{n-1} + \frac{n(n-1)}{2!}(s+n)(s+n-1)x^{n-2} - \cdots + (-1)^n (s+n)(s+n-1)\cdots(s+1)\right]. \tag{6.8.9}$$

利用莱布尼兹(Leibniz)公式：

$$(uv)^{(n)} = u^{(n)}v + nu^{(n-1)}v' + \frac{n(n-1)}{2!}u^{(n-2)}v'' + \cdots,$$

易证

$$L'_n(x) = e^x x^{-s} \frac{d^n}{dx^n}(e^{-x} x^{s+n}). \tag{6.8.10}$$

若取 $s=0$,则有

$$L_n(x) = (-1)^n (x^n + \frac{n^2}{1!} x^{n-1} + \frac{n^2(n-1)^2}{2!} x^{n-2} + \cdots + (-1)^n n!. \tag{6.8.11}$$

称(6.8.8)的特解(6.8.9)(即 $L'_n(x)$)为 n 阶 Laguerre 多项式.(6.8.10)是它的微分形式.而称(6.8.11)为 n 阶狭义 Laguerre 多项式.

特殊函数在数学分析、泛函分析、物理研究、工程应用中有着举足轻重的地位.许多特殊函数是微分方程的解或基本函数的积分,本书介绍的几类特殊函数主要是作为微分方程的解出现的,它们所具有的特殊的、较好的性质是它们应用的基础.

习 题 六

1. 写出的 $J_0(x), J_1(x), J_n(x)$ (n 为正整数)级数表达式的前 5 项.

2. 证明 $J_{2n-1}(0) = 0$,其中 $n = 1, 2, 3, \cdots$.

3. 证明 $y = J_n(\alpha x)$ 为方程 $x^2 y'' + xy' + (\alpha^2 x^2 - n^2) y = 0$ 的解.

4. 试证 $y = x^{\frac{1}{2}} J_{\frac{3}{2}}(x)$ 是方程 $x^2 y'' + (x^2 - 2) y = 0$ 的一个解.

5. 试证 $y = x J_n(x)$ 是方程 $x^2 y'' - xy' + (1 + x^2 - n^2) y = 0$ 的一个解.

6. 利用递推公式证明：

(1) $J_2(x) = J''_0(x) - \frac{1}{x} J'_0(x)$

(2) $J_3(x) + 3 J'_0(x) + 4 J'''_0(x) = 0$

7. 试证 $\int x^n J_0(x) dx = x^n J_1(x) + (n-1) x^{n-1} J_0(x) - (n-1)^2 \int x^{n-2} J_0(x) dx$.

8. 求解半径为 R,边界固定的圆膜的轴对称振动问题,设 $t=0$ 时有膜上 $\rho \leqslant \varepsilon$ 处有一冲量的垂直作用.

9. 半径为 b 的圆形膜,边缘固定,初始形状是旋转抛物面

$$u|_{t=0} = (1 - \rho^2/b^2) H$$

初始速度分布为零.求解膜的振动情况.

10. 一均匀无限长圆柱体,体内无热源,通过柱体表面沿法向的热量为常数 q,若柱体的初始温度也为常数 u_0,求任意时刻柱体的温度分布.

11. 圆柱空腔内电磁振荡的定解问题为

$$\begin{cases} \nabla^2 u + \lambda u = 0, \quad \sqrt{\lambda} = \frac{\omega}{c} \\ u|_{\rho=a} = 0, \\ \frac{\partial u}{\partial z}\Big|_{z=0} = \frac{\partial u}{\partial z}\Big|_{z=l} = 0. \end{cases}$$

试证电磁振荡的固有频率为

$$\omega_{mn} = c\sqrt{\lambda} = c\sqrt{\left(\frac{x_m^{(0)}}{a}\right)^2 + \left(\frac{n\pi}{l}\right)^2}, \quad n=0,1,2,\cdots; \quad m=1,2,\cdots.$$

12. 半径为 R、高为 H 的圆柱内无电荷,柱体下底和柱面保持零电位,上底电位为 $f(\rho)=\rho^2$,求柱体内各内点的电位分布. 定解问题为(取极坐标)

$$\begin{cases} \nabla^2 u = 0, \\ u|_{z=0} = 0, \ u|_{z=H} = \rho^2, \\ u|_{\rho=0} \neq \infty, \ u|_{\rho=R} = 0. \end{cases}$$

13. 圆柱体半径为 R、高为 H,上底保持温度 u_1,下底保持温度 u_2,侧面温度分布为

$$f(z) = \frac{2u_1}{H}\left(z - \frac{H}{2}\right)z + \frac{2u_2}{H}(H-z),$$

求柱内各点的稳定温度分布.

14. 研究横电波($E_z=0$,通常称为 TE 波)在半径为 R 的圆形波导中传播.

15. 求柱内的调和函数,是指在上下底($z=0,h$)的数值为零,而在柱面上($\rho=a$)上为

$$u|_{\rho=a} = Az\left(1 - \frac{z}{h}\right).$$

16. 物质球半径为 r_0,初始温度为 $f(r)$,把球面温度保持为零度而使它冷却,求解球内各处温度变化情况.

第7章 行波法与积分变换法

在第 3 章、第 5 章和第 6 章中,我们较为详细地讨论了分离变量法,它是求解有限区域内定解问题的一个常用方法,只要解的区域比较规则(其边界在某种坐标系中的方程能用若干个只含有一个坐标变量的方程表示),对三种典型的方程均可运用.本章我们将介绍另外两个求解定解问题的方法:一是行波法;一是积分变换法.行波法只能用于求解无界区域内波动方程的定解问题,积分变换法不受方程类型的限制,主要用于无界区域,但对有界区域也能应用.

§7.1 一维波动方程的 D'Alember(达朗贝尔)公式

我们知道,要求得一个常微分方程的特解,惯用的方法是先求出它的通解,然后利用初始条件确定通解中的任意常数得到特解.对于偏微分方程能否采用类似的方法呢?一般来说是不行的,原因之一是在偏微分方程中很难定义通解的概念;原因之二是即使对某些方程能够定义并求出它的通解,但在通解中包含有任意函数,要由定解条件确定出这些任意函数是会遇到很大困难的.但事情总不是绝对的,在少数情况下不仅可以求出偏微分方程的通解(指包含有任意函数的解),而且还可以由通解求出特解.本节我们就一维波动方程来建立它的通解公式,然后由这个通解得到初始值问题特解的表达式.

求解一维波动方程的初值问题

$$\begin{cases} \dfrac{\partial^2 u}{\partial t^2}=a^2\dfrac{\partial^2 u}{\partial x^2}, & (-\infty<x<+\infty,\ t>0) \end{cases} \tag{7.1.1}$$

$$u|_{t=0}=\varphi(x),\quad u_t|_{t=0}=\psi(x),\quad (-\infty<x<+\infty) \tag{7.1.2}$$

这里 $-\infty<x<\infty$ 是一种抽象,当我们只关注波动的传播,而不注重边界的影响,或边界的影响尚未到达时,这种假设是合理的.

对方程(7.1.1)作如下的变换(见§2.4 节)

$$\begin{cases} \xi=x+at \\ \eta=x-at \end{cases}, \tag{7.1.3}$$

利用复合函数微分法则得

$$\dfrac{\partial u}{\partial x}=\dfrac{\partial u}{\partial \xi}\dfrac{\partial \xi}{\partial x}+\dfrac{\partial u}{\partial \eta}\dfrac{\partial \eta}{\partial x}=\dfrac{\partial u}{\partial \xi}+\dfrac{\partial u}{\partial \eta},$$

$$\dfrac{\partial^2 u}{\partial x^2}=\dfrac{\partial}{\partial \xi}\left(\dfrac{\partial u}{\partial \xi}+\dfrac{\partial u}{\partial \eta}\right)\dfrac{\partial \xi}{\partial x}+\dfrac{\partial}{\partial \eta}\left(\dfrac{\partial u}{\partial \xi}+\dfrac{\partial u}{\partial \eta}\right)\dfrac{\partial \eta}{\partial x}=\dfrac{\partial^2 u}{\partial \xi^2}+2\dfrac{\partial^2 u}{\partial \xi \partial \eta}+\dfrac{\partial^2 u}{\partial \eta^2}. \tag{7.1.4}$$

以及

$$\frac{\partial^2 u}{\partial t^2} = a^2 \left[\frac{\partial^2 u}{\partial \xi^2} - 2\frac{\partial^2 u}{\partial \xi \partial \eta} + \frac{\partial^2 u}{\partial \eta^2} \right]. \tag{7.1.5}$$

将式(7.1.4)及式(7.1.5)代入式(7.1.1),将其化为

$$\frac{\partial^2 u}{\partial \xi \partial \eta} = 0. \tag{7.1.6}$$

这个方程一般也称为一维波动方程.将式(7.1.6)对 η 积分,得到

$$\frac{\partial u}{\partial \xi} = f(\xi) \quad (f(\xi)\text{是}\xi\text{的任意可微函数,它对}\eta\text{是常数}),$$

再将此式对 ξ 积分,得

$$u(\xi,\eta) = \int f(\xi)\mathrm{d}\xi + f_2(\eta) = f_1(\xi) + f_2(\eta)$$

其中 $f_1(\xi)$ 是 $f(\xi)$ 的原函数,也是 ξ 的任意可微函数;$f_2(\eta)$ 是 η 的任意函数,它对 ξ 是常数.

回代原变量,有

$$u(x,t) = f_1(x+at) + f_2(x-at), \tag{7.1.7}$$

其中 f_1, f_2 是两个任意二次连续可微的函数.式(7.1.7)就是方程(7.1.1)的通解(包含有两个任意函数的解).

在具体问题中,我们并不满足于求通解,还要确定函数 f_1 与 f_2 的具体形式.为此,必须考虑定解条件,下面我们来讨论无限长弦的自由横振动.设弦的初始状态为式(7.1.2),即

$$\begin{cases} u|_{t=0} = \varphi(x), \\ \dfrac{\partial u}{\partial t}\bigg|_{t=0} = \psi(x). \end{cases}$$

将式(7.1.2)中的函数代入式(7.1.7)中,得

$$f_1(x) + f_2(x) = \varphi(x), \tag{7.1.8}$$
$$af_1'(x) - af_2'(x) = \psi(x). \tag{7.1.9}$$

在式(7.1.9)两端对 x 积分一次,得

$$f_1(x) - f_2(x) = \frac{1}{a}\int_0^x \psi(s)\mathrm{d}s + C. \tag{7.1.10}$$

由式(7.1.8)与式(7.1.10)解出 $f_1(x), f_2(x)$,得

$$f_1(x) = \frac{1}{2}\varphi(x) + \frac{1}{2a}\int_0^x \psi(s)\mathrm{d}s + \frac{C}{2},$$
$$f_2(x) = \frac{1}{2}\varphi(x) - \frac{1}{2a}\int_0^x \psi(s)\mathrm{d}s - \frac{C}{2}.$$

把确定出来的 $f_1(x)$ 与 $f_2(x)$ 代回到式(7.1.7)中,即得到方程(7.1.1)在条件(7.1.2)下的解

$$u(x,t) = \frac{1}{2}[\varphi(x+at) + \varphi(x-at)] + \frac{1}{2a}\int_{x-at}^{x+at} \psi(s)\mathrm{d}s. \tag{7.1.11}$$

式(7.1.11)称为无限长弦自由振动的 D'Alembert(达朗贝尔)公式.

现在来说明 D'Alembert 解的物理意义.为方便起见,我们先讨论初始条件中只有初始位移情况下 D'Alembert 解的物理意义.此时式(7.1.11)给出

$$u(x,t) = \frac{1}{2}[\varphi(x+at) + \varphi(x-at)].$$

先看第二项,设当 $t=0$ 时,观察者在 $x=c$ 处看到的波形为

$$\varphi(x-at) = \varphi(c - a \cdot 0) = \varphi(c),$$

若观察者以速度 a 沿 x 轴的正向运动,则 t 时刻在 $x=c+at$ 处,他所看到的波形为
$$\varphi(x-at)=\varphi(c+at-at)=\varphi(c).$$
由于 t 为任意时刻,这说明观察者在运动过程中随时可看到相同的波形 $\varphi(c)$,可见,波形和观察者一样,以速度 a 沿 x 轴的正向传播. 所以,以 $\varphi(x-at)$ 代表以速度 a 沿 x 轴正向传播的波,称为正行波. 而第一项 $\varphi(x+at)$ 则当然代表以速度 a 沿 x 轴负向传播的波,称为反行波. 正行波和反行波的叠加(相加)就给出弦的位移.

再讨论只有初速度的情况. 此时式(7.1.11)给出
$$u(x,t)=\frac{1}{2a}\int_{x-at}^{x+at}\psi(s)\mathrm{d}s,$$
设 $\Psi(x)$ 为 $\dfrac{\psi(x)}{2a}$ 的一个原函数,即
$$\Psi(x)=\frac{1}{2a}\int_{x_0}^{x}\psi(s)\mathrm{d}s,$$
则此时有
$$u(x,t)=\Psi(x+at)-\Psi(x-at).$$
由此可见第一项也是反行波,第二项也是正行波,正、反行波的叠加(相减)给出弦的位移.

综上所述,D'Alembert 解表示正行波和反行波的叠加(如图 7.1.1 所示).

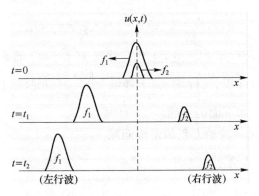

图 7.1.1

例 7.1.1 设初始速度 $\psi(x)$ 为零,初始位移为
$$\varphi(x)=\begin{cases} 0 & (x<-a), \\ 2+\dfrac{2x}{a} & (-a<x\leqslant 0), \\ 2-\dfrac{2x}{a} & (0<x\leqslant a), \\ 0 & (x>a). \end{cases}$$

解 直接由 D'Alembert 公式(7.1.11)得出问题的解为
$$u(x,t)=\frac{1}{2}[\varphi(x+at)+\varphi(x-at)].$$
即初始位移(图 7.1.1 中最下一图的粗线),它分为两半(该图细线),分别向左右两个方向以速度 a 移动(如图 7.1.2 中由下而上的各图中的细线所示),每经过时间间隔 $\dfrac{\xi}{4a}$,弦的位移由这两个行波的和给出(图 7.1.2 中由下而上各图中的粗线).

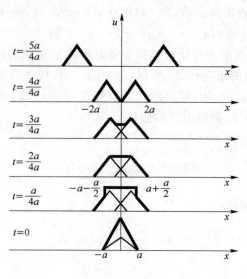

图 7.1.2

值得注意的是,对于给定的初始位移 $\varphi(x)$ 和初始速度 $\psi(x)=0$,达朗贝尔公式(7.1.11)给出

$$u(x,t)=\frac{1}{2}[\varphi(x+at)+\varphi(x-at)]$$

这是波形相同速度相等的左行波 $\varphi(x+at)$ 和右行波 $\varphi(x-at)$ 的叠加. 但在初始速度不为零的情况下,达朗贝尔公式包含正、反行波及"干涉波" $\int_{x-at}^{x+at}\psi(\xi)d\xi$,后者的出现能使波形发生畸变(甚至变成单个的行波),如下面的例题.

例 7.1.2 求解下面无界波动方程的定解问题

$$\begin{cases} \dfrac{\partial^2 u}{\partial t^2}=a^2\dfrac{\partial^2 u}{\partial x^2} & (-\infty<x<+\infty,\ t>0) \\ u|_{t=0}=e^{-x^2},\quad u_t|_{t=0}=2axe^{-x^2} & (-\infty<x<+\infty) \end{cases}$$

将初始条件代入达朗贝尔公式(7.1.11),得到

$$u(x,t)=\frac{1}{2}[e^{-(x+at)^2}+e^{-(x-at)^2}]+\frac{1}{2a}\int_{x-at}^{x+at}2as\,e^{-s^2}ds$$

其中干涉项为

$$\begin{aligned}
&\frac{1}{2a}\int_{x-at}^{x+at}2as\,e^{-s^2}ds \\
&=\int_{x-at}^{x+at}se^{-s^2}ds=\frac{1}{2}\int_{x-at}^{x+at}e^{-s^2}d(s^2) \\
&=-\frac{1}{2}e^{-s^2}\Big|_{x-at}^{x+at}=-\frac{1}{2}[e^{-(x+at)^2}-e^{-(x-at)^2}] \\
&=\frac{1}{2}[e^{-(x-at)^2}-e^{-(x+at)^2}]
\end{aligned}$$

这一干涉项抵消了左行波,结果变成了单个的右行波

$$u(x,t)=e^{-(x-at)^2}.$$

例 7.1.3 求解下面无界波动方程的定解问题

$$\begin{cases} \dfrac{\partial^2 u}{\partial t^2} = a^2 \dfrac{\partial^2 u}{\partial x^2} & (-\infty < x < +\infty,\ t > 0) \\ u|_{t=0} = 0,\quad u_t|_{t=0} = \sin x & (-\infty < x < +\infty) \end{cases}$$

解 将初始条件代入达朗贝尔公式(7.1.11),得到

$$u(x,t) = \frac{1}{2}\int_{x-at}^{x+at} \sin\xi\, d\xi$$

$$= -\frac{1}{2}[\cos(x+at) - \cos(x-at)]$$

$$= \sin x \sin t$$

这是一个振幅周期性变化的驻波.

由以上的讨论我们看到,行波法的求解出发点,是基于波动现象的特点为背景的变量变换. 它所采用的是与求解常微分方程一样的先求通解,再用定解条件定特解的方法,故其思路上易于理解,且用之研究波动问题也很方便,但由于一般而言,偏微分方程的通解不易求,用定解条件定特解有时也十分困难,这就使得这种解法有相当大的局限性,我们一般只用它求解波动问题.

再看一个例题.

例 7.1.4 求解下列定解问题

$$\begin{cases} \dfrac{\partial^2 u}{\partial x \partial y} = x^2 y & (x > 1,\ y > 0) \\ u|_{y=0} = x^2, \\ u|_{x=1} = \cos y \end{cases}$$

解 对方程关于 x 和 y 积分,得到

$$u(x,y) = \frac{1}{6}x^3 y^2 + f_1(y) + f_2(x) \tag{7.1.12}$$

下面来确定上式中的任意函数 $f_1(y)$ 和 $f_2(x)$. 为此在式(7.1.12)中令 $y=0$,并利用条件 $u|_{y=0} = x^2$,得到

$$f_1(0) + f_2(x) = x^2$$

即

$$f_2(x) = x^2 - f_1(0) \tag{7.1.13}$$

在式(7.1.12)中令 $x=1$,并利用条件 $u|_{x=1} = \cos y$,得到

$$\frac{1}{6}y^2 + f_1(y) + f_2(1) = \cos y \tag{7.1.14}$$

在(7.1.13)中令 $x=1$,得到 $f_2(1) = 1 - f_1(0)$,然后代入式(7.1.14),得到

$$f_1(y) = \cos y - \frac{1}{6}y^2 - 1 + f_1(0) \tag{7.1.15}$$

将式(7.1.13)和式(7.1.15)代入式(7.1.12),得到

$$u(x,y) = \frac{1}{6}x^3 y^2 - \frac{1}{6}y^2 + \cos y + x^2 - 1.$$

这就是本题定解问题的解.

§7.2 三维波动方程的 Poisson 公式

上一节我们已经讨论了一维波动方程的初始值问题,得到了 D'Alembert 公式.但是只研究一维波动方程还不能满足实际工程技术上的要求,例如在研究交变电磁场时就要讨论三维波动方程,本节我们就来考虑在三维无限空间中的波动问题.即求解下列定解问题

$$\begin{cases} \dfrac{\partial^2 u}{\partial t^2}=a^2\left(\dfrac{\partial^2 u}{\partial x^2}+\dfrac{\partial^2 u}{\partial y^2}+\dfrac{\partial^2 u}{\partial z^2}\right) & (-\infty<x,y,z<+\infty, t>0) \quad (7.2.1)\\ u\big|_{t=0}=\varphi(x,y,z) & (-\infty<x,y,z<+\infty) \quad (7.2.2)\\ \dfrac{\partial u}{\partial t}\bigg|_{t=0}=\psi(x,y,z) & (-\infty<x,y,z<+\infty) \quad (7.2.3) \end{cases}$$

这个定解问题仍可用行波法来解,不过由于坐标变量有三个,不能直接利用§7.1 节中所得到的通解公式.下面先考虑一个特例.

1. 三维波动方程的球对称解

如果将波函数 u 用空间球坐标 (r,θ,φ) 来表示,波动方程(7.2.1)为(参见式(1.3.4))

$$\frac{1}{r^2}\frac{\partial}{\partial r}\left(r^2\frac{\partial u}{\partial r}\right)+\frac{1}{r^2\sin\theta}\frac{\partial}{\partial \theta}\left(\sin\theta\frac{\partial u}{\partial \theta}\right)+\frac{1}{r^2\sin^2\theta}\frac{\partial^2 u}{\partial \varphi^2}=\frac{1}{a^2}\frac{\partial^2 u}{\partial t^2}.$$

首先考虑球对称问题,即 u 不依赖于 θ,φ 的问题,此时上述方程可简化为

$$\frac{1}{r^2}\frac{\partial}{\partial r}\left(r^2\frac{\partial u}{\partial r}\right)=\frac{1}{a^2}\frac{\partial^2 u}{\partial t^2},$$

或写成

$$r\frac{\partial^2 u}{\partial r^2}+2\frac{\partial u}{\partial r}=\frac{r}{a^2}\frac{\partial^2 u}{\partial t^2},$$

但由于

$$r\frac{\partial^2 u}{\partial r^2}+2\frac{\partial u}{\partial r}=\frac{r}{a^2}\frac{\partial^2(ru)}{\partial r^2},$$

所以得到方程

$$\frac{\partial^2(ru)}{\partial r^2}=\frac{1}{a^2}\frac{\partial^2(ru)}{\partial t^2}.$$

这是关于 ru 的一维波动方程,其通解为

$$ru=f_1(r+at)+f_2(r-at),$$

或

$$u(r,t)=\frac{f_1(r+at)+f_2(r-at)}{r}.$$

这就是三维波动方程的关于原点为球对称的解,其中 f_1,f_2 是两个任意二次连续可微的函数,这两个函数可以用指定的初始条件来确定.

2. 三维波动方程的 Possion 公式

现在我们来考虑一般的情况,即要求式(7.2.1)、式(7.2.2)、式(7.2.3)的解.从上面对球对称情况的讨论使我们产生这样一个想法:既然在球对称的情况,函数 $ru(r,t)$ 满足一维波动方程,可以求出通解,那么在不是球对称的情况下能否设法把方程也化成可以求通解的形式呢? 由于在非球对称时波函数 u 不能写成 r 与 t 的函数,而是 x,y,z,t 的函数,在非球对称情

况,ru 不可能满足一维波动方程. 但是,如果我们不去考虑波函数 u 本身,而是考虑 u 在以 $M(x,y,z)$ 为球心、以 r 为半径的球面上的平均值,则这个平均值当 x,y,z 暂时固定之后就只与 r,t 有关了. 这就启发我们先引入一个函数 $\bar{u}(r,t)$,它是函数 $u(x,y,z,t)$ 在以点 $M(x,y,z)$ 为中心、以 r 为半径的球面 S_r^M(如图 7.2.1 所示)上的平均值,即

$$\bar{u}(r,t) = \frac{1}{4\pi r^2}\iint_{S_r^M} u(\xi,\eta,\zeta,t)\mathrm{d}S = \frac{1}{4\pi}\iint_{S_1^M} u(\xi,\eta,\zeta,t)\mathrm{d}\omega, \tag{7.2.4}$$

其中 $\xi=x+r\sin\theta\cos\varphi$,$\eta=y+r\sin\theta\sin\varphi$,$\zeta=z+r\cos\theta$,是球面 S_r^M 上点的坐标,$\mathrm{d}S$ 是 S_r^M 上的面积元素. S_1^M 是以 M 为中心的单位球面,$\mathrm{d}\omega$ 是单位球面上的面积元素,在球面坐标系中 $\mathrm{d}\omega=\sin\theta\mathrm{d}\theta\mathrm{d}\varphi$,显然有 $\mathrm{d}S=r^2\mathrm{d}\omega$.

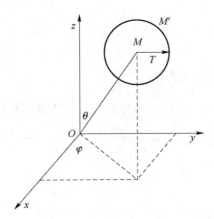

图 7.2.1

从式 (7.2.4) 及 $u(x,y,z,t)$ 的连续性可知,当 $r\to 0$ 时,$\lim_{r\to 0}\bar{u}(r,t)=u(M,t)$,即

$$\bar{u}(0,t)=u(M,t).$$

此处 $u(M,t)$ 表示函数 u 在 M 点及时刻 t 的值. 下面来推导 $\bar{u}(r,t)$ 所满足的微分方程. 对方程 (7.2.1) 的两端在 S_r^M 所围成的球体 V_r^M 内积分[为了区别 V_r^M 内的流动点的坐标与球心 M 点的坐标 (x,y,z),我们以 (x',y',z') 表示 V_r^M 内流动点的坐标],并应用 Gauss 公式可得

$$\iiint_{V_r^M} \frac{\partial^2 u(x',y',z',t)}{\partial t^2}\mathrm{d}V = a^2 \iiint_{V_r^M}\left(\frac{\partial^2 u(x',y',z',t)}{\partial x'^2}+\frac{\partial^2 u(x',y',z',t)}{\partial y'^2}+\frac{\partial^2 u(x',y',z',t)}{\partial z'^2}\right)\mathrm{d}V$$

$$= a^2 \iiint_{V_r^M}\left[\frac{\partial}{\partial x'}\left(\frac{\partial u(x',y',z',t)}{\partial x'}\right)+\frac{\partial}{\partial y'}\left(\frac{\partial u(x',y',z',t)}{\partial y'}\right)+\frac{\partial}{\partial z'}\left(\frac{\partial(x',y',z',t)}{\partial z'}\right)\right]\mathrm{d}V$$

$$= a^2 \iint_{S_r^M} \frac{\partial u(\xi,\eta,\zeta,t)}{\partial n}\mathrm{d}S = a^2 \iint_{S_1^M}\frac{\partial u(\xi,\eta,\zeta,t)}{\partial n}r^2\mathrm{d}\omega$$

$$= a^2 r^2 \iint_{S_1^M}\frac{\partial u(\xi,\eta,\zeta,t)}{\partial r}\mathrm{d}\omega = a^2 r^2 \frac{\partial}{\partial r}\iint_{S_1^M}u(\xi,\eta,\zeta,t)\mathrm{d}\omega$$

$$= 4\pi a^2 r^2 \frac{\partial \bar{u}(r,t)}{\partial r}.$$

$$\tag{7.2.5}$$

其中 $\boldsymbol{n}$ 是 S_r^M 的外法向矢量.

式 (7.2.5) 左端的积分也采用球面坐标表示并交换微分运算和积分运算的次序,得

$$\iiint_{V_r^M} \frac{\partial^2 u(x',y',z',t)}{\partial t^2} dV = \frac{\partial^2}{\partial t^2} \iiint_{V_r^M} u(x',y',z',t) dV$$

$$= \frac{\partial^2}{\partial t^2} \iiint_{V_r^M} u(x',y',z',t) \rho^2 d\omega d\rho$$

$$= \frac{\partial^2}{\partial t^2} \int_0^{2\pi} \int_0^{\pi} \int_0^r u(x+\rho\sin\theta\cos\varphi, y+\rho\sin\theta\sin\varphi, z+\rho\cos\theta, t)\rho^2 \sin\theta d\varphi d\rho$$

$$= \frac{\partial^2}{\partial t^2} \iint_{S_1^M} d\omega \int_0^r u(x+\rho\sin\theta\cos\varphi, y+\rho\sin\theta\sin\varphi, z+\rho\cos\theta, t)\rho^2 d\rho.$$

代回式(7.2.5)中，得

$$\frac{\partial^2}{\partial t^2} \iint_{S_1^M} d\omega \int_0^r u(x+\rho\sin\theta\cos\varphi, y+\rho\sin\theta\sin\varphi, z+\rho\cos\theta, t)\rho^2 d\rho$$

$$= 4\pi a^2 r^2 \frac{\partial \bar{u}(r,t)}{\partial r}.$$

上式两端对 r 微分一次，并利用变上限定积分对上限求导数的规则，得

$$\frac{\partial^2}{\partial t^2} \iint_{S_1^M} u(\xi,\eta,\zeta,t) r^2 d\omega = 4\pi a^2 \frac{\partial}{\partial r}\left[r^2 \frac{\partial \bar{u}(r,t)}{\partial r}\right],$$

或

$$\frac{\partial^2 \bar{u}(r,t)}{\partial t^2} = \frac{a^2}{r^2} \frac{\partial}{\partial r}\left[r^2 \frac{\partial \bar{u}(r,t)}{\partial r}\right].$$

又因为

$$\frac{1}{r^2} \frac{\partial}{\partial r}\left[r^2 \frac{\partial \bar{u}(r,t)}{\partial r}\right] = \frac{1}{r} \frac{\partial^2 [r\bar{u}(r,t)]}{\partial r^2},$$

故得

$$\frac{\partial^2 [r\bar{u}(r,t)]}{\partial r^2} = a^2 \frac{\partial^2 (r\bar{u}(r,t))}{\partial r^2}.$$

这是一个关于 $r\bar{u}(r,t)$ 的一维波动方程，它的通解为

$$r\bar{u}(r,t) = f_1(r+at) + f_2(x-at). \tag{7.2.6}$$

其中 f_1, f_2 是两个二次连续可微的任意函数.

下面的任务是用式(7.2.6)及式(7.2.2)、式(7.2.3)来确定原 Cauchy 问题的解 $u(M,t)$. 由式(7.2.6)得到

$$f_1(r) + f_2(r) = r\bar{u}(r,t)\Big|_{t=0},$$

$$af_1'(r) - af_2'(r) = \frac{\partial}{\partial t}(r\bar{u}(r,t))\Big|_{t=0}.$$

但

$$r\bar{u}(r,t)\Big|_{t=0} = r\bar{\varphi}(r),$$

$$\frac{\partial}{\partial t}(r\bar{u}(r,t))\Big|_{t=0} = r\bar{\psi}(r).$$

其中 $\bar{\varphi}(r), \bar{\psi}(r)$ 分别是 $\varphi(x,y,z)$ 与 $\psi(x,y,z)$ 在球面 S_r^M 上的平均值. 所以有

$$f_1(r) + f_2(r) = r\bar{\varphi}(r), \tag{7.2.7}$$

$$f_1'(r) - f_2'(r) = \frac{r}{a}\bar{\psi}(r). \tag{7.2.8}$$

由此可求得

$$f_1(r) = \frac{1}{2}\left[r\,\overline{\varphi}(r) + \frac{1}{a}\int_0^a \rho\,\overline{\psi}(\rho)\,\mathrm{d}\rho + C\right],$$

$$f_2(r) = \frac{1}{2}\left[r\,\overline{\varphi}(r) - \frac{1}{a}\int_0^a \rho\,\overline{\psi}(\rho)\,\mathrm{d}\rho - C\right].$$

代回式(7.2.6),得

$$\overline{u}(r,t) = \frac{(r+at)\,\overline{\varphi}(r+at) + (r-at)\,\overline{\psi}(r-at)}{2r} + \frac{1}{2ar}\int_{r-at}^{r+at} \rho\,\overline{\psi}(\rho)\,\mathrm{d}\rho \qquad (7.2.9)$$

此外,若将式(7.2.4)写成

$$\overline{u}(r,t) = \frac{1}{4\pi}\iint_{\alpha_1^2+\alpha_2^2+\alpha_3^2=1} u(x+r\alpha_1, y+r\alpha_2, z+r\alpha_3, t)\,\mathrm{d}\omega$$

其中 $r>0$, $\alpha_1 = \sin\theta\cos\varphi$, $\alpha_2 = \sin\theta\sin\varphi$, $\alpha_3 = \cos\theta$, 则可利用下式

$$\overline{u}(-r,t) = \frac{1}{4\pi}\iint_{\alpha_1^2+\alpha_2^2+\alpha_3^2=1} u(x+r(-\alpha_1), y+r(-\alpha_2), z+r(-\alpha_3), t)\,\mathrm{d}\omega$$

$$= \frac{1}{4\pi}\iint_{\alpha_1^2+\alpha_2^2+\alpha_3^2=1} u(x+r\beta_1, y+r\beta_2, z+r\beta_3, t)\,\mathrm{d}\omega$$

将 $\overline{u}(r,t)$ 拓广到 $r<0$ 的范围内,并且比较上面两式可知

$$\overline{u}(-r,t) = \overline{u}(r,t)$$

即 $\overline{u}(r,t)$ 是 r 的偶函数. 同理, $\overline{\varphi}(r)$ 与 $\overline{\psi}(r)$ 也是偶函数. 注意到这些事实后, 我们可将式(7.2.9)写成

$$\overline{u}(r,t) = \frac{(r+at)\,\overline{\varphi}(r+at) - (at-r)\,\overline{\psi}(at-r)}{2r} + \frac{1}{2ar}\int_{r-at}^{r+at} \rho\,\overline{\psi}(\rho)\,\mathrm{d}\rho$$

令 $r\to 0$,并利用 L'Hospital(洛必塔)法则得到

$$\overline{u}(0,t) = \overline{\varphi}(at) + at\,\overline{\varphi}'(at) + t\,\overline{\psi}(at)$$

$$= \frac{1}{a}\frac{\partial}{\partial t}\left[(at)\,\overline{\varphi}(at)\right] + t\,\overline{\psi}(at)$$

$$= \frac{1}{4\pi a}\frac{\partial}{\partial t}\iint_{S_{at}^M} \frac{\varphi(x+\rho\sin\theta\cos\varphi, y+\rho\sin\theta\sin\varphi, z+\rho\cos\theta, t)}{at}\times(at)^2\sin\theta\,\mathrm{d}\varphi\,\mathrm{d}\theta +$$

$$\frac{t}{4\pi}\iint_{S_{at}^M} \frac{\psi(x+\rho\sin\theta\cos\varphi, y+\rho\sin\theta\sin\varphi, z+\rho\cos\theta, t)}{(at)^2}\times(at)^2\sin\theta\,\mathrm{d}\varphi\,\mathrm{d}\theta$$

或简记成

$$u(M,t) = \frac{1}{4\pi a}\frac{\partial}{\partial t}\iint_{S_{at}^M} \frac{\varphi}{r}\,\mathrm{d}S + \frac{1}{4\pi a}\iint_{S_{at}^M} \frac{\psi}{r}\,\mathrm{d}S \qquad (7.2.10)$$

式(7.2.10)称为三维波动方程的 Poisson 公式. 不难验证,当 $\varphi(x,y,z)$ 是三次连续可微的函数, $\psi(x,y,z)$ 是二次连续可微的函数时, 由式(7.2.10)所确定的函数确实是原定解问题的解.

下面举一个例子, 说明 Poisson 公式(7.2.10)的用法.

例 7.2.1 求解定解问题

$$\begin{cases} u_{tt} = a^2 \nabla^2 u & (-\infty < x,y,z < \infty, t>0), \\ u\big|_{t=0} = x^3 + y^2 z, \quad u_t\big|_{t=0} = 0. \end{cases}$$

解 这里 $\varphi(x,y,z)=x^3+y^2z$, $\psi(x,y,z)=0$, 将这些给定的初始条件代入到 Poisson 公式(7.2.10), 并计算其中的积分, 就可以得到问题的解

$$u(x,y,z,t) = \frac{1}{4\pi a}\frac{\partial}{\partial t}\iint_{S_{at}^M}\frac{\varphi(M')}{at}\mathrm{d}S$$

$$= \frac{1}{4\pi a}\frac{\partial}{\partial t}\int_0^{2\pi}\int_0^{\pi}\frac{\varphi(\xi,\eta,\zeta)}{at}(at)^2\sin\theta\mathrm{d}\theta\mathrm{d}\varphi$$

$$= \frac{1}{4\pi}\frac{\partial}{\partial t}\left\{t\int_0^{2\pi}\int_0^{\pi}[(x+at\sin\theta\cos\varphi)^3+(y+at\sin\theta\sin\varphi)^2(z+at\cos\theta)]\sin\theta\mathrm{d}\theta\mathrm{d}\varphi\right\}$$

$$= x^3+3a^2t^2x+y^2z+a^2t^2z.$$

上式中的积分和微分运算是由 Maple 完成的:

```
>u(theta,phi):=((x+a*t*sin(theta)*cos(phi))^3+(y+a*t*sin(theta)*sin
(phi))^2*(z+a*t*cos(theta)))*sin(theta);
```

$$u(\theta,\phi):=((x+at\sin(\theta)\cos(\phi))^3+(y+at\sin(\theta)\sin(\phi))^2(z+at\cos(\theta)))\sin(\theta)$$

```
>v(phi):=int(u(theta,phi),theta=0..Pi);
```

$$v(\phi):=2x^3+4xa^2t^2\cos(\phi)^2+2y^2z+\frac{2}{3}a^2t^2\sin(\phi)^2z+\frac{3}{8}a^3t^3\cos(\phi)^3\pi+\frac{2a^2t^2z}{3}$$

$$+yat\sin(\phi)z\pi-\frac{2}{3}a^2t^2z\cos(\phi)^2+\frac{2}{3}x^2at\cos(\phi)\pi$$

```
>w(t):=int(v(phi),phi=0..2*Pi);
```

$$w(t):=4xa^2t^2\pi+4x^3\pi+4y^2z\pi+\frac{4a^2t^2z\pi}{3}$$

```
>r:=(1/(4*Pi))*diff(w(t)*t,t);
```

$$r:=\frac{\left(8xa^2t\pi+\frac{8a^2tz\pi}{3}\right)t+4xa^2t^2\pi+4x^3\pi+4y^2z\pi+\frac{4a^2t^2z\pi}{3}}{4\pi}$$

```
>simplify(r);
```

$$3xa^2t^2+a^2t^2z+x^3+y^2z$$

3. Poisson 公式的物理意义

下面我们来说明解式(7.2.10)的物理意义.

从式(7.2.10)可以看出,为求出定解问题(7.2.1),(7.2.2),(7.2.3)的解在(x,y,z,t)处的值,只需要以 $M(x,y,z)$ 为球心、以 at 为半径作出球面 S_{at}^M, 然后将初始扰动 φ,ψ 代入式(7.2.10)进行积分. 因为积分只在球面上进行, 所以只有与 M 相距为 at 的点上的初始扰动能够影响 $u(x,y,z,t)$ 的值. 或者, 换一种说法, 就是 $M_0(\xi,\eta,\zeta)$ 处的初始扰动, 在时刻 t 只影响到以 M_0 为球心、以 at 为半径的球面 $S_{at}^{M_0}$ 上各点, 这是因为以 S_{at}^M 上任一点为球心, 以 at 为半径所作的球面都必定经过 M_0 点. 这就表明扰动是以速度 a 传播的. 为了明确起见, 设初始扰动只限于区域 T_0, 任取一点 M, 它与 T_0 的最小距离为 d, 最大距离为 D(如图 7.2.2 所示), 由 Poisson 公式(7.2.10)可知, 当 $at<d$, 即 $t<\dfrac{d}{a}$ 时, $u(x,y,z,t)=0$, 这表明扰动的"前锋"还未到达; 当 $d<at<D$, 即 $\dfrac{d}{a}<t<\dfrac{D}{a}$ 时, $u(x,y,z,t)\neq 0$, 这表明扰动已经到达; 当 $at>D$, 即 $t>\dfrac{D}{a}$ 时, $u(x,y,z,t)=0$, 这表明扰动的"阵尾"已经过去并恢复了原来的状态. 因此, 当初始扰动限制在空间某局部范围内时, 扰动有清晰的"前锋"与"阵尾", 这种现象在物理学中称为 Huygens(惠更斯)原理或无后效现象. 由于在点(ξ,η,ζ)的初始扰动是向各方向传播的, 在时间t, 它的影响是在以(ξ,η,ζ)为中心、以at为半径的一个球面上, 因此解(7.2.10)称为球面波.

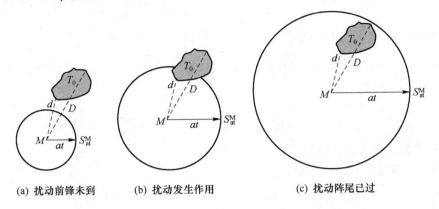

(a) 扰动前锋未到　　(b) 扰动发生作用　　(c) 扰动阵尾已过

图 7.2.2

从式(7.2.10)我们也可以得到二维波动方程初始值问题的解. 事实上, 如果u与z无关, 则$\dfrac{\partial u}{\partial z}=0$, 这时三维波动方程的初始值问题就变成二维波动方程的初始值问题:

$$\begin{cases}\dfrac{\partial^2 u}{\partial t^2}=a^2\left(\dfrac{\partial^2 u}{\partial x^2}+\dfrac{\partial^2 u}{\partial y^2}\right) & (-\infty<x,y<+\infty,t>0),\\ u\big|_{t=0}=\varphi(x,y),\\ \dfrac{\partial u}{\partial t}\bigg|_{t=0}=\psi(x,y).\end{cases} \qquad(7.2.11)$$

要想从 Poisson 公式(7.2.10)得到(7.2.11)解的表达式, 就应将式(7.2.10)中两个沿球面S_{at}^M的积分转化成沿圆域$C_{at}^M:(\xi-x)^2+(\eta-y)^2\leqslant(at)^2$内的积分. 下面以$\dfrac{1}{4\pi a}\iint\limits_{S_{at}^M}\dfrac{\psi}{r}\mathrm{d}S$为例说明这个转化方法. 先将这个积分拆成两部分:

$$\frac{1}{4\pi a}\iint\limits_{S_{at}^M}\frac{\psi}{r}\mathrm{d}S=\frac{1}{4\pi a}\iint\limits_{S_1}\frac{\psi}{r}\mathrm{d}S+\frac{1}{4\pi a}\iint\limits_{S_2}\frac{\psi}{r}\mathrm{d}S, \qquad(7.1.12)$$

其中S_1,S_2分别表示球面S_{at}^M的上半球面与下半球面. 在上半球面S_1上外法向矢量的方向余弦为

$$\cos\gamma=\frac{\sqrt{a^2t^2-(\xi-x)^2+(\eta-y)^2}}{at};$$

在下半球面S_2上外法向矢量的方向余弦

$$\cos\gamma=-\frac{\sqrt{a^2t^2-(\xi-x)^2+(\eta-y)^2}}{at}.$$

其中γ为法矢量与z轴正向的夹角. 将式(7.2.10)右端两个曲面积分化成重积分得

$$\frac{1}{4\pi a}\iint\limits_{S_{at}^M}\frac{\psi}{r}\mathrm{d}S=\frac{1}{4\pi a}\iint\limits_{C_{at}^M}\frac{\psi(\xi,\eta)}{at}\frac{at}{\sqrt{a^2t^2-(\xi-x)^2+(\eta-y)^2}}\mathrm{d}\xi\mathrm{d}\eta$$

$$-\frac{1}{4\pi a}\iint\limits_{C_{at}^M}\frac{\psi(\xi,\eta)}{at}\left[-\frac{at}{\sqrt{a^2t^2-(\xi-x)^2+(\eta-y)^2}}\right]\mathrm{d}\xi\mathrm{d}\eta$$

$$=\frac{1}{2\pi a}\iint\limits_{C_{at}^M}\frac{\psi(\xi,\eta)}{\sqrt{a^2t^2-(\xi-x)^2+(\eta-y)^2}}\mathrm{d}\xi\mathrm{d}\eta,$$

同理有
$$\frac{1}{4\pi a}\iint_{S_{at}^M} \frac{\varphi}{r} \mathrm{d}S = \frac{1}{2\pi a}\iint_{C_{at}^M} \frac{\varphi(\xi,\eta)}{\sqrt{a^2 t^2 - (\xi-x)^2 + (\eta-y)^2}} \mathrm{d}\xi \mathrm{d}\eta.$$

将这两个等式代入式(7.2.10),即得式(7.2.11)的解

$$u(x,y,t) = \frac{1}{2\pi a}\left\{ \frac{\partial}{\partial t}\iint_{C_{at}^M} \frac{\varphi(\xi,\eta)}{\sqrt{a^2 t^2 - (\xi-x)^2 + (\eta-y)^2}} \mathrm{d}\xi \mathrm{d}\eta \right. \\ \left. + \iint_{C_{at}^M} \frac{\psi(\xi,\eta)}{\sqrt{a^2 t^2 - (\xi-x)^2 + (\eta-y)^2}} \mathrm{d}\xi \mathrm{d}\eta \right\}$$
(7.2.13)

式(7.2.13)称为二维波动方程的 Poisson 公式.

例 7.2.2 求解下列定解问题
$$\begin{cases} u_{tt} = a^2(u_{xx} + u_{yy}) & (-\infty < x, y < \infty, t > 0), \\ u(x,y,0) = x^2(x+y) & (-\infty < x, y < \infty), \\ u_t(x,y,0) = 0. \end{cases}$$

解 由二维 Poisson 公式(7.2.13)有
$$u(x,y;t)$$
$$= \frac{1}{2\pi a} \frac{\partial}{\partial t} \int_0^{at} \int_0^{2\pi} \frac{\varphi(x+\rho\cos\theta, y+\rho\sin\theta)}{\sqrt{(at)^2-\rho^2}} \rho \mathrm{d}\theta \mathrm{d}\rho$$
$$= \frac{1}{2\pi a} \frac{\partial}{\partial t} \int_0^{at} \int_0^{2\pi} \frac{(x+\rho\cos\theta)^2 (x+\rho\cos\theta + y+\rho\sin\theta)}{\sqrt{(at)^2-\rho^2}} \rho \mathrm{d}\theta \mathrm{d}\rho$$

其中 $\rho = \sqrt{(\xi-x)^2 + (\eta-y)^2}$,$\theta$ 为极坐标变量. 由初始条件有
$$\varphi(x+\rho\cos\theta, y+\rho\sin\theta) = (x+\rho\cos\theta)^2(x+y+\rho\cos\theta+\rho\sin\theta)$$
$$= x^2(x+y) + 2x(x+y)\rho\cos\theta + (x+y)\rho^2\cos^2\theta$$
$$+ x^2\rho(\sin\theta+\cos\theta) + 2x\rho^2(\sin\theta+\cos\theta)\cos\theta$$
$$+ \rho^3\cos^2\theta(\sin\theta+\cos\theta)$$

由三角函数的周期性、正交性、倍角公式等可得,$\cos\theta$, $\sin\theta$, $\cos\theta\sin\theta$, $\cos^3\theta$, $\cos^2\theta\sin\theta$ 在 $[0,2\pi]$ 上积分均为零,而
$$\int_0^{2\pi} \cos^2\theta \mathrm{d}\theta = \pi$$

故有
$$\int_0^{at} \int_0^{2\pi} \frac{\varphi(x+\rho\cos\theta, y+\rho\sin\theta)}{\sqrt{(at)^2-\rho^2}} \rho \mathrm{d}\theta \mathrm{d}\rho$$
$$= 2\pi x^2(x+y) \int_0^{at} \frac{\rho \mathrm{d}\rho}{\sqrt{(at)^2-\rho^2}} + \pi(3x+y) \int_0^{at} \frac{\rho^3 \mathrm{d}\rho}{\sqrt{(at)^2-\rho^2}}$$
$$= 2\pi x^2(x+y)at + \frac{2}{3}\pi(3x+y)a^3 t^3$$

于是
$$u(x,y;t) = \frac{1}{2\pi a} \frac{\partial}{\partial t}\left[2\pi x^2(x+y)at + \frac{2}{3}\pi(3x+y)a^3 t^3 \right]$$
$$= x^2(x+y) + a^2 t^2(3x+y).$$

可见上述中积分的计算并不简单,利用 Maple 可以方便地得出结果

```
>u(rho,theta): = (x + rho * cos(theta))^2 * (x + y + rho * cos(theta) + rho * sin(theta)) * rho/(sqrt(a^2 * t^2 - rho^2));
```
$$u(\rho,\theta):=\frac{(x+\rho\cos(\theta))^2+(x+y+\rho\cos(\theta)+\rho\sin(\theta))\rho}{\sqrt{a^2t^2-\rho^2}}$$

```
>v(rho): = int(u(rho,theta),theta = 0..2 * Pi);
```
$$v(\rho):=\frac{\rho\pi(2x^3+\rho^2y+2x^2y+3x\rho^2)}{\sqrt{a^2t^2-\rho^2}}$$

```
>w(t): = int(v(rho),rho = 0..a * t);
```
$$w(t):=\frac{2a^2t^2(3x^3+3x^2y+a^2t^2y+3xa^2t^2)\pi}{3\sqrt{a^2t^2}}$$

```
>r: = simplify((1/(2 * Pi * a)) * diff(w(t),t));
```
$$r:=\frac{at(x^3+x^2y+a^2t^2y+3xa^2t^2)}{\sqrt{a^2t^2}}$$

从式(7.2.13)和例 3 可以看出,要计算解 u 在 (x,y,t) 处的值,只要以 $M(x,y)$ 为中心、以 at 为半径作圆域 C_{at}^M,然后将初始扰动代入式(7.2.13)进行积分.为清楚起见,设初始扰动仍限于区域 T_0,并且 d,D 分别表示点 $M(x,y)$ 与 T_0 的最小和最大距离,则当 $t<\dfrac{d}{a}$ 时,$u(x,y,t)=0$;当 $\dfrac{d}{a}<t<\dfrac{D}{a}$ 时,$u(x,y,t)\neq 0$;当 $t>\dfrac{D}{a}$ 时,由于圆域 C_{at}^M 包含了区域 T_0,所以 $u(x,y,t)$ 仍不为零,这种现象称为有后效,即在二维情形,局部范围内的初始扰动,具有长期的连续的后效特性,扰动有清晰的"前锋",而无"阵尾",这一点与球面波不同.

平面上以点 (ξ,η) 为中心的圆周的方程 $(x-\xi)^2+(y-\eta)^2=r^2$ 在空间坐标系内表示母线平行于 z 轴的直圆柱面,所以在过 (ξ,η) 点平行于 z 轴的无限长的直线上的初始扰动,在时间 t 后的影响是在以该直线为轴、at 为半径的圆柱面内,因此解(7.1.13)称为柱面波.

§7.3 Fourier 积分变换法求定解问题

第 3 章和第 5 章介绍的分离变量法主要用于求解各种有界问题.对于无界区域或半无界区域,采用求解数学物理定解问题的另一种常用方法——积分变换法,比较方便.

所谓积分变换,就是把某函数类 A 中的函数 $f(x)$,经过某种可逆的积分手续

$$F(p)=\int_a^b k(x,p)f(x)\mathrm{d}x, \tag{7.3.1}$$

变成另一函数类 B 中的函数 $F(p)$,$F(p)$ 称为 $f(x)$ 像函数,$f(x)$ 称为像原函数,而 $k(x,p)$ 是 p 和 x 的已知函数,称为积分变换的核.在这种变换下,原来的偏微分方程可以减少自变量的个数,直至变成常微分方程,原来的常微分方程,可以变成代数方程,从而使在函数类 B 中的运算简化,找出在 B 中的一个解,再经过逆变换,便得到原来要在 A 中所求的解.

积分变换的种类很多,如有 Fourier 变换,Laplace 变换,Hankel 变换,Mellin 变换等.本书只介绍常用的 Fourier 变换和 Laplace 变换.这一节介绍 Fourier 变换及解数学物理定解问题的 Fourier 变换法,下一节重点介绍 Laplace 变换和 Laplace 变换法.

7.3.1 预备知识——Fourier 变换及性质

1. Fourier 变换

函数 $f(x)$ 的 Fourier 变换记为

$$F[f(x)] = G(\omega) = \int_{-\infty}^{+\infty} f(x) e^{-i\omega x} dx, \tag{7.3.2}$$

$G(\omega)$ 称为 $f(x)$ 的像函数. Fourier 逆变换(或称 Fourier 反演)定义为

$$F^{-1}[G(\omega)] = f(x) = \frac{1}{2\pi} \int_{-\infty}^{+\infty} G(\omega) e^{i\omega x} d\omega, \tag{7.3.3}$$

$f(x)$ 称为 $G(\omega)$ 的像原函数. 因此,当 $f(x)$ 满足 Fourier 积分定理条件时,有 $f(x) = F^{-1}[F(f(x))]$. 这是 Fourier 变换和其逆变换之间的一个重要关系.

2. 三维 Fourier 变换

若记

$$\begin{cases} \boldsymbol{\omega} = \boldsymbol{e}_1 \omega_1 + \boldsymbol{e}_2 \omega_2 + \boldsymbol{e}_3 \omega_3, \\ \boldsymbol{r} = \boldsymbol{e}_1 x + \boldsymbol{e}_2 y + \boldsymbol{e}_3 z, \\ f(\boldsymbol{r}) = f(x, y, z), \\ d\boldsymbol{r} = dx dy dz, d\boldsymbol{\omega} = d\omega_1 d\omega_2 d\omega_3. \end{cases} \tag{7.3.4}$$

则三维 Fourier 变换及反演公式可记为

$$F[f(\boldsymbol{r})] = G(\boldsymbol{\omega}) = \iiint_{-\infty}^{+\infty} f(\boldsymbol{r}) e^{-i\boldsymbol{\omega}\cdot\boldsymbol{r}} d\boldsymbol{r}, \tag{7.3.5}$$

$G(\boldsymbol{\omega})$ 称为 $f(\boldsymbol{r})$ 的像函数,其逆变换为

$$F^{-1}[G(\boldsymbol{\omega})] = f(\boldsymbol{r}) = \frac{1}{(2\pi)^3} \iiint_{-\infty}^{+\infty} G(\boldsymbol{\omega}) e^{i\boldsymbol{\omega}\cdot\boldsymbol{r}} d\boldsymbol{\omega}, \tag{7.3.6}$$

$f(\boldsymbol{r})$ 称为 $G(\boldsymbol{\omega})$ 的像原函数.

3. Fourier 变换的性质

下面我们列出 Fourier 变换的几个基本性质,读者可以自己给出证明.

设 $F[f(x)] = G(\omega)$,并且约定,当涉及到一个函数需要进行 Fourier 变换时,这个函数总是满足变换条件,即 $f(x)$ 在 $(-\infty, +\infty)$ 上绝对可积.

(1) 线性性质 若 α, β 为任意常数,则对任意函数 f_1 和 f_2,有

$$F(\alpha f_1 + \beta f_2) = \alpha F(f_1) + \beta F(f_2). \tag{7.3.7}$$

(2) 延迟性质 设 ω_0 为任意常数,则

$$F(e^{i\omega_0 x} f(x)) = G(\omega - \omega_0). \tag{7.3.8}$$

(3) 位移性质 设 x_0 为任意常数,则

$$F[f(x - x_0)] = e^{-i\omega x_0} F[f(x)]. \tag{7.3.9}$$

(4) 相似性质 设 a 为不为零的常数,则

$$F[f(ax)] = \frac{1}{|a|} G\left(\frac{\omega}{a}\right). \tag{7.3.10}$$

(5) 微分性质 若当 $|x| \to \infty$ 时,$f(x) \to 0, f^{(n-1)}(x) \to 0$(其中 $n = 1, 2, \cdots$),则

$$F[f'(x)] = i\omega F[f(x)],$$
$$F[f''(x)] = (i\omega)^2 F[f(x)], \tag{7.3.11}$$
$$\vdots$$
$$F[f^{(n)}(x)] = (i\omega)^n F[f(x)].$$

(6) 积分性质

$$F\left[\int_{x_0}^{x} f(\xi)\mathrm{d}\xi\right] = \frac{1}{\mathrm{i}\omega} F[f(x)]. \tag{7.3.12}$$

(7) 卷积性质 已知函数 $f_1(x)$ 和 $f_2(x)$，则定义积分

$$\int_{-\infty}^{\infty} f_1(\xi) f_2(x-\xi)\mathrm{d}\xi,$$

为函数 $f_1(x)$ 和 $f_2(x)$ 的卷积，记作 $f_1(x) * f_2(x)$，即

$$f_1(x) * f_2(x) = \int_{-\infty}^{\infty} f_1(\xi) f_2(x-\xi)\mathrm{d}\xi. \tag{7.3.13}$$

卷积定理

$$F[f_1(x) * f_2(x)] = F[f_1(x)] \cdot F[f_2(x)]. \tag{7.3.14}$$

(8) 像函数的卷积定理

$$F[f_1(x) \cdot f_2(x)] = \frac{1}{2\pi} F[f_1(x)] * F[f_2(x)]. \tag{7.3.15}$$

Fourier 变换的基本属性是计算定积分，根据定积分的性质，读者可以证明上述 Fourier 变换的性质，这里我们只给出性质(5)的证明。

由 Fourier 变换的定义，分部积分法和条件：当 $|x| \to \infty$ 时，$f(x) \to 0$，$f^{(n-1)}(x) \to 0$，有

$$F[f'(x)] = \int_{-\infty}^{\infty} f'(x) \mathrm{e}^{-\mathrm{i}\omega x} \mathrm{d}x = [f(x)\mathrm{e}^{-\mathrm{i}\omega x}]_{-\infty}^{\infty} - (-\mathrm{i}\omega)\int_{-\infty}^{\infty} f(x)\mathrm{e}^{-\mathrm{i}\omega x}\mathrm{d}x$$

$$= \mathrm{i}\omega \int_{-\infty}^{\infty} f(x)\mathrm{e}^{-\mathrm{i}\omega x}\mathrm{d}x = \mathrm{i}\omega F[f(x)],$$

$$F[f''(x)] = \int_{-\infty}^{\infty} f''(x)\mathrm{e}^{-\mathrm{i}\omega x}\mathrm{d}x = [f'(x)\mathrm{e}^{-\mathrm{i}\omega x}]_{-\infty}^{\infty} - (-\mathrm{i}\omega)\int_{-\infty}^{\infty} f'(x)\mathrm{e}^{-\mathrm{i}\omega x}\mathrm{d}x$$

$$= \mathrm{i}\omega \int_{-\infty}^{\infty} f'(x)\mathrm{e}^{-\mathrm{i}\omega x}\mathrm{d}x = (\mathrm{i}\omega)^2 F[f(x)];$$

应用数学归纳法可以证明

$$F[f^{(n)}(x)] = (\mathrm{i}\omega)^n F[f(x)].$$

同样可以证明，三维函数 $f(r)$ 的 Fourier 变换亦具有上述性质。

7.3.2 Fourier 变换法

下面我们用具体的实例来说明 Fourier 积分变换在求解定解问题中的应用。

例 7.3.1 求解弦振动方程的初值问题

$$\begin{cases} u_{tt} = a^2 u_{xx} & (-\infty < x < \infty,\ t > 0), \tag{7.3.16}\\ u(x,0) = \varphi(x) & (-\infty < x < \infty), \tag{7.3.17}\\ u_t(x,0) = 0 & (-\infty < x < \infty). \tag{7.3.18} \end{cases}$$

解：视 t 为参数，对式(7.3.16a)、(7.3.16b)和(7.3.16c)的两端均进行 Fourier 变换，并记

$$F[u(x,t)] = \bar{u}(\omega, t); \quad F[\varphi(x)] = \bar{\varphi}(\omega),$$

因为

$$F\left(\frac{\partial^2 u}{\partial t^2}\right) = \int_{-\infty}^{\infty} \frac{\partial^2 u}{\partial t^2} e^{-i\omega x} dx = \frac{\partial^2}{\partial t^2} \int_{-\infty}^{\infty} u(x,t) e^{-i\omega x} dx = \frac{d^2 \bar{u}}{dt^2}$$

$$F\left(\frac{\partial^2 u}{\partial x^2}\right) = \int_{-\infty}^{\infty} \frac{\partial^2 u}{\partial x^2} e^{-i\omega x} dx = (-i\omega)^2 \bar{u}$$

$$F[u(x,0)] = \int_{-\infty}^{\infty} u(x,0) e^{-i\omega x} dx = \bar{u}(\omega,0), \quad F[\varphi(x)] = \bar{\varphi}(\omega)$$

$$F[u_t(x,0)] = \int_{-\infty}^{\infty} \frac{\partial u(x,t)}{\partial t}\bigg|_{t=0} e^{-i\omega x} dx = \left[\frac{\partial}{\partial t}\int_{-\infty}^{\infty} u(x,t) e^{-i\omega x} dx\right]_{t=0} = \bar{u}_t(\omega,0).$$

所以变换后的定解问题为

$$\begin{cases} \dfrac{d^2 \bar{u}}{dt^2} = -a^2 \omega^2 \bar{u}, \\ \bar{u}(\omega,0) = \bar{\varphi}(\omega), \\ \bar{u}_t(\omega,0) = 0. \end{cases}$$

这是带参数 ω 的常微分方程的初值问题. 常微分方程的通解是

$$\bar{u}(\omega,t) = A\cos a\omega t + B\sin a\omega t$$

再由定解条件,定出常数,得到像函数的特解为

$$\bar{u}(\omega,t) = \bar{\varphi}(\omega)\cos a\omega t.$$

于是由逆变换公式(7.3.3),得定解问题(7.3.16)的解为

$$\begin{aligned} u(x,t) &= F^{-1}[\bar{u}(\omega,t)] = F^{-1}[\bar{\varphi}(\omega)\cos a\omega t] \\ &= \frac{1}{2\pi}\int_{-\infty}^{\infty} \bar{\varphi}(\omega)\cos a\omega t\, e^{i\omega x} d\omega \\ &= \frac{1}{4\pi}\int_{-\infty}^{\infty} \bar{\varphi}(\omega)[e^{i\omega(x+at)} + e^{i\omega(x-at)}]d\omega \\ &= \frac{1}{2}[\varphi(x+at) + \varphi(x-at)]. \end{aligned}$$

这与 D'Alembert 公式所得到的结果一致,最后一步应用了位移定理式(7.3.9).

例 7.3.2 求无界杆的热传导问题

$$\begin{cases} u_t = a^2 u_{xx} + f(x,t) \quad (-\infty < x < \infty,\ t > 0), & (7.3.19) \\ u(x,0) = \varphi(x) \quad (-\infty < x < \infty). & (7.3.20) \end{cases}$$

解:对式(7.3.19)和式(7.3.20)两端关于 x 分别进行 Fourier 变换,并记

$$F[u(x,t)] = \bar{u}(\omega,t);$$
$$F[\varphi(x)] = \bar{\varphi}(\omega); \quad F[f(x,t)] = \bar{f}(\omega,t).$$

则有

$$\begin{cases} \dfrac{d\bar{u}}{dt} = -a^2\omega^2 \bar{u} + \bar{f}(\omega,t), \\ \bar{u}(\omega,0) = \bar{\varphi}(\omega). \end{cases}$$

这是带参数 ω 关于变量 t 的常微分方程的初值问题,解之得

$$\bar{u}(\omega,t) = \bar{\varphi}(\omega)e^{-a^2\omega^2 t} + \int_0^t \bar{f}(\omega,\tau) e^{-a^2\omega^2(t-\tau)} d\tau.$$

于是,由逆变换公式(7.3.3)得式(7.3.19)和式(7.3.20)的解应为

$$\begin{aligned}
u(x,t) &= F^{-1}[\bar{u}(\omega,t)] \\
&= F^{-1}[\bar{\varphi}(\omega)e^{-a^2\omega^2 t}] + F^{-1}\left[\int_0^t \bar{f}(\omega,\tau)e^{-a^2\omega^2(t-\tau)}d\tau\right] \\
&= F^{-1}\{F[\varphi(x)] \cdot F[F^{-1}(e^{-a^2\omega^2 t})]\} + \\
&\quad \int_0^t F^{-1}\{F[f(x,\tau)] \cdot F[F^{-1}(e^{-a^2\omega^2(t-\tau)})]\}d\tau.
\end{aligned}$$

故由卷积定理(7.3.14)有

$$u(x,t) = \varphi(x) * F^{-1}(e^{-a^2\omega^2 t}) + \int_0^t f(x,\tau) * F^{-1}(e^{-a^2\omega^2(t-\tau)})d\tau,$$

而

$$\begin{aligned}
F^{-1}(e^{-a^2\omega^2 t}) &= \frac{1}{2\pi}\int_{-\infty}^{\infty} e^{-a^2\omega^2 t}e^{i\omega x}d\omega = \frac{1}{2\pi}\int_{-\infty}^{\infty} e^{-a^2\omega^2 t}(\cos\omega x + i\sin\omega x)d\omega \\
&= \frac{1}{\pi}\int_0^{\infty} e^{-a^2\omega^2 t}\cos\omega x\, d\omega = \frac{1}{2a\sqrt{\pi t}}e^{-\frac{x^2}{4a^2 t}}.
\end{aligned} \tag{7.3.21}$$

这里利用了积分公式

$$\int_0^{\infty} e^{-ax^2}\cos bx\, dx = \frac{1}{2}e^{-\frac{b^2}{4a}}\sqrt{\frac{\pi}{a}} \quad (a>0) \tag{7.3.22}$$

于是

$$\begin{aligned}
u(x,t) &= \varphi(x) * \frac{1}{2a\sqrt{\pi t}}e^{\frac{-x^2}{4a^2 t}} + \int_0^t f(x,\tau) * \frac{1}{2a\sqrt{\pi(t-\tau)}}e^{\frac{-x^2}{4a^2(t-\tau)}}d\tau \\
&= \frac{1}{2a\sqrt{\pi t}}\int_{-\infty}^{\infty}\varphi(\xi)e^{-\frac{(x-\xi)^2}{4a^2 t}}d\xi + \frac{1}{2a\sqrt{\pi}}\int_0^t\int_{-\infty}^{\infty}\frac{f(\xi,\tau)}{\sqrt{t-\tau}}e^{\frac{-(x-\xi)^2}{4a^2(t-\tau)}}d\xi d\tau
\end{aligned} \tag{7.3.23}$$

由此例看到,用 Fourier 变换解方程时不必像分离变量法那样区分齐次方程和非齐次方程,都是按同样的步骤求解.

例 7.3.3 已知某种微粒在空间的浓度分布为 $\varphi(\boldsymbol{r})$,求解 $t>0$ 时浓度的变化.

解:其定解问题为

$$\begin{cases} u_t - a^2 \nabla^2 u = 0, \\ u|_{t=0} = \varphi(\boldsymbol{r}). \end{cases} \tag{7.3.24}$$

将上述定解问题就空间变量 $\boldsymbol{r}(x,y,z)$ 作三维 Fourier 变换,并记

$$F[u(\boldsymbol{r},t)] = \bar{u}(\boldsymbol{\omega}); \quad F[\varphi(\boldsymbol{r})] = \bar{\varphi}(\boldsymbol{\omega});$$
$$\omega = \sqrt{\omega_1^2 + \omega_2^2 + \omega_3^2} = |\boldsymbol{\omega}|.$$

则运用微分性质有

$$\begin{cases} \dfrac{d\bar{u}}{dt} + a^2\omega^2 \bar{u} = 0, \\ \bar{u}(\boldsymbol{\omega},0) = \bar{\varphi}(\boldsymbol{\omega}). \end{cases}$$

解之得

$$\bar{u}(\boldsymbol{\omega},t) = \bar{\varphi}(\boldsymbol{\omega})e^{-a^2\omega^2 t}.$$

由三维函数的 Fourier 的逆变换公式(7.3.6),有

$$F^{-1}[e^{-a^2\bar{\omega}^2 t}] = \frac{1}{(2\pi)^3}\iiint_{-\infty}^{\infty} e^{-a^2\omega^2 t}e^{i\boldsymbol{\omega}\cdot\boldsymbol{r}}d\boldsymbol{\omega}$$

$$= \frac{1}{(2\pi)^3}\iiint_{-\infty}^{\infty} e^{-a^2(\omega_1^2+\omega_2^2+\omega_3^2)t}\cdot e^{i(\omega_1 x+\omega_2 y+\omega_3 z)}d\omega_1 d\omega_2 d\omega_3$$

$$= \frac{1}{8a^3(\pi t)^{3/2}}e^{-\frac{x^2+y^2+z^2}{4a^2 t}}.$$

此处重复用了式(7.3.21)的结果三次. 故由逆变换公式和卷积定理有

$$u(\boldsymbol{r},t) = F^{-1}[\bar{u}(\boldsymbol{\omega},t)] = F^{-1}[\bar{\varphi}(\boldsymbol{\omega})e^{-a^2\omega^2 t}]$$

$$= \frac{1}{8a^2(\pi t)^{3/2}}\iiint_{-\infty}^{\infty}\varphi(\boldsymbol{r})e^{-\frac{|\boldsymbol{r}-\boldsymbol{r}'|^2}{4a^2 t}}d\boldsymbol{r}'. \tag{7.3.25}$$

例 7.3.4 求解真空中静电势满足的方程

$$\nabla^2 u(x,y,z) = -\frac{1}{\varepsilon_0}\rho(x,y,z). \tag{7.3.26}$$

解：上述方程,即

$$\nabla^2 u(\boldsymbol{r}) = -\frac{1}{\varepsilon_0}\rho(\boldsymbol{r}), \tag{7.3.27}$$

为方便见,令 $f(\boldsymbol{r}) = \frac{1}{\varepsilon_0}\rho(\boldsymbol{r})$,并记 $F[u(\boldsymbol{r})] = \bar{u}(\boldsymbol{\omega})$, $F[f(\boldsymbol{r})] = \bar{f}(\boldsymbol{\omega})$,对方程(7.3.27)进行 Fourier 变换,得

$$\bar{u}(\boldsymbol{\omega}) = \frac{1}{\omega^2}\bar{f}(\boldsymbol{\omega}).$$

利用变换公式

$$F\left[\frac{1}{r}\right] = \frac{4\pi}{\omega^2},$$

有

$$F[u(\boldsymbol{r})] = \frac{1}{4\pi}F\left[\frac{1}{|\boldsymbol{r}|}\right]\cdot F[f(\boldsymbol{r})],$$

故由卷积定理有

$$u(\boldsymbol{r}) = \frac{1}{4\pi}\iiint_{-\infty}^{\infty}\frac{f(\boldsymbol{r})}{|\boldsymbol{r}-\boldsymbol{r}'|}d\boldsymbol{r}'.$$

§7.4 Laplace 变换法解定解问题

7.4.1 Laplace 变换及其性质

1. Laplace 变换

函数 $f(t)$ 的 Laplace 变换是从 Fourier 变换的定义推导出来的.

我们知道,函数 $f(t)$ 的 Fourier 变换存在的充分必要条件是

$$\int_{-\infty}^{\infty}|f(t)|dt < \infty.$$

但在绝大多数物理和工程技术等问题中,以时间 t 为自变量的函数往往在 $t<0$ 无意义或不需

要考虑,因此不妨假定
$$f(t)=0, \quad t<0.$$
为适合 Fourier 积分变换的要求,将 $f(t)$ 乘以 $e^{-\beta t}(\beta>0)$,则只要 β 足够大,$f(t)e^{-\beta t}$ 就绝对可积,对 $f(t)e^{-\beta t}$ 作 Fourier 积分变换,有

$$f(t)e^{-\beta t} = \frac{1}{2\pi}\int_{-\infty}^{\infty} d\omega \int_{0}^{\infty} f(\tau)e^{-\beta \tau}e^{i\omega(t-\tau)}d\tau,$$

$$f(t) = \frac{1}{2\pi}\int_{-\infty}^{\infty} d\omega \int_{0}^{\infty} f(\tau)e^{-(\beta+i\omega)\tau}e^{(\beta+i\omega)t}d\tau$$

$$= \frac{1}{2\pi}\int_{-\infty}^{\infty}\left[\int_{0}^{\infty} f(\tau)e^{-(\beta+i\omega)\tau}d\tau\right]e^{(\beta+i\omega)t}d\omega.$$

令 $\beta+i\omega=p$,则 $id\omega=dp$,于是
$$f(t) = \frac{1}{2\pi i}\int_{\beta-i\infty}^{\beta+i\infty}\left[\int_{0}^{\infty} f(\tau)e^{-p\tau}d\tau\right]e^{pt}dp.$$

记
$$L[f(t)] = F(p) = \int_{0}^{\infty} f(t)e^{-pt}dt, \tag{7.4.1}$$

为 $f(t)$ 的 Laplace 变换,即 $F(p)$ 为 $f(t)$ 的像函数.则

$$L^{-1}[F(p)] = f(t) = \frac{1}{2\pi i}\int_{\beta-i\infty}^{\beta+i\infty} F(p)e^{pt}dp, \tag{7.4.2}$$

就是 $F(p)$ 的 Laplace 逆变换(或称反演),称 $f(t)$ 为 $F(p)$ 的像原函数,其中 $p=\beta+i\omega$ 为复参数.显然

$$f(t) = L^{-1}\{L[f(t)]\}. \tag{7.4.3}$$

例 7.4.1 求正整数幂函数 $f(t)=t^n(n=1,2,\cdots)$ 的 Laplace 变换.

解 当 $n=1$ 时,由 Laplace 变换的定义及分部积分法,有

$$L(t) = \int_{0}^{\infty} te^{-pt}dt = -\frac{t}{p}e^{-pt}\Big|_{0}^{\infty} + \frac{1}{p}\int_{0}^{\infty} e^{-pt}dt = -\frac{1}{p^2}e^{-pt}\Big|_{0}^{\infty} = \frac{1}{p^2} \quad (\text{Re } p>0).$$

一般地,有
$$L(t^n) = \frac{n!}{p^{n+1}}(\text{Re } p>0), \ n \text{ 正整数}.$$

如果规定 $0!=1$,则上式在 $n=0$ 时也对.

2. Laplace 变换的性质

同上节一样,我们列出 Laplace 变换的一些基本性质,读者可以自己给出证明.

(1) 线性性质
$$L(\alpha f_1 + \beta f_2) = \alpha L(f_1) + \beta L(f_2). \tag{7.4.4}$$

(2) 延迟性质
$$L[e^{p_0 t}f(t)] = F(p-p_0), \quad \text{Re}(p-p_0)>\beta_0, \tag{7.4.5}$$

其中 $F(p)=L[f(t)]$.

(3) 位移性质 设 $\tau>0$,则
$$L[f(t-\tau)] = e^{-p\tau}L[f(t)]. \tag{7.4.6}$$

(4) 相似性质 设 $a>0$,$F(p)=L[f(t)]$,则
$$L[f(ax)] = \frac{1}{a}F\left(\frac{p}{a}\right). \tag{7.4.7}$$

(5) 微分性质 若当 $|t|\to\infty$ 时, $f(t)\to 0$, $f^{(n-1)}(t)\to 0$(其中 $n=1,2,\cdots$), 则

$$L[f'(t)] = pL[f(t)] - f(0),$$
$$L[f''(t)] = p^2 L[f(t)] - pf(0) - f'(0), \quad (7.4.8)$$
$$\cdots$$
$$L[f^{(n)}(t)] = p^n L[f(t)] - p^{n-1} f(0) - p^{n-2} f'(0) - \cdots - f^{(n-1)}(0).$$

(6) 积分性质

$$L\left[\int_0^t f(\tau)\mathrm{d}\tau\right] = \frac{1}{p} L[f(t)]. \tag{7.4.9}$$

(7) 卷积定理

$$L[f_1(t) * f_2(t)] = L[f_1(t)] \cdot L[f_2(t)], \tag{7.4.10}$$

其中, 定义

$$f_1(t) * f_2(t) = \int_0^t f_1(\tau) f_2(t-\tau)\mathrm{d}\tau. \tag{7.4.11}$$

同 Fourier 变换一样, Laplace 变换的基本属性也是计算定积分, 根据定积分的性质, 读者可以证明上述 Laplace 变换的性质, 这里我们只给出性质(5)的证明.

由 Laplace 变换的定义, 分部积分法和条件: 当 $|t|\to\infty$ 时, $f(t)\to 0$, $f^{(n-1)}(t)\to 0$, 有

$$L[f'(t)] = \int_0^\infty f'(t)\mathrm{e}^{-pt}\mathrm{d}t = [f(t)\mathrm{e}^{-pt}]_0^\infty - (-p)\int_0^\infty f(t)\mathrm{e}^{-pt}\mathrm{d}t$$

$$= -f(0) + p\int_0^\infty f(t)\mathrm{e}^{-pt}\mathrm{d}t = pL[f(t)] - f(0),$$

$$L[f''(t)] = \int_0^\infty f''(t)\mathrm{e}^{-pt}\mathrm{d}t = [f'(t)\mathrm{e}^{-pt}]_0^\infty - (-p)\int_0^\infty f'(t)\mathrm{e}^{-pt}\mathrm{d}t$$

$$= -f'(0) + p\int_0^\infty f'(t)\mathrm{e}^{-pt}\mathrm{d}t = pL[f'(t)] - f'(0)$$

$$= p^2 L[f(t)] - pf(0) - f'(0);$$

应用数学归纳法可以证明

$$L[f^{(n)}(t)] = p^n L[f(t)] - p^{n-1} f(0) - p^{n-2} f'(0) - \cdots - f^{(n-1)}(0).$$

7.4.2 Laplace 变换法

下面通过具体例子来说明 Laplace 变换法求解定解问题的步骤.

例 7.4.2 求解半无界弦的振动问题

$$\begin{cases} u_{tt} = a^2 u_{xx} & (0 < x < \infty, \ t > 0), \\ u(0,t) = f(t), \quad \lim_{x\to\infty} u(x,t) = 0 & (t \geqslant 0), \\ u(x,0) = 0, \quad u_t(x,0) = 0 & (0 \leqslant x < \infty). \end{cases}$$

解: 对方程两边关于变量 t 作 Laplace 变换, 并记

$$\hat{u}(x,p) = L[u(x,t)] = \int_0^\infty u(x,t)\mathrm{e}^{-pt}\mathrm{d}t,$$

则由于

$$L[u_{tt}(x,t)] = \int_0^\infty u_{tt}(x,t)\mathrm{e}^{-pt}\mathrm{d}t = p^2 \hat{u}(x,p) - pu(x,0) - u_t(x,0)$$

$$L[u_{xx}(x,t)] = \int_0^\infty u_{xx}(x,t)\mathrm{e}^{-pt}\mathrm{d}t = \frac{\mathrm{d}^2 \hat{u}(x,p)}{\mathrm{d}x^2}$$

有

$$p^2 \hat{u}(x,p) - pu(x,0) - u_t(x,0) = a^2 \frac{d^2 \hat{u}(x,p)}{dx^2},$$

代入初始条件,得

$$\frac{d^2 \hat{u}}{dx^2} - \frac{p^2}{a^2} \hat{u}(x,p) = 0. \tag{7.4.12}$$

再对边界条件关于变量 t 作 Laplace 变换,并记 $\hat{f}(p) = L[f(t)]$,则有

$$\begin{cases} \hat{u}(0,p) = \hat{f}(p), \\ \lim_{x \to \infty} \hat{u}(x,p) = 0. \end{cases} \tag{7.4.13}$$

常微分方程(7.4.12)的通解为

$$\hat{u}(x,p) = C_1(p) e^{-\frac{p}{a}x} + C_2(p) e^{\frac{p}{a}x},$$

代入边界条件(7.4.13),得

$$C_2(p) = 0, \quad C_1(p) = \hat{f}(p).$$

故

$$\hat{u}(x,p) = e^{-p\frac{x}{a}} \cdot \hat{f}(p).$$

而由位移定理(7.4.6)有

$$e^{-p\frac{x}{a}} \hat{f}(p) = L\left[f\left(t - \frac{x}{a}\right)\right]$$

所以

$$u(x,t) = L^{-1}[\hat{u}(x,p)] = L^{-1}\left\{L\left[f\left(t - \frac{x}{a}\right)\right]\right\} = \begin{cases} 0 & t < \frac{x}{a} \\ f\left(t - \frac{x}{a}\right) & t \geqslant \frac{x}{a} \end{cases}.$$

例 7.4.3 求解长为 l 的均匀细杆的热传导问题

$$\begin{cases} u_t = a^2 u_{xx} & (0 < x < l,\ t > 0), \\ u_x(0,t) = 0, \quad u(l,t) = u_1 & (t \geqslant 0), \\ u(x,0) = u_0 & (0 \leqslant x \leqslant l). \end{cases}$$

解:对方程和边界条件(关于变量 t)进行 Laplace 变换,记 $L[u(x,t)] = \hat{u}(x,p)$,并考虑到初始条件,则得

$$\frac{d^2 \hat{u}}{dx^2} - \frac{p}{a^2} \hat{u} + \frac{u_0}{a^2} = 0, \tag{7.4.14}$$

$$\hat{u}_x(0,p) = 0,$$

$$\hat{u}(l,p) = \int_0^\infty u_1 e^{-pt} dt = -\frac{u_0}{p} e^{-pt} \bigg|_0^\infty = \frac{u_0}{p}. \tag{7.4.15}$$

方程(7.4.14)的通解为

$$\hat{u}(x,p) = \frac{u_0}{p} + C_1(p) \sinh \frac{\sqrt{p}}{a} x + C_2(p) \cosh \frac{\sqrt{p}}{a} x,$$

由边界条件(7.4.15)定出 $C_1(p), C_2(p)$,便得

$$\hat{u}(x,p) = \frac{u_0}{p} + \frac{u_1 - u_0}{p} \cdot \frac{\cosh \frac{\sqrt{p}}{a} x}{\cosh \frac{\sqrt{p}}{a} l}.$$

由变换公式 $L(1) = \int_0^\infty 1 \cdot e^{-pt} dt = -\frac{1}{p} e^{-pt} \Big|_0^\infty = \frac{1}{p}$,知

$$L^{-1}\left(\frac{1}{p}\right) = 1,$$

又

$$L^{-1}\left[\frac{\cosh\frac{\sqrt{p}}{a}x}{p\cosh\frac{\sqrt{p}}{a}l}\right] = 1 + \frac{4}{\pi}\sum_{k=1}^\infty \frac{(-1)^k}{2k-1}\cos\frac{(2k-1)\pi x}{2l} e^{-\frac{a^2\pi^2(2k-1)^2}{4l^2}t},$$

注：上式反演的计算见附录 B.

故

$$u(x,t) = L^{-1}[\hat{u}(x,p)] = u_1 + \frac{4}{\pi}\sum_{k=1}^\infty \frac{(-1)^k}{2k-1}\cos\frac{(2k-1)\pi x}{2l} e^{-\frac{a^2\pi^2(2k-1)^2}{4l^2}t}.$$

从上面的例题可以看出，用 Laplace 变换法求解定解问题时，无论方程与边界条件是齐次与否，都是采用相同的步骤. Laplace 变换同样可以用来求解无界区域内的问题.

例 7.4.4 在传输线的一端输入电压信号 $g(t)$，初始条件均为零，求解传输线上电压的变化.

解：这是个半无界问题，定解条件如下：

$$\begin{cases} RGu + (LG+RC)u_t + LCu_{tt} - u_{xx} = 0 & (0<x<\infty, t>0), \\ u|_{x=0} = g(t) \text{ 且在 } x>0 \text{ 内 } |u| < +\infty, \\ u|_{t=0} = 0, \quad u_t|_{t=0} = 0. \end{cases}$$

将方程和边界条件施以关于 t 的 Laplace 变换，并考虑初始条件，得到

$$[RG + (LG+RC)p + LCp^2]\hat{u} - \frac{d^2\hat{u}}{dx^2} = 0, \tag{7.4.16}$$

$$\hat{u}|_{x=0} = \hat{g}(p). \tag{7.4.17}$$

方程(7.4.16)的通解为

$$\hat{u}(x,p) = \alpha e^{Ax} + \beta e^{-Ax}. \tag{6.4.18}$$

其中

$$A = \sqrt{LCp^2 + (LG+RC)p + RG}$$

$$= \sqrt{\left(\sqrt{LC}p + \frac{LG+RC}{2\sqrt{LC}}\right)^2 + RG - \frac{(LG+RC)^2}{4LC}}.$$

在实际问题中，一个很重要的情形是 $(LG+RC)^2 = 4LGRC$，则

$$A = \sqrt{LC}p + \frac{LG+RC}{2\sqrt{LC}} = \sqrt{LC}p + \sqrt{RG}.$$

其次，有自然条件 $\lim_{x\to\infty} u \neq \infty$，取 $\alpha = 0$，故

$$\hat{u}(x,p) = \beta e^{-Ax} = \beta e^{-(\sqrt{LC}p + \sqrt{RG})x}.$$

再由边界条件(7.4.17)，得

$$\hat{u}(x,p) = \hat{g}(p) e^{-(\sqrt{LC}p + \sqrt{RG})x}.$$

通过反演求 $u(x,t)$，则由延迟定理有

$$u(x,t) = L^{-1}[\hat{g}(p)e^{-\sqrt{LC}px}] \cdot e^{-\sqrt{RG}x} = \begin{cases} g(t-\sqrt{LC}x)e^{-\sqrt{RG}x} & (t-\sqrt{LC}x<0), \\ 0 & (t-\sqrt{LC}x>0). \end{cases}$$

通过以上几节的分析可以看到,积分变换方法不仅能求解无界问题,而且也能够用来求解有界问题,应用是相当广泛的.求解的步骤也不复杂:

第一步,将方程和定解条件对指定变量进行积分变换;得到像空间的代数方程或常微分方程的边值问题或初值问题;

第二步,求解像空间的代数方程或常微分方程的初值或边值问题,得到像空间中的解;

第三步,对像空间中的解进行反演,得到原像空间中的解.

限制积分变换法应用是第三步,因为要求复杂被积函数的无穷积分,往往遇到困难.一般来说,求积分变换的反演有下列一些方法,(1)直接查表,常见函数的 Fourier 和 Laplace 等积分变换和反变换已有列表(见附录 A);(2)利用积分变换的性质,像上面的例题那样求出像函数的反演;(3)利用复变函数积分的性质和留数定理等知识,计算反演中的无穷积分;如附录 B(4)数值反演,利用数值积分方法计算反演中的无穷积分,有时也能得到精确度很高的结果.

Maple 在计算积分反演时也不会应用积分变换的性质,如 §7.3 例 7.3.1 用 Maple 求解如下:

>restart; with(inttrans)
[addtable, fourier, fouriercos, fouriersin, hankel, hilbert, invfourier, invhilbert, invlaplace, invmellin, laplace, mellin, savetable]
>ode:=fourier((diff(u(x,t),t$2)-a^2*diff(u(x,t),x$2)),x,omega);

$$ode := \left(\frac{\partial^2}{\partial t^2}\text{fourier}(u(x,t),x,\omega)\right) + a^2\omega^2\,\text{fourier}(u(x,t)x,\omega)$$

>fourier(u(x,t),x,omega):=f(t);

$$\text{fourier}(u(x,t),x,\omega):=f(t)$$

>ode1:=simplify(ode);

$$ode1 := \left(\frac{d^2}{dt^2}f(t)\right) + a^2\omega^2 f(t)$$

>fouier(phi(x),x,omega):=phi[1];

$$\text{fouier}(\phi(t),x,\omega):=\phi_1$$

>ics:=f(0)=phi[1],D(f)(0)=0;

$$ics := f(0) = \phi_1,\ D(f)(0) = 0$$

>dsolve({ode1,ics});

$$f(t) = \phi_1 \cos(\omega a t)$$

>u(x,t):=invfourier((fourier(phi(x),x,omega))*cos(omega*a*t),omega,x);

$$u(x,t) := \frac{1}{2}\text{invfourier}(\text{fourier}(\phi(x),x,\omega)\mathrm{e}^{(\omega a t)},\omega,x) +$$
$$\frac{1}{2}\text{invfourier}(\text{fourier}(\phi(x),x,\omega)\mathrm{e}^{(-I\omega a t)},\omega,x)$$

两个函数之积的 Fourier 变换便不能处理了.

习 题 七

1. 试用达朗贝尔公式确定下列初值问题的解:
(1) $u_{tt} - a^2 u_{xx} = 0, u(x,0) = 0, u_t(x,0) = 1$;

(2) $u_{tt}-a^2 u_{xx}=0, u(x,0)=\sin x, u_t(x,0)=x^2$;

(3) $u_{tt}-a^2 u_{xx}=0, u(x,0)=x^3, u_t(x,0)=x$;

(4) $u_{tt}-a^2 u_{xx}=0, u(x,0)=\cos x, u_t(x,0)=e^{-1}$.

2. 求解无界弦的自由振动,设初始位移为 $\varphi(x)$,初始速度为 $-a\varphi'(x)$.

3. 求方程
$$\frac{\partial^2 u}{\partial x \partial y}=x^2 y$$

满足边界条件
$$u|_{y=0}=x^2, u|_{x=1}=\cos y$$

的解.

4. 证明定解问题
$$u_{xx}+2\cos x u_{xy}-\sin^2 x u_{yy}-\sin x u_y=0, \quad (-\infty<x,y<\infty),$$
$$u|_{y=\sin x}=\varphi(x),$$
$$u_y|_{y=\sin x}=\psi(x),$$

的解为
$$u(x,y)=\frac{\varphi(x-\sin x+y)+\varphi(x+\sin x-y)}{2}+\frac{1}{2}\int_{x+\sin x-y}^{x-\sin x+y}\psi(\xi)d\xi.$$

5. 证明球面问题
$$\begin{cases} u_{tt}=a^2(u_{xx}+u_{yy}+u_{zz}), \\ u|_{t=0}=\varphi(r) \quad (-\infty<x,y,z<\infty, t>0), \\ u_t|_{t=0}=\psi(r) \quad (r^2=x^2+y^2+z^2). \end{cases}$$

的解是 $u(r,t)=\dfrac{(r-at)\varphi(r-at)+(r+at)\varphi(r+at)}{2r}+\dfrac{1}{2ar}\int_{r-at}^{r+at}a\varphi(\alpha)d\alpha$

6. 利用泊松求解下列定解问题
$$\begin{cases} u_{tt}=a^2(u_{xx}+u_{yy}+u_{zz}) \\ u|_{t=0}=0 \quad (-\infty<x,y,z<\infty) \\ u_t|_{t=0}=x^2+yz \quad (-\infty<x,y,z<\infty) \end{cases}$$

7. 证明傅里叶变换的卷积定理
$$F^{-1}[F_1(w)F_2(w)]=f_1(t)*f_2(t),$$

其中
$$f_1(t)=F^{-1}[F_1(w)], f_2(t)=F^{-1}[F_2(w)],$$
$$f_1(t)*f_2(t)=\int_{-\infty}^{\infty}f_1(\xi)f_1(t-\xi)d\xi.$$

8. 证明:$F^{-1}[e^{-a^2 w^2 t}]=\dfrac{1}{2a\sqrt{\pi t}}e^{-\frac{x^2}{4a^2 t}}$.

9. 求上半平面内静电场的电位,即求解下列定解问题:
$$\begin{cases} \nabla^2 u=0 \quad (y>0), \\ u|_{y=0}=f(x), \\ \lim_{x^2+y^2\to\infty} u=0. \end{cases}$$

10. 用积分变换法解下列定解问题:

$$\begin{cases} \dfrac{\partial^2 u}{\partial t^2} = \dfrac{\partial^2 u}{\partial x^2} & (-\infty < x < \infty, t > 0), \\ u|_{t=0} = \varphi(x), \\ \dfrac{\partial u}{\partial x}|_{x=0} = \psi(x). \end{cases}$$

11. 用积分变换法求解下列问题

$$\begin{cases} \dfrac{\partial^2 u}{\partial x \partial y} = 1 & (x > 0, y > 0), \\ u|_{x=0} = y+1, \quad u|_{y=0} = 1. \end{cases}$$

12. 用积分变换法解下列定解问题：

$$\begin{cases} \dfrac{\partial u}{\partial t} = a^2 \dfrac{\partial^2 u}{\partial x^2} & (0 < x < l, t > 0), \\ u|_{t=0} = u_0, \quad \dfrac{\partial u}{\partial x}|_{x=0} = 0, \\ u|_{x=l} = u_1. \end{cases}$$

13. 求解一维无限的热传导问题：

$$\begin{cases} u_t = a^2 u_{xx} & (0 < x < \infty, t > 0), \\ u(0,t) = u_0, \ \lim\limits_{x \to \infty} u(x,t) = 0 & (t \geqslant 0), \\ u(x,0) = 0 & (0 \leqslant x < \infty, t > 0). \end{cases}$$

14. 求解杆的纵振动问题：

$$\begin{cases} u_{tt} = a^2 u_{xx} & (0 < x < l, t > 0), \\ u(0,t) = 0, E u_x(l,t) = A \sin \omega t & (t > 0), \\ u(x,0) = 0, u_t(x,0) = 0 & (0 < x < l). \end{cases}$$

第 8 章　Green 函数法

§ 8.1　引　言

Green 函数,有时又称点源函数或者影响函数,是数学物理中的一个重要概念. 这个概念之所以重要是由于以下原因:从物理上看,在某种情况下,一个数学物理方程表示的是一种特定的场和产生这种场的源之间的关系(例如热传导方程表示温度场和热源的关系,Poisson 方程表示静电场和电荷分布的关系等),而 Green 函数则代表一个点源所产生的场,知道了一个点源的场,就可以用叠加的方法算出任意源的场.

例如,静电场的电势 u 满足 Poisson 方程

$$\nabla^2 u = -4\pi\rho, \tag{8.1.1}$$

其中,ρ 是电荷密度,根据库仑定律,位于 M_0 点的一个正的点电荷在无界空间中的 M 点处产生的电势是

$$G(M,M_0) = \frac{1}{r_{MM_0}} \tag{8.1.2}$$

由此可求得任意电荷分布密度为 ρ 的"源"在 M 点所产生的电势为

$$u(M) = \int \frac{\rho(M_0)}{r_{MM_0}} dM_0 = \int G(M,M_0)\rho(M_0) dM_0, \tag{8.1.3}$$

其中 dM_0 为空间体积元 $dx_0 dy_0 dz_0$ 的简写.

式(8.1.2)中的 $G(M,M_0)$ 称为方程(8.1.1)左边 Laplace 算符 ∇^2 在无界空间中的 Green 函数,用它可以求出方程(8.1.1)在无界空间的解式(8.1.3).

在一般的数学物理问题中,要求的是满足一定边界条件和(或)初始条件的解,相应的 Green 函数也就比举例的 Green 函数要复杂一些,因为在这种情形下,一个点源所产生的场还受到边界条件和(或)初始条件的影响,而这些影响本身也是待定的.

例如,在一个接地的导体空腔内的 P' 点放一正的单位点电荷,如图 8.1.1 所示,则在 P 点的电势不仅是点电荷本身所产生的场,还要加上这个点电荷在导体内壁上感应电荷所产生的场,而感应电荷的分布是未知的,只知道两种场电势的叠加在边界

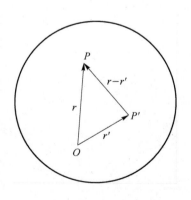

图 8.1.1

上为零,这便是有界区域上 Green 函数的问题.

因此,普遍地说,Green 函数是一个点源在一定的边界条件和(或)初始条件下所产生的场,利用 Green 函数,可求出任意分布的源所产生的场. 下面以 Poisson 方程的第一、二、三类边界条件为例进一步阐明 Green 函数的概念,并讨论 Green 函数法解的积分表示.

§8.2 δ 函数的定义与性质

8.2.1 δ 函数的定义

δ 函数作为点源模型的数学抽象,常被用来在物理学中表示诸如质点、瞬间力、点电荷、点热源等所谓点量. 历史上著名物理学家 Dirac 首先使用了 δ 函数,它不仅能帮助人们深刻理解许多物理现象的本质,作为数学表示法使用也很方便,下面通过一个例子介绍 δ 函数的定义.

例 8.2.1 中心位于 x_0 点,长度为 l 的均匀带电细线,其线电荷密度 $\rho(x)$ 和总电荷 Q 分别是

$$\rho(x) = \begin{cases} 0 & |x-x_0| > \dfrac{l}{2}, \\ \dfrac{1}{l}, & |x-x_0| \leqslant \dfrac{l}{2}; \end{cases}$$

$$Q = \int_{-\infty}^{\infty} \rho(x) \mathrm{d}x = 1.$$

当 $l \to 0$ 时,电荷分布可以看成是位于 x_0 点的单位点电荷,这时电荷线密度及总电量分别为

$$\rho(x) = \begin{cases} 0, & x \neq x_0, \\ \infty, & x = x_0; \end{cases} \tag{8.2.1}$$

$$Q = \int_{-\infty}^{\infty} \rho(x) \mathrm{d}x = 1. \tag{8.2.2}$$

定义 8.2.1 称定义在区间 $(-\infty, +\infty)$ 上,满足条件(8.2.1)和式(8.2.2)的函数 $\rho(x)$ 为 δ 函数,记为 $\delta(x-x_0)$.

虽然 δ 函数具有鲜明的物理意义,在后面的内容我们还将看到它有许多方便的用处,但它还有与传统函数不一样的地方,因此被称为广义函数,下面介绍它与传统函数的不同之处.

在式(8.2.1)中,$\delta(x-x_0)$ 在 $x=x_0$ 处取值为 ∞,在微积分学中我们知道,如果一个函数在某点趋于 ∞,该函数在这一点是没有意义的,因此也就没有必要进一步讨论函数在这一点的性质. 而现在要认为 $\delta(x-x_0)$ 在 $x=x_0$ 处取值为 ∞ 是有意义的,更加奇怪的是,在式(8.2.2)中,这个只在一个点取值非零的函数的积分竟然是非零的! 在高等数学课程中,我们知道有限个点处改变函数的值不会改变函数的积分值,所以如果不是 $\delta(x-x_0)$ 在 $x=x_0$ 处取值为 ∞,这个积分一定为零.

δ 函数的引入扩展了函数的定义,即有了广义函数的概念. 为了解决上述的困难,人们把广义函数看成定义在某些函数空间上的连续线性泛函(通常把定义在函数空间上的函数称为泛函,通俗地说就是函数的函数),这些函数空间叫作检验函数空间. 如果用 $C_0^{\infty}(R^1)$ 表示当

$x \to \pm\infty$ 时极限为零的那些光滑函数构成的集合，f 是一个绝对可积函数，它可以定义一个广义函数：$F_f(\phi): C_0^\infty(R^1) \to F$，

$$F_f(\phi) = \int_{-\infty}^{+\infty} f(x)\phi(x)\mathrm{d}x, \quad \forall \phi \in C_0^\infty(R^1).$$

容易验证如果 f 和 g 是连续且绝对可积的函数，则 $F_f = F_g$ 当且仅当 $f = g$. 实际上，对 f 和 g 的条件还可以放宽，比如姜礼尚的《数学物理方程讲义》第一章第 1 节中证明了：设 f 和 g 是两个连续函数，若 $\int_{-\infty}^{+\infty} f(x)\phi(x)\mathrm{d}x = \int_{-\infty}^{+\infty} g(x)\phi(x)\mathrm{d}x, \forall \phi \in C_0^\infty(R^1)$，则 $f = g$. 这样，就可以用 F_f 来替代 f，换言之，可以把传统函数看成广义函数.

现在定义一个泛函 $F_{\delta_{x_0}}(\phi)$，满足

$$F_{\delta_{x_0}}(\phi) = \phi(x_0), \quad \forall \phi \in C_0^\infty(R^1). \tag{8.2.3}$$

容易看出 $F_{\delta_{x_0}}(\phi)$ 是一个连续线性泛函，所以它定义了 $C_0^\infty(R^1)$ 上的一个广义函数.

命题 8.2.1 $F_{\delta_{x_0}}(\phi)$ 恰好对应 δ 函数 $\delta(x - x_0)$，即 $\delta(x - x_0)$ 就是按 (8.2.3) 定义的广义函数.

证明 只需验证

$$\int_{-\infty}^{+\infty} \phi(x)\delta(x-x_0)\mathrm{d}x = \phi(x_0), \quad \forall \phi \in C_0^\infty(R^1), \tag{8.2.4}$$

事实上，任给 $\varepsilon > 0$，由积分中值定理，$\exists \xi \in (x_0 - \varepsilon, x_0 + \varepsilon)$，使得

$$\int_{-\infty}^{+\infty} \phi(x)\delta(x - x_0)\mathrm{d}x = \int_{x_0-\varepsilon}^{x_0+\varepsilon} \phi(x)\delta(x - x_0)\mathrm{d}x$$

$$= \phi(\xi)\int_{x_0-\varepsilon}^{x_0+\varepsilon} \delta(x - x_0)\mathrm{d}x = \phi(\xi),$$

令 $\varepsilon \to 0$ 取极限，立即得 (8.2.4).

8.2.2 广义函数的导数

广义函数通常不具备传统可微函数的性质，它们的求导数是通过分部积分将求导转化到检验函数上的. 下面以 δ 函数为例，说明如何定义广义函数的导数.

命题 8.2.2

(1) $\int_{-\infty}^{+\infty} \phi(x)\delta^{(n)}(x - x_0)\mathrm{d}x = (-1)^n \phi^{(n)}(x_0), \quad \forall \phi \in C_0^\infty(R^1),$ \tag{8.2.5}

(2) $\delta(x - x_0) = \dfrac{\mathrm{d}}{\mathrm{d}x} H(x - x_0),$ \tag{8.2.6}

其中 $H(x - x_0)$ 是 Heaviside 函数

$$H(x - x_0) = \begin{cases} 0, & x < x_0, \\ 1, & x \geq x_0. \end{cases}$$

证明 (1) 对 (8.2.5) 左端分部积分，并注意由检验函数 $\phi \in C_0^\infty(R^1)$ 的定义，对任意自然数 k 有 $\phi^{(k)}(\pm\infty) = 0$，于是

$$\int_{-\infty}^{+\infty} \phi(x)\delta^{(n)}(x-x_0)\mathrm{d}x$$

$$= \phi(x)\delta^{(n-1)}(x-x_0)\Big|_{-\infty}^{\infty} - \int_{-\infty}^{+\infty} \phi'(x)\delta^{(n-1)}(x-x_0)\mathrm{d}x$$

$$= -\int_{-\infty}^{+\infty} \phi'(x)\delta^{(n-1)}(x-x_0)\mathrm{d}x$$

$$\cdots$$

$$= (-1)^n \int_{-\infty}^{+\infty} \phi^{(n)}(x)\delta(x-x_0)\mathrm{d}x$$

$$= (-1)^n \phi^{(n)}(x_0).$$

(2) 同样,对 $\forall \phi \in C_0^\infty(R^1)$,有

$$\int_{-\infty}^{+\infty} \phi(x) \frac{\mathrm{d}}{\mathrm{d}x} H(x-x_0)\mathrm{d}x$$

$$= \phi(x) H(x-x_0)\Big|_{-\infty}^{+\infty} - \int_{-\infty}^{+\infty} \phi'(x) H(x-x_0)\mathrm{d}x$$

$$= -\int_{-\infty}^{+\infty} \phi'(x) H(x-x_0)\mathrm{d}x$$

$$= -\int_{x_0}^{+\infty} \phi'(x)\mathrm{d}x$$

$$= \phi(x_0).$$

因此由式(8.2.4)知,

$$\int_{-\infty}^{+\infty} \phi(x) \frac{\mathrm{d}}{\mathrm{d}x} H(x-x_0)\mathrm{d}x = \int_{-\infty}^{+\infty} \phi(x)\delta(x-x_0)\mathrm{d}x \quad \forall \phi \in C_0^\infty(R^1),$$

因此可得(8.2.6)式.

8.2.3 δ 函数的 Fourier 变换

命题 8.2.3 δ 函数 $\delta(x-x_0)$ 的 Fourier 变换为 $F[\delta(x-x_0)] = \overline{\delta(x-x_0)}$,则

$$\overline{\delta(x-x_0)} = \mathrm{e}^{-\mathrm{i}\omega x_0}, \tag{8.2.7}$$

特别地

$$\overline{\delta(x-0)} = \overline{\delta(x)} = 1. \tag{8.2.8}$$

从而得 δ 函数的表达式

$$\delta(x-x_0) = \frac{1}{2\pi} \int_{-\infty}^{+\infty} \mathrm{e}^{-\mathrm{i}\omega(x-x_0)}\mathrm{d}\omega; \tag{8.2.9}$$

$$\delta(x-x_0) = \frac{1}{2\pi} \int_{-\infty}^{+\infty} \cos\omega(x-x_0)\mathrm{d}\omega. \tag{8.2.10}$$

证明 显然

$$\overline{\delta(x-x_0)} = \int_{-\infty}^{+\infty} \delta(x-x_0)\mathrm{e}^{-\mathrm{i}\omega x}\mathrm{d}x = \mathrm{e}^{-\mathrm{i}\omega x_0},$$

由 Fourier 逆变换的公式有

$$\delta(x) = \frac{1}{2\pi} \int_{-\infty}^{+\infty} \overline{\delta(x)}\mathrm{e}^{\mathrm{i}\omega x}\mathrm{d}\omega = \frac{1}{2\pi} \int_{-\infty}^{+\infty} \mathrm{e}^{\mathrm{i}\omega x}\mathrm{d}\omega,$$

对此式作代换 $x \to x - x_0$ 即得(8.2.9).利用奇函数在 $(-\infty,\infty)$ 上积分为零的性质,立即可以

由(8.2.9)推出(8.2.10).

8.2.4 高维 δ 函数

R^n 中的 δ 函数的定义为

$$\delta(P-P')=\begin{cases} 0, & P\neq P', \\ \infty, & P=P'; \end{cases} \tag{8.2.11}$$

$$\int_{-\infty}^{+\infty}\delta(P-P')\mathrm{d}V_p=1. \tag{8.2.12}$$

在直角坐标系中,

$$\begin{aligned}\delta(\boldsymbol{x}-\boldsymbol{x}')&=\delta(x_1-x_1',x_2-x_2',\cdots,x_n-x_n')\\&=\delta(x_1-x_1')\delta(x_2-x_2')\cdots\delta(x_n-x_n'),\end{aligned}$$

其中 $\boldsymbol{x}=(x_1,x_2,\cdots,x_n)$,$\boldsymbol{x}'=(x_1',x_2',\cdots,x_n')$. 显然

$$\begin{aligned}&\int_{R^n}\delta(\boldsymbol{x}-\boldsymbol{x}')f(\boldsymbol{x})\mathrm{d}V_x\\&=\int_{-\infty}^{+\infty}\cdots\int_{-\infty}^{+\infty}f(x_1,x_2,\cdots,x_n)\delta(x_1-x_1')\cdots\delta(x_n-x_n')\mathrm{d}x_1\mathrm{d}x_2\cdots\mathrm{d}x_n\\&=\int_{-\infty}^{+\infty}\cdots\int_{-\infty}^{+\infty}f(x_1,x_2,\cdots,x_{n-1},x_n')\delta(x_1-x_1')\cdots\delta(x_{n-1}-x_{n-1}')\mathrm{d}x_1\mathrm{d}x_2\cdots\mathrm{d}x_n\\&\cdots\\&=f(x_1',x_2',\cdots,x_n')\\&=f(\boldsymbol{x}').\end{aligned}$$

高维 δ 函数的其他性质与一维 δ 函数类似,例如

$$\delta(\boldsymbol{x}-\boldsymbol{x}_0)=\frac{1}{(2\pi)^n}\int_{-\infty}^{+\infty}\mathrm{e}^{\mathrm{i}\boldsymbol{\omega}\cdot(\boldsymbol{x}-\boldsymbol{x}_0)}\mathrm{d}V_\omega,$$

其中 $\mathrm{d}V_\omega=\mathrm{d}\omega_1\mathrm{d}\omega_2\cdots\mathrm{d}\omega_n$.

§8.3 Poisson 方程的边值问题

三维 Poisson 方程的边值问题,可以统一写成

$$\begin{cases} \boldsymbol{\nabla}^2 u(M)=-h(M), & M\in\Omega, \\ \left[\alpha\dfrac{\partial u}{\partial n}+\beta u\right]_S=g(M). \end{cases} \tag{8.3.1}$$
$$\tag{8.3.2}$$

其中 α,β 是不同时为零的常数,S 是 Ω 的边界.

为了得到定解问题(8.3.1)~(8.3.2)的解的积分表达式,我们首先引入 Green 公式.

8.3.1 Green 公式

设函数 $u(x,y,z)$ 和 $v(x,y,z)$ 在区域 Ω 直到边界 S 上具有连续的一阶导数,而在 Ω 中具有连续的二阶导数,则由 Gauss 公式有

$$\oiint_S u\nabla v \cdot \mathrm{d}\boldsymbol{S} = \iiint_\Omega \nabla \cdot (u\nabla v)\mathrm{d}\Omega = \iiint_\Omega u\nabla^2 v\mathrm{d}\Omega + \iiint_\Omega \nabla u \cdot \nabla v\mathrm{d}\Omega, \quad (8.3.3)$$

此式称为 Green 第一公式,同理有

$$\oiint_S v\nabla u \cdot \mathrm{d}\boldsymbol{S} = \iiint_\Omega v\nabla^2 u\mathrm{d}\Omega + \iiint_\Omega \nabla v \cdot \nabla u\mathrm{d}\Omega.$$

将此二式相减得

$$\oiint_S (u\nabla v - v\nabla u) \cdot \mathrm{d}\boldsymbol{S} = \iiint_\Omega (u\nabla^2 v - v\nabla^2 u)\mathrm{d}\Omega, \quad (8.3.4)$$

即

$$\oiint_S \left(u\frac{\partial v}{\partial n} - v\frac{\partial u}{\partial n}\right)\mathrm{d}\boldsymbol{S} = \iiint_\Omega (u\nabla^2 v - v\nabla^2 u)\mathrm{d}\Omega. \quad (8.3.5)$$

此式称为 Green 第二公式,其中 n 为边界面 S 的外法向.

8.3.2 解的积分形式 —Green 函数法

现在我们在有界区域 Ω 中讨论定解问题 $(8.3.1) \sim (8.3.2)$ 的解,引入函数 $G(M, M_0)$,使之满足

$$\nabla^2 G(M, M_0) = -\delta(M - M_0) \quad (M \in \Omega), \quad (8.3.6)$$

其中 $M_0 = M_0(x_0, y_0, z_0)$ 为区域 Ω 中的任意点,则由 δ 的函数定义知,$G(M, M_0)$ 为在 M_0 点的点源所产生的场,以函数 $G(M, M_0)$ 乘以式 (8.3.1) 的两边,同时以函数 $u(M)$ 乘式 (8.3.6) 的两边,然后相减得

$$G(M, M_0)\nabla^2 u(M) - u(M)\nabla^2 G(M, M_0)$$
$$= u(M)\delta(M - M_0) - G(M, M_0)h(M).$$

将上式对 $M(x, y, z)$ 积分,注意到 $G(M, M_0)$ 以 $M(x, y, z)$ 为自变量时,以 $M_0(x_0, y_0, z_0)$ 为奇点,因此,为了将 Green 第二公式 (8.3.5) 应用于上式积分后的左端,积分区域应取 Ω 内挖去以 M_0 为球心,以 $\varepsilon(\varepsilon \ll 1)$ 为半径的小球体 Ω_ε 后的区域 $\Omega - \Omega_\varepsilon$ (如图 8.3.1 所示). 记小球体的界面为 S_ε,在区域 $\Omega - \Omega_\varepsilon$ 上应用式 (8.3.5),有

$$\oiint_S \left(G\frac{\partial v}{\partial n} - u\frac{\partial G}{\partial n}\right)\mathrm{d}S + \oiint_{S_\varepsilon}\left(G\frac{\partial v}{\partial n} - u\frac{\partial G}{\partial n}\right)\mathrm{d}S = \iiint_{\Omega - \Omega_\varepsilon}(G\nabla^2 u - u\nabla^2 G)\mathrm{d}\Omega, \quad (8.3.7)$$

其中 n 表示区域的外法线方向.

如果形式地令

$$\oiint_{S_\varepsilon}\left(G\frac{\partial v}{\partial n} - u\frac{\partial G}{\partial n}\right)\mathrm{d}S = -\iiint_{\Omega_\varepsilon}(G\nabla^2 u - u\nabla^2 G)\mathrm{d}\Omega, \quad (8.3.7)'$$

其中的负号是由于对 S_ε 来说 n 为内向法线,式 (8.3.7) 与式 (8.3.7)' 合并,便得到

$$-\iiint_\Omega (G\nabla^2 u - u\nabla^2 G)\mathrm{d}\tau = \oiint_S\left(G\frac{\partial v}{\partial n} - u\frac{\partial G}{\partial n}\right)\mathrm{d}S,$$

即消去了奇异性.

因此有

$$\oiint_S\left(G\frac{\partial v}{\partial n} - u\frac{\partial G}{\partial n}\right)\mathrm{d}S$$
$$= \iiint_\Omega [u(M)\delta(M - M_0) - G(M, M_0)h(M)]\mathrm{d}\Omega.$$

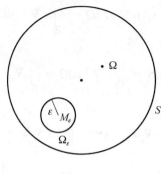

图 8.3.1

由 δ 函数的性质有

$$u(M_0) = \iiint_\Omega G(M,M_0)h(M)\mathrm{d}\Omega + \iint_S G(M,M_0)\frac{\partial u}{\partial \boldsymbol{n}}\mathrm{d}S - \iint_S u(M)\frac{\partial}{\partial \boldsymbol{n}}G(M,M_0)\mathrm{d}S. \tag{8.3.8}$$

上式在物理上很难解释清楚,如果在右边的第一项中,$G(M,M_0)$ 所代表的是 M_0 点的点源在 M 点产生的场,而 $h(M)$ 所代表的却是 M 点的源. 在后面我们将会看到 Green 函数具有对称性

$$G(M,M_0) = G(M_0,M).$$

于是在式(8.3.8)中用 $G(M_0,M)$ 代替 $G(M,M_0)$,并在公式中将 M 和 M_0 对换,而得到

$$u(M) = \iiint_\Omega G(M,M_0)h(M_0)\mathrm{d}\Omega_0 + \iint_S G(M,M_0)\frac{\partial u}{\partial \boldsymbol{n}_0}\mathrm{d}S_0 - \iint_S u(M_0)\frac{\partial}{\partial \boldsymbol{n}_0}G(M,M_0)\mathrm{d}S_0. \tag{8.3.9}$$

式(8.3.9)被称为基本积分公式或解的积分表达式. 它的物理意义是十分清楚的:右边第一个积分代表在区域 Ω 中体分布源 $h(M_0)$ 在 M 点产生的场的总和,而第二、三两个积分则是边界上的源所产生的场. 这两种影响都是由同一 Green 函数给出的. 式(8.3.9)给出了 Poisson 方程或 Laplace 方程($h=0$ 时)解的积分表达式(其中,$\dfrac{\partial}{\partial \boldsymbol{n}_0}$ 表示对 M_0 求导,而 $\mathrm{d}S_0$ 和 $\mathrm{d}\Omega_0$ 则分别表示对 M_0 取面积元和体积元),但它还不能直接用来求解泊松方程或 Laplace 方程的边值问题,因为公式中的 $G(M,M_0)$ 是未知的,且在一般的边值问题中,$u|_S$ 和 $u_n|_S$ 之值也不会分别给出,下面针对不同边界条件作具体讨论.

(1) 第一类边界条件,即在式(8.3.2)中,$\alpha = 0$,则

$$u|_S = \frac{1}{\beta}g(M) = f(M). \tag{8.3.10}$$

若要求 $G(M,M_0)$ 满足第一类齐次边界条件

$$G(M,M_0)|_S = 0, \tag{8.3.11}$$

则式(8.3.9)中的面积分中,含 $\dfrac{\partial u}{\partial n_0}$ 的项消失,从而式(8.3.9)变为

$$u(M) = \iiint_\tau G(M,M_0)h(M_0)\mathrm{d}\tau_0 - \iint_\sigma f(M_0)\frac{\partial}{\partial n_0}G(M,M_0)\mathrm{d}\sigma_0. \tag{8.3.12}$$

由此可见,只要从式(8.3.6)和式(8.3.11)中解出 $G(M,M_0)$,则式(8.3.12)已全部由已知量

表示，我们称方程(8.3.6)和边界条件(8.3.11)所构成的定解问题：

$$\begin{cases} \nabla^2 G(M,M_0) = -\delta(M-M_0) & (M \in \Omega), \\ G(M,M_0)|_S = 0 \end{cases} \tag{8.3.13}$$

的解 $G(M,M_0)$ 为由方程(8.3.1)的边界条件(8.3.10)所构成的 Direchlet 问题：

$$\begin{cases} \nabla^2 u(M) = -h(M) & (M \in \Omega), \\ u|_S = f(M) \end{cases} \tag{8.3.14}$$

的 Green 函数. 简称 Direchlet-Green 函数；而称式(8.3.12)为 Direchlet 积分公式，它是 Direchlet 问题(8.3.14)的积分形式的解.

(2) 第三类边界条件，即式(8.3.2)中 α,β 均不为零. 若要求 $G(M,M_0)$ 满足第三类齐次边界条件，即

$$\left[\alpha \frac{\partial}{\partial n} G(M,M_0) + \beta G(M,M_0)\right]_S = 0, \tag{8.3.15}$$

则以 $G(M,M_0)$ 乘以式(8.3.2)，以 $u(M)$ 乘以式(8.3.15)，然后再将两式相减，得

$$\left[G(M,M_0) \frac{\partial u}{\partial n} - u(M) \frac{\partial}{\partial n} G(M,M_0)\right]_S = \frac{1}{\alpha} G(M,M_0) g(M),$$

代入式(8.3.9)，有

$$u(M) = \iiint_\Omega G(M,M_0) h(M_0) d\Omega_0 + \frac{1}{\alpha} \iint_S G(M,M_0) g(M_0) dS_0. \tag{8.3.16}$$

可见，只要从式(8.3.6)和式(8.3.15)中解出 $G(M,M_0)$，则式(8.3.16)也已全部由已知量表示. 我们称方程(8.3.6)和边界条件(8.3.15)所构成的定解问题：

$$\begin{cases} \nabla^2 G(M,M_0) = -\delta(M-M_0) & (M \in \Omega), \\ \left[\alpha \dfrac{\partial}{\partial n} G(M,M_0) + \beta G(M,M_0)\right]_S = 0 \end{cases}$$

的解 $G(M,M_0)$，为由方程(8.3.1)和边界条件(8.3.2)所构成的定解问题的格林函数，式(8.3.16)即为由式(8.3.1)和式(8.3.2)所构成的定解问题的积分形式的解.

(3) 第二类边界条件

第二类边界条件时，定解问题为

$$\begin{cases} \nabla^2 u(M) = -h(M) & (M \in \Omega), \\ \dfrac{\partial u}{\partial n}\bigg|_S = \dfrac{1}{\alpha} g(M). \end{cases} \tag{8.3.17}$$

相应的格林函数 $G(M,M_0)$ 满足

$$\begin{cases} \nabla^2 G(M,M_0) = -\delta(M-M_0), \\ \dfrac{\partial G}{\partial n}\bigg|_S = 0. \end{cases} \tag{8.3.18}$$

由于 $\iiint_\Omega -\delta(M-M_0) d\Omega = -1$，但

$$\iiint_\Omega \nabla^2 G d\Omega = \iiint_\Omega \nabla \cdot (\nabla G) d\Omega = \oiint_S \nabla G \cdot d\boldsymbol{S} = \oiint_S \frac{\partial G}{\partial n} dS = 0.$$

因此，定解(8.3.18)的解不存在. 为了解决这个矛盾，取待定常数 A，作下列定解问题

$$\begin{cases} \nabla^2 G(M,M_0) = -\delta(M-M_0), \\ \dfrac{\partial G}{\partial n}\bigg|_S = A. \end{cases}$$

由条件 $\oiint_S [-\delta(M-M_0)]\mathrm{d}\sigma = \oiint_S A\mathrm{d}\sigma$ 得出

$$A = -\frac{1}{\sigma},$$

其中 σ 为曲面 S 的面积，称

$$\begin{cases} \nabla^2 G(M,M_0) = -\delta(M-M_0), \\ \left.\dfrac{\partial G}{\partial n}\right|_S = -\dfrac{1}{\sigma}. \end{cases} \tag{8.3.19}$$

的解为第二类边界条件下，Laplace 算符的广义格林函数，将式(8.3.19)和式(8.3.17)中的边界条件代入式(8.3.9)，得

$$u(M) = \iiint_\Omega G(M,M_0)h(M_0)\mathrm{d}\Omega + \oiint_S \left[G(M,M_0)\frac{1}{\alpha}g(M) - u(M_0)\left(-\frac{1}{\sigma}\right)\right]\mathrm{d}S.$$

由于 u 在边界上的分布客观存在，故 $\oiint_S u(M_0)\dfrac{1}{\sigma}\mathrm{d}S$ 与 M 无关，为常数，故有

$$u(M) = C + \iiint_\Omega G(M,M_0)h(M_0)\mathrm{d}\Omega + \oiint_S [G(M,M_0)f(M)]\mathrm{d}S, \tag{8.3.20}$$

其中 C 为待定常数，$f(M) = \dfrac{1}{\alpha}g(M)$.

由上面的讨论看到，在各类非齐次边界条件下求解 Poisson 方程(8.3.1)，可以先在相应的同类齐次边界条件下求解 Green 函数所满足的方程(8.3.6)，然后通过积分公式(8.3.12)、(8.3.16) 或 (8.3.20) 得到解 $u(M)$.

格林函数的定解问题，其方程(8.3.6)形式上比式(8.3.1)简单，而且边界条件又是齐次的，因此，相对地说，求 G 比求解 u 容易些. 不仅如此，对方程(8.3.1)中不同的非齐次项 $h(M)$ 和边界条件(8.3.2)中不同的 $g(M)$，只要属于同一类型的边界条件，函数 $G(M,M_0)$ 都是相同的. 这就把解 Poisson 方程的边值问题化为在几种类型边界条件下求 Green 函数 $G(M,M_0)$ 的问题.

类似于上面的讨论过程，可以得到二维 Poisson 方程的各类边值问题的积分公式. 如二维 Poisson 方程的 Dirichlet 问题

$$\begin{cases} \nabla^2 u = -h(M) \quad (M \in D), \\ u|_c = f(M) \end{cases} \tag{8.3.21}$$

的积分形式的解，即二维空间的 Dirichlet 积分公式为

$$u(M) = \iint_D G(M,M_0)h(M_0)\mathrm{d}\sigma_0 - \int_C f(M_0)\frac{\partial}{\partial n_0}G(M,M_0)\mathrm{d}l_0, \tag{8.3.22}$$

其中，$G(M,M_0)$ 为二维 Poisson 方程的 Dirichlet-Green 函数，即定解问题

$$\begin{cases} \nabla^2 G(M,M_0) = -\delta(M-M_0) \quad (M \in D), \\ G(M,M_0)|_c = 0 \end{cases} \tag{8.3.23}$$

的解；$M = M(x,y)$，$M_0 = M_0(x_0,y_0)$；c 为区域 D 的边界线；而 $\dfrac{\partial}{\partial n_0}$，$\mathrm{d}l_0$，$\mathrm{d}\sigma_0$ 分别表示对 c 的法线方向的导数、c 上的线元和 D 上的面积元.

8.3.3 Green 函数关于源点和场点是对称的

前面在导出积分公式时,用到格林函数的对称性
$$G(M,M_0)=G(M_0,M). \tag{8.3.24}$$
现在对最一般的 Helmhotz 方程,实际上是算符 $\nabla^2+\lambda$(Poisson 方程可看作 $\lambda=0$ 的特例),证明上述结论. 设 $G(M,M_1)$ 和 $G(M,M_2)$ 均满足 Helmhotz 方程和某类齐次边界条件,即
$$\nabla^2 G(M,M_1)+\lambda G(M,M_1)=-\delta(M-M_1) \quad M\in\Omega, \tag{8.3.25}$$
$$\left[\alpha\frac{\partial}{\partial n}G(M,M_1)+\beta G(M,M_1)\right]_S=0. \tag{8.3.26}$$
及
$$\nabla^2 G(M,M_2)+\lambda G(M,M_2)=-\delta(M-M_2) \quad M\in\Omega, \tag{8.3.27}$$
$$\left[\alpha\frac{\partial}{\partial n}G(M,M_2)+\beta G(M,M_2)\right]_S=0. \tag{8.3.28}$$
以 $G(M,M_2)$ 乘以方程(8.3.24),同时以 $G(M,M_1)$ 乘以方程(8.3.26),然后相减,并在 Ω 上积分得
$$\iiint_\Omega [G(M,M_2)\nabla^2 G(M,M_1)-G(M,M_1)\nabla^2 G(M,M_2)]d\Omega$$
$$=-G(M_1,M_2)+G(M_2,M_1),$$
对上式左端应用 Green 第二公式得
$$G(M_2,M_1)-G(M_1,M_2)$$
$$=\iint_S\left[G(M,M_2)\frac{\partial}{\partial n}G(M,M_1)-G(M,M_1)\frac{\partial}{\partial n}G(M,M_2)\right]dS.$$
再由边界条件(8.3.25) 和(8.3.27) 因为 α,β 不同时为零,所以有
$$\left[G(M,M_2)\frac{\partial}{\partial n}G(M,M_1)-G(M,M_1)\frac{\partial}{\partial n}G(M,M_2)\right]_S=0,$$
代入上式右边,于是得
$$G(M_2,M_1)=G(M_1,M_2).$$
由于在物理上,格林函数 $G(M,M_0)$ 表示位于点 M_0 的点源,在一定边界条件下在 M 点产生的场,故其对称性说明,在相同边界条件下,位于 M_0 的点源在 M 点产生的场等于同强度的点源位于 M 点在 M_0 点产生的场. 这种性质在物理上称为倒易性.

§8.4 Green 函数的一般求法

从上一节的讨论可以看出,求解边值问题实际上归结为求相应的 Green 函数,只要求出 Green 函数,将其代入相应的积分公式,就可得到问题的解.

一般来说,实际求 Green 函数,并非一件容易的事,但在某些情况下,却可以比较容易地求出.

8.4.1 无界区域的 Green 函数

无界区域的 Green 函数 G,又称为相应方程的基本解. G 满足含有 δ 函数的非齐次方程,具有奇异性,一般可以用有限形式表示出来,下面通过具体例子,说明求基本解的方法.

例 8.4.1 求三维泊松方程的基本解.

解 Green 函数满足的方程为

$$\nabla^2 G = -\delta(x-x_0, y-y_0, z-z_0). \tag{8.4.1}$$

采用球坐标,并将坐标原点放在源点 $M_0(x_0, y_0, z_0)$ 上,有

$$r = \sqrt{(x-x_0)^2 + (y-y_0)^2 + (z-z_0)^2}.$$

由于区域是无界的,点源所产生的场应与方向无关,而只是 r 的函数,于是式(8.4.1)简化为

$$\frac{1}{r^2}\frac{\mathrm{d}}{\mathrm{d}r}\left(r^2 \frac{\mathrm{d}G}{\mathrm{d}r}\right) = -\delta(r).$$

当 $r \neq 0$ 时,方程化为齐次的,即

$$\frac{\mathrm{d}}{\mathrm{d}r}\left(r^2 \frac{\mathrm{d}G}{\mathrm{d}r}\right) = 0,$$

积分两次求得其一般解为

$$G = -C_1 \frac{1}{r} + C_2, \tag{8.4.2}$$

其中 C_1 和 C_2 为积分常数. 不失一般性,取 $C_2 = 0$,得

$$G = -C_1 \frac{1}{r}. \tag{8.4.3}$$

下面考虑 $r=0$ 的情形. 为此,对方程(8.4.1)在以原点为球心、ε 为半径的小球体 τ_ε 内作体积分

$$\iiint_{\tau_\varepsilon} \nabla^2 G \mathrm{d}x\mathrm{d}y\mathrm{d}z = -\iiint_{\tau_\varepsilon} \delta(x-x_0, y-y_0, z-z_0)\mathrm{d}x\mathrm{d}y\mathrm{d}z = -1,$$

从而

$$\lim_{\varepsilon \to 0}\iiint_{\tau_\varepsilon} \nabla^2 G \mathrm{d}x\mathrm{d}y\mathrm{d}z = -1.$$

而由散度定理

$$\iiint_v \nabla \cdot \nabla u \mathrm{d}v = \oiint_s \nabla u \mathrm{d}s \quad (s \text{ 为 } v \text{ 的边界面}),$$

有

$$\iiint_{\tau_\varepsilon} \nabla^2 G \mathrm{d}x\mathrm{d}y\mathrm{d}z = \iint_{s_\varepsilon} \frac{\partial G}{\partial n}\mathrm{d}x\mathrm{d}y,$$

故

$$\lim_{\varepsilon \to 0}\iint_{s_\varepsilon} \frac{\partial G}{\partial n}\mathrm{d}x\mathrm{d}y = \lim_{\varepsilon \to 0}\iint_{s_\varepsilon} \frac{\partial G}{\partial r}\bigg|_{r=\varepsilon}\mathrm{d}x\mathrm{d}y = -1.$$

将式(8.4.3)的结果代入上式,得

$$\lim_{\varepsilon \to 0}\int_0^{2\pi}\int_0^\pi C_1 \cdot \frac{1}{\varepsilon^2} \cdot \varepsilon^2 \sin\theta \mathrm{d}\theta \mathrm{d}\varphi = -1,$$

于是有
$$C_1 = -\frac{1}{4\pi}.$$
代入式(8.4.3),得到
$$G(M, M_0) = \frac{1}{4\pi r}.$$

例 8.4.2 求二维泊松方程的基本解.

解 二维 Green 函数满足的方程为
$$\nabla^2 G = -\delta(x - x_0, y - y_0) \tag{8.4.5}$$
采用极坐标,并将坐标原点放在源点 $M_0(x_0, y_0)$ 上,则
$$r = \sqrt{(x-x_0)^2 + (y-y_0)^2}.$$
与三维问题一样,G 应只是 r 的函数,于是式(8.4.5)简化为
$$\frac{1}{r}\frac{\mathrm{d}}{\mathrm{d}r}\left(r\frac{\mathrm{d}G}{\mathrm{d}r}\right) = -\delta(r). \tag{8.4.6}$$
当 $r \neq 0$ 时,解式(8.4.6),得
$$G = C_1 \ln r.$$
当 $r = 0$ 时,在以原点为中心、ε 为半径的小圆内对方程(8.4.5)两边作面积分,注意到二维情况下的散度定理为
$$\iint_s \nabla \cdot \nabla u \, \mathrm{d}s = \oint_l \nabla u \, \mathrm{d}l \quad (l \text{ 为 } s \text{ 的边界})$$
类似于对三维情况的讨论,得
$$C_1 = -\frac{1}{2\pi},$$
于是
$$G = \frac{1}{2\pi} \ln \frac{1}{r}. \tag{8.4.7}$$

8.4.2 用本征函数展开法求边值问题的 Green 函数

利用本征函数族展开是求边值问题的 Green 函数的一个重要而又普遍的方法. 现以 Dirichlet 问题
$$\begin{cases} \nabla^2 G(M, M_0) + \lambda G(M, M_0) = -\delta(M - M_0) & (M \in \Omega), \\ G|_s = 0 \end{cases} \tag{8.4.8}$$
为例来讨论此法. 写下相应的本征值问题
$$\begin{cases} \nabla^2 \psi + \lambda \psi = 0 & (M \in \Omega), \\ \psi|_s = 0. \end{cases} \tag{8.4.9}$$
设本征值问题(8.4.9)的全部本征值和相应的归一化本征函数分别是 $\{\lambda_n\}$ 和 $\{\psi_n(M)\}$,即
$$\begin{cases} \nabla^2 \psi_n(M) + \lambda_n \psi_n(M) = 0 & (M \in \Omega), \\ \psi_n|_s = 0. \end{cases} \tag{8.4.10}$$
而且

$$\iiint_\Omega \psi_n(M)\overline{\psi}_m(M)\mathrm{d}\Omega = \delta_{nm}. \tag{8.4.11}$$

这里 $\overline{\psi}_m(M)$ 表示 $\psi_m(M)$ 的共轭复变函数. 将函数 $G(M,M_0)$ 在区域 Ω 上展开为本征函数族 $\{\psi_n(M)\}$ 的广义 Fourier 级数

$$G(M,M_0) = \sum_{n=1}^\infty C_n\psi_n(M), \tag{8.4.12}$$

为定出系数 C_n,将式(8.4.12)代入问题(8.4.8)的方程中,并利用方程(8.4.10)得

$$\lambda\sum_{n=1}^\infty C_n\psi_n(M) - \sum_{n=1}^\infty \lambda_n C_n\psi_n(M) = -\delta(M-M_0),$$

设 $\lambda \neq \lambda_n$,以 $\overline{\psi}_m(M)$ 乘以上式两端,然后在区域 Ω 上积分,并利用式(8.4.11)可得

$$C_m = \frac{1}{\lambda_m-\lambda}\overline{\psi}_m(M_0),$$

代入式(8.4.12),即得

$$G(M,M_0) = \sum_{n=1}^\infty \frac{1}{\lambda_n-\lambda}\overline{\psi}_n(M_0)\psi_n(M). \tag{8.4.13}$$

显然,它满足齐次边界条件 $G|_S = 0$.

如果 Green 函数 $G(M,M_0)$ 的齐次边界条件是第二类的或第三类的,这时可以类似地求得 G,只要本征函数也满足相应的齐次边界条件即可.

例 8.4.3 求 Poisson 方程在矩形区域 $0<x<a, 0<y<b$ 内的 Dirichlet 问题的 Green 函数.

解:本问题 Green 函数的定解问题为

$$\begin{cases} \nabla^2 G(M,M_0) = -\delta(x-x_0)\delta(y-y_0), & (8.4.14) \\ G|_{x=0} = G|_{x=a} = G|_{y=0} = G|_{y=b} = 0. & (8.4.15) \end{cases}$$

它是定解问题

$$\begin{cases} \nabla^2 G(M,M_0) + \lambda G(M,M_0) = -\delta(x-x_0)\delta(y-y_0), & (8.4.16) \\ G|_{x=0} = G|_{x=a} = G|_{y=0} = G|_{y=b} = 0 & (8.4.17) \end{cases}$$

当 $\lambda = 0$ 时的特例,而与定解问题(8.4.16)~(8.4.17)相应的本征值问题为

$$\begin{cases} \nabla^2 \varphi(x,y) + \lambda\varphi(x,y) = 0, \\ \varphi|_{x=0} = \varphi|_{x=a} = \varphi|_{y=0} = \varphi|_{y=b} = 0. \end{cases}$$

它的本征值和归一化的本征函数分别是

$$\lambda_{mn} = \pi^2\left(\frac{m^2}{a^2}+\frac{n^2}{b^2}\right) = \mu_m^2 + \mu_n^2, \quad m,n=1,2,\cdots,$$

$$\varphi_{mn}(x,y) = \frac{2}{\sqrt{ab}}\sin\mu_m x\sin\mu_n y,$$

其中

$$\mu_m = \frac{m\pi}{a}, \quad \mu_n = \frac{n\pi}{b}.$$

在式(8.4.16)中 $\lambda = 0 \neq \lambda_{mn}$,故根据式(8.4.13),有

$$G(M,M_0) = \sum_{m,n=1}^\infty \frac{4}{ab}\frac{\sin\mu_m x_0\sin\mu_n y_0\sin\mu_m x\sin\mu_n y}{\mu_m^2+\mu_n^2}.$$

§8.5　用电像法求某些特殊区域的 Dirichlet-Green 函数

8.5.1　Poisson 方程的 Dirichlet-Green 函数及其物理意义

为了求三维 Poisson 方程的 Dirichlet-Green 函数，即求解定解问题

$$\begin{cases} \nabla^2 G = -\delta(x-x_0, y-y_0, z-z_0) & (M \in \Omega), \\ G|_S = 0. \end{cases} \quad (8.5.1), (8.5.2)$$

令

$$G(M, M_0) = F(M, M_0) + g(M, M_0), \quad (8.5.3)$$

使

$$\nabla^2 F = -\delta(x-x_0, y-y_0, z-z_0) \quad (M \in \Omega). \quad (8.5.4)$$

则 g 应满足

$$\begin{cases} \nabla^2 g = 0 & (M \in \Omega), \\ g|_S = -F|_S. \end{cases} \quad (8.5.5)$$

而非齐次方程(8.5.4)的解，已由式(8.5.4)给出，即

$$F = \frac{1}{4\pi r},$$

其中

$$r = \sqrt{(x-x_0)^2 + (y-y_0)^2 + (z-z_0)^2}$$

为源点 $M_0(x_0, y_0, z_0)$ 与 $M(x, y, z)$ 点之间的距离，S 为区域 Ω 的边界面. 所以三维 Poisson 方程的 Dirichlet-Green 函数为

$$G = \frac{1}{4\pi r} + g, \quad (8.5.6)$$

其中

$$\begin{cases} \nabla^2 g = 0 & (M \in \Omega), \\ g|_S = -\dfrac{1}{4\pi r}\bigg|_S. \end{cases} \quad (8.5.7)$$

类似的，我们可以写出满足定解问题

$$\begin{cases} \nabla^2 G = -\delta(x-x_0, y-y_0) & (M \in D), \\ G|_c = 0 \end{cases} \quad (8.5.8)$$

的二维 Poisson 方程的 Dirichlet-Green 函数

$$G = \frac{1}{2\pi} \ln \frac{1}{r} + g, \quad (8.5.9)$$

其中

$$\begin{cases} \nabla^2 g = 0 & (M \in D), \\ g|_c = -\dfrac{1}{2\pi} \ln \dfrac{1}{r}\bigg|_c, \end{cases} \quad (8.5.10)$$

而

$$r = \sqrt{(x-x_0)^2 + (y-y_0)^2}$$

为源点 $M_0(x_0, y_0)$ 与 $M(x, y)$ 点之间的距离，c 为区域 D 的边界线.

由此可见,求 Poisson 方程的 Dirichlet-Green 函数 G 的问题,已转化为求 g 的齐次方程(即 Laplace 方程)的 Dirichlet 问题.

不难看出 Dirichlet-Green 函数 G 所具有的物理意义. 如图 8.5.1 所示,设 Ω 为空间接地的导电壳,在其中 $M_0(x_0,y_0,z_0)$ 点放有正点电荷 ε_0,则由静电学知识知,满足式(8.5.6)和定解问题(8.5.7)的 G 正好是 Ω 内除了 M_0 点以外的任意一点 $M(x,y,z)$ 处的电位,它由两部分组成:一部分是正点电荷 ε_0 在 M 点所产生的电位 $\frac{1}{4\pi r}$;另一部分是边界面 S 上感应的负电荷在 M 点所产生的电位 g. 所以求 G 的问题,也就转化成了求感应电荷所产生的电位 g 的问题. 正因为 G 具有这样的物理意义,所以对于一些边界形状简单的 Poisson 方程的 Dirichlet-Green 函数 G,可用下面介绍的电像法来求.

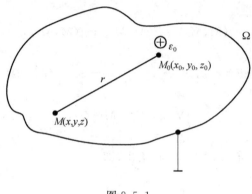

图 8.5.1

8.5.2 用电像法求 Green 函数

下面我们将通过具体的例子,来了解如何用电像法求 Dirichlet-Green 函数.

例 8.5.1 求解球内 Dirichlet 问题

$$\begin{cases} \nabla^2 u = 0 & \rho < a, \\ u|_{\rho=a} = f(M). \end{cases} \tag{8.5.11}$$

解 此时方程的非齐次项 $h(M)=0$,故由积分公式(8.5.12)得定解问题(8.5.11)的解为

$$u(M) = -\iint_S f(M_0) \frac{\partial}{\partial n_0} G(M,M_0) dS_0, \tag{8.5.12}$$

其中 S 为球面 $\rho=a$,G 为球边界问题的 Dirichlet-Green 函数,它满足定解问题

$$\begin{cases} \nabla^2 G = -\delta(x-x_0,y-y_0,z-z_0) & (\rho<a), \\ G|_{\rho=a} = 0. \end{cases} \tag{8.5.13}$$

故求 u 的问题就转化为求边界为球面的三维 Poisson 方程的 Dirichlet-Green 函数 G 的问题. 而由上面所述的 G 的物理意义知,求 G 即要求在 M_0 点置有正电荷 ε_0 的接地导体球内任意一点 M 处的电位,亦即要求感应电荷所产生的电位 g,它满足

$$\begin{cases} \nabla^2 g = 0 & \rho < a, \\ g|_{\rho=a} = -\frac{1}{4\pi r}\Big|_{\rho=a}. \end{cases} \tag{8.5.14}$$

由物理学知识知,倘若在 M_0 点关于球面的对称点(又称像点)放置一负点电荷 $-q$,则由

于$-q$在球外,它对球内电位的贡献必然满足 Laplace 方程. 因此,只要适当选择 q 的大小,使之对边界面上电位的贡献与 M_0 点的正电荷 ε_0 对边界面上电位的贡献等值,则$-q$ 对球内任一点电位的贡献即与 g 等效. 为此,如图 8.5.2 所示,我们延长 OM_0 到 M_1,并记 $\overline{OM}=\rho$;$\overline{OM_0}=\rho_0$;$\overline{OM_1}=\rho_1$;$\overline{MM_1}=r_1$;$\overline{MM_0}=r$,使

$$\rho_0 \cdot \rho_1 = a^2,$$

即

$$\frac{\rho_0}{a} = \frac{a}{\rho_1}.$$

则称 M_1 为 M_0 关于球面 $\rho=a$ 的对称点,也称像点. 显然,当 M 点在球面 $\rho=a$ 上时(如图 8.5.3 所示),$\triangle OM_0 M \sim \triangle OMM_1$,因此有

$$\frac{r}{r_1} = \frac{\rho_0}{a} = \frac{a}{\rho_1}, \tag{8.5.15}$$

从而有

$$\frac{1}{r} = \frac{a/\rho_0}{r_1},$$

即

$$-\frac{1}{4\pi r}\bigg|_{\rho=a} = -\frac{a/\rho_0}{4\pi r_1}\bigg|_{\rho=a} \tag{8.5.16}$$

由式(8.5.16)可以看出,只要在 M_1 点放置一负电荷$-\varepsilon_0 a/\rho_0$,则它在球内直到球上任意一点 $M(x,y,z)$ 处(除 M_0 外)所产生的电位$-\dfrac{\varepsilon_0 a/\rho_0}{4\pi r_1}$,对于球内的任意一点 M,均满足 Laplace 方程

$$\nabla^2\left(\frac{\varepsilon_0 a/\rho_0}{-4\pi r_1}\right) = 0,$$

且在边界面上亦满足式(8.5.14)的边界条件. 所以

$$g = \frac{\varepsilon_0 a/\rho_0}{-4\pi r_1}.$$

我们称这个设想的负点电荷$-\varepsilon_0 a/\rho_0$ 为球内 M_0 点所放置的正点电荷 ε_0 的电像;而称这种在像点放置一个虚构的点电荷来等效地代替导体面或介面上的感应电荷的方法为电像法.

将求得的 g 代入式(8.5.6),便得到球内问题的 Dirichlet-Green 函数为(不失一般性,取 $\varepsilon_0=1$)

$$G = \frac{1}{4\pi r} - \frac{a/\rho_0}{4\pi r_1}. \tag{8.5.17}$$

为了计算积分式(8.5.12),引入球坐标变量. 设

$$M_0 = M_0(\rho_0, \varphi_0, \theta_0), \quad M = M(\rho, \varphi, \theta),$$

则

$$r = \sqrt{\rho^2 + \rho_0^2 - 2\rho\rho_0 \cos\gamma}, \tag{8.5.18}$$

$$r_1 = \sqrt{\rho^2 + \rho_1^2 - 2\rho_1\rho\cos\gamma} = \sqrt{\rho^2 + \left(\frac{a^2}{\rho_0}\right)^2 - 2\frac{a^2}{\rho_0}\rho\cos\gamma} \tag{8.5.19}$$

其中 γ 为矢量 $\overline{OM_0}$ 和 $\overline{OM}$ 的夹角(如图 8.5.2 所示),所以

$$\cos\gamma = \cos\theta_0 \cos\theta + \sin\theta_0 \sin\theta \cos(\varphi - \varphi_0),$$

将式(8.5.18)和式(8.5.19)代入式(8.5.17)并对 $M_0(\rho_0, \varphi_0, \theta_0)$ 求导,则得

$$\frac{\partial G}{\partial n_0}\bigg|_\sigma = \frac{\partial G}{\partial \rho_0}\bigg|_{\rho_0=a} = \frac{1}{4\pi a}\frac{\rho^2 - a^2}{(\rho^2 + a^2 - 2\rho a\cos\gamma)^{3/2}}$$

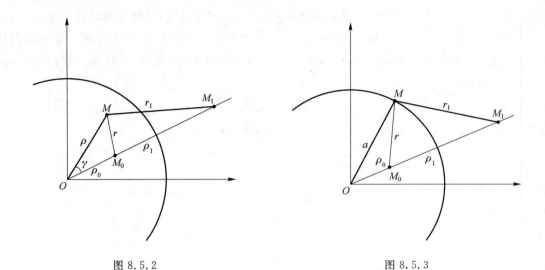

图 8.5.2　　　　　　　　　　　图 8.5.3

代入式(8.5.12),得到球内 Dirichlet 问题(8.5.11)的解为

$$u(\rho,\theta,\varphi) = \frac{a}{4\pi}\int_0^{2\pi}\int_0^{\pi} f(\theta_0,\varphi_0)\frac{a^2-\rho^2}{(a^2+\rho^2-2a\rho\cos\gamma)^{3/2}}\sin\theta_0\,\mathrm{d}\theta_0\,\mathrm{d}\varphi_0 \qquad (8.5.20)$$

称作球边界 Poisson 积分公式.

例 8.5.2　求上半空间的 Dirichlet-Green 函数.

解　问题写成定解问题为

$$\begin{cases} \nabla^2 G = -\delta(x-x_0,y-y_0,z-z_0) & (z>0), \\ G|_{z=0} = 0. \end{cases} \qquad (8.5.21)$$

由式(8.5.6)和式(8.5.7),有

$$G = \frac{1}{4\pi r} + g, \qquad (8.5.22)$$

其中

$$\begin{cases} \nabla^2 g = 0 & (z>0), \\ g|_{z=0} = -\dfrac{1}{4\pi r}\bigg|_{z=0}. \end{cases} \qquad (8.5.23)$$

为了求 g,由电像法知,可在 $M_0(x_0,y_0,z_0)$ 关于边界面 $z=0$ 的像点 $M_1(x_0,y_0,-z_0)$ 处放置一负电荷 $-q$(如图 8.5.4 所示)使得它在上半空间中任意一点 $M(x,y,z)$ 处所产生的电位 $\dfrac{-q}{4\pi\varepsilon_0 r_1}$ 与 M_0 点的正点电荷 ε_0 在边界面 $z=0$ 上的感应电荷所产生的电位 g 等效. 为此,只需

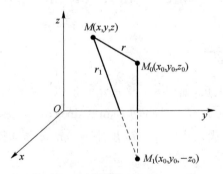

图 8.5.4

$$\begin{cases} \dfrac{-q}{4\pi\varepsilon_0 r_1}\bigg|_{z=0} = \dfrac{-1}{4\pi r}\bigg|_{z=0}, \\ \nabla^2\left(\dfrac{-q}{4\pi\varepsilon_0 r_1}\right)=0 \quad (z>0). \end{cases} \tag{8.5.24}$$

对比式(8.5.23)和式(8.5.24)知

$$g = \dfrac{-q}{4\pi\varepsilon_0 r_1}.$$

注意到在边界面 $z=0$ 上 $r_1=r$,故由定解问题(8.5.24)中的第一个式子,有

$$-q = -\varepsilon_0,$$

于是
$$g = -\dfrac{1}{4\pi r_1}. \tag{8.5.25}$$

这里取 $\varepsilon_0=1$,不失一般性. 将(8.5.25)代入式(8.5.22),得到上半空间的 Dirichlet-Green 函数为

$$G = \dfrac{1}{4\pi r} - \dfrac{1}{4\pi r_1} \quad (z>0). \tag{8.5.26}$$

类似地,可以得到定解问题

$$\begin{cases} \nabla^2 G = -\delta(x-x_0, y-y_0) \quad (y>0), \\ G|_{y=0} = 0 \end{cases} \tag{8.5.27}$$

的解,即上半平面的 Dirichlet-Green 函数为

$$G = \dfrac{1}{2\pi}\ln\dfrac{r_1}{r}. \tag{8.5.28}$$

§8.6* 含时间的定解问题的 Green 函数

对于含时间的方程(热传导方程和波动方程)及其定解问题,当然也能用 Green 函数法求解. 我们可由叠加原理得到所要求解的定解问题的积分公式,而由冲量原理求得其相应的 Green 函数,下面仅就带有零值初始条件或齐次边界条件的含时间方程进行讨论.

1. 无界区域的扩散问题

对于无界区域的扩散问题

$$\begin{cases} u_t - a^2 u_{xx} = f(x,t) \quad (-\infty<x<\infty, t>0), & (8.6.1) \\ u|_{t=0}. & (8.6.2) \end{cases}$$

其相应的 Green 函数,即基本解的定解问题为

$$\begin{cases} G_t - a^2 G_{xx} = \delta(x-x_0)\delta(t-t_0), & (8.6.3) \\ G|_{t=0}. & (8.6.4) \end{cases}$$

其中 $G=G(x,t;x_0,t_0)$ 表示在 t_0 时刻于 x_0 点所放的单位点源,在时刻 t 位置 x 处产生的场(或影响). 由于方程是线性的,满足叠加原理,因此源 $f(x,t)$ 产生的场可以写成点源产生的场(Green 函数)的叠加. 记

$$L \equiv \dfrac{\partial}{\partial t} - a^2\dfrac{\partial^2}{\partial x^2},$$

则式(8.6.1)和式(8.6.3)可分别重新表示为

$$Lu = f(x,t) \tag{8.6.1$'$}$$

$$LG=\delta(x-x_0)\delta(t-t_0) \tag{8.6.3}'$$

为了得到叠加的效果,用 $f(x_0,t_0)$ 乘以式(8.6.3)'两边并对 x_0 和 t_0 积分,注意到算子 L 是作用在变量 x,t 上的,于是有

$$\begin{aligned}&L\int_0^t\int_{-\infty}^{\infty}G(x,t;x_0,t_0)f(x_0,t_0)\mathrm{d}x_0\mathrm{d}t_0\\&=\int_0^t\int_{-\infty}^{\infty}\delta(x-x_0)\delta(t-t_0)f(x_0,t_0)\mathrm{d}x_0\mathrm{d}t_0=f(x,t),\end{aligned} \tag{8.6.5}$$

对比式(8.6.1)'与式(8.6.5),有

$$u(x,t)=\int_0^t\int_{-\infty}^{\infty}G(x,t;x_0,t_0)f(x_0,t_0)\mathrm{d}x_0\mathrm{d}t_0. \tag{8.6.6}$$

显然,式(8.6.6)也满足初始条件(8.6.2).即式(8.6.6)是定解问题(8.6.1)~(8.6.2)的积分公式.其中 $G(x,t;x_0,t_0)$ 为定解问题(8.6.3)~(8.6.4)的解.依照冲量原理处理问题的方法,定解问题(8.6.3)~(8.6.4)又可转化为

$$G_t-a^2G_{xx}=0, \tag{8.6.7}$$

$$G\big|_{t=t_0}=\delta(x-x_0). \tag{8.6.8}$$

由 Fourier 变换法立即求得其解为

$$\begin{aligned}G(x,t|x_0,t_0)&=\int_{-\infty}^{\infty}\delta(\xi-x_0)\frac{1}{2a\sqrt{\pi(t-t_0)}}\exp\left[-\frac{(x-\xi)^2}{4a^2(t-t_0)}\right]\mathrm{d}\xi\\&=\frac{1}{2a\sqrt{\pi(t-t_0)}}\exp\left[-\frac{(x-x_0)^2}{4a^2(t-t_0)}\right]\quad(t-t_0\geqslant 0).\end{aligned} \tag{8.6.9}$$

代入式(8.6.6),最后得式(8.6.1)~(8.6.2)的解为

$$u(x,t)=\int_0^t\int_{-\infty}^{\infty}\frac{f(x_0,t_0)}{2a\sqrt{\pi(t-t_0)}}\exp\left[-\frac{(x-x_0)^2}{4a^2(t-t_0)}\right]\mathrm{d}x_0\mathrm{d}t_0. \tag{8.6.10}$$

2. 有界区域的扩散问题

对于有界的扩散问题

$$\begin{cases}u_t-a^2u_{xx}=f(x,t) & (0<x<l,t>0),\\ u\big|_{x=0}=u\big|_{x=l}=0,\\ u\big|_{t=0}=0.\end{cases} \tag{8.6.11}$$

相应的格林函数的定解问题为

$$\begin{cases}G_t-a^2G_{xx}=\delta(x-x_0)\delta(t-t_0),\\ G\big|_{x=0}=G\big|_{x=l}=0,\\ G\big|_{t=0}=0.\end{cases} \tag{8.6.12}$$

根据叠加原理,参照式(8.6.6),可推得其积分公式为

$$u(x,t)=\int_0^t\int_0^l G(x,t;x_0,t_0)f(x_0,t_0)\mathrm{d}x_0\mathrm{d}t_0, \tag{8.6.13}$$

其中的 $G(x,t;x_0,t_0)$ 所满足的定解问题(8.6.12)又可转化为

$$\begin{cases}G_t-a^2G_{xx}=0,\\ G\big|_{x=0}=G\big|_{x=l}=0,\\ G\big|_{t=t_0}=\delta(x-x_0).\end{cases} \tag{8.6.12}'$$

由分离变量法可求得定解问题(8.6.12)'的解为

$$G(x,t|x_0,t_0) = \frac{2}{l}\sum_{n=1}^{\infty} \sin\frac{n\pi}{l}x_0 \sin\frac{n\pi}{l}x \exp\left[-\left(\frac{n\pi a}{l}\right)^2 (t-t_0)\right] \quad (t-t_0 \geqslant 0).$$
(8.6.14)

于是得定解问题(8.6.11)的解为

$$u(x,t) = \frac{2}{l}\sum_{n=1}^{\infty} \int_0^t \int_0^l f(x_0,t_0) \sin\frac{n\pi}{l}x_0 \sin\frac{n\pi}{l}x \exp\left[-\left(\frac{n\pi a}{l}\right)^2 (t-t_0)\right] dx_0 dt_0.$$
(8.6.15)

3. 无界区域的波动问题

一维无界区域的波动问题

$$\begin{cases} u_{tt} - a^2 u_{xx} = f(x,t) & (-\infty < x < l,\ t > 0), \\ u|_{t=0} = 0,\quad u_t|_{t=0} = 0. \end{cases}$$
(8.6.16)

其相应的 Green 函数的定解问题为

$$\begin{cases} G_{tt} - a^2 G_{xx} = \delta(x-x_0)\delta(t-t_0) & (-\infty < x < l, t > 0), \\ G|_{t=0} = 0,\quad G_t|_{t=0} = 0. \end{cases}$$
(8.6.17)

类似的可推得其积分公式为

$$u(x,t) = \int_0^t \int_{-\infty}^{\infty} G(x,t;x_0,t_0) f(x_0,t_0) dx_0 dt_0,$$
(8.6.18)

其中 $G(x,t;x_0,t_0)$ 所满足的定解问题(8.6.17)可转化为

$$\begin{cases} G_{tt} - a^2 G_{xx} = 0, \\ G|_{t=0} = 0,\quad G_t|_{t=0} = \delta(x-x_0). \end{cases}$$
(8.6.17)'

用 Laplace 变换或 Fourier 变换法可求得式(8.6.17)'的解为

$$G(x,t|x_0,t_0) = \frac{1}{2a} \int_{x-a(t-t_0)}^{x+a(t-t_0)} \delta(\alpha - x_0) d\alpha.$$

于是

$$\begin{aligned} u(x,t) &= \int_0^t \int_{-\infty}^{\infty} G(x,t;x_0,t_0) f(x_0,t_0) dx_0 dt_0 \\ &= \frac{1}{2a} \int_{x-a(t-t_0)}^{x+a(t-t_0)} \int_{-\infty}^{\infty} \delta(\alpha - x_0) f(x_0,t_0) dx_0 dt_0 d\alpha \\ &= \frac{1}{2a} \int_{x-a(t-t_0)}^{x+a(t-t_0)} f(\alpha - t_0) d\alpha dt_0. \end{aligned}$$

4. 有界区域的波动问题

一维有界区域的波动问题

$$\begin{cases} u_{tt} - a^2 u_{xx} = f(x,t), \\ u|_{x=0} = u|_{x=l} = 0, \\ u|_{t=0} = 0,\quad u_t|_{t=0} = 0. \end{cases}$$
(8.6.19)

其相应的 Green 函数需满足

$$\begin{cases} G_{tt} - a^2 G_{xx} = \delta(x-x_0)\delta(t-t_0), \\ G|_{x=0} = G|_{x=l} = 0, \\ G|_{t=0} = 0,\quad G_t|_{t=0} = 0. \end{cases}$$
(8.6.20)

可推得其积分公式为

$$u(x,t) = \int_0^t \int_0^l G(x,t;x_0,t_0) f(x_0,t_0) dx_0 dt_0.$$
(8.6.21)

而式(8.6.20)又可转化为

$$\begin{cases} G_{tt} - a^2 G_{xx} = 0, \\ G|_{x=0} = G|_{x=l} = 0, \\ G|_{t=0} = 0, \quad G_t|_{t=t_0} = \delta(x - x_0). \end{cases} \quad (8.6.20)'$$

由分离变量法可求得定解问题(8.6.20)′的解为

$$G(x,t;x_0,t_0) = \frac{2}{\pi a} \sum_{n=1}^{\infty} \frac{1}{n} \sin \frac{n\pi a(t-t_0)}{l} \sin \frac{n\pi x_0}{l} \sin \frac{n\pi x}{l}. \quad (8.6.22)$$

于是得定解问题(8.6.11)的解为

$$u(x,t) = \frac{2}{\pi a} \sum_{n=1}^{\infty} \frac{1}{n} \int_0^t \int_0^l f(x_0,t_0) \sin \frac{n\pi x}{l} \sin \frac{n\pi x_0}{l} \sin \frac{n\pi a(t-t_0)}{l} dx_0 dt_0. \quad (8.6.23)$$

5. 各类含时间的定解问题的积分公式

用类似于上述的思想和方法,当然可推得其他各类含时间的定解问题的积分公式.

对于三维无界区域的扩散(热传导)问题

$$\begin{cases} u_t - a^2 \nabla^2 u = f(M,t), \quad M \in R^3, \ t>0, & (8.5.24) \\ u|_{t=0} = \varphi(M), \quad M \in R^3, & (8.5.25) \end{cases}$$

可推出其积分公式为

$$u(M,t) = \int_0^t \int_{-\infty}^{\infty} \int_{-\infty}^{\infty} \int_{-\infty}^{\infty} G(M,t;M_0,t_0) f(M_0,t_0) d\tau_0 dt_0 +$$
$$\frac{1}{a^2} \int_{-\infty}^{\infty} \int_{-\infty}^{\infty} \int_{-\infty}^{\infty} \varphi(M_0) G(M,t;M_0,t_0)|_{t_0=0} d\tau_0, \quad (8.6.26)$$

其中,$G(M,t;M_0,t_0)$满足定解问题

$$\begin{cases} G_t - a^2 \nabla^2 G = 0, & (8.5.27) \\ G|_{t=t_0} = \delta(M - M_0). & (8.5.28) \end{cases}$$

它可由 Fourier 变换法求出.

而对于三维有界区域的扩散(热传导)问题

$$u_t - a^2 \nabla^2 u = f(M,t), \quad M \in \Omega, \ t>0, \quad (8.6.29)$$

$$\left[\alpha \frac{\partial u}{\partial n} + \beta u\right]_\sigma = g(M,t), \quad M \in \sigma, \ t>0, \quad (8.6.30)$$

$$u|_{t=0} = \varphi(M), \quad M \in \Omega, \quad (8.6.31)$$

其中 σ 为有界区域 Ω 的边界. 这时可推出其积分公式为

$$u(M,t) = \int_0^t \iiint_\Omega G(M,t;M_0,t_0) f(M_0,t_0) d\tau_0 dt_0 +$$
$$\int_0^t \iint_\sigma \left[G(M,t;M_0,t_0) \frac{\partial u(M_0,t_0)}{\partial n_0} - u(M_0,t_0) \frac{\partial G(M,t;M_0,t_0)}{\partial n_0} \right] d\sigma_0 dt_0 - \quad (8.6.32)$$
$$\frac{1}{a^2} \iiint_\Omega \varphi(M_0) G(M,t;M_0,t_0)|_{t_0=0} d\tau_0,$$

其中,$G(M,t;M_0,t_0)$满足定解问题

$$G_t - a^2 \nabla^2 G = 0, \quad (8.6.33)$$

$$\left[\alpha \frac{\partial G}{\partial n} + \beta G\right]_\sigma = 0, \quad (8.6.34)$$

$$G|_{t=t_0} = \delta(M - M_0). \quad (8.6.35)$$

它可由分离变量法求出;而式(8.6.32)的第二个积分项完全由式(8.6.30)和式(8.6.34)决定. 比如,当问题带有第一类边界条件,即 $\alpha=0$ 时,式(8.6.30)和式(8.6.34)分别为

$$u|_\sigma = \frac{1}{\beta}g(M) = h(M), \tag{8.6.36}$$

$$G|_\sigma = 0 \tag{8.6.37}$$

时,第二积分项则为

$$-\int_0^t \iint_\sigma h(M_0) \frac{\partial}{\partial n_0} G(M,t;M_0,t_0) d\sigma_0 dt_0.$$

对于三维无界空间的波动问题

$$u_{tt} - a^2 \nabla^2 u = f(M,t), \quad M \in R^3, \ t>0, \tag{8.6.38}$$

$$u|_{t=0} = \varphi(M), \quad u_t|_{t=0} = \psi(M), \quad M \in R^3, \tag{8.6.39}$$

可推出其积分公式为

$$u(M,t) = \int_0^t \int_{-\infty}^{\infty} \int_{-\infty}^{\infty} \int_{-\infty}^{\infty} G(M,t;M_0,t_0) f(M_0,t_0) dM_0 dt_0 +$$
$$\frac{1}{a^2} \int_{-\infty}^{\infty} \int_{-\infty}^{\infty} \int_{-\infty}^{\infty} \left[\psi(M_0) G(M,t;M_0,t_0) - \varphi(M_0) \frac{\partial}{\partial t_0} G(M,t;M_0,t_0) \Big|_{t_0=0} dM_0 \right]$$
$$\tag{8.6.40}$$

其中,$G(M,t;M_0,t_0)$ 满足定解问题

$$G_{tt} - a^2 \nabla^2 G = 0, \tag{8.6.41}$$

$$G|_{t=t_0} = 0, \ G_t|_{t=t_0} = \delta(M-M_0). \tag{8.6.42}$$

它可由三维无界波动方程的 Poisson 公式(7.2.10)求得.

而对于三维有界区域的波动问题

$$u_{tt} - a^2 \nabla^2 u = f(M,t), \quad M \in \Omega, \ t>0, \tag{8.6.43}$$

$$\left[\alpha \frac{\partial u}{\partial n} + \beta u\right]_\sigma = g(M,t), \quad M \in \sigma, \ t>0, \tag{8.6.44}$$

$$u|_{t=0} = \varphi(M), \quad u_t|_{t=0} = \psi(M), \quad M \in \Omega, \tag{8.6.45}$$

可推出其积分公式为

$$u(M,t) = \int_0^t \iiint_\Omega G(M,t;M_0,t_0) f(M_0,t_0) d\Omega_0 dt_0 +$$
$$\int_0^t \iint_\sigma \left[G(M,t;M_0,t_0) \frac{\partial}{\partial n_0} u(M_0,t_0) - u(M_0,t_0) \frac{\partial}{\partial n_0} G(M,t;M_0,t_0) \right] d\sigma_0 dt_0 +$$
$$\frac{1}{a^2} \iiint_\Omega \left[\psi(M_0) G(M,t;M_0,t_0) - \varphi(M_0) \frac{\partial}{\partial t_0} G(M,t;M_0,t_0) \Big|_{t_0=0} \right] d\Omega_0.$$
$$\tag{8.6.46}$$

其中,$G(M,t;M_0,t_0)$ 满足定解问题

$$G_{tt} - a^2 \nabla^2 G = 0, \tag{8.6.47}$$

$$\left[\alpha \frac{\partial G}{\partial n} + \beta G\right]_\sigma = 0, \tag{8.6.48}$$

$$G|_{t=t_0} = 0, \quad G_t|_{t=t_0} = \delta(M-M_0). \tag{8.6.49}$$

它可由分离变量法求出;而式(8.6.46)的第二个积分项完全由边界条件(8.6.44)和(8.6.48)决定.

习 题 八

1. 求解上半平面的 Dirichlet 问题
$$\begin{cases} u_{xx}+u_{yy}=0 & y>0, \\ u|_{y=0}=f(x). \end{cases}$$

2. 求解上半空间的 Dirichlet 问题
$$\begin{cases} \nabla^2 u=0 & z>0, \\ u|_{z=0}=f(x,y). \end{cases}$$

3. (1) 用电像法求出圆域 Poisson 方程的 Green 函数 $G(x,y;x_0,y_0)$，$M_0(x_0,y_0)$ 是圆内的一点，G 满足
$$\nabla^2 G=\delta(x-x_0)\delta(y-y_0), \quad G|_{\rho=a}=0.$$

(2) 在圆 $\rho=a$ 求 Laplace 方程第一边值 (Dirichlet) 问题：
$$\begin{cases} \nabla^2 u=0 & (\rho\leqslant a), \\ u|_{\rho=a}=f(\varphi). \end{cases}$$

(3) 在圆形域 $\rho\leqslant a$ 上求解 $\nabla^2 u=0$，使满足边界条件 $u|_{\rho=a}=A\cos\varphi$

4. 求区间 $0\leqslant x<\infty$, $0<y<\infty$ 的格林函数，并由此求解 Dirichlet 问题：
$$\begin{cases} u_{xx}+u_{yy}=0, \\ u(0,y)=f(y) & (0\leqslant y\leqslant\infty), \\ u(x,0)=0 & (0\leqslant y\leqslant\infty). \end{cases}$$

其中 f 为已知的连续函数，且 $f(0)=0$.

5. 求解下列边值问题
$$\begin{cases} \nabla^2 u=0, z>0 & (-\infty<x<\infty, y>0), \\ u(x,0)=\varphi(x). \end{cases}$$

6. 求解下列一维波动方程的 Green 函数
$$\begin{cases} G_{tt}-a^2 G_{xx}=-\delta(x-x_0)\delta(t-t_0), \\ G|_{t=0}=0, \quad G_t|_{t=0}=0. \end{cases}$$

7. 求解下列定解问题
$$\begin{cases} u_{tt}-a^2 u_{xx}=A\cos\dfrac{\pi x}{l}\sin\omega t, \\ u_x|_{x=0}=0, \quad u_x|_{x=l}=0, \\ u|_{t=0}=0, \quad u_t|_{t=0}=0. \end{cases}$$

第 9 章 变 分 法

在前面各章中,我们介绍了求解数学物理方程定解问题精确解(即解析解)的各种方法.然而,在许多数学物理定解问题中,由于泛定方程复杂或者边界形状不规则,是无法用前面介绍的那些方法来求解的.在这种情况下,采用某种方法求近似程度满足要求的近似解,有重要的现实意义.变分法就是其中最有利的方法之一,它的原理和应用渗透到了物理学及工程科学的各个部门,成为广泛使用的一种数学工具.通常所说的变分法就是求泛函极值的方法.本章将从数学物理应用的角度,来说明变分法的基本概念、原理以及用它来求解数学物理方程的基本思想.为此,我们必须首先了解泛函的概念和泛函极值问题的意义.

§9.1 泛函和泛函极值

9.1.1 泛函

泛函是函数概念的推广,为了说明问题先看一个例子.

讨论力学中的最速落径(Branchistochrone)问题.如图 9.1.1 所示,已知 O 和 P 为不在同一铅垂线和同一高度的两点,要求找出 O、P 间的这样一条曲线,当一质点在重力作用下沿这条曲线无摩擦地从 O 滑到 P 时,所需时间 T 最小.因为连接 (O,P) 两点的曲线有无数条,所以这是一个极值问题,下面写出这个极值问题的数学表达式.

由运动学知识,我们知道质点的速度是

$$\frac{\mathrm{d}s}{\mathrm{d}t} = \sqrt{2gy},$$

故从 A 滑到 B 所需时间为

$$T = \int_{t_1(O)}^{t_1(P)} \mathrm{d}t = \int_O^P \frac{\mathrm{d}s}{\sqrt{2gy}} = \int_O^P \frac{\sqrt{1+y'^2}}{\sqrt{2gy}} \mathrm{d}x,$$

即

$$T[y(x)] = \int_O^P \frac{\sqrt{1+y'^2}}{\sqrt{2gy}} \mathrm{d}x. \tag{9.1.1}$$

我们称上述的 T 为 $y(x)$ 的泛函,而称 $y(x)$ 的全体为可取函数类,称为泛函 $T[y(x)]$ 的定义域.简单地说,泛函就是函数的函数(不是复合函数的那种含义).一般地讲,设 C 是函数的集合,B 是实数或复数的集合,如果对于 C 的任一元素 $y(x)$,在 B 中都有一个元素 J 与之对应,

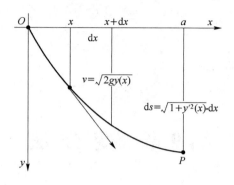

图 9.1.1

则称 J 为 $y(x)$ 的泛函,记为

$$J = J[y(x)]. \tag{9.1.2}$$

必须注意,泛函不同于通常讲的函数,决定通常函数的值的因素是自变量的取值,而决定泛函的值的因素则是函数的取形. 如,上面例子中的泛函 T 的变化是由函数 $y(x)$ 本身的变化(即从 O 到 P 的不同曲线)所引起的. 它的值既不取决于某一个 x 值,也不取决于某一个 y 值,而是取决于整个集合 C 中 y 与 x 的函数关系.

泛函通常以积分形式出现,比如上面描述最速落径问题的式(9.1.1). 一般最简单而又典型的泛函可表示为

$$J[y(x)] = \int_a^b F(x, y, y') \mathrm{d}x, \tag{9.1.3}$$

其中 $F(x, y, y')$ 称为泛函的核.

9.1.2 泛函的极值与泛函的变分

引入泛函的概念后,上述的最速落径就变为泛函 $T[y(x)]$ 的极小值问题. 泛函的极值问题在物理学中各部分都有,例如光学中的费马(Fermat)原理①,分析力学中的哈密顿(Hamilton)原理②等,都是泛函的极值问题. 所谓变分法就是求泛函极值的方法,我们将会看到,研究泛函极值问题的方法可归纳为两类:一类叫直接方法,即直接分析所提出的问题;另一类叫间接法,即把问题转化为求解微分方程. 为讨论间接方法,先介绍泛函的变分.

---

① 费马原理指出:光线在 A、B 两点间传播的实际路径,与其他可能的邻近的路程相比,其光程为极值,即光线的实际路径上光程的变分为零,其数学表述为

$$\delta l = \delta \int_A^B n \mathrm{d}l = 0$$

其中,n 为介质的折射率,$\mathrm{d}l$ 为沿光线进行方向的路程元.

② 哈密顿原理指出:保守的、完整的力学体系在相同时间内,自某一初位形转移到另一已知位形的一切可能运动中,真实运动的作用函数具有极值,即对于真实运动来讲,作用函数的变分等于零. 其数学表述为

$$\delta S = \delta \int_{t_0}^{t_1} L(q_i, \dot{q}_i, t) \mathrm{d}t = 0 \quad i = 1, 2, \cdots, s$$

其中,L 为拉格朗日(Lagrange)函数,等于力学体系动能和势能之差,q_i 为广义坐标,$\mathrm{d}t$ 为时间元.

除哈密顿原理外,在力学中用到变分法的还有虚功原理、最小作用量原理等其他一些原理,详见理论力学.

设有连续函数 $y(x)$，将它略为变形，即将 $y(x)$ 变为 $y(x)+t\eta(x)$，其中 t 为一个小参数，则称 $t\eta(x)$ 为 $y(x)$ 的变分，记为

$$\delta y = t\eta(x). \tag{9.1.4}$$

此时函数 $y'(x)$ 将相应地变形为

$$\lim_{\Delta x \to 0} \frac{\Delta(y+t\eta)}{\Delta x} = y'(x) + t\eta'(x),$$

可见

$$\delta y' = t\eta'(x) = \frac{\mathrm{d}}{\mathrm{d}x}(\delta y), \tag{9.1.5}$$

这表明，对于一个给定的函数，变分和微分两种运算可以互换次序.

设式(9.1.3)中 F 对 x, y, y' 都是连续二阶可导，y 的二阶导数连续，则当 $y(x)$ 有变分 δy 时，J 的变化为

$$\begin{aligned}
\Delta J &= J[y(x)+t\eta(x)] - J[y(x)] \\
&= \int_a^b [F(x, y+t\eta, y'+t\eta') - F(x, y, y')] \mathrm{d}x \\
&= \int_a^b \left[\frac{\partial F}{\partial y}t\eta + \frac{\partial F}{\partial y'}t\eta' + t \text{ 的高阶项}\right] \mathrm{d}x,
\end{aligned}$$

我们称上式右边的线性主部(即略去高阶无穷小量的部分)为泛函 $J[y(x)]$ 的第一次变分，简称泛函的变分，记为

$$\delta J = \int_a^b \left(\frac{\partial F}{\partial y}\delta y + \frac{\partial F}{\partial y'}\delta y'\right) \mathrm{d}x. \tag{9.1.6}$$

9.1.3 泛函取极值的必要条件——欧拉方程

设 $J[y(x)]$ 的极值问题有解

$$y = y(x), \tag{9.1.7}$$

现在推导这个解所满足的常微分方程，这是用间接法研究泛函极值问题的重要一环. 设想这个解有变分 $t\eta(x)$，则 $J[y(x)+t\eta(x)]$ 可视为参数 t 的函数：$\Phi(t) = J[y(x)+t\eta(x)]$，而当 $t = 0$ 时，$y(x)+t\eta(x) = y(x)$ 对应于式(9.1.7)，即 $J[y(x)+t\eta(x)]$ 取极值. 于是，原来的泛函的极值问题，就化为一个普通函数 $\Phi(t)$ 的极值问题. 由函数取极值的必要条件，有

$$\left.\frac{\mathrm{d}\Phi}{\mathrm{d}t}\right|_{t=0} = 0,$$

即

$$\left.\frac{\partial J[y(x)+t\eta(x)]}{\partial t}\right|_{t=0} = 0,$$

将式(9.1.3)代入，也就是

$$\int_a^b \left[\frac{\partial}{\partial t} F(x, y+t\eta, y'+t\eta')\right]_{t=0} \mathrm{d}x = 0,$$

即

$$\int_a^b \left(\frac{\partial F}{\partial y}\eta + \frac{\partial F}{\partial y'}\eta'\right) \mathrm{d}x = 0.$$

上式两边乘以 t，便得

$$\int_a^b \left(\frac{\partial F}{\partial y}\delta y + \frac{\partial F}{\partial y'}\delta y'\right) \mathrm{d}x = 0. \tag{9.1.8}$$

与式(9.1.6)比较可知,使泛函(9.1.3)取极值的解(9.1.7)必须满足
$$\delta J = 0. \tag{9.1.9}$$
此即泛函取极值的必要条件.即泛函 J 的极值函数 $y(x)$ 必须是满足泛函的变分 $\delta J = 0$ 的函数类 $y(x)$.因此,把泛函的极值问题称为变分问题.

式(9.1.8)的积分号下既有 δy,又有 $\delta y'$,对第二项积分应用分部积分法可使积分号下只出现 δy:
$$\int_a^b \frac{\partial F}{\partial y'} \delta y' \mathrm{d}x = \int_a^b \frac{\partial F}{\partial y'} \frac{\mathrm{d}}{\mathrm{d}x}(\delta y) \mathrm{d}x = \frac{\partial F}{\partial y'} \delta y \bigg|_a^b - \int_a^b \frac{\mathrm{d}}{\mathrm{d}x}\left(\frac{\partial F}{\partial y'}\right) \delta y \mathrm{d}x,$$
在简单的变分问题中,都保持 $\delta y|_{x=a} = 0$,$\delta y|_{x=b} = 0$,即端点的函数值是固定的,故上式右边第一项为零,于是式(9.1.8)成为
$$\int_a^b \left[\frac{\partial F}{\partial y} - \frac{\mathrm{d}}{\mathrm{d}x}\left(\frac{\partial F}{\partial y'}\right)\right] \delta y \mathrm{d}x = 0,$$
上式对任意给定的区间 (a,b) 和任何的 δy 都成立,所以有
$$\frac{\partial F}{\partial y} - \frac{\mathrm{d}}{\mathrm{d}x}\left(\frac{\partial F}{\partial y'}\right) = 0. \tag{9.1.10}$$
即泛函式(9.1.3)有极值的必要条件,又可表示为方程(9.1.10),这个方程称为泛函(9.1.3)的极值问题的欧拉(Euler)方程.Euler 方程展开后成为
$$\frac{\partial F}{\partial y} - \frac{\partial^2 F}{\partial y' \partial x} - \frac{\partial^2 F}{\partial y' \partial y} y' - \frac{\partial^2 F}{\partial y' \partial y'} y'' = 0,$$
当 $\frac{\partial^2 F}{\partial y' \partial y'} \neq 0$ 时,上式是一个关于 $y(x)$ 的二阶常微分方程,但不一定是常系数的线性微分方程,因此它的通解不是很容易就求出来的.然而在有些情况下,Euler 方程(9.1.10)可以得到简化.

(1) 当式(9.1.3)中泛函的核函数 $F(x,y,y')$ 不显含 y 时,即 $F = F(x,y')$ 时,显然有
$$\frac{\partial F}{\partial y'} = C. \tag{9.1.11}$$

(2) 当式(9.1.3)中泛函的核函数 $F(x,y,y')$ 不显含 x 时,即 $F = F(y,y')$ 时

因为
$$\frac{\mathrm{d}}{\mathrm{d}x}(F - y' F_{y'}) = F_x + F_y y' + F_{y'} y'' - \left(y'' F_{y'} + y' \frac{\mathrm{d} F_{y'}}{\mathrm{d}x}\right) \xlongequal{F_x = 0} y'\left(F_y - \frac{\mathrm{d} F_{y'}}{\mathrm{d}x}\right) \xlongequal{(9.1.10)} 0,$$
所以,有
$$F - y' \frac{\partial F}{\partial y'} = C, \quad \text{或} \quad y' \frac{\partial F}{\partial y'} - F = C, \tag{9.1.12}$$
其中 C 为积分常数.

例 9.1.3 求连接一平面上两点间的曲线段中最短者.

解 这是一个变分问题,设 (x_0, y_0) 和 (x_1, y_1) 为平面上的两个定点,则连接此两点的曲线长可表示为
$$s[y(x)] = \int_{(x_0,y_0)}^{(x_1,y_1)} \mathrm{d}s = \int_{(x_0,y_0)}^{(x_1,y_1)} \sqrt{(\mathrm{d}x)^2 + (\mathrm{d}y)^2} = \int_{(x_0,y_0)}^{(x_1,y_1)} \sqrt{1 + y'^2} \mathrm{d}x.$$
故欲求曲线中的最短者,即要求此泛函的极值.这里

$$F = \sqrt{1+y'^2}, \quad \frac{\partial F}{\partial y} = 0, \quad \frac{\partial F}{\partial y'} = \frac{y'}{\sqrt{1+y'^2}},$$

故其 Euler 方程为

$$\frac{\mathrm{d}}{\mathrm{d}x} \frac{y'}{\sqrt{1+y'^2}} = 0,$$

即

$$\frac{y'}{\sqrt{1+y'^2}} = C, \text{ 或 } \quad y' = C\sqrt{1+y'^2}.$$

亦即

$$y'^2 = C^2(1+y'^2), \quad y' = \sqrt{\frac{C^2}{1-C^2}} = C_1.$$

积分上式,即得

$$y(x) = C_1 x + C_2.$$

即两点间的连线以直线为最短,这是一个几何公理.

例 9.1.2 求解本节开始讲过的最速落径问题,即变分问题

$$\delta \int_A^B \frac{\sqrt{1+y'^2}}{\sqrt{2gy}} \mathrm{d}x = 0.$$

解 由于

$$F = \frac{\sqrt{1+y'^2}}{\sqrt{2gy}}$$

不显含 x,故由式(9.1.12),其欧拉方程为

$$y' \frac{\partial}{\partial y} \sqrt{\frac{1+y'^2}{y}} - \sqrt{\frac{1+y'^2}{y}} = c,$$

即

$$\frac{y'^2}{\sqrt{y(1+y'^2)}} - \sqrt{\frac{1+y'^2}{y}} = c,$$

整理得

$$\frac{1}{y(1+y'^2)} = c^2.$$

令 $\frac{1}{c^2} = c_1$,分离变量,得

$$\frac{\sqrt{y}\,\mathrm{d}y}{\sqrt{c_1-y}} = \mathrm{d}x \quad (c_1 \text{ 为任意常数}).$$

再令

$$y = c_1 \sin^2 \frac{\theta}{2},$$

代入上式,则得

$$\mathrm{d}x = c_1 \sin^2 \frac{\theta}{2} \mathrm{d}\theta = \frac{c_1}{2}(1-\cos\theta)\mathrm{d}\theta,$$

于是有

$$\begin{cases} x = \frac{c_1}{2}(\theta - \sin\theta) + c_2, \\ y = \frac{c_1}{2}(1-\cos\theta). \end{cases}$$

这是摆线的参数方程，积分常数 c_1, c_2 可由 A、B 的位置决定.

例 9.1.3 求下列泛函的 Euler 方程，并要求 $y(x)$ 通过两定点 (A, B).

$$J(y) = \frac{1}{2}\int_a^b \left[p(x)\left(\frac{\mathrm{d}y}{\mathrm{d}x}\right)^2 + q(x)y^2 \right]\mathrm{d}x.$$

解 由

$$\delta J = \int_a^b \left[p(x)\frac{\mathrm{d}y}{\mathrm{d}x}\delta\frac{\mathrm{d}y}{\mathrm{d}x} + q(x)y\delta y \right]\mathrm{d}x = \int_a^b \left[p(x)\frac{\mathrm{d}y}{\mathrm{d}x}\frac{\mathrm{d}\delta y}{\mathrm{d}x} + q(x)y\delta y \right]\mathrm{d}x,$$

对第一项分部积分，得

$$\delta J(y) = \left[p(x)y'(x)\delta y \right]\Big|_a^b + \int_a^b \left[-\frac{\mathrm{d}}{\mathrm{d}x}\left(p(x)\frac{\mathrm{d}y}{\mathrm{d}x}\right) + q(x)y \right]\delta y\,\mathrm{d}x.$$

因端点固定，$\delta y(a) = \delta y(b) = 0$，故

$$\delta J(y) = \int_a^b \left[-\frac{\mathrm{d}}{\mathrm{d}x}\left(p(x)\frac{\mathrm{d}y}{\mathrm{d}x}\right) + q(x)y \right]\delta y\,\mathrm{d}x,$$

由 $\delta J = 0$ 得 Euler 方程

$$-\frac{\mathrm{d}}{\mathrm{d}x}\left[p(x)\frac{\mathrm{d}y}{\mathrm{d}x} \right] + q(x)y(x) = 0. \tag{1}$$

显然上式是 Sturm-Liouville 型方程. 又因为要求 $y(x)$ 通过两定点 A, B 两点，故还有边界条件

$$y(x)\big|_{x=a} = y(a); \quad y(x)\big|_{x=b} = y(b). \tag{2}$$

(1) 和 (2) 构成第一类边界条件的 Sturm-Liouville 边值问题.

例 9.1.4 在什么样的曲线上，下面的泛函取极值？

$$\begin{cases} J[y(x)] = \displaystyle\int_0^{\frac{\pi}{2}} \left[(y')^2 - y^2 \right]\mathrm{d}x \\ y(0) = 0, \quad y\left(\dfrac{\pi}{2}\right) = 1 \end{cases}.$$

解 此处 $F(x, y, y') = (y')^2 - y^2$，故变分 $J[y(x)]$ 的 Euler 方程为

$$\frac{\partial F}{\partial y} - \frac{\mathrm{d}}{\mathrm{d}x}\frac{\partial F}{\partial y'} = -2y - 2y'' = 0,$$

即

$$y'' + y = 0.$$

该方程的通解为

$$y = C_1 \cos x + C_2 \sin x.$$

代入边界条件，定得

$$C_1 = 0, \quad C_2 = 1.$$

故所求极值曲线为

$$y = \sin x.$$

9.1.4 复杂泛函的 Euler 方程

较复杂的泛函的欧拉方程可仿照上述方法导出.

(1) 依赖于多元函数的泛函的 Euler 方程

考虑依赖于二元函数 $u(x, y)$ 泛函

$$J(u) = \iint_G F(x,y,u,u_x,u_y)\,dxdy, \tag{9.1.13}$$

其中 F 是给定的函数. 且在 G 的边界 ∂G 上满足

$$u(x,y)\big|_{\partial G} = u_0(x,y). \tag{9.1.14}$$

我们的问题是在条件(9.1.14)下，求 $u(x,y)$ 使(9.1.13)中的泛函 $J(u)$ 取极值.

设函数 $u(x,y)$ 使泛函 $J(u)$ 取极值，设想这个解有变分 $\alpha\eta(x,y)$，其中 α 是小参数，即在 $u(x,y)$ 的邻域内取比较函数

$$u^*(x,y) = u(x,y) + \alpha\eta(x,y), \tag{9.1.15}$$

且

$$\eta(x,y)\big|_{\partial G} = 0. \tag{9.1.16}$$

对应于 $u^*(x,y)$，泛函 J 的值是

$$\begin{aligned} J(u^*) &= \iint_G F(x,y,u^*,u_x^*,u_y^*)\,dxdy \\ &= \iint_G F(x,y,u+\alpha\eta,u_x+\alpha\eta_x,u_y+\alpha\eta_y)\,dxdy \\ &\equiv J(\alpha). \end{aligned} \tag{9.1.17}$$

因为 $J(u)$ 在 $u(x,y)$ 取极值，亦即 $\alpha=0$ 时 $J(\alpha)$ 取极值，于是由极值的必要条件得

$$\begin{aligned} \frac{dJ(\alpha)}{d\alpha}\bigg|_{\alpha=0} &= \iint_G (F_u\eta + F_{u_x}\eta_x + F_{u_y}\eta_y)\,dxdy \\ &= \iint_G \left(F_u - \frac{\partial}{\partial x}F_{u_x} - \frac{\partial}{\partial y}F_{u_y}\right)\eta(x,y)\,dxdy + \\ &\quad \iint_G \left(\frac{\partial(F_{u_x}\eta)}{\partial x} + \frac{\partial(F_{u_y}\eta)}{\partial y}\right)dxdy, \end{aligned} \tag{9.1.18}$$

第二项积分可以用平面 Green 公式化成边界 ∂G 上的积分

$$\iint_G \left(\frac{\partial(F_{u_x}\eta)}{\partial x} + \frac{\partial(F_{u_y}\eta)}{\partial y}\right)dxdy = \int_{\partial G} \eta(F_{u_y}dy - F_{u_x}dx). \tag{9.1.19}$$

由(9.1.16)知这个积分为零. 代入到(9.1.18)有

$$\iint_G \left(F_u - \frac{\partial}{\partial x}F_{u_x} - \frac{\partial}{\partial y}F_{u_y}\right)\eta(x,y)\,dxdy = 0, \tag{9.1.20}$$

因为区域 G 和 $\eta(x,y)$ 都是任意的，故上式成立要求

$$F_u - \frac{\partial}{\partial x}F_{u_x} - \frac{\partial}{\partial y}F_{u_y} = 0. \tag{9.1.21}$$

此式即为二元函数的泛函(9.1.13)取极值的必要条件——Euler 方程.

同理，依赖于三元函数 $u(x,y,z)$ 的泛函 $J(u)$，其变分问题为

$$\delta\iiint_V F(x,y,z;u;u_x,u_y,u_z)\,dxdydz = 0,$$

对应的欧拉方程是偏微分方程

$$\frac{\partial F}{\partial u} - \frac{\partial}{\partial x}\left(\frac{\partial F}{\partial u_x}\right) - \frac{\partial}{\partial y}\left(\frac{\partial F}{\partial u_y}\right) - \frac{\partial}{\partial z}\left(\frac{\partial F}{\partial u_z}\right) = 0. \tag{9.1.22}$$

对 n 个自变量的情况，泛函为

$$J(u) = \iint_G F(x_1,x_2,\cdots,x_n;u;u_{x_1},u_{x_2},\cdots u_{x_n})\,dx_1dx_2\cdots dx_n, \tag{9.1.23}$$

其一阶变分

$$\delta J(u) = \iint_G \left(\frac{\partial F}{\partial u}\delta u + \frac{\partial F}{\partial u_{x_1}}\delta u_{x_1} + \cdots + \frac{\partial F}{\partial u_{x_n}}\delta u_{x_n} \right) \mathrm{d}x_1 \mathrm{d}x_2 \cdots \mathrm{d}x_n$$

$$= \iint_G \left\{ \left[\frac{\partial F}{\partial u} - \sum_{i=1}^n \frac{\partial}{\partial x_i}\left(\frac{\partial F}{\partial u_{x_i}}\right) \right]\delta u + \sum_{i=1}^n \frac{\partial}{\partial x_i}\left(\frac{\partial F}{\partial u_{x_i}}\delta u\right) \right\} \mathrm{d}x_1 \mathrm{d}x_2 \cdots \mathrm{d}x_n, \tag{9.1.24}$$

利用 n 维空间上的 Green 公式

$$\iint_G \sum_{i=1}^n \frac{\partial}{\partial x_i}\left(\frac{\partial F}{\partial u_{x_i}}\delta u\right) \mathrm{d}x_1 \mathrm{d}x_2 \cdots \mathrm{d}x_n = \sum_{i=1}^n \int_{\partial G} \frac{\partial F}{\partial u_{x_i}} \cos\theta_i \delta u \, \mathrm{d}S$$

如果在边界面上有 $\delta u|_{\partial G} = 0$,则有

$$\delta J(u) = \iint_G \left[\frac{\partial F}{\partial u} - \sum_{i=1}^n \frac{\partial}{\partial x_i}\left(\frac{\partial F}{\partial u_{x_i}}\right) \right]\delta u \, \mathrm{d}x_1 \mathrm{d}x_2 \cdots \mathrm{d}x_n, \tag{9.1.25}$$

由区域 G 和 δu 的任意性,得到式(9.1.23)的 Euler 方程是

$$\frac{\partial F}{\partial u} - \sum_{i=1}^n \frac{\partial}{\partial x_i}\left(\frac{\partial F}{\partial u_{x_i}}\right) = 0. \tag{9.1.26}$$

(2) 依赖于几个函数的变分问题

依赖于一个自变数和几个函数的泛函可以写为

$$J[y_1(x), y_2(x), \cdots y_n(x)]$$
$$= \int_a^b F(x; y_1, y_2 \cdots y_n; y_1', y_2' \cdots y_n') \mathrm{d}x. \tag{9.1.27}$$

为了寻求这个泛函的极值条件,我们只让泛函中的一个函数,如 $y_k(x)$ 获得变分,而令其余的函数保持不变.这样,原来的泛函 J 可以看成只依赖于一个函数的泛函 $J_k(y_k)$,而使得这个泛函具有极值的函数 $y_k(x)$ 应该满足

$$\frac{\partial F}{\partial y_k} - \frac{\mathrm{d}}{\mathrm{d}x}\left(\frac{\partial F}{\partial y_k'}\right) = 0, \tag{9.1.28}$$

这样的推理对于每一个函数都能适用,故泛函 $J[y_1(x), y_2(x), \cdots y_n(x)]$ 的变分问题对应于下列欧拉方程组

$$\frac{\partial F}{\partial y_i} - \frac{\mathrm{d}}{\mathrm{d}x}\left(\frac{\partial F}{\partial y_i'}\right) = 0 \quad (i=1,2,3,\cdots,n). \tag{9.1.29}$$

(3) 泛函依赖于 $y(x)$ 及其 n 阶导数的情况

例如变分问题

$$\delta \int_a^b F(x; y, y', y'', \cdots, y^{(n)}) \mathrm{d}x = 0, \tag{9.1.30}$$

对应的欧拉方程是

$$\frac{\partial F}{\partial y} - \frac{\mathrm{d}}{\mathrm{d}x}\left(\frac{\partial F}{\partial y'}\right) + \frac{\mathrm{d}^2}{\mathrm{d}x^2}\left(\frac{\partial F}{\partial y''}\right) - \frac{\mathrm{d}^3}{\mathrm{d}x^3}\left(\frac{\partial F}{\partial y'''}\right) \mathrm{d}x + \cdots + (-1)^n \frac{\mathrm{d}^n}{\mathrm{d}x^n}\left(\frac{\partial F}{\partial y^{(n)}}\right) = 0 \tag{9.1.31}$$

例 9.1.5 试写出泛函

$$J[u(x,y)] = \iint_D [u_x^2 + u_y^2 + 2uf(x,y)] \mathrm{d}x \mathrm{d}y$$

的 Euler 方程.

解 对泛函

$$J[u(x,y)] = \iint_D [u_x^2 + u_y^2 + 2uf(x,y)] \mathrm{d}x \mathrm{d}y,$$

有
$$F = u_x^2 + u_y^2 + 2uf(x,y),$$
由式(9.1.21)有
$$F_u - \frac{\partial}{\partial x}F_{u_x} - \frac{\partial}{\partial y}F_{u_y} = 2f(x,y) - 2u_{xx} - 2u_{yy} = 0,$$
于是 Euler 方程是
$$u_{xx} + u_{yy} = f(x,y).$$

例 9.1.6 求泛函
$$J[y(x),z(x)] = \int_0^{\frac{\pi}{2}} (y'^2 + z^2 + 2yz)\mathrm{d}x,$$
满足边界条件 $y(0) = z(0) = 0$, $y\left(\frac{\pi}{2}\right) = z\left(\frac{\pi}{2}\right) = -1$ 的极值曲线.

解 由式(9.1.29),得泛函的 Euler 方程是
$$y'' - z = 0, \quad z'' - y = 0.$$
消去 z 得
$$y^{(4)} - y = 0,$$
其通解为
$$y = c_1 \mathrm{e}^x + c_2 \mathrm{e}^{-x} + c_3 \cos x + c_4 \sin x,$$
$$z = y'' = c_1 \mathrm{e}^x + c_2 \mathrm{e}^{-x} - c_3 \cos x - c_4 \sin x.$$
由边界条件确定常数后,得
$$y = \sin x, \quad z = -\sin x.$$

例 9.1.7 求下列泛函的极值曲线
$$\begin{cases} J[y(x)] = \int_{x_0}^{x_1} [16y^2 - (y'')^2 + x^2]\mathrm{d}x \\ y(x_0) = y_0, \quad y'(x_0) = y_0' \\ y(x_1) = y_1, \quad y'(x_1) = y_1'. \end{cases}$$

解 这里 $F(x,y,y') = 16y^2 - (y'')^2 + x^2$,其中含有未知函数的二阶导数,其 Euler 按式(9.1.31)有
$$\frac{\partial F}{\partial y} - \frac{\mathrm{d}}{\mathrm{d}x}\left(\frac{\partial F}{\partial y'}\right) + \frac{\mathrm{d}^2}{\mathrm{d}x^2}\left(\frac{\partial F}{\partial y''}\right) = 0,$$
即
$$y^{(4)} - 16y = 0.$$
其通解是
$$y = c_1 \mathrm{e}^{2x} + c_2 \mathrm{e}^{-2x} + c_3 \cos 2x + c_4 \sin 2x,$$
其中 $y = c_1, c_2, c_3$ 和 c_4 为积分常数,由边界条件确定.

9.1.5 泛函的条件极值问题

在实际数学物理问题遇到的变分问题中,可取函数有时还要受到一些附加条件的限制,构成所谓泛函的条件极值问题. 对于这种问题可以用类似于处理多元函数条件极值的 Lagrange 乘数法,把泛函的条件极值化成无条件极值来解决.

(1) 约束条件为 $\int_a^b G(x,y,y')\mathrm{d}x = C$ (常数)的变分问题

考虑下面带有约束条件的极值问题

$$\begin{cases} J[y(x)] = \int_a^b F(x,y,y')\mathrm{d}x, \quad y(a)=y_0,\ y(b)=y_1; \\ I[y(x)] = \int_a^b G(x,y,y')\mathrm{d}x = C. \end{cases} \quad (9.1.32)$$

其中 C 和 y_0, y_1 均为常数。用欧拉方程解这类问题,可仿照解函数的条件极值问题的 Lagrange 乘数法。设想 y 有变分

$$y(x) \to y(x) + \delta_1 \eta_1(x) + \delta_2 \eta_2(x),$$

其中 δ_1 和 δ_2 都是小参数,而函数 $\eta_1(x)$ 和 $\eta_2(x)$ 都是任意的,则极值问题 (9.1.32) 成为

$$\begin{cases} J[y+\delta_1\eta_1+\delta_2\eta_2] = \int_a^b F(x, y+\delta_1\eta_1+\delta_2\eta_2, y'+\delta_1\eta_1'+\delta_2\eta_2')\mathrm{d}x, \\ \eta_1(a)=0,\quad \eta_2(a)=0,\quad \eta_1(b)=0,\quad \eta_2(b)=0, \\ I[y+\delta_1\eta_1+\delta_2\eta_2] = \int_a^b G(x, y+\delta_1\eta_1+\delta_2\eta_2, y'+\delta_1\eta_1'+\delta_2\eta_2')\mathrm{d}x = C. \end{cases} \quad (9.1.33)$$

利用 Lagrange 乘数法,定义辅助泛函

$$E[y(x)] = J[y(x)] + \lambda I[y(x)] = \int_a^b (F+\lambda G)\mathrm{d}x,$$

其中 λ 为待定参数。因为 $\delta_1 = 0$ 和 $\delta_2 = 0$ 使函数 $J[y+\delta_1\eta_1+\delta_2\eta_2]$ 取极值,也就使 $E[y+\delta_1\eta_1+\delta_2\eta_2]$ 取极值,于是有

$$\left.\frac{\partial E}{\partial \delta_1}\right|_{\substack{\delta_1=0\\\delta_2=0}} = 0, \quad \left.\frac{\partial E}{\partial \delta_2}\right|_{\substack{\delta_1=0\\\delta_2=0}} = 0.$$

由此两式以及 $\eta_i(a) = \eta_i(b) = 0 \quad (i=1,2)$,可得

$$\begin{cases} \int_a^b \left\{\dfrac{\partial(F+\lambda G)}{\partial y} - \dfrac{\mathrm{d}}{\mathrm{d}x}\left[\dfrac{\partial(F+\lambda G)}{\partial y'}\right]\right\}\eta_1(x)\mathrm{d}x = 0, \\ \int_a^b \left\{\dfrac{\partial(F+\lambda G)}{\partial y} - \dfrac{\mathrm{d}}{\mathrm{d}x}\left[\dfrac{\partial(F+\lambda G)}{\partial y'}\right]\right\}\eta_2(x)\mathrm{d}x = 0. \end{cases} \quad (9.1.34)$$

设 $y(x)$ 不是方程 $\dfrac{\partial G}{\partial y} - \dfrac{\mathrm{d}}{\mathrm{d}x}\left(\dfrac{\partial G}{\partial y'}\right) = 0$ 的解,总可以选取某个函数 $\eta_2(x)$,使得

$$\int_a^b \left[\frac{\partial G}{\partial y} - \frac{\mathrm{d}}{\mathrm{d}x}\left(\frac{\partial G}{\partial y'}\right)\right]\eta_2(x)\mathrm{d}x \neq 0.$$

$\eta_2(x)$ 既已选定,由 (9.1.34) 的第二式,有

$$\lambda = \frac{\int_a^b \left[\dfrac{\partial F}{\partial y} - \dfrac{\mathrm{d}}{\mathrm{d}x}\left(\dfrac{\partial F}{\partial y'}\right)\right]\eta_2(x)\mathrm{d}x}{\int_a^b \left[\dfrac{\partial G}{\partial y} - \dfrac{\mathrm{d}}{\mathrm{d}x}\left(\dfrac{\partial G}{\partial y'}\right)\right]\eta_2(x)\mathrm{d}x}.$$

因为 $\eta_1(x)$ 是任意的,由 (9.1.34) 中的第一式可得

$$\frac{\partial F}{\partial y} + \lambda \frac{\partial G}{\partial y} - \frac{\mathrm{d}}{\mathrm{d}x}\left(\frac{\partial F}{\partial y'} + \lambda \frac{\partial G}{\partial y'}\right) = 0. \quad (9.1.35)$$

这是通过 a, b 两点的 $y(x)$ 在附加条件 $\int_a^b G(x,y,y')\mathrm{d}x = C$ (常数)之下使泛函 $J(x,y,y')$ 取极值的必要条件。它是一个关于 $y(x)$ 的二阶常微分方程。

例 9.1.8 等周问题。在平面上,在给定周长的条件下,求封闭曲线,使它所围的面积最大。

解 设所求曲线 L 的参数方程是

$$\begin{cases} x = x(t), \\ y = y(t), \end{cases} t_0 \leqslant t \leqslant t_1,$$

且 $x(t_0) = x(t_1)$,$y(t_0) = y(t_1)$. 由条件有

$$\int_{t_1}^{t_2} \sqrt{x'^2(t) + y'^2(t)} \, \mathrm{d}t = c \quad \text{（常数）} \tag{9.1.36}$$

由 Green 公式,曲线 L 所围成的面积为

$$A = \frac{1}{2} \oint_L x \, \mathrm{d}y - y \, \mathrm{d}x = \frac{1}{2} \int_{t_0}^{t_1} (xy' - yx') \, \mathrm{d}t.$$

于是等周问题可以归结为求泛函

$$\begin{cases} J[x, y] = \dfrac{1}{2} \int_{t_0}^{t_1} (xy' - yx') \, \mathrm{d}t, \\ x(t_0) = x(t_1), \quad y(t_0) = y(t_1), \end{cases}$$

在等周条件(9.1.36)之下的极值.

作辅助泛函

$$E = \frac{1}{2} \int_{t_1}^{t_2} (xy' - yx' + \lambda \sqrt{x'^2 + y'^2}) \, \mathrm{d}t,$$

其 Euler 方程组为

$$\begin{cases} y' - \dfrac{\mathrm{d}}{\mathrm{d}t}\left(-y + \dfrac{\lambda x'}{\sqrt{x'^2 + y'^2}}\right) = 0, \\ -x' - \dfrac{\mathrm{d}}{\mathrm{d}t}\left(x + \dfrac{\lambda y'}{\sqrt{x'^2 + y'^2}}\right) = 0. \end{cases}$$

积分后,得

$$\begin{cases} 2y - \dfrac{\lambda x'}{\sqrt{x'^2 + y'^2}} = 2C_1, \\ 2x + \dfrac{\lambda y'}{\sqrt{x'^2 + y'^2}} = 2C_2. \end{cases}$$

整理后,有

$$(x - C_2)^2 + (y - C_1)^2 = \frac{\lambda^2}{4}.$$

这是圆族的方程,令

$$\begin{cases} x - C_2 = \dfrac{\lambda}{2} \cos t, \\ y - C_1 = \dfrac{\lambda}{2} \sin t, \end{cases} 0 \leqslant t \leqslant 2\pi,$$

代入等周条件,得

$$c = \int_0^{2\pi} \sqrt{\frac{\lambda^2}{4} \sin^2 t + \frac{\lambda^2}{4} \cos^2 t} \, \mathrm{d}t = \int_0^{2\pi} \frac{\lambda}{2} \, \mathrm{d}t = \lambda \pi,$$

即 $\lambda = \dfrac{c}{\pi}$,于是,极值曲线是

$$(x - C_2)^2 + (y - C_1)^2 = \left(\frac{c}{2\pi}\right)^2.$$

利用边界条件 $x(t_0)=x(t_1)$, $y(t_0)=y(t_1)$,可以定出 C_1 和 C_2,因此所求的积分曲线是一个圆.

例9.1.9 求 $J[y(x)]=\int_0^1(y')^2\mathrm{d}x$ 的极值,其中 y 是归一化的,即 $\int_0^1 y^2\mathrm{d}x=1$,且已知 $y(0)=0$, $y(1)=0$.

解 这是求泛函的条件极值问题,可化为变分问题
$$\delta\int_0^1(y'^2+\lambda y^2)\mathrm{d}x=0,$$
对应的欧拉方程是
$$y''-\lambda y=0,$$
其通解为
$$y=c_1\sin\sqrt{-\lambda}x+c_2\cos\sqrt{-\lambda}x \quad (\lambda<0).$$
代入条件 $y(0)=0$, $y(1)=0$,得
$$y_n(x)=c_n\sin n\pi x \quad (n=1,2,\cdots),$$
代入归一化条件,得
$$\int_0^1 c_n^2\sin^2 n\pi x\mathrm{d}x=1,$$
于是得 $c_n=\pm\sqrt{2}$,故原极值问题的解为
$$y_n=\pm\sqrt{2}\sin n\pi x.$$
而泛函 $\int_0^1(y')^2\mathrm{d}x$ 的极值为
$$\int_a^b 2\pi^2\cos^2 n\pi x\mathrm{d}x=n^2\pi^2.$$
当 $n=1$ 时,极值函数 $y_1(x)=\pm\sqrt{2}\sin\pi x$ 使泛函取得最小值 π^2.

(2) 测地线问题

这类问题的约束条件为函数方程,典型的例子是在给定曲面
$$G(x,y,z)=0 \tag{9.1.37}$$
及其上两点 $A(x_1,y_1,z_1)$ 和 $B(x_2,y_2,z_2)$ 的情况下,要求出这曲面上的曲线
$$y=y(x); \quad z=z(x), \tag{9.1.38}$$
它使泛函
$$J[y(x),z(x)]=\int_{x_1}^{x_2}F[x,y(x),z(x),y'(x),z'(x)]\mathrm{d}x \tag{9.1.39}$$
取极值.

这种变分问题与变分问题(9.1.32)的不同在于(9.1.38)的两式并不独立,而必须满足约束条件(9.1.37).所以现在的变分问题实际上是依赖于一个函数的变分问题.

为了求解这种问题,设 $G_z\neq 0$,这时,由隐函数存在定理,由方程(9.1.37)确定了隐函数
$$z=z(x,y) \tag{9.1.40}$$
将它代入(9.1.39),并记这时的泛函 $J[y,z]$ 为 $J_1(y)$,则有
$$J_1[y]=\int_{x_1}^{x_2}F(x,y,z,y',z_x+z_y y')\mathrm{d}x=\int_{x_1}^{x_2}F_1(x,y,y')\mathrm{d}x \tag{9.1.41}$$
这是一个依赖于一个一元函数的泛函,按照方程(9.1.10)有

$$\frac{\partial F_1}{\partial y} - \frac{\mathrm{d}}{\mathrm{d}x}\left(\frac{\partial F_1}{\partial y'}\right) = 0, \tag{9.1.42}$$

因为

$$\begin{cases} \dfrac{\partial F_1}{\partial y} = \dfrac{\partial F}{\partial y} + \dfrac{\partial F}{\partial z}z_y + \dfrac{\partial F}{\partial z'}(z_{xy} + z_{yy}y'); \\ \dfrac{\partial F_1}{\partial y'} = \dfrac{\partial F}{\partial y'} + \dfrac{\partial F}{\partial z'}z_y, \end{cases}$$

代入到方程(9.1.42),得

$$\frac{\partial F}{\partial y} - \frac{\mathrm{d}}{\mathrm{d}x}\left(\frac{\partial F}{\partial y'}\right) + z_y\left[\frac{\partial F}{\partial z} - \frac{\mathrm{d}}{\mathrm{d}x}\left(\frac{\partial F}{\partial z'}\right)\right] = 0. \tag{9.1.43}$$

为了求出 z_y 的表达式,将(9.1.40)代入到方程(9.1.37)中,然后对 y 求导,有

$$\frac{\partial G}{\partial y} + \frac{\partial G}{\partial z}z_y = 0,$$

故

$$z_y = -\frac{\partial G}{\partial y}\bigg/\frac{\partial G}{\partial z},$$

将上式代入到(9.1.43),得到

$$\left[\frac{\partial F}{\partial y} - \frac{\mathrm{d}}{\mathrm{d}x}\left(\frac{\partial F}{\partial y'}\right)\right]\bigg/\frac{\partial G}{\partial y} - \left[\frac{\partial F}{\partial z} - \frac{\mathrm{d}}{\mathrm{d}x}\left(\frac{\partial F}{\partial z'}\right)\right]\bigg/\frac{\partial G}{\partial z} = -\lambda(x), \tag{9.1.44}$$

其中 $\lambda(x)$ 为一待定函数. 由此得方程组

$$\begin{cases} \dfrac{\mathrm{d}}{\mathrm{d}x}\left(\dfrac{\partial F}{\partial y'}\right) - \left[\dfrac{\partial F}{\partial y} + \lambda(x)\dfrac{\partial G}{\partial y}\right] = 0, \\ \dfrac{\mathrm{d}}{\mathrm{d}x}\left(\dfrac{\partial F}{\partial z'}\right) - \left[\dfrac{\partial F}{\partial z} + \lambda(x)\dfrac{\partial G}{\partial z}\right] = 0. \end{cases} \tag{9.1.45}$$

这就是变分问题(9.1.37)~(9.1.39)的 Euler-Lagrange 方程组.

例 9.1.10 求圆柱面 $x^2 + y^2 = R^2$ 上的两点 P_1 和 P_2 之间长度最短的曲线.

解 设空间曲线的参数方程是

$$x = x(t), \quad y = y(t), \quad z = z(t) \tag{9.1.46}$$

约束条件为

$$G(x, y, z) = x^2 + y^2 - R^2 = 0 \tag{9.1.47}$$

建立泛函

$$J(x, y, z) = \int_{t_1}^{t_2} \sqrt{[x'(t)]^2 + [y'(t)]^2 + [z'(t)]^2}\,\mathrm{d}t \tag{9.1.48}$$

其中 t_1 和 t_2 分别对应于两点 P_1 和 P_2,由 Lagrange(拉格朗日)乘数法,建立辅助泛函

$$J_1(x, y, z) = J(x, y, z) + \int_{t_1}^{t_2} \lambda(x)(x^2 + y^2 - R^2)\,\mathrm{d}t \tag{9.1.49}$$

在柱面上有 $x = R\cos t$; $y = R\sin t$, $0 \leqslant t \leqslant 2\pi$, 式(9.1.49)化简为

$$J_1(x, y, z) = \int_{t_1}^{t_2} \sqrt{R^2 + [z'(t)]^2}\,\mathrm{d}t \tag{9.1.50}$$

其 Euler 方程为

$$\frac{\mathrm{d}}{\mathrm{d}t}\left(\frac{z'(t)}{\sqrt{R^2 + [z'(t)]^2}}\right) = 0 \tag{9.1.51}$$

积分后得 $z = C_1 t + C_2$,其中常数 C_1 和 C_2 由点 p_1 和 p_2 决定,因此所求极值曲线为圆柱螺旋线

$$x = R\cos t; \quad y = R\sin t, \quad z = C_1 t + C_2 \quad (0 \leqslant t \leqslant 2\pi). \tag{9.1.52}$$

以上讨论的变分问题,其端点的函数值是固定的,还有端点的值是可变的变分情况,我们这里就不讨论了.

9.1.6 求泛函极值的直接方法——Ritz(里兹)方法

上面,我们将变分问题归结为求解微分方程的问题. 而微分方程仅在不多的情况下能够积分为有限形式,因此人们就想到,从泛函本身出发,不经过微分方程而直接求出其极值曲线. 这就是所谓研究泛函极值问题的直接方法.

Ritz(里兹)方法就是比较典型的直接方法. 其基本要点是,不把泛函 $J[y(x)]$ 放在它的全部定义域内来考虑,而把它放在其定义域的某一部分来考虑. 具体而言,取某种完备函数系

$$\varphi_1(x), \quad \varphi_2(x), \cdots, \varphi_n(x), \cdots,$$

尝试以其中的前几个来表示变分问题 $\delta J = 0$ 的解,即令解为

$$y(x) = f(\varphi_1, \varphi_2, \varphi_3, \cdots, \varphi_n; c_1, c_2, c_3, \cdots, c_n), \tag{9.1.53}$$

其中 $c_1, c_2, c_3, \cdots, c_n$ 为待定参数,把上式代入泛函 J 的表达式,J 便成了 $c_1, c_2, c_3, \cdots, c_n$ 的 n 元函数,即 $J[y(x)] = \Phi(c_1, c_2, c_3, \cdots, c_n)$. 由于 f 的形式是预先选下的,比如可以选 $f = \sum_{i=1}^{n} c_i \varphi_i(x)$,故按照多元函数的极值的必要条件,令

$$\frac{\partial \Phi}{\partial c_i} = 0 \, (i = 1, 2, \cdots, n), \tag{9.1.54}$$

而求出系数 $c_1, c_2, c_3, \cdots, c_n$,从而也就完全确定了 $y(x)$. 但这样得到的 $y(x)$ 并非 $\delta J = 0$ 的严格解,而只是近似解,若将上述近似解记作 $y_n(x)$,则严格解应该是

$$y(x) = \lim_{n \to \infty} y_n(x).$$

不过,这个极限过程是否收敛,收敛的快慢如何,是否收敛于严格解,都还是问题;而实际问题中如果真去求上列极限往往很麻烦,因此,通常就止于求出近似解.

在 Ritz 方法中,如果函数系 $\varphi_1(x), \varphi_2(x), \cdots$ 选得适当,而且尝试函数 f 也取得适当,便能求出近似程度很高的近似解;如果选得不当,所得"近似解"可能与严格解相差很远. 至于怎样才能适当,并无一定方法可循,只能根据问题的性质(如边值的性质)结合经验来试选. 常常选择函数系为多项式或三解函数系.

例 9.1.11 已知 $y(0) = y(1) = 0$,试确定 $y = y(x)$,使泛函

$$J[y] = \int_0^1 (y'^2 - y^2 - 2xy) dx$$

取极值.

解 这个泛函的 Euler 方程是 $y'' + y + x = 0$,容易求出其满足边界条件的解是

$$y = -x + \sin x / \sin 1,$$

取试探函数系为 $\{x(1-x), x^2(1-x), \cdots, x^n(1-x), \cdots\}$ (满足边界条件),而试探函数取为

$$y_n = x(1-x)(C_1 + C_2 x + C_3 x^2 \cdots + C_n x^{n-1}).$$

首先取 $y_1 = C_1 x(1-x)$,则 $y_1' = C_1(1-2x)$,代入到泛函 $J[y]$ 中,得

$$J[y_1] = \Phi(C_1) = \int_0^1 [C_1^2 (1-2x)^2 - C_1^2 x^2 (1-x)^2 - 2C_1 x^2 (1-x)] dx$$

由 $\dfrac{\mathrm{d}\Phi}{\mathrm{d}C_1}=0$,得

$$\int_0^1 \left[2C_1(1-2x)^2 - 2C_1 x^2(1-x)^2 - 2x^2(1-x)\right]\mathrm{d}x = 0$$

积分后求出 $C_1=5/18$,于是得到一级近似解为 $y_1=5x(1-x)/18$.

上述求解过程可以用 Maple 完成:

```
>y[1]:=C[1]*x*(1-x);
```
$$y_1:=C_1 x(1-x)$$

```
>phi(C[1]):=int((diff(y[1],x))^2-(y[1])^2-2*x*y[1], x=0..1);
```
$$\phi(C_1):=\frac{3}{10}C_1^2 - \frac{1}{6}C_1$$

```
>solve(diff(phi(C[1]),C[1])=0,C[1]);
```
$$\frac{5}{18}$$

再取 $y_2=x(1-x)(C_1+C_2 x)$,代入泛函后,令

$$\frac{\partial \Phi(C_1,C_2)}{\partial C_1}=0, \quad \frac{\partial \Phi(C_1,C_2)}{\partial C_2}=0.$$

用 Maple 计算,有

```
>y[2]:=(C[1]+C[2]*x)*x*(1-x);
```
$$y_2:=(C_1+C_2 x)x(1-x)$$

```
>phi(C[1],C[2]):=int((diff(y[2],x))^2-(y[2])^2-2*x*y[2], x=0..1);
```
$$\phi(C_1,C_2):=\frac{188}{105}C_2^2 - \frac{61}{30}C_1 C_2 - \frac{1}{10}C_2 + \frac{29}{30}C_1^2 - \frac{3}{2}(2C_2-2C_1)C_2 - \frac{1}{6}C_1 +$$
$$\frac{1}{3}(2C_2-2C_1)^2 + C_1(2C_2-2C_1)$$

```
>solve({diff(phi(C[1],C[2]),C[1])=0,diff(phi(C[1],C[2]),C[2])=0},[C[1],
C[2]]);
```
$$\left[\left[C_1=\frac{71}{369},C_2=\frac{7}{41}\right]\right]$$

即解出 $C_1=71/369$, $C_2=7/41$. 于是得二次近似式

$$y_2=x(1-x)(2911+2583x)/15129.$$

在 $x=0.2, 0.4, 0.6, 0.8$ 四个点上,将近似解 y_1, y_2 的值与精确解 $y=-x+\sin x/\sin 1$ 的值进行比较,结果列于表 9.1.1 中.结果表明 y_1 相当粗糙,但 y_2 已较精确.

表 9.1.1

x	y	y_1	y_2
0.2	0.0361	0.0444	0.0362
0.4	0.0628	0.0667	0.0629
0.6	0.0710	0.0667	0.0706
0.8	0.0525	0.0444	0.0526

例 9.1.12 设 D 为矩形区域 $[-a, a, -b, b]$,求使泛函

$$J[\varphi] = \iint_D \frac{1}{2}(\varphi_x^{\ 2} + \varphi_y^{\ 2} - 2\varphi)\mathrm{d}x\mathrm{d}y$$

取极值的函数 $\varphi(x,y)$,且 $\varphi(x,y)|_{\partial D} = 0$.

解 为了满足齐次边界条件,取完备函数系

$$w_{pq} = (x^2 - a^2)(y^2 - b^2)x^p y^q,$$

考虑到问题的对称性,p 和 q 都取偶数值(包括 0).也可以取三角函数作为完备系,如

$$w_{pq} = \cos\frac{p\pi x}{2a}\cos\frac{p\pi y}{2b}, \quad p, q = 1, 3, 5, \cdots$$

这时 w_{pq} 也是满足齐次边界条件的.

为了计算简单,设 $a = b$. 先取试探函数

$$\phi_2 = (x^2 - a^2)(y^2 - b^2)[C_1 + C_2(x^2 + y^2)],$$

由于对称性,方括号中 x^2 与 y^2 的系数相同.如果 $b \neq a$,则应有 $(C_1 + C_2 x^2 + C_2 y^2)$.
把 φ_2 代入并用 Maple 计算有

> phi[2](x,y):=(x^2 - a^2)*(y^2 - a^2)*(C[1] + C[2]*(x^2 + y^2));
$$\phi_2(x,y) := (x^2 - a^2)(y^2 - a^2)(C_1 + C_2(x^2 + y^2))$$

> J(C[1],C[2]):=simplify(int(int((1/2)*((diff($\phi_2(x,y)$phi[2](x,y),x))^2 + (diff(phi[2](x,y),y))^2 - 2*phi[2](x,y)),x = -a..a),y = -a..a));

$$J(C_1, C_2) := \frac{5632}{4725}C_2^2 a^{12} + \frac{1024}{525}a^{10}C_2 C_1 - \frac{32}{45}a^8 C_2 + \frac{128}{45}a^8 C_1^2 - \frac{16}{9}a^6 C_1$$

> solve({diff(J(C[1],C[2]),C[1]) = 0, diff(J(C[1],C[2]),C[2]) = 0},[C[1],C[2]]);

$$\left[\left[C_1 = \frac{1295}{4432a^2},\ C_2 = \frac{525}{8864a^4}\right]\right]$$

于是,近似解为

$$\varphi_2 = (x^2 - a^2)(y^2 - b^2)\left[\frac{1295}{4432a^2} + \frac{525}{8864a^4}(x^2 + y^2)\right]$$

如果用所求得的函数 $\varphi_2(x,y)$ 来计算矩形截面上的扭矩

$$M = 2G\theta\iint_D \varphi_2(x,y)\mathrm{d}x\mathrm{d}y,$$

> M:=2*G*theta*int(int(phi[2](x,y),x = -a..a),y = -a..a);

$$M := \frac{2800 G\theta a^4}{2493}$$

即 $M = 1.1231 G\theta a^4$,其中 G 为剪切弹性模量,θ 为单位杆长上的扭转角.

为了进行比较,再取试探函数为

$$\varphi(x,y) = C_{11}\cos\frac{\pi x}{2a}\cos\frac{\pi y}{2a} + C_{13}\cos\frac{\pi x}{2a}\cos\frac{3\pi y}{2a} +$$
$$C_{31}\cos\frac{3\pi x}{2a}\cos\frac{\pi y}{2a} + C_{33}\cos\frac{3\pi x}{2a}\cos\frac{3\pi y}{2a}$$

代入泛函后,用 Maple 解得

> phi(x,y):=C[11]*cos(Pi*x/(2*a))*cos(Pi*y/(2*a)) + C[13]*cos(Pi*x/(2*a))*cos(3*Pi*y/(2*a)) + C[31]*cos(3*Pi*x/(2*a))*cos(Pi*y/(2*a)) + C[33]*cos(3*Pi*x/(2*a))*cos(3*Pi*y/(2*a));

$$\phi(x,y) := C_{11}\cos\left(\frac{\pi x}{2a}\right)\cos\left(\frac{\pi y}{2a}\right) + C_{13}\cos\left(\frac{\pi x}{2a}\right)\cos\left(\frac{3\pi y}{2a}\right) + C_{31}\cos\left(\frac{3\pi x}{2a}\right)\cos\left(\frac{\pi y}{2a}\right) +$$
$$C_{33}\cos\left(\frac{3\pi x}{2a}\right)\cos\left(\frac{3\pi y}{2a}\right)$$

```
>E(C[11],C[13],C[31],C[33]):= simplify(int(int((1/2)*((diff(phi(x,y),x))^2 +
(diff(phi(x,y),y))^2 - 2*phi(x,y)),x= -a..a),y= -a..a));
```

$$E(C_{11},C_{13},C_{31},C_{33}) := -\frac{1}{36}(64a^2 C_{33} - 9\pi^4 C_{11}^2 + 576a^2 C_{11} - 81\pi^4 C_{33}^2 - 192a^2 C_{31} -$$
$$45\pi^4 C_{31}^2 - 192a^2 C_{13} - 45\pi^4 C_{13}^2)/\pi^2$$

```
>solve({diff(E(C[11],C[13],C[31],C[33]),C[11]) = 0,diff(E(C[11],C[13],C[31],
C[33]),C[13]) = 0,diff(E(C[11],C[13],C[31],C[33]),C[31]) = 0,diff(E(C[11],C[13],
C[31],C[33]),C[33]) = 0},[C[11],C[13],C[31],C[33]]);
```

$$\left[\left[C_{11} = \frac{32a^2}{\pi^4}, C_{13} = -\frac{32a^2}{15\pi^4}, C_{31} = -\frac{32a^2}{15\pi^4}, C_{33} = \frac{32a^2}{81\pi^4}\right]\right]$$

$$\phi(x,y) := \frac{32a^2\cos\left(\frac{\pi x}{2a}\right)\cos\left(\frac{\pi y}{2a}\right)}{\pi^4} - \frac{32}{15}\frac{a^2\cos\left(\frac{\pi x}{2a}\right)\cos\left(\frac{3\pi y}{2a}\right)}{\pi^4} -$$
$$\frac{32}{15}\frac{a^2\cos\left(\frac{3\pi x}{2a}\right)\cos\left(\frac{\pi y}{2a}\right)}{\pi^4} + \frac{32}{81}\frac{a^2\cos\left(\frac{3\pi x}{2a}\right)\cos\left(\frac{3\pi y}{2a}\right)}{\pi^4}$$

同样计算扭矩有

```
>M:= 2*G*theta*int(int(phi(x,y),x= -a..a),y= -a..a);
```

$$M := \frac{3903488 G\theta a^4}{3645\pi^6}$$

即 $M = 1.1139 G\theta a^4$. 可见用两种试探函数得到的结果相差不大.

§9.2 用变分法解数理方程

变分法解数理方程的基本原理如下.

(1) 把一个微分方程的本征值问题或者定解问题和一个泛函的极值问题联系起来,使原来的方程是这个泛函的欧拉方程.

(2) 用直接方法求出使泛函取极值的函数.由于这个函数必满足欧拉方程,它也是原方程的解.

本节将以 Helmholtz 方程的本征值问题和泊松方程的边值问题为例,说明如何把一个微分方程的本征值问题或边值问题化为一个泛函的极值问题,然后便可利用上节介绍的 Ritz 方法来求泛函的极值,此即原问题的解.

9.2.1 本征值问题和变分问题的关系

考虑 Helmholtz 方程的本征值问题
$$\nabla^2 u + \lambda u = 0, \tag{9.2.1}$$

$$u|_\sigma = 0. \tag{9.2.2}$$

其中设 u 在区域 Ω 中有连续的二阶导数，λ 是参数，Σ 是 Ω 的边界.

将式(9.2.1)左边乘以 $-u$，然后在 Ω 上积分，便得到一个泛函

$$J(u) = -\iiint_\Omega (u\nabla^2 u + \lambda u^2)\mathrm{d}\Omega, \tag{9.2.3}$$

我们来求这个泛函的欧拉方程. 为了能够直接应用欧拉方程(9.1.23)，先利用边界条件把泛函(9.2.3)化为只含有 u 的一阶导数的积分. 由格林第一公式(1.2.9)，有

$$\begin{aligned} J(u) &= -\iiint_\Omega (u\nabla^2 u + \lambda u^2)\mathrm{d}\Omega \\ &= -\iint_\Sigma u\frac{\partial u}{\partial n}\mathrm{d}\Sigma + \iiint_\Omega [(\nabla u)^2 - \lambda u^2]\mathrm{d}\Omega, \end{aligned} \tag{9.2.4}$$

而由边界条件(9.2.2)，有

$$\iint_\Sigma u\frac{\partial u}{\partial n}\mathrm{d}\Sigma = 0,$$

于是

$$J(u) = \iiint_\Omega [(\nabla u)^2 - \lambda u^2]\mathrm{d}\Omega. \tag{9.2.5}$$

根据式(9.1.14)，即得这个泛函的欧拉方程为

$$\nabla^2 u + \lambda u = 0,$$

这正是原本征值问题的方程(9.2.1).

又由上节对泛函的条件极值的讨论知，泛函(9.2.5)的变分问题和泛函

$$J_1(u) = \iiint_\Omega (\nabla u)^2 \mathrm{d}\Omega \tag{9.2.6}$$

在附加条件

$$\iiint_\Omega u^2 \mathrm{d}\Omega = 1 \tag{9.2.7}$$

之下的变分问题等价，因此，原来的本征值问题，可归结为在归一化条件(9.2.7)和边界条件(9.2.2)下求泛函(9.2.6)的极值的问题.

如果方程(9.2.1)带有第二类边界条件

$$\frac{\partial u}{\partial n}\bigg|_\Sigma = 0 \tag{9.2.8}$$

也会使泛函(9.2.4)在边界上的积分 $\iint_\Sigma u\frac{\partial u}{\partial n}\mathrm{d}\Sigma$ 为零. 故本征值问题

$$\begin{cases} \nabla^2 u + \lambda u = 0, \\ \dfrac{\partial u}{\partial n}\bigg|_\Sigma = 0 \end{cases}$$

所对应的泛函亦为式(9.2.5)，但由于边界条件的不同，因此在求泛函极值时，与带有第一类边界条件的情况并不相同.

若方程(9.2.1)带有第三类边界条件

$$\left(\frac{\partial u}{\partial n} + hu\right)\bigg|_\Sigma = 0, \tag{9.2.9}$$

此时，由式(9.2.4)有

$$J(u) = -\iint_\Sigma u \frac{\partial u}{\partial n} d\Sigma + \iiint_\Omega [(\nabla u)^2 - \lambda u^2] d\Omega$$

$$= -\iint_\Sigma u \left[\frac{\partial u}{\partial n} + hu\right] d\Sigma + h\iint_\Sigma u^2 d\Sigma + \iiint_\Omega [(\nabla u)^2 - \lambda u^2] d\Omega$$

$$= -\iiint_\Omega [(\nabla u)^2 - \lambda u^2] d\Omega + h\iint_\Sigma u^2 d\Sigma$$

记

$$J_1[u] = \iiint_\Omega (\nabla u)^2 d\Omega + h\iint_\Sigma u^2 d\Sigma \tag{9.2.10}$$

由类似于前面的讨论知,本征值问题

$$\begin{cases} \nabla^2 u + \lambda u = 0, \\ \left(\dfrac{\partial u}{\partial n} + hu\right)\bigg|_\Sigma = 0, \end{cases}$$

可归结为在归一化附加条件(9.2.7)和边界条件(9.2.9)下求泛函(9.2.10)的极值问题.

对于任意的二阶常微分方程的本征值问题(即 Sturm-Liouville 问题)

$$\begin{cases} \dfrac{d}{dx}[k(x)y'(x)] - q(x)y(x) + \lambda\rho(x)y(x) = 0 \quad (a \leqslant x \leqslant b), \\ y(a) = y(b) = 0, \quad 或 \quad y'(a) = y'(b) = 0, \end{cases} \tag{9.2.11}$$

我们可以类似地证明,它们均可归结为在归一化附加条件

$$\int_a^b \rho(x) y^2(x) dx = 1,$$

和相应的边界条件下求泛函

$$J(y) = \int_a^b [k(x) y'^2 + q y^2] dx$$

的极值问题.

9.2.2 通过求泛函的极值来求本征值

在上面的分析中,我们已经将本征值问题和泛函的极值问题联系起来了,下面我们将讨论泛函的极值与本征值的关系,以及借助于里兹方法来求泛函的极值和本征值问题的本征值.为此,先以本征值问题(9.2.1)~(9.2.2)为例来证明一个重要结论:

泛函(9.2.6)的最小值 λ_0 就是本征值问题(9.2.1)~(9.2.2)的最小本征值;而使泛函(9.2.6)在边界条件(9.2.2)和附加条件(9.2.7)下取这最小值的函数 u_0,就是该本征值问题对应于本征值 λ_0 的本征函数.

证:设 u_0 是使泛函(9.2.6)有最小值 λ_0 的极值函数,则

$$\begin{aligned} J_1(u_0) = \lambda_0 &= \iiint_\Omega (\nabla u_0)^2 d\Omega \\ &= \iiint_\Omega \nabla \cdot (u_0 \nabla u_0) d\Omega - \iiint_\Omega u_0 \nabla^2 u_0 d\Omega \\ &= \iint_\Sigma u_0 \frac{\partial u_0}{\partial n} d\Sigma - \iiint_\Omega u_0 \nabla^2 u_0 d\Omega, \end{aligned} \tag{9.2.12}$$

由边界条件(9.2.2)有,右边第一项积分为零;又由于式(9.2.1)是在条件(9.2.7)下泛函(9.2.6)的欧拉方程,所以 u_0 满足方程(9.2.1),即

$$\nabla^2 u + \lambda u = 0.$$

由此得

$$\nabla^2 u = -\lambda u,$$

$$\iiint_\tau u_0 \nabla^2 u_0 \, d\tau = -\lambda \iiint_\tau u_0^2 \, d\tau = -\lambda.$$

代入式(9.2.12),有

$$J_1(u_0) = \lambda_0 = \lambda.$$

这说明 λ_0 是本征值. 当然,相应的满足方程的 u_0 是本征函数.

其次,再证明 λ_0 是最小本征值. 设 λ_1 是小于 λ_0 的本征值,相应本征函数是 u_1,重复上述的推导(从 λ_1 倒推上去),得

$$J_1(u) = \iint_\Omega (\nabla u_1)^2 \, d\Omega = \lambda_1 < \lambda_0 = J_1(u_0).$$

而这是与 $J_1(u_0)$ 为泛函 $J(u)$ 的最小值相矛盾的. 故上述结论得证.

用类似的方法可以证明,若 u_1 是使泛函(9.2.6)有次小值 λ_1 的极值函数,且它除了满足边界条件(9.2.2)和附加条件(9.2.7)外还满足与 u_0 正交的条件

$$\iint_\Omega u_1 u_0 \, d\Omega = 0,$$

则由它得到的泛函的次小值 $J_1(u_1) = \lambda_1$ 就是相应本征值问题(9.2.1)~(9.2.2)的次小本征值,而 u_1 是相应的本征函数,它满足方程

$$\nabla^2 u_1 + \lambda u_1 = 0.$$

依此类推,若找到了使得泛函取得第 i 个极值 λ_i 的极值函数 u_i,它不仅满足式(9.2.2)和式(9.2.7),还满足与它前面所有的极值函数正交的条件

$$\iiint_\tau u_i u_j \, d\tau = 0, \quad j = 0, 1, \cdots, i-1,$$

则 $\lambda_i = J_1(u_i)$ 为第 i 个本征值. 于是得到一系列本征值

$$\lambda_0 \leqslant \lambda_1 \leqslant \lambda_2 \leqslant \cdots \leqslant \lambda_i \leqslant \cdots,$$

和相应的本征函数

$$u_0, u_1, u_2, \cdots u_i, \cdots.$$

至于其他的本征值问题,不难验证上述结论同样成立.

例 9.2.1 用变分法求边界固定半径为 b 的圆膜横振动的本征振动.

解 圆膜的横振动满足二维的波动方程,以圆膜的中心为原点取极坐标,则定解问题为

$$\begin{cases} u_{tt} - a^2 \dfrac{1}{\rho} \dfrac{\partial}{\partial \rho}\left(\rho \dfrac{\partial u}{\partial \rho}\right) = 0, \\ u|_{\rho=b} = 0. \end{cases}$$

用分离变量法求解,即令

$$u(\rho, t) = R(\rho) e^{i\omega t},$$

其中 ω 是本征圆频率,代入到定解问题,则得

$$\begin{cases} \dfrac{1}{\rho} \dfrac{d}{d\rho}\left(\rho \dfrac{dR}{d\rho}\right) + \lambda R = 0, \\ R(b) = 0, \end{cases} \quad (9.2.13)$$

其中
$$\lambda = \frac{\omega^2}{a^2}$$

引入无量纲的变数 $x = \frac{\rho}{b}$（在应用变分法时常常如此），并记这时的函数 $R(\rho)$ 为 $y(x)$，λb^2 为 k，于是本征值问题(9.2.13)化为

$$\begin{cases} \dfrac{\mathrm{d}}{\mathrm{d}x}\left(x\dfrac{\mathrm{d}y}{\mathrm{d}x}\right) + kxy = 0, & (9.2.14) \\ y(1) = 0. & (9.2.15) \end{cases}$$

对照式(9.2.11)，此时的变分问题是在边界条件(9.2.15)和归一化条件

$$\int_0^1 b^2 xy^2 \,\mathrm{d}x = 1 \tag{9.2.16}$$

之下求泛函

$$J(y) = \int_0^1 x\left(\frac{\mathrm{d}y}{\mathrm{d}x}\right)^2 \mathrm{d}x \tag{9.2.17}$$

的极小值问题. 为此，用 Ritz 方法来求解，选取含有两个参数 C_1 和 C_2 并满足边界条件 $y|_{x=1} = 0$ 的尝试函数

$$y(x) = C_1(1-x^2) + C_2(1-x^2)^2. \tag{9.2.18}$$

将之代入归一化条件(9.2.16)和泛函(9.2.17)，依次得到

$$I(C_1, C_2) = b^2 \int_0^1 xy^2 \,\mathrm{d}x = b^2\left(\frac{1}{6}C_1^2 + \frac{1}{4}C_1 C_2 + \frac{1}{10}C_2^2\right) = 1, \tag{9.2.19}$$

$$J(C_1, C_2) = \int_0^1 x\left(\frac{\mathrm{d}y}{\mathrm{d}x}\right)^2 \mathrm{d}x = C_1^2 + \frac{4}{3}C_1 C_2 + \frac{2}{3}C_2^2. \tag{9.2.20}$$

这是两个关于参数 C_1, C_2 的二元函数，由拉格朗日乘子法知，取极值的条件为

$$\frac{\partial}{\partial C_1}(J - \lambda I) = 0; \quad \text{和} \quad \frac{\partial}{\partial C_2}(J - \lambda I) = 0.$$

解此两个方程，得到关于 C_1, C_2 的齐次代数方程组

$$\begin{cases} \left(2 - \dfrac{k}{3}\right)C_1 + \left(\dfrac{4}{3} - \dfrac{k}{4}\right)C_2 = 0, \\ \left(\dfrac{4}{3} - \dfrac{k}{4}\right)C_1 + \left(\dfrac{4}{3} - \dfrac{k}{5}\right)C_2 = 0. \end{cases} \tag{9.2.21}$$

它有非零解的条件是系数行列式为零，即

$$\begin{vmatrix} 2 - \dfrac{k}{3} & \dfrac{4}{3} - \dfrac{k}{4} \\ \dfrac{4}{3} - \dfrac{k}{4} & \dfrac{4}{3} - \dfrac{k}{5} \end{vmatrix} = 0,$$

由此解得 $k = 5.7841$ 或 $k = 36.8825$；因此，最小本征值 $\lambda_1 = \dfrac{5.7841}{b^2}$，代入 C_1, C_2 的代数方程组(9.2.21)中的任一方程，并与式(9.2.19)联立，于是求得

$$C_1 = \frac{1.650}{b}; \quad C_2 = \frac{1.054}{b}.$$

代入式(9.2.18)，从而求得本征值问题的近似解为

$$y(x) = \frac{1.650}{b}(1-x^2) + \frac{1.054}{b}(1-x^2)^2.$$

实际上,本例的严格解可用分离变量法求出,其结果为
$$\lambda_1 = (2.404\,8/b)^2 = 5.783\,1/b^2,$$
$$R(\rho) = J_0(2.404\,8\rho/b) = J_0(\sqrt{\lambda_1}\rho) = J_0(x_1^0\rho/b).$$

其中,λ_1 为最小本征值,$J_0(2.404\,8\rho/b)$ 为相应的本征函数;而 $J_0(\sqrt{\lambda_1}\rho)$ 为零阶 Bessel 函数,$x_1^0 = 2.404\,8$ 是零阶 Bessel 函数的第一个零点.由此看到近似本征值略大于严格本征值,相差是很小的.

9.2.3 边值问题与变分问题的关系

下面以泊松方程的边值问题为例说明微分方程的边值问题与变分问题的关系.

先考虑第一类边值问题
$$\nabla^2 u = -f(M) \quad (M \in \Omega), \tag{9.2.22}$$
$$u|_\Sigma = g(M) \quad (M \in \Sigma). \tag{9.2.23}$$

其中,Σ 为区域 Ω 的边界.仿照本节对本征值问题的做法,将 $(\nabla^2 u + f)$ 乘以 $-u$ 后在 Ω 上积分,得泛函
$$J_1[u] = -\iiint_\Omega (u\nabla^2 u + fu)\,\mathrm{d}\Omega$$
$$= -\iint_\Sigma u\frac{\partial u}{\partial n}\mathrm{d}\Sigma + \iiint_\Omega [(\nabla u)^2 - fu]\,\mathrm{d}\Omega.$$

其中最后一步用了 Green 第一公式(1.3.10).由于 g 是边界 Σ 上的给定函数,故在边界条件(9.2.23)下
$$\delta u|_\Sigma = \delta g = 0 \quad [包括\ g(M) = 0\ 的情况],$$
故对 $J_1[u]$ 取变分并利用 Green 第一公式(1.3.10),有
$$\delta J_1[u] = 2\iiint_\Omega \nabla u \cdot \nabla \delta u\,\mathrm{d}\Omega - \iiint_\Omega f\delta u\,\mathrm{d}\Omega$$
$$= -\iiint_\Omega (2\nabla^2 u + f)\delta u\,\mathrm{d}\Omega. \tag{9.2.24}$$

由泛函取极值的条件 $\delta J_1[u] = 0$,得其 Euler 方程为 $2\nabla^2 u + f = 0$,这不是方程(9.2.22),但若将式(9.2.24)写为
$$\delta J_1[u] = -2\iiint_\Omega (\nabla^2 u + f)\delta u\,\mathrm{d}\Omega + \iiint_\Omega f\delta u\,\mathrm{d}\Omega,$$
则
$$\delta\left\{J_1[u] - \iiint_\Omega fu\,\mathrm{d}\Omega\right\} = -2\iiint_\Omega (\nabla^2 u + f)\delta u\,\mathrm{d}\Omega,$$
故若取泛函
$$J(u) = J_1(u) - \iiint_\Omega fu\,\mathrm{d}\Omega = \iiint_\Omega [(\nabla u)^2 - 2fu]\,\mathrm{d}\Omega - \iint_\Sigma g\frac{\partial u}{\partial n}\mathrm{d}\Sigma, \tag{9.2.25}$$

则其相应的 Euler 方程正是方程(9.2.22).由此可见,求解本征值问题(9.2.22)和(9.2.23),可归结为在边界条件(9.2.23)下求泛函(9.2.25)的极值.

再考虑第二、三类边值问题,不妨设
$$\left(\frac{\partial u}{\partial n} + hu\right)\bigg|_\Sigma = g, \tag{9.2.26}$$

于是，当 $h=0$ 时为第二类边界条件，$h\neq 0$ 时为第三类边界条件，由于方程(9.2.22)对应的泛函是式(9.2.25)，故自然想到令

$$J_2(u) = \iiint_\Omega [(\nabla u)^2 - 2fu]\mathrm{d}\Omega.$$

则在边界条件(9.2.26)下，有

$$\delta J_2(u) = 2\iiint_\Omega [\nabla u \cdot \nabla \delta u - 2f\delta u]\mathrm{d}\Omega = 2\left[\iint_\Sigma \frac{\partial u}{\partial n}\delta u \mathrm{d}\Sigma - \iiint_\Omega (\nabla^2 u + f)\delta u \mathrm{d}\Omega\right]$$

$$= 2\iint_\Sigma (g - hu)\delta u \mathrm{d}\Sigma - 2\iiint_\Omega (\nabla^2 u + f)\delta u \mathrm{d}\Omega,$$

故

$$\delta\left\{J_2(u) - 2\iint_\Sigma gu \mathrm{d}\Sigma + \iint_\Sigma hu^2 \mathrm{d}\Sigma\right\} = -2\iiint_\Omega (\nabla^2 u + f)\delta u \mathrm{d}\Omega.$$

于是，在边界条件(9.2.26)下方程(9.2.22)的泛函为

$$\begin{aligned}J(u) &= J_2(u) - 2\iint_\Sigma gu \mathrm{d}\Sigma + \iint_\Sigma hu^2 \mathrm{d}\Sigma \\ &= \iiint_\Omega [(\nabla u)^2 - 2fu]\mathrm{d}\Omega - 2\iint_\Sigma gu \mathrm{d}\Sigma + \iint_\Sigma hu^2 \mathrm{d}\Sigma.\end{aligned} \quad (9.2.27)$$

即求解边值问题

$$\begin{cases}\nabla^2 u = -f, \\ \left(\dfrac{\partial u}{\partial n} + hu\right)\bigg|_\Sigma = g,\end{cases}$$

可归结为在第三类边界条件下(9.2.26)下求泛函(9.2.27)的极值问题.

而求解第二类边值问题

$$\begin{cases}\nabla^2 u = -f, \\ \dfrac{\partial u}{\partial n}\bigg|_\Sigma = g,\end{cases}$$

可归结为在第二类边界条件下求泛函

$$J(u) = \iiint_\Omega [(\nabla u)^2 - 2fu]\mathrm{d}\Omega - 2\iint_\Sigma gu \mathrm{d}\Sigma \quad (9.2.28)$$

的极值(因为此时 $h=0$).

例 9.2.2 在矩形域 $\Omega: 0 \leqslant x \leqslant a, 0 \leqslant y \leqslant b$ 内，求解

$$\begin{cases}\nabla^2 u = -f(x,y) & \text{在 }\Omega\text{ 中}, \quad (9.2.29)\\ u|_\Sigma = 0 & \text{在 }\Omega\text{ 的边界上}. \quad (9.2.30)\end{cases}$$

解：可以验证泛定方程是泛函

$$J[u] = \iint_\Omega (u_x^2 + u_y^2 - 2uf)\mathrm{d}\Omega \quad (9.2.31)$$

的 Euler 方程，选取满足边界条件的试探函数

$$v^{(n)}(x,y) = \sum_{k=1}^n C_k \varphi_k(x,y) = \sum_{p=1}^k \sum_{q=1}^m \alpha_{pq} \sin\frac{p\pi x}{a}\sin\frac{q\pi y}{b} \quad (k+m=n) \quad (9.2.32)$$

来逼近 $u(x,y)$. 其中 α_{pq} 待定. 求出 $v^{(n)}(x,y)$ 的偏导数：

$$v_x^{(n)} = \sum_{p=1}^k \sum_{q=1}^m \alpha_{pq} \frac{p\pi}{a}\cos\frac{p\pi x}{a}\sin\frac{q\pi y}{b},$$

$$v_y^{(n)} = \sum_{p=1}^{k}\sum_{q=1}^{m} \alpha_{pq} \frac{q\pi}{b}\sin\frac{p\pi x}{a}\cos\frac{q\pi y}{b}.$$

并由三角函数的正交性得

$$\int_0^a\int_0^b (v_x^{(n)})^2 \mathrm{d}x\mathrm{d}y = \sum_{p=1}^{k}\sum_{q=1}^{m}\alpha_{pq}^2 \frac{p^2\pi^2}{a^2}\frac{ab}{4},$$

$$\int_0^a\int_0^b (v_y^{(n)})^2 \mathrm{d}x\mathrm{d}y = \sum_{p=1}^{k}\sum_{q=1}^{m}\alpha_{pq}^2 \frac{q^2\pi^2}{b^2}\frac{ab}{4}.$$

将 $f(x,y)$ 展开成二重 Fourier 级数

$$f(x,y) = \sum_{p=1}^{\infty}\sum_{q=1}^{\infty}\beta_{pq}\sin\frac{p\pi x}{a}\sin\frac{q\pi y}{b},$$

则有

$$\int_0^a\int_0^b 2fv^{(n)}\mathrm{d}x\mathrm{d}y = \sum_{p=1}^{k}\sum_{q=1}^{m} 2\alpha_{pq}\beta_{pq}\frac{ab}{4}.$$

代入到式(9.2.32),得

$$J[v^{(n)}] = \frac{ab}{4}\sum_{p=1}^{k}\sum_{q=1}^{m}\left(\frac{p^2}{a^2}+\frac{q^2}{b^2}\right)\pi^2\alpha_{pq}^2 - 2\alpha_{pq}\beta_{pq}. \tag{9.2.33}$$

即

$$\alpha_{pq}\left(\frac{p^2}{a^2}+\frac{q^2}{b^2}\right)\pi^2 - \beta_{pq} = 0,$$

从而得到

$$v^{(n)} = \frac{1}{\pi}\sum_{p=1}^{k}\sum_{q=1}^{m}\frac{\beta_{pq}}{\frac{p^2}{a^2}+\frac{q^2}{b^2}}\sin\frac{p\pi x}{a}\sin\frac{q\pi y}{b}.$$

精确的数学理论表明:

当 $k\to\infty$, $m\to\infty$ 时, $v^{(n)}$ 逼近真解 $u(x,y)$.

§9.3* 与波导相关的变分原理及近似计算

9.3.1 共振频率的变分原理

1. 用电场表示的变分原理

设在容积 Ω 中有一空腔共振器,它四周边界 S 由导体组成,Ω 中的介质具有电容率 ε 和磁导率 μ,而且在一般各向异性材料中,ε 和 μ 都是厄米特张量,设 ω 为共振频率,有电场方程

$$\boldsymbol{\nabla}\times(\boldsymbol{\mu}^{-1}\cdot\boldsymbol{\nabla}\times\boldsymbol{E}) - \omega^2\boldsymbol{\varepsilon}\cdot\boldsymbol{E} = 0 \quad (\text{在 }\Omega\text{ 中}), \tag{9.3.1}$$

边界条件为

$$\boldsymbol{n}\times\boldsymbol{E} = 0 \quad (\text{在 }S\text{ 上}). \tag{9.3.2}$$

在式(9.3.1)上乘以 $\boldsymbol{E}^T$,然后在 Ω 上积分,得

$$\Pi = \iiint_{\Omega}[\boldsymbol{E}^T\cdot\boldsymbol{\nabla}\times(\boldsymbol{\mu}^{-1}\cdot\boldsymbol{\nabla}\times\boldsymbol{E}) - \omega^2\boldsymbol{\varepsilon}\cdot\boldsymbol{E}]\mathrm{d}\Omega = 0, \tag{9.3.3}$$

所以,得

$$\omega^2 = \frac{\iiint_\Omega [\boldsymbol{E}^T \cdot \boldsymbol{\nabla} \times (\boldsymbol{\mu}^{-1} \cdot \boldsymbol{\nabla} \times \boldsymbol{E})] \mathrm{d}\Omega}{\iiint_\Omega \boldsymbol{E}^T \cdot \boldsymbol{\varepsilon} \cdot \boldsymbol{E} \mathrm{d}\Omega}. \tag{9.3.4}$$

但是

$$\boldsymbol{E}^T \cdot \boldsymbol{\nabla} \times (\boldsymbol{\mu}^{-1} \cdot \boldsymbol{\nabla} \times \boldsymbol{E}) = (\boldsymbol{\mu}^{-1} \cdot \boldsymbol{\nabla} \times \boldsymbol{E}) \cdot (\boldsymbol{\nabla} \times \boldsymbol{E}^T) - \boldsymbol{\nabla} \cdot [\boldsymbol{E}^T \times (\boldsymbol{\mu}^{-1} \cdot \boldsymbol{\nabla} \times \boldsymbol{E})], \tag{9.3.5}$$

所以,用了高斯定理后,有

$$\iiint_\Omega [\boldsymbol{E}^T \cdot \boldsymbol{\nabla} \times (\boldsymbol{\mu}^{-1} \cdot \boldsymbol{\nabla} \times \boldsymbol{E})] \mathrm{d}\Omega$$
$$= \iiint_\Omega [(\boldsymbol{\nabla} \times \boldsymbol{E}^T) \cdot \boldsymbol{\mu}^{-1} \cdot (\boldsymbol{\nabla} \times \boldsymbol{E})] \mathrm{d}\Omega - \iint_S \boldsymbol{n} \cdot [(\boldsymbol{E} \times (\boldsymbol{\mu}^{-1})^T \cdot (\boldsymbol{\nabla} \times \boldsymbol{E}^T)] \mathrm{d}S, \tag{9.3.6}$$

所以,式(9.3.4) 可以写成

$$[\omega^2]_{\text{极值}} = \frac{\iiint_\Omega [(\boldsymbol{\nabla} \times \boldsymbol{E}^T) \cdot \boldsymbol{\mu}^{-1} \cdot (\boldsymbol{\nabla} \times \boldsymbol{E})] \mathrm{d}\Omega - \iint_S \boldsymbol{n} \cdot [(\boldsymbol{E} \times (\boldsymbol{\mu}^{-1})^T \cdot (\boldsymbol{\nabla} \times \boldsymbol{E}^T)] \mathrm{d}S}{\iiint_\Omega \boldsymbol{E}^T \cdot \boldsymbol{\varepsilon} \cdot \boldsymbol{E} \mathrm{d}\Omega} \tag{9.3.7}$$

2. 用磁场表示的变分原理

$\boldsymbol{H}$ 的方程为

$$\boldsymbol{\nabla} \times (\boldsymbol{\varepsilon}^{-1} \cdot \boldsymbol{\nabla} \times \boldsymbol{H}) - \omega^2 \boldsymbol{\mu} \cdot \boldsymbol{H} = 0 \quad (\text{在 } \Omega \text{ 中}), \tag{9.3.8}$$

边界条件为

$$\boldsymbol{n} \times (\boldsymbol{\varepsilon}^{-1} \cdot \boldsymbol{\nabla} \times \boldsymbol{H}) = 0 \quad (\text{在 } S \text{ 上}). \tag{9.3.9}$$

用相同的方法,很容易证明变分原理为

$$[\omega^2]_{\text{极值}} = \frac{\iiint_\Omega [(\boldsymbol{\nabla} \times \boldsymbol{H}^T) \cdot \boldsymbol{\varepsilon}^{-1} \cdot (\boldsymbol{\nabla} \times \boldsymbol{H})] \mathrm{d}\Omega}{\iiint_\Omega \boldsymbol{H}^T \cdot \boldsymbol{\mu} \cdot \boldsymbol{H} \mathrm{d}\Omega}. \tag{9.3.10}$$

3. 混合场的变分原理

对于混合场而言,我们有 Maxwell 方程

$$\boldsymbol{\nabla} \times \boldsymbol{E} = -\mathrm{j}\omega\boldsymbol{\mu} \cdot \boldsymbol{H}, \tag{9.3.11}$$

$$\boldsymbol{\nabla} \times \boldsymbol{H} = \mathrm{j}\omega\boldsymbol{\varepsilon} \cdot \boldsymbol{E}. \tag{9.3.12}$$

从式(9.3.11),(9.3.12),可以得到

$$\iiint_\Omega \{\boldsymbol{H}^T \cdot [\boldsymbol{\nabla} \times \boldsymbol{E} + \mathrm{j}\omega\boldsymbol{\mu} \cdot \boldsymbol{H}] - \boldsymbol{E}^T \boldsymbol{\nabla} \times \boldsymbol{H} - \mathrm{j}\omega\boldsymbol{\varepsilon} \cdot \boldsymbol{E}\} \mathrm{d}\Omega = 0, \tag{9.3.13}$$

所以,有变分原理

$$(\omega)_{\text{极值}} = \mathrm{j} \frac{\iiint_\Omega \{\boldsymbol{H}^T \cdot \boldsymbol{\nabla} \times \boldsymbol{E} - \boldsymbol{E}^T \cdot \boldsymbol{\nabla} \times \boldsymbol{H}\} \mathrm{d}\Omega}{\iiint_\Omega (\boldsymbol{E}^T \cdot \boldsymbol{\varepsilon} \cdot \boldsymbol{E} + \boldsymbol{H}^T \cdot \boldsymbol{\mu} \cdot \boldsymbol{H}) \mathrm{d}\Omega}.$$

9.3.2 波导的传播常数 γ 的变分原理

设有一波导,由完全导体的边界组成,波导的介质可能是各向异性的,在横向可能并不均匀.假如在 z 向传播,则有场函数

$$E(x,y)\mathrm{e}^{-\mathrm{i}\gamma z}, \quad H(x,y)\mathrm{e}^{-\mathrm{i}\gamma z}. \tag{9.3.14}$$

其中 γ 为传播常数,$E(x,y)$,$H(x,y)$ 都是三维矢量,但只是 x,y 的函数,它们满足 Maxwell 方程

$$\boldsymbol{\nabla}_t \times \boldsymbol{E} + \mathrm{i}\omega\boldsymbol{\mu} \cdot \boldsymbol{H} = \gamma \mathrm{i} \boldsymbol{e}_z \times \boldsymbol{E}, \tag{9.3.15a}$$

$$\boldsymbol{\nabla}_t \times \boldsymbol{H} - \mathrm{i}\omega\boldsymbol{\mu} \cdot \boldsymbol{E} = \gamma \mathrm{i} \boldsymbol{e}_z \times \boldsymbol{H}, \tag{9.3.15b}$$

其中 $\boldsymbol{\nabla}_t$ 为

$$\boldsymbol{\nabla}_t = \left(\frac{\partial}{\partial x}, \frac{\partial}{\partial y}\right). \tag{9.3.16}$$

式(9.3.15a) 乘 $\boldsymbol{H}^T$,式(9.3.15b) 乘 $\boldsymbol{E}^T$,然后相减,并积分,得

$$\iint_S [\boldsymbol{H}^T \cdot (\boldsymbol{\nabla}_t \times \boldsymbol{E} + \mathrm{i}\omega\boldsymbol{\mu} \cdot \boldsymbol{H} - \gamma \mathrm{i} \boldsymbol{e}_z \times \boldsymbol{E}) \\ - \boldsymbol{E}^T \cdot (\boldsymbol{\nabla}_t \times \boldsymbol{H} - \mathrm{i}\omega\boldsymbol{\mu} \cdot \boldsymbol{E} - \gamma \mathrm{i} \boldsymbol{e}_z \times \boldsymbol{H})] \mathrm{d}S' = 0, \tag{9.3.17}$$

即

$$\mathrm{i}\gamma \iint_S (\boldsymbol{H}^T \cdot \boldsymbol{e}_z \times \boldsymbol{E} - \boldsymbol{E}^T \cdot \boldsymbol{e}_z \times \boldsymbol{H}) \mathrm{d}S$$

$$= \iint_S (\boldsymbol{H}^T \cdot \boldsymbol{\nabla}_t \times \boldsymbol{E} - \boldsymbol{E}^T \cdot \boldsymbol{\nabla}_t \times \boldsymbol{H}) \mathrm{d}S + \mathrm{i}\omega \iint_S (\boldsymbol{H}^T \cdot \boldsymbol{\mu} \cdot \boldsymbol{H} + \boldsymbol{E}^T \cdot \boldsymbol{\varepsilon} \cdot \boldsymbol{E}) \mathrm{d}S. \tag{9.3.18}$$

为了满足边界条件,功率不从边界外流,则在边界 Γ 上应有:

$$\oint (\boldsymbol{n} \cdot Poynting \ 矢量) \mathrm{d}\Gamma = 0, \tag{9.3.19}$$

或用 Lagrange 乘子法,在式(9.3.18) 右侧增一项,就可以得到广义变分原理:

$$增项 = \lambda \oint \boldsymbol{n} \cdot (\boldsymbol{E} \times \boldsymbol{H}) \mathrm{d}\Gamma \quad (\lambda = 1) \tag{9.3.20}$$

所以,所求 γ(传播常数)的广义变分原理为

$$(\gamma)_{极值} = \omega \frac{\iint_S (\boldsymbol{H}^T \cdot \boldsymbol{\mu} \cdot \boldsymbol{H} + \boldsymbol{E}^T \cdot \boldsymbol{\varepsilon} \cdot \boldsymbol{E}) \mathrm{d}S}{\iint_S (\boldsymbol{H}^T \cdot \boldsymbol{e}_z \times \boldsymbol{E} - \boldsymbol{E}^T \cdot \boldsymbol{e}_z \times \boldsymbol{H}) \mathrm{d}S} + \frac{\mathrm{i}\left\{\iint_S (\boldsymbol{H}^T \cdot \boldsymbol{\nabla}_t \times \boldsymbol{E} - \boldsymbol{E}^T \cdot \boldsymbol{\nabla}_t \times \boldsymbol{H}) \mathrm{d}S - \int_\Gamma \boldsymbol{n} \cdot (\boldsymbol{E} \times \boldsymbol{H}) \mathrm{d}\Gamma\right\}}{\iint_S (\boldsymbol{H}^T \cdot \boldsymbol{e}_z \times \boldsymbol{E} - \boldsymbol{E}^T \cdot \boldsymbol{e}_z \times \boldsymbol{H}) \mathrm{d}S} \tag{9.3.21}$$

(1) 用电场表示的变分原理

从 Maxwell 方程中消去 $\boldsymbol{H}$,得

$$\gamma^2 \boldsymbol{e}_z \times (\boldsymbol{\mu}^{-1} \cdot \boldsymbol{e}_z \times \boldsymbol{E}) + \mathrm{i}\gamma[\boldsymbol{\nabla}_t \times (\boldsymbol{\mu}^{-1} \cdot \boldsymbol{e}_z \times \boldsymbol{E})] + \boldsymbol{e}_z \times (\boldsymbol{\mu}^{-1} \cdot \boldsymbol{\nabla}_t \times \boldsymbol{E}) \\ - \boldsymbol{\nabla}_t \times (\boldsymbol{\mu}^{-1} \cdot \boldsymbol{\nabla}_t \times \boldsymbol{E}) + \omega^2 \boldsymbol{\varepsilon} \cdot \boldsymbol{E} = 0 \tag{9.3.22}$$

在上式乘以 $\boldsymbol{E}^T$,积分后可以简化为

$$\gamma^2 \iint_S (\boldsymbol{e}_z \times \boldsymbol{E}^T) \cdot \boldsymbol{\mu}^{-1} \cdot (\boldsymbol{e}_z \times \boldsymbol{E}) \mathrm{d}S -$$

$$\mathrm{i}\gamma \iint_S [\boldsymbol{\nabla}_t \times \boldsymbol{E}^T \cdot \boldsymbol{\mu}^{-1} \cdot (\boldsymbol{e}_z \times \boldsymbol{E}) - (\boldsymbol{e}_z \times \boldsymbol{E}^T) \cdot \boldsymbol{\mu}^{-1} \cdot (\boldsymbol{\nabla}_t \times \boldsymbol{E})] \mathrm{d}S + \quad (9.3.23)$$

$$\iint_S (\boldsymbol{\nabla}_t \times \boldsymbol{E}^T) \cdot \boldsymbol{\mu}^{-1} \cdot (\boldsymbol{\nabla}_t \times \boldsymbol{E}) \mathrm{d}S - \omega^2 \iint_S \boldsymbol{E}^T \cdot \boldsymbol{\varepsilon} \cdot \boldsymbol{E} \mathrm{d}S = 0$$

这是求 γ 的变分原理.

(2) 用磁场表示的变分原理

在上式(9.3.23)中,用 $\boldsymbol{\varepsilon}^{-1}$ 代替 $\boldsymbol{\mu}^{-1}$,用 $\boldsymbol{\mu}$ 代替 $\boldsymbol{\varepsilon}$,用 $\boldsymbol{H}$ 代替 $\boldsymbol{E}$,即得用磁场表示的求 γ 的变分原理.

9.3.3 任意截面的柱形波导管截止频率的近似计算

1. 一般知识

柱形波导管的金属管壁防止了电磁波的渗漏,使电磁波只能沿着 Oz 轴向传播(如图9.3.1所示).

所有电磁波可以分为两种类型,凡在 Oz 轴向传播中具有电场分量 E_z,但不具有纵向磁场分量 H_z 的电磁波称为 E 型波,也称 E 波. 在这类电磁波中,磁场只有横向分量 $H_t(H_x, H_y)$,所以也称横向磁波(transverse-magnetic)或简称 TM 波. 这类波的电磁场为

$$\boldsymbol{E}: (E_x, E_y, E_z), \quad \boldsymbol{H}: (H_x, H_y, 0). \quad (9.3.24)$$

凡有 Oz 轴向传播中具有磁场分量 H_z,但不具有纵向电场分量 E_z 的电磁波称为 H 型波,也称 H 波. 在这类电磁波中,电场只有横向分量 $E_t(E_x, E_y)$,所以也称横向电波(transverse-electric)或简称 TE 波,这类波的电磁场为

$$\boldsymbol{E}: (E_x, E_y, 0), \quad \boldsymbol{H}: (H_x, H_y, H_z). \quad (9.3.25)$$

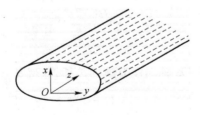

图 9.3.1

最一般的电磁波在波导管中可以看作是 E 波和 H 波之和,这些波都有一个截止频率(cut off frequency) ω_c,凡激发频率低于截止频率时,电磁场的振幅在管轴向按指数定律衰减.

在波导管中,不同型的电磁波有不同的截止频率 ω_c,其中截止频率最低的波型称为基型(fundamental mode),一般波导管的基型都是 H 型.

求各种波导管的基型的频率和第二最低频率的波型和频率,都是重要的实用问题. 圆管、矩形管或椭圆形管等,以及一切管壁和坐标线相同的波导管的截止频率和波型的计算,都可以直接用分离变量法和一些有关的特殊函数进行,一般并不困难.

对于不规则开头截面的波导管计算,无法使用分离变量法,只能借助于变分法、迭代渐近法、有限元法等,计算近似的 ω_c.

2. 波导管中电磁波传播的理论

电磁波在波导管中传播的波方程为

$$\nabla^2 \psi(x,y,z,t) + \frac{1}{C^2}\frac{\partial^2 \psi}{\partial t^2} = 0, \tag{9.3.26}$$

它既适用于 H 型,也适用于 E 型,但在管壁上的边界条件则不同,它们分别为

E 型 $\qquad\qquad\qquad \psi_e = 0$ 在管壁, $\tag{9.3.27}$

H 型 $\qquad\qquad\qquad \dfrac{\partial \psi_m}{\partial n} = 0$ 在管壁. $\tag{9.3.28}$

设

$$\psi(x,y,z,t) = \phi(x,y)\mathrm{e}^{-\mathrm{i}\omega t + \mathrm{i}\gamma z}, \tag{9.3.29}$$

这是一个沿 Oz 轴向行进的波,γ 为传播常数,把式(9.3.29)代入式(9.3.26),得 $\phi(x,y)$ 的方程式

$$\nabla_t^2 \varphi + (k^2 - \gamma^2)\phi = 0, \tag{9.3.30}$$

其中

$$\nabla_t^2 = \frac{\partial^2}{\partial x^2} + \frac{\partial^2}{\partial y^2}. \tag{9.3.31}$$

$$\left.\begin{array}{ll} E\text{ 型} & \psi_e = 0 \\ H\text{ 型} & \dfrac{\partial \psi_m}{\partial n} = 0 \end{array}\right\} \text{在管壁上.} \tag{9.3.32}$$

式(9.3.30)的特征值用 k_μ^2,H 型波的特征值用 $k_{m\mu}^2$,E 型波的特征值用 $k_{e\mu}^2$,有关的特征函数为 ϕ_μ,它们满足

$$\nabla_t^2 \phi_\mu + k_\mu^2 \phi_\mu = 0, \tag{9.3.33}$$

其中

$$k_\mu^2 = k^2 - \gamma_\mu^2. \tag{9.3.34}$$

传播常数 γ_μ 等于

$$\gamma_\mu = \sqrt{k^2 - k_\mu^2}, \tag{9.3.35}$$

其中 $k = \dfrac{\omega}{C} = \dfrac{2\pi}{\lambda}$.

当 $\gamma_\mu = 0$ 时,$\mathrm{e}^{\mathrm{i}\gamma_\mu z} = 1$,在 Oz 轴向没有波的传播,这就是截止 k_c,它和特征值 k_μ 相等,即

$$k_c = k_\mu = \frac{\omega_{c\mu}}{C}. \tag{9.3.36}$$

于是截止频率为

$$\omega_{c\mu} = Ck_\mu = \frac{k_\mu}{\sqrt{\varepsilon \cdot \mu}}. \tag{9.3.37}$$

当 $\omega < \omega_{c\mu}$ 时,$k^2 < k_\mu^2$,于是 $\gamma_\mu = \sqrt{k^2 - k_\mu^2}$ 是虚数.

$$\psi(x,y,z,t) = \phi(x,y)\mathrm{e}^{-\mathrm{i}\omega t - \sqrt{k^2 - k_\mu^2}\,z} \tag{9.3.38}$$

在 Oz 轴向,$\psi(x,y,z,t)$ 按指数规律衰减.

特征函数和特征值 特征值 k_μ 的特征函数 ϕ_μ 满足

$$\nabla_t^2 \phi_\mu + k_\mu^2 \phi_\mu = 0, \tag{9.3.39}$$

设另一特征值 k_γ 的特征函数为 ϕ_γ,有

$$\nabla_t^2 \phi_\gamma + k_\mu^2 \phi_\gamma = 0. \tag{9.3.40}$$

式(9.3.39)乘 φ_γ,式(9.3.40)乘 φ_μ,相减后再积分,得

$$\iint (\phi_\gamma \nabla^2 \phi_\mu - \phi_\mu \nabla^2 \phi_\gamma) \mathrm{d}x\mathrm{d}y + (k_\mu{}^2 - k_\gamma{}^2) \cdot \iint \phi_\gamma \phi_\mu \mathrm{d}x\mathrm{d}y = 0. \tag{9.3.41}$$

根据 Green 公式

$$\iint (\phi_\gamma \nabla^2 \phi_\mu - \phi_\mu \nabla^2 \phi_\gamma) \mathrm{d}x\mathrm{d}y = \int_\Gamma \left(\phi_\gamma \frac{\partial \phi_\mu}{\partial n} - \phi_\mu \frac{\partial \phi_\gamma}{\partial n} \right) \mathrm{d}\Gamma, \tag{9.3.42}$$

不论 H 波或 E 波,边界上不是 $\phi = 0$,就是 $\frac{\partial \phi}{\partial n} = 0$,所以式(9.3.42)右侧的边界积分恒为零. 于是式(9.3.41)给出

$$(k_\mu{}^2 - k_\gamma{}^2) \cdot \iint \phi_\gamma \phi_\mu \mathrm{d}x\mathrm{d}y = 0, \tag{9.3.43}$$

只要 $k_\mu \neq k_\gamma$,就可以证明 ϕ_μ, ϕ_γ 的正交条件

$$\iint \phi_\gamma(x,y) \phi_\mu(x,y) \mathrm{d}x\mathrm{d}y = 0 \quad (\mu \neq \gamma). \tag{9.3.44}$$

如果在 ϕ_μ 或 ϕ_γ 上调整一个系数,使它们正则化,则 $\mu = \gamma$ 时,有

$$\iint \phi_\gamma(x,y) \phi_\mu(x,y) \mathrm{d}x\mathrm{d}y = 1 \quad (\mu = \gamma) \tag{9.3.45}$$

把式(9.3.44),(9.3.45)合在一起,得 $\phi_\mu(x,y)$ 的正交正则化条件

$$\iint \phi_\gamma(x,y) \phi_\mu(x,y) \mathrm{d}x\mathrm{d}y = \begin{cases} 0 & \mu \neq \gamma \\ 1 & \mu = \gamma \end{cases}, \tag{9.3.46}$$

或

$$\iint \phi_\gamma(x,y) \phi_\mu(x,y) \mathrm{d}x\mathrm{d}y = \delta_{\mu\gamma}. \tag{9.3.47}$$

特征值 k_μ^2 不是零就是正值,它组成一个离散谱,而且并无上界,对于 E 型而言,边界 $\phi_e = 0$,有

$$0 \leqslant k_{0e}^2 \leqslant k_{1e}^2 \leqslant k_{2e}^2 \leqslant k_{3e}^2 \leqslant \cdots. \tag{9.3.48}$$

对 H 型而言,边界条件 $\frac{\partial \psi_m}{\partial n} = 0$,有

$$0 \leqslant k_{0m}^2 \leqslant k_{1m}^2 \leqslant k_{2m}^2 \leqslant k_{3m}^2 \leqslant \cdots. \tag{9.3.49}$$

虽然,边界条件 $\phi = 0$ 总是比 $\frac{\partial \phi}{\partial n} = 0$ 更为严密,但对于任何 μ,

$$k_{\mu e} \geqslant k_{\mu m}. \tag{9.3.50}$$

更进一步,还有

$$k_{\mu e}^2 \geqslant k_{(\mu+2)m}^2 \quad (\mu = 0, 1, 2, \cdots). \tag{9.3.51}$$

还有,因为

$$\phi_{0m} = 常数, \tag{9.3.52}$$

有

$$\iint \phi_{0m} \phi_{\mu m} \mathrm{d}x\mathrm{d}y = \phi_{0m} \iint \phi_{\mu m} \mathrm{d}x\mathrm{d}y, \tag{9.3.53}$$

或

$$\iint \phi_{\mu m} \mathrm{d}x\mathrm{d}y = 0 \quad (\mu = 1, 2 \cdots). \tag{9.3.54}$$

ϕ_μ 作为 x, y 的特征函数可以从下列公式导出:

$$E \text{ 型} \quad \left.\begin{aligned} E_z &= (k^2 - \gamma_\mu^2)\phi_{\mu e}, & H_z &= 0; \\ E_x &= i\gamma_\mu \frac{\partial \phi_{\mu e}}{\partial x}, & H_x &= -i\omega\varepsilon \frac{\partial \phi_{\mu e}}{\partial y}; \\ E_y &= i\gamma_\mu \frac{\partial \phi_{\mu e}}{\partial y} & H_y &= i\omega\varepsilon \frac{\partial \phi_{\mu e}}{\partial x}. \end{aligned}\right\} \tag{9.3.55}$$

$$H \text{ 型} \quad \left.\begin{aligned} E_z &= 0, & H_z &= (k^2 - \gamma_\mu^2)\phi_{\mu m}; \\ E_x &= i\omega\mu \frac{\partial \phi_{\mu m}}{\partial y}, & H_x &= i\gamma_\mu \frac{\partial \phi_{\mu m}}{\partial x}; \\ E_y &= -i\omega\mu \frac{\partial \phi_{\mu m}}{\partial x}, & H_y &= i\gamma_\mu \frac{\partial \phi_{\mu m}}{\partial y}. \end{aligned}\right\} \tag{9.3.56}$$

(9.3.55),(9.3.56) 各式,都是从 Maxwell 方程

$$\left.\begin{aligned} \nabla \times \boldsymbol{E} &= -i\omega\boldsymbol{\mu} \cdot \boldsymbol{H} \\ \nabla \times \boldsymbol{H} &= i\omega\boldsymbol{\varepsilon} \cdot \boldsymbol{E} \end{aligned}\right\}, \tag{9.3.57}$$

导出的. 如果把横向场分量 $E_x, E_y; H_x, H_y$ 合成横向场矢量 $\boldsymbol{E}_t, \boldsymbol{H}_t$,并且引用新的场函数 $\phi_{\mu e}^*$, $\phi_{\mu m}^*$

$$\left.\begin{aligned} \phi_{\mu e}^* &= -i\omega\varepsilon\phi_{\mu e} \\ \phi_{\mu m}^* &= -i\omega\mu\phi_{\mu m} \end{aligned}\right\} \tag{9.3.58}$$

可以把式(9.3.55),(9.3.56) 写成

$$E \text{ 型} \quad \left.\begin{aligned} E_z &= jZ_0 \frac{1}{k}k_{\mu e}^2 \phi_{\mu e}^*, & H_z &= 0; \\ \boldsymbol{E}_t &= -\frac{\gamma_\mu}{k}Z_0 \nabla \phi_{\mu e}^*, & \boldsymbol{H}_t &= -\boldsymbol{e}_z \times \nabla \phi_{\mu e}^*. \end{aligned}\right\} \tag{9.3.59}$$

$$H \text{ 型} \quad \left.\begin{aligned} e_z &= 0, & H_z &= \frac{1}{kZ_0}k_{\mu m}^2 \phi_{\mu m}; \\ \boldsymbol{E}_t &= \boldsymbol{e}_z \times \nabla \phi_{\mu m}, & \boldsymbol{H}_t &= -\frac{\gamma_\mu}{kZ_0} \nabla \phi_{\mu m}. \end{aligned}\right\} \tag{9.3.60}$$

其中,$\boldsymbol{e}_z$ 为 z 轴向的单位矢量,$Z_0 = \sqrt{\frac{\mu}{\varepsilon}}$,它是特性阻抗,而 $k_\mu^2 = k^2 - \gamma_\mu^2$.

在截止频率上,有 $k = K_\mu = k_\mu$,在利用了式(9.3.33)后,式(9.3.59),(9.3.60) 可以写成 (在 $\omega = \omega_{ce}$,或 $\omega = \omega_{cm}$)

$$E \text{ 型} \quad \left.\begin{aligned} E_z &= jZ_0 k_{\mu e}\phi_{\mu e}^* = \frac{jZ_0}{k_{\mu e}}\nabla^2 \phi_{\mu e}^*, & H_z &= 0; \\ \boldsymbol{E}_t &= 0, & \boldsymbol{H}_t &= -\boldsymbol{E}_z \times \nabla \phi_{\mu e}^*. \end{aligned}\right\} \tag{9.3.61}$$

$$H \text{ 型} \quad \left.\begin{aligned} E_z &= 0, & H_z &= \frac{1}{Z_0}k_{\mu m}\phi_{\mu m}^*; \\ \boldsymbol{E}_t &= \boldsymbol{E}_z \times \nabla \phi_{\mu m}^*, & \boldsymbol{H}_t &= 0. \end{aligned}\right\} \tag{9.3.62}$$

可以看到,截止频率驻波只出现在横向平面内,和 z 轴相垂直,Poynting 矢量为

$$\boldsymbol{E} \times \boldsymbol{H} = (\boldsymbol{e}_z E_z + \boldsymbol{E}_t) \times (\boldsymbol{e}_z H_z + \boldsymbol{H}_t). \tag{9.3.63}$$

这就指出 Poynting 矢量没有 z 轴向的分量,或它是完全限于横向的.

3. 计算截止频率的有关变分原理

利用(9.3.33),可以求得极值原理,它的泛函对 φ_μ 是齐次的,求得的极值 k_μ 和截止频率 $\omega_{\mu c}$ 有关.

(1) E 型场 $\varphi_{\mu e}$ 的变分原理

E 型场 $\varphi_{\mu e}$ 所满足的方程为

$$\nabla_t^2 \phi_{\mu e} + k_{\mu e}^2 \phi_{\mu e} = 0 \qquad \text{在 } S \text{ 上,} \tag{9.3.64}$$

边界条件

$$\phi_{\mu e} = 0 \qquad \text{在 } \Gamma \text{ 上.} \tag{9.3.65}$$

现在我们将证明泛函 $\Pi_{\mu e}$ 的变分极值条件给出式(9.3.64)和(9.3.65).

$$\Pi_{\mu e} = \iint_S (\nabla_t \phi_{\mu e})^2 \mathrm{d}S - k_{\mu e}^2 \iint_S \phi_{\mu e}{}^2 \mathrm{d}S - 2\int_\Gamma \phi_{\mu e} \frac{\partial \phi_{\mu e}}{\partial n} \mathrm{d}\Gamma = 0, \tag{9.3.66}$$

变分为

$$\begin{aligned}\delta \Pi_{\mu e} = &\, 2\iint_S \nabla_t \phi_{\mu e} \cdot \nabla_t \delta \phi_{\mu e} \mathrm{d}S - 2k_{\mu e}^2 \iint_S \phi_{\mu e} \delta \phi_{\mu e} \mathrm{d}S, \\ &\, -2\int_\Gamma \frac{\partial \phi_{\mu e}}{\partial n} \delta \phi_{\mu e} \mathrm{d}\Gamma - 2\int_\Gamma \phi_{\mu e} \delta\left(\frac{\partial \phi_{\mu e}}{\partial n}\right) \mathrm{d}\Gamma = 0.\end{aligned} \tag{9.3.67}$$

但是

$$\iint_S \nabla_t \phi_{\mu e} \cdot \nabla_t \delta \phi_{\mu e} \mathrm{d}S = \int_\Gamma \frac{\partial \phi_{\mu e}}{\partial n} \delta \phi_{\mu e} \mathrm{d}\Gamma - 2\iint_S (\nabla_t^2 \phi_{\mu e}) \delta \phi_{\mu e} \mathrm{d}S, \tag{9.3.68}$$

于是式(9.3.67)可以写成

$$\delta \Pi_{\mu e} = -2\iint_S [\nabla_t^2 \phi_{\mu e} + k_{\mu e}^2 \phi_{\mu e}] \delta \phi_{\mu e} \mathrm{d}S - 2\int_\Gamma \phi_{\mu e} \delta\left(\frac{\partial \phi_{\mu e}}{\partial n}\right) \mathrm{d}\Gamma = 0. \tag{9.3.69}$$

由于 $\delta \phi_{\mu e}$ 在 S 中, $\delta\left(\frac{\partial \phi_{\mu e}}{\partial n}\right)$ 在 Γ 上都是独立变分,所以,得到原方程(9.3.64)和边界条件(9.3.65)式,这就证明了 $\delta \Pi_{\mu e} = 0$ 是变分原理的必要条件.

根据 Rayleigh-Ritz 变分原理相同的证明办法,式(9.3.66)给出变分原理

$$[k_{\mu e}^2]_{\text{极值}} = \frac{\iint_S (\nabla_t \phi_{\mu e})^2 \mathrm{d}S - 2\int_\Gamma \phi_{\mu e} \frac{\partial \phi_{\mu e}}{\partial n} \mathrm{d}\Gamma}{\iint_S \phi_{\mu e}^2 \mathrm{d}S}. \tag{9.3.70}$$

(2) H 型场 $\phi_{\mu m}$ 满足变分原理

H 型场 $\phi_{\mu m}$ 满足方程

$$\nabla_t^2 \phi_{\mu m} + k_{\mu m}^2 \phi_{\mu m} = 0 \qquad \text{在 } S \text{ 上,} \tag{9.3.71}$$

边界条件

$$\frac{\partial \phi_{\mu m}}{\partial n} = 0 \qquad \text{在 } \Gamma \text{ 上.} \tag{9.3.72}$$

我们将证明 $\Pi_{\mu m}$ 的变分极值条件给出式(9.3.71),(9.3.72).

$$\Pi_{\mu m} = \iint_S (\nabla_t \phi_{\mu m})^2 \mathrm{d}S - k^2 \iint_S \phi_{\mu m}^2 \mathrm{d}S = 0, \tag{9.3.73}$$

其变分为

$$\begin{aligned}\delta \Pi_{\mu m} = &\, 2\iint_S \nabla_t \phi_{\mu m} \cdot \nabla_t \delta \phi_{\mu m} \mathrm{d}S - 2s^2 \iint_S \phi_{\mu m} \delta \phi_{\mu m} \mathrm{d}S = 0, \\ &\, -2\int_\Gamma \frac{\partial \phi_{\mu e}}{\partial n} \delta \phi_{\mu e} \mathrm{d}\Gamma - 2\int_\Gamma \phi_{\mu e} \delta\left(\frac{\partial \phi_{\mu e}}{\partial n}\right) \mathrm{d}\Gamma = 0.\end{aligned} \tag{9.3.74}$$

利用高斯定理

$$\iint_S \nabla_t \phi_{\mu e} \cdot \nabla_t \delta\phi_{\mu e} dS = \int_\Gamma \frac{\partial \phi_{\mu m}}{\partial n} \delta\phi_{\mu m} d\Gamma - 2\iint_S \nabla_t^2 \phi_{\mu m} \delta\phi_{\mu m} dS, \quad (9.3.75)$$

于是式(9.3.74)化为

$$\delta\Pi_{\mu m} = -2\iint_S (\nabla^2 \phi_{\mu m} + k^2 \phi_{\mu m}) \delta\phi_{\mu m} dS + 2\int_\Gamma \frac{\partial \phi_{\mu m}}{\partial n} \delta\phi_{\mu m} d\Gamma = 0. \quad (9.3.76)$$

由于 $\delta\phi_{\mu m}$ 在 S 中，$\delta\phi_{\mu m}$ 在 Γ 上都是独立变分，所以式(9.3.76)给出式(9.3.71),(9.3.72)，这就证明了 $\delta\Pi_{\mu m} = 0$ 是变分原理的必要条件. 根据 Rayleigh-Ritz 变分原理相同的证明办法，式(9.3.73)给出

$$[k_{\mu m}^2]_{\text{极值}} = \frac{\iint_S (\nabla_t \phi_{\mu m})^2 dS}{\iint_S \phi_{\mu m}^2 dS}. \quad (9.3.77)$$

不论 H 型或 E 型，在变分过程中，$\phi_{\mu m}, \phi_{\mu e}$ 都不需要事先满足边界条件，所以式(9.3.70),(9.3.77)都是无条件的变分原理，或某种形式的广义变分原理.

从上面的讨论可以看到，不论 E 型、H 型，只要都满足各自的边界条件 $\frac{\partial \phi_{\mu m}}{\partial n} = 0, \phi_{\mu e} = 0$，则式(9.3.70)、(9.3.77) 都化为

$$(k_\mu^2)_{\text{极值}} = \frac{\iint_S (\nabla_t \phi_\mu)^2 dS}{\iint_S \phi_\mu^2 dS}. \quad (9.3.78)$$

如果有一试用函数 Φ_μ，满足有关边界条件，则

$$k_\mu^2 \leqslant \frac{\iint_S (\nabla_t \Phi_\mu)^2 dS}{\iint_S \Phi_\mu^2 dS}. \quad (9.3.79)$$

试用函数选择越多，所得最低

$$\frac{\iint_S (\nabla \Phi_\mu)^2 dS}{\iint_S \Phi_\mu^2 dS}$$

越迫近于真正的 k_μ^2.

(3) 第二种形式的变分原理

因为 ϕ_μ 满足方程式

$$\nabla_t^2 \phi_\mu + k_\mu^2 \phi_\mu = 0, \quad (9.3.80)$$

所以有

$$\phi_\mu = -\frac{1}{k_\mu^2} \nabla_t^2 \phi_\mu. \quad (9.3.81)$$

把它代入式(9.3.78)的分母中，得

$$k_\mu^2 = \frac{\iint_S (\nabla_t \phi_\mu)^2 dS}{\iint_S \phi_\mu^2 dS} = \frac{\iint_S (\nabla_t \Phi_\mu)^2 dS}{\frac{1}{k_\mu^4} \iint_S (\nabla_t^2 \phi_\mu)^2 dS}, \quad (9.3.82)$$

所以得

$$k_\mu^2 = \frac{\iint_S (\nabla_t^2 \phi_\mu)^2 \mathrm{d}S}{\iint_S (\nabla_t \phi_\mu)^2 \mathrm{d}S}. \tag{9.3.83}$$

或可写成

$$[k_\mu^2]_{\text{极值}} = \frac{\iint_S (\nabla_t \phi_\mu)^2 \mathrm{d}S}{\iint_S \phi_\mu^2 \mathrm{d}S} = \frac{\iint_S (\nabla_t^2 \phi_\mu)^2 \mathrm{d}S}{\iint_S (\nabla_t \phi_\mu)^2 \mathrm{d}S}. \tag{9.3.84}$$

4. 一系列不等式

在 $\dfrac{\partial \Phi}{\partial n} = 0$ 或 $\Phi = 0$ 的边界条件下,或 $\dfrac{\partial \Phi}{\partial n} = 0$ 或 $\nabla_t^2 \Phi = 0$ 的边界条件下,我们可以证明

$$\frac{\iint_S [\nabla_t (\nabla_t^2 \Phi)]^2 \mathrm{d}x\mathrm{d}y}{\iint_S (\nabla_t^2 \Phi)^2 \mathrm{d}x\mathrm{d}y} \geqslant \frac{\iint_S [(\nabla_t^2 \Phi)]^2 \mathrm{d}x\mathrm{d}y}{\iint_S (\nabla_t \Phi)^2 \mathrm{d}x\mathrm{d}y} \geqslant \frac{\iint_S (\nabla_t \Phi)^2 \mathrm{d}x\mathrm{d}y}{\iint_S \Phi^2 \mathrm{d}x\mathrm{d}y} \geqslant k_\mu^2. \tag{9.3.85}$$

或称

$$k_c^2 = \frac{\iint_S [\nabla_t (\nabla_t^2 \Phi)]^2 \mathrm{d}x\mathrm{d}y}{\iint_S (\nabla_t^2 \Phi)^2 \mathrm{d}x\mathrm{d}y}, \tag{9.3.86.a}$$

$$k_b^2 = \frac{\iint_S [(\nabla_t^2 \Phi)]^2 \mathrm{d}x\mathrm{d}y}{\iint_S (\nabla_t \Phi)^2 \mathrm{d}x\mathrm{d}y}, \tag{9.3.86.b}$$

$$k_a^2 = \frac{\iint_S (\nabla_t \Phi)^2 \mathrm{d}x\mathrm{d}y}{\iint_S \Phi^2 \mathrm{d}x\mathrm{d}y}. \tag{9.3.86.c}$$

我们将证明

$$k_c^2 \geqslant k_b^2 \geqslant k_a^2 \geqslant k_\mu^2. \tag{9.3.87}$$

首先有

$$I = \iint_S (\nabla_t^2 \Phi + k_a^2 \Phi)^2 \mathrm{d}x\mathrm{d}y \geqslant 0, \tag{9.3.88}$$

或可写成

$$I = \iint_S [(\nabla_t^2 \Phi)^2 + 2k_a^2 \Phi \nabla_t^2 \Phi + k_a^4 \Phi^2] \mathrm{d}x\mathrm{d}y \geqslant 0, \tag{9.3.89}$$

但是

$$\iint_S \Phi \nabla_t^2 \Phi \, \mathrm{d}x\mathrm{d}y = -\iint_S (\nabla_t \Phi)^2 \mathrm{d}x\mathrm{d}y + \int_\Gamma \frac{\partial \Phi}{\partial n} \Phi \, \mathrm{d}\Gamma. \tag{9.3.90}$$

根据 $\dfrac{\partial \Phi}{\partial n} = 0$ 或 $\Phi = 0$ 的边界条件,有

$$\iint_S \Phi \nabla_t^2 \Phi \, dx dy = -\iint_S (\nabla_t \Phi)^2 \, dx dy. \tag{9.3.91}$$

把式(9.3.91)代入式(9.3.89),得

$$I = \iint_S [(\nabla_t^2 \Phi)^2 - 2k_a^2 (\nabla_t \Phi)^2 + k_a^4 \Phi^2] dx dy \geqslant 0, \tag{9.3.92}$$

或可写成

$$\iint_S [(\nabla_t^2 \Phi)^2 - k_a^2 (\nabla_t \Phi)^2] dx dy \geqslant k_a^2 \iint_S [(\nabla_t \Phi)^2 - k_a^2 \Phi^2] dx dy. \tag{9.3.93}$$

根据定义式,上式右侧等于零,所以式(8.3.93)化为

$$\iint_S [(\nabla_t^2 \Phi)^2 - k_a^2 (\nabla_t \Phi)^2] dx dy \geqslant 0, \tag{9.3.94}$$

上式也可以写成

$$\frac{\iint_S (\nabla_t^2 \Phi)^2 dx dy}{\iint_S (\nabla_t \Phi)^2 dx dy} \geqslant k_a^2. \tag{9.3.95}$$

根据定义式,上式左侧等于 k_b^2,于是式(9.3.95)给出

$$k_b^2 \geqslant k_a^2,$$

同样有

$$I' = \iint_S [\nabla_t (\nabla_t^2 \Phi) + k_b^2 \nabla_t \Phi]^2 dx dy \geqslant 0, \tag{9.3.96}$$

或

$$I' = \iint_S \{[\nabla_t (\nabla_t^2 \Phi)]^2 + 2k_b^2 [\nabla_t \Phi][\nabla_t (\nabla_t^2 \Phi)] + k_b^4 (\nabla_t \Phi)^2\} dx dy \geqslant 0. \tag{9.3.97}$$

在利用了边界条件 $\frac{\partial \Phi}{\partial n} = 0$,或 $\nabla^2 \Phi = 0$ 之后,上式可以改写为

$$\begin{aligned}
&\iint_S \{[\nabla_t (\nabla_t^2 \Phi)]^2 - k_b^2 (\nabla_t^2 \Phi)^2\} dx dy \\
&\geqslant -k_b^2 \iint_S \{(\nabla_t^2 \Phi)^2 - k_b^2 (\nabla_t \Phi)^2\} dx dy = 0.
\end{aligned} \tag{9.3.98}$$

于是得

$$\frac{\iint_S [\nabla_t (\nabla_t^2 \Phi)]^2 dx dy}{\iint_S (\nabla_t^2 \Phi)^2 dx dy} \geqslant k_b^2. \tag{9.3.99}$$

或根据定义式,有

$$k_c^2 \geqslant k_a^2. \tag{9.3.100}$$

这就证明了式(9.3.87).

这些不等式可用来求 k_μ^2 的逐步近似解.

5. 从近似场函数计算特征值

用近似 Φ_μ 计算近似场函数,从而计算近似特征值,这类近似场函数并不满足 Maxwell 方程,只是它们的近似值.

E 型

$$\mathbf{\nabla}_t \cdot \mathbf{E}_\mu = \frac{\partial E_{\mu z}}{\partial z} = \mathrm{j} Z_0 \gamma_{\mu e} \frac{\partial}{\partial z} \Phi_\mu(x, y) = 0, \tag{9.3.101a}$$

$$\begin{aligned}\mathbf{\nabla}_t \cdot \mathbf{H}_\mu &= -\mathbf{\nabla}_t \cdot (\mathbf{e}_z \times \mathbf{\nabla}_t \Phi_\mu) \\ &= -\mathbf{\nabla}_t \Phi_\mu \cdot \mathbf{\nabla}_t \times \mathbf{e}_z + \mathbf{E}_z \mathbf{\nabla}_t \times \mathbf{\nabla}_t \Phi_\mu = 0.\end{aligned} \tag{9.3.101b}$$

$$|\mathbf{\nabla}_t \times \mathbf{E}_\mu|^2 = Z_0^2 k_{\mu e}^2 \left[\left(\frac{\partial \Phi_\mu}{\partial x}\right)^2 + \left(\frac{\partial \Phi_\mu}{\partial y}\right)^2 \right] = Z_0^2 k_{\mu e}^2 (\mathbf{\nabla}_t \Phi_\mu)^2, \tag{9.3.102a}$$

$$|\mathbf{\nabla}_t \times \mathbf{H}_\mu|^2 = [\mathbf{\nabla}_t \times (\mathbf{e}_z \times \mathbf{\nabla} \Phi_\mu)]^2 = (\mathbf{\nabla}^2 \Phi_\mu)^2, \tag{9.3.102b}$$

$$|\mathbf{E}_\mu|^2 = |\mathbf{E}_{\mu z}|^2 = Z_0^2 \gamma_{\mu e}^2 \Phi_\mu^2, \tag{9.3.102c}$$

$$|\mathbf{H}_\mu|^2 = |\mathbf{H}_{\mu t}|^2 = (\mathbf{\nabla} \Phi_\mu)^2. \tag{9.3.102d}$$

H 型

$$\mathbf{\nabla}_t \cdot \mathbf{H}_\mu = \frac{\partial H_{\mu z}}{\partial z} = \frac{\mathrm{j}}{Z_0} \gamma_{\mu m} \frac{\partial}{\partial z} \Phi_\mu(x, y) = 0, \tag{9.3.103a}$$

$$\mathbf{\nabla}_t \cdot \mathbf{E}_\mu = \mathbf{\nabla}_t \cdot (\mathbf{e}_z \times \mathbf{\nabla}_t \Phi_\mu) = 0, \tag{9.3.103b}$$

$$|\mathbf{\nabla}_t \times \mathbf{E}_\mu|^2 = [\mathbf{\nabla}_t \times (\mathbf{e}_z \times \mathbf{\nabla} \Phi_\mu)]^2 = |\mathbf{\nabla}^2 \Phi_\mu|^2, \tag{9.3.103c}$$

$$|\mathbf{\nabla}_t \times \mathbf{H}_\mu|^2 = \frac{\gamma_{\mu m}}{Z_0^2} |\mathbf{\nabla} \Phi_\mu|^2, \tag{9.3.103d}$$

$$|\mathbf{E}_\mu|^2 = |\mathbf{E}_{\mu z}|^2 = |\mathbf{\nabla} \Phi_\mu|^2, \tag{9.3.103e}$$

$$|\mathbf{H}_\mu|^2 = |\mathbf{H}_{\mu t}|^2 = \frac{\gamma_{\mu m}}{Z_0^2} \Phi_\mu^2. \tag{9.3.103f}$$

把 E_μ, H_μ 用在上节的不等式上,可得下列不等式：

E 型

$$k_{\mu e}^2 \leqslant \frac{\iint_S |\mathbf{\nabla}_t \times \mathbf{E}_\mu|^2 \mathrm{d}x \mathrm{d}y}{\iint_S \mathbf{E}_\mu^2 \mathrm{d}x \mathrm{d}y}, \tag{9.3.104a}$$

$$k_{\mu e}^2 \leqslant \frac{\iint_S |\mathbf{\nabla}_t \times \mathbf{H}_\mu|^2 \mathrm{d}x \mathrm{d}y}{\iint_S |\mathbf{H}_\mu|^2 \mathrm{d}x \mathrm{d}y}. \tag{9.3.104b}$$

H 型

$$k_{\mu m}^2 \leqslant \frac{\iint_S |\mathbf{\nabla}_t \times \mathbf{H}_\mu|^2 \mathrm{d}x \mathrm{d}y}{\iint_S |\mathbf{H}_\mu|^2 \mathrm{d}x \mathrm{d}y}, \tag{9.3.105a}$$

$$k_{\mu m}^2 \leqslant \frac{\iint_S |\mathbf{\nabla}_t \times \mathbf{E}_\mu|^2 \mathrm{d}x \mathrm{d}y}{\iint_S |\mathbf{E}_\mu|^2 \mathrm{d}x \mathrm{d}y}. \tag{9.3.105b}$$

习 题 九

1. 试写出泛函

$$J[u(x,y)] = \iint_D (u_x^2 - u_y^2) dx dy$$

的 Euler 方程.

2. 求下列泛函的 Euler 方程

$$J(u) = \int_G [p(\nabla u)^2 + (q - \lambda\rho)u^2] d\Omega$$

其中 $u(x,y,z)$ 在边界 ∂G 上给定.

3. 求下列泛函的 Euler 方程

$$J(u) = \frac{1}{2}\int_G (u_{xx}^2 + 2u_{xy}^2 + u_{yy}^2) dx dy$$

其中 $u(x,y)$ 及其法向导数在边界 ∂G 上给定.

4. 什么样的曲线上,下列泛函可能达到极值?

(1) $\begin{cases} J[y(x)] = \int_0^{\frac{\pi}{2}} [(y')^2 - y^2] dx \\ y(0) = 0, \quad y\left(\frac{\pi}{2}\right) = 1 \end{cases}$

(2) $\begin{cases} J[y(x)] = \int_{x_0}^{x_1} [16y^2 - (y'')^2 + x^2] dx \\ y(x_0) = y_0, \quad y'(x_0) = y_0' \\ y(x_1) = y_1, \quad y'(x_1) = y_1' \end{cases}$

5. 过两个已知点 $M_1(x_1, y_1)$ 和 $M_2(x_2, y_2)$ 作一曲线,使此曲线绕 x 轴旋转而得到的曲面面积最小. 求曲线所满足的微分方程.

6. 在约束条件

$$\int_G \rho u^2 d\Omega = 1$$

下,求使泛函

$$J(u) = \iint_G F(x,y,z,u,u_x,u_y,u_z) dx dy dz$$

取极值的 u.

7. 用 Ritz 方法求泛函 $J[y(x)] = \int_0^1 [(y')^2 - y^2 + 2xy] dx$; $y(0) = y(1) = 0$ 的极小值的近似解. 并与其准确解进行比较.

8. 试求 Schrödinger(薛定谔) 方程

$$-\frac{h^2}{2m}\frac{d^2\phi}{dx^2} + kx^4\phi = E\phi \quad (-\infty < x < \infty)$$

的能量 E 的最小值,其中 k 为正的常数.

9. 试写出球面上从 A 到 B 的"短程线"(或称测地线,geodesic)所满足的微分方程,并求解. 基于对称性考虑,不妨设球的半径为 1,A 点的坐标为 $(\theta_0, \phi_0) = (0, 0)$,$B$ 点的坐标为 (θ_1, ϕ_1).

提示:球面的弧微分公式为

$$dS = \sqrt{d\theta^2 + \sin^2\theta d\phi^2}$$

10. 光在折射率为 n 的介质中的传播速率为 $v = \frac{ds}{dt} = \frac{c}{n}$,$c$ 为真空中的速率,于是光由点

$A(x_0, y_0)$ 传播到点 $B(x_1, y_1)$ 所用的时间是

$$T = \int_{(x_0, y_0)}^{(x_1, y_1)} \frac{\mathrm{d}s}{v} = \frac{1}{c} \int_{(x_0, y_0)}^{(x_1, y_1)} n \mathrm{d}s$$

而光由 A 到 B 的实际路径应当使 T 取极值（费马定理）. 试求光在下列介质中传播时的实际轨迹：

(1) $n = kx^{1/3}$；(2) $n = k\dfrac{\ln r}{r}$,

其中 k 为已知常数，$r^2 = x^2 + y^2$.

11. 把地球看成是质量均匀的球体，半径为 R. 则在地球内部 (r, θ) 处，质量 m 的势能为 $\dfrac{mg}{2R}(R^2 - r^2)$，其中 g 是地球表面的重力加速度. 先设想在地球表面 A, B 两点间开凿一条隧道，在忽略摩擦的条件下，物体可在引力作用下沿隧道运动而无须消耗能源. 试确定隧道的最佳方案，使得 A, B 两点间的运行时间最短.

12. 求解等周问题. 即在平面上，在给定周长的情况下求封闭曲线使它所围的面积最大.

13. 假设大气的折射率 $n(y)$ 只依赖于高度 y.

(1) 利用费马原理，导出在大气中光线轨迹的微分方程；

(2) 一个旅行者与水平成角度 ϕ 的方向上看到"空中绿洲"，如果 $n = n_0 \sqrt{1 - \Omega^2 y^2}$，其中 n_0 和 Ω 是常数，问这块绿洲离得多远？

14. 求解本征值问题

$$\begin{cases} y'' + \lambda y = 0 \\ y'(0) = 0, \ y(1) = 0 \end{cases}$$

的最小本征值.

15. 求方程 $\nabla^2 u = -1$ 在正方形 $-a \leqslant x \leqslant a, -b \leqslant y \leqslant b$ 内的近似解，且在正方形的边界上等于零.

附录 A Fourier 变换和 Laplace 变换简表

附录 A1 Fourier 变换简表

像原函数	像函数
$f(x)$	$\hat{f}(\omega) = \int_{-\infty}^{\infty} f(x) e^{i\omega x} dx$
$\dfrac{\sin ax}{x}$	$\begin{cases} \pi, & |\omega|<a \\ 0, & |\omega|>a \end{cases}$
$\begin{cases} e^{i\lambda x}, & a<x<b \\ 0, & x<a \text{ 或 } x>b \end{cases}$	$\dfrac{i}{\lambda-\omega}(e^{ia(\lambda-\omega)} - e^{ib(\lambda-\omega)})$
$\begin{cases} e^{-cx+i\lambda x}, & x>0 \\ 0, & x<0 \end{cases}$	$\dfrac{i}{\lambda-\omega+ic}$
$e^{-\eta x^2}$ ($\mathrm{Re}\,\eta>0$)	$\left(\dfrac{\pi}{\eta}\right)^{1/2} e^{-\frac{\omega^2}{4\eta}}$
$\cos \eta x^2$	$\left(\dfrac{\pi}{\eta}\right)^{1/2} \cos\left(\dfrac{\omega^2}{4\eta} - \dfrac{\pi}{4}\right)$
$\sin \eta x^2$	$\left(\dfrac{\pi}{\eta}\right)^{1/2} \sin\left(\dfrac{\omega^2}{4\eta} + \dfrac{\pi}{4}\right)$
$|x|^{-s}$ ($0<\mathrm{Re}\,s<1$)	$\dfrac{2}{|\omega|^{1-s}} \Gamma(1-s) \sin \dfrac{1}{2}\pi s$
$\dfrac{1}{|x|} e^{-a|x|}$	$\left(\dfrac{2\pi}{a^2+\omega^2}\right)^{1/2} [(a^2+\omega^2)^{1/2} + a]^{1/2}$
$\dfrac{1}{|x|}$	$\dfrac{(2\pi)^{1/2}}{|\omega|}$
$\dfrac{\mathrm{ch}\,ax}{\mathrm{ch}\,\pi x}$ ($-\pi<a<\pi$)	$\dfrac{2\cos\dfrac{a}{2}\mathrm{ch}\dfrac{\omega}{2}}{\mathrm{ch}\,\omega - \cos a}$
$\dfrac{\mathrm{ch}\,ax}{\mathrm{sh}\,\pi x}$ ($-\pi<a<\pi$)	$\dfrac{\sin a}{\mathrm{ch}\,\omega + \cos a}$
$\begin{cases} (a^2-x^2)^{-1/2}, & |x|<a \\ 0, & |x|>a \end{cases}$	$\pi J_0(a\omega)$ (J_0 是零阶 Bessel 函数)

续表

像原函数	像函数
$\dfrac{\sin[b(a^2+x^2)^{1/2}]}{(a^2+x^2)^{1/2}}$	$\begin{cases} 0 & |\omega|>b \\ \pi J_0(a\sqrt{b^2-\omega^2}), & |\omega|>b \end{cases}$
$\begin{cases} \dfrac{\cos[b(a^2-x^2)^{1/2}]}{(a^2-x^2)^{1/2}}, & |x|<a \\ 0, & |x|>a \end{cases}$	$\pi J_0(a\sqrt{b^2+\omega^2})$
$\begin{cases} \dfrac{\mathrm{ch}[b(a^2-x^2)^{1/2}]}{(a^2-x^2)^{1/2}}, & |x|<a \\ 0, & |x|>a \end{cases}$	$\begin{cases} \pi J_0(a\sqrt{\omega^2-b^2}), & |\omega|>b \\ 0, & |\omega|<b \end{cases}$
$\delta(x)$	1
多项式 $P(x)$	$2\pi P\left(\mathrm{i}\dfrac{\mathrm{d}}{\mathrm{d}\omega}\right)\delta(\omega)$
e^{bx}	$2\pi\delta(\omega+\mathrm{i}b)$
$\sin bx$	$\mathrm{i}\pi(\delta(\omega+b)-\delta(\omega-b))$
$\cos bx$	$\pi(\delta(\omega+b)+\delta(\omega-b))$
$\delta^{(m)}(x)$	$(\mathrm{i}\omega)^m$
$\mathrm{sh}\, bx$	$\pi(\delta(\omega+\mathrm{i}b)-\delta(\omega-\mathrm{i}b))$
$\mathrm{ch}\, bx$	$\pi(\delta(\omega+\mathrm{i}b)-\delta(\omega-\mathrm{i}b))$
x^{-1}	$-\mathrm{i}\pi\,\mathrm{sgn}\,\omega$
x^{-2}	$\pi|\omega|$
x^{-m}	$-\mathrm{i}^m\dfrac{\pi}{(m-1)!}\omega^{m-1}\,\mathrm{sgn}\,\omega$
$|x|^\lambda\,(\lambda\neq-1,-3,\cdots)$	$-2\sin\dfrac{\lambda\pi}{2}\Gamma(\lambda+1)|\omega|^{-\lambda-1}$
$H(x)$	$\dfrac{1}{\mathrm{i}\omega}+\pi\delta(\omega)$

附录 A2 Laplace 变换简表

像原函数	像函数
1	$\dfrac{1}{p}$
$t^n, n=1,2,\cdots$	$\dfrac{n!}{p^{n+1}}$
$t^\alpha\,(\alpha>-1)$	$\dfrac{\Gamma(\alpha+1)}{p^{n+1}}$
$\mathrm{e}^{\lambda t}$	$\dfrac{1}{p-\lambda}$
$\dfrac{1}{a}(1-\mathrm{e}^{at})$	$\dfrac{1}{p(p+a)}$
$\sin\omega t$	$\dfrac{\omega}{p^2+\omega^2}$
$\cos\omega t$	$\dfrac{p}{p^2+\omega^2}$
$\mathrm{sh}\,\omega t$	$\dfrac{\omega}{p^2-\omega^2}$
$\mathrm{ch}\,\omega t$	$\dfrac{\omega}{p^2-\omega^2}$
$\mathrm{e}^{-\lambda t}\sin\omega t$	$\dfrac{\omega}{(p+\lambda)^2+\omega^2}$
$\mathrm{e}^{-\lambda t}\cos\omega t$	$\dfrac{p+\lambda}{(p+\lambda)^2+\omega^2}$
$\mathrm{e}^{-\lambda t}t^\alpha\,(\alpha>-1)$	$\dfrac{\Gamma(\alpha+1)}{(p+\lambda)^{\alpha+1}}$
$\dfrac{1}{\sqrt{\pi t}}$	$\dfrac{1}{\sqrt{p}}$
$\dfrac{1}{\sqrt{\pi t}}\mathrm{e}^{-\frac{a^2}{4t}}$	$\dfrac{1}{\sqrt{p}}\mathrm{e}^{-a\sqrt{p}}$
$\dfrac{1}{\sqrt{\pi t}}\mathrm{e}^{-2a\sqrt{t}}$	$\dfrac{1}{\sqrt{p}}\mathrm{e}^{\frac{a^2}{p}}\mathrm{erfc}\left(\dfrac{a}{\sqrt{p}}\right)$
$\dfrac{1}{\sqrt{\pi t}}\sin 2\sqrt{at}$	$\dfrac{1}{p\sqrt{p}}\mathrm{e}^{-\frac{a}{p}}$
$\dfrac{1}{\sqrt{\pi t}}\cos 2\sqrt{at}$	$\dfrac{1}{\sqrt{p}}\mathrm{e}^{-\frac{a}{p}}$
$\mathrm{erf}(\sqrt{at})$	$\dfrac{\sqrt{a}}{p\sqrt{p+a}}$

续表

像原函数	像函数
$\operatorname{erfc}\left(\dfrac{a}{2\sqrt{t}}\right)$	$\dfrac{e^{-a\sqrt{p}}}{p}$
$e^t \operatorname{erfc}(\sqrt{t})$	$\dfrac{1}{p+\sqrt{p}}$
$\dfrac{1}{\sqrt{\pi t}} - e^t \operatorname{erfc}(\sqrt{t})$	$\dfrac{1}{1+\sqrt{p}}$
$\dfrac{1}{\sqrt{\pi t}}e^{-at} + \sqrt{a}\ \operatorname{erf}\sqrt{at}$	$\dfrac{\sqrt{p+a}}{p}$
$J_0(t)$	$\dfrac{1}{\sqrt{p^2+1}}$
$J_n(t)$	$\dfrac{(\sqrt{p^2+1}-p)^n}{\sqrt{p^2+1}}$
$\dfrac{J_n(at)}{t}$	$\dfrac{1}{na^n}(\sqrt{p^2+a^2}-p)^n$
$e^{-at}I_0(bt)$	$\dfrac{1}{\sqrt{(p+a)^2-b^2}}$
$\lambda^n e^{-\lambda t}I_n(\lambda t)$	$\dfrac{\{\sqrt{p^2+2\lambda p}-(p+\lambda)\}^n}{\sqrt{p^2+2\lambda p}}$
$t^n J_n(t)\ \left(n > -\dfrac{1}{2}\right)$	$\dfrac{2^n \Gamma\left(n+\dfrac{1}{2}\right)}{\sqrt{\pi}(p^2+1)^{n+\frac{1}{2}}}$
$J_0(2\sqrt{t})$	$\dfrac{2}{p}e^{-\frac{1}{p}}$
$t^{\frac{n}{2}}J_n(2\sqrt{t})$	$\dfrac{1}{p^{n+1}}e^{-\frac{1}{p}}$
$J_0(a\sqrt{t^2-\tau^2})H(t-\tau)$	$\dfrac{1}{\sqrt{p^2+a^2}}e^{-\tau\sqrt{p^2+a^2}}$
$\dfrac{J_1(a\sqrt{t^2-\tau^2})}{\sqrt{t^2-\tau^2}}H(t-\tau)$	$\dfrac{e^{-\tau p}-e^{-\tau\sqrt{p^2+a^2}}}{a\tau}$
$\displaystyle\int_t^\infty \dfrac{J_0(\tau)}{\tau}d\tau$	$\dfrac{1}{p}\ln(p+\sqrt{1+p^2})$
$\dfrac{e^{bt}-e^{at}}{t}$	$\ln\dfrac{p-a}{p-b}$
$\dfrac{1}{\sqrt{\pi t}}\sin\dfrac{1}{2t}$	$\dfrac{1}{\sqrt{p}}e^{-\sqrt{p}}\sin\sqrt{p}$
$\dfrac{1}{\sqrt{\pi t}}\cos\dfrac{1}{2t}$	$\dfrac{1}{\sqrt{p}}e^{-\sqrt{p}}\cos\sqrt{p}$

续 表

像原函数	像函数
si t	$\dfrac{\pi}{2p} - \dfrac{\arctan p}{p}$
ci t	$\dfrac{1}{p}\ln\dfrac{1}{\sqrt{p^2+1}}$
$S(t)$	$\dfrac{1}{2\sqrt{2}p\mathrm{i}}\dfrac{\sqrt{p+\mathrm{i}}-\sqrt{p-\mathrm{i}}}{\sqrt{p^2+1}}$
$C(t)$	$\dfrac{1}{2\sqrt{2}p}\dfrac{\sqrt{p+\mathrm{i}}-\sqrt{p-\mathrm{i}}}{\sqrt{p^2+1}}$
$-\mathrm{ei}(-t)$	$\dfrac{1}{p}\ln(1+p)$

注:

(1) $\mathrm{erf}(x) = \dfrac{2}{\sqrt{\pi}}\displaystyle\int_0^x \mathrm{e}^{-t^2}\mathrm{d}t$,称为误差函数.

(2) $\mathrm{ercf}(x) = 1 - \mathrm{erf}(x) = \dfrac{2}{\sqrt{\pi}}\displaystyle\int_x^{+\infty}\mathrm{e}^{-t^2}\mathrm{d}t$,称为余误差函数.

(3) $J_n(x) = \displaystyle\sum_{k=0}^{\infty}\dfrac{(-1)^k}{k!\Gamma(n+k+1)}\left(\dfrac{x}{2}\right)^{n+2k}\ (n=0,1,2,\cdots)$ 是第一类 n 阶 Bessel 函数.

(4) $I_n(x) = (i)^{-n}J_n(ix)\ (n=0,1,2,\cdots)$ 称为第一类 n 阶变形 Bessel 函数.

(5) $\mathrm{si}\,t = \displaystyle\int_0^t \dfrac{\sin x}{x}\mathrm{d}x;\ \mathrm{ci}\,t = \displaystyle\int_{-\infty}^t\dfrac{\cos x}{x}\mathrm{d}x;\ \mathrm{ei}\,t = \displaystyle\int_0^t\dfrac{\mathrm{e}^x}{x}\mathrm{d}x;\ S(t) = \displaystyle\int_0^t\dfrac{\sin x}{\sqrt{2\pi x}}\mathrm{d}x;\ C(t) = \displaystyle\int_0^t\dfrac{\cos x}{\sqrt{2\pi x}}\mathrm{d}x.$

附录 B　通过计算留数求拉普拉斯变换的反演

应用 Laplace 变换法求解定解问题的关键是求 Laplace 变换的反演．一般的求 Laplace 反演（反变换）的方法是直接查表（见附录 1）或利用 Laplace 变换的性质以及已知变换的组合．这里介绍根据 Laplace 变换的反演公式(7.4.2)和留数定理来求反演的方法．

反演公式(7.4.2)可以写成

$$f(t) = \frac{1}{2\pi i}\int_c F(p) e^{pt} dp \quad (t>0)$$

其中 c 为 p 平面上 $\mathrm{Re}\, p = \beta > \beta_0$ 的与虚轴平行的任意一条直线．

若 $F(p)$ 是单值的，且在 $0 \leqslant \arg p \leqslant 2\pi$ 中，当 $p \to \infty$ 时，$F(p) \to 0$，则有

$$f(t) = \sum_k \mathrm{res}[F(p_k) e^{p_k t}], \quad t>0 \tag{B1}$$

其中 p_k 为像函数 $F(p)$ 在全平面的奇点．这就是所谓的展开定理．

因为在此情形中，只要 β 取得足够大，总能使 $F(p)$ 在直线 c 的右边解析．考虑 $F(p)e^{pt}$ 沿如图 B1 所示实线闭合回路的积分，其中 C_R 为以 $p=0$ 为中心，R 为半径，从 A 到 B 不经过 $F(p)$ 的奇点的实线圆弧，则

$$\frac{1}{2\pi i}\int_A^B F(p) e^{pt} dp + \frac{1}{2\pi i}\int_{C_R} F(p) e^{pt} dp$$
$$= \sum_k \mathrm{res}[F(p) e^{pt}]_{l\text{内}}, \quad l = \overrightarrow{BA} + C_R$$

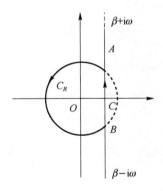

图 B1

由约当引理（参见郭敦仁《数学物理方法》，人民教育出版社，1978 年版第 156 页）可以证明

$$\lim_{R\to\infty}\int_{C_R} F(p)e^{pt}\,dp = 0 \tag{B2}$$

所以当 $R\to\infty$ 时,有

$$f(t) = \frac{1}{2\pi i}\int_c F(p)e^{pt}\,dp = \sum_k \mathrm{res}[F(p_k)e^{p_k t}].$$

这样就把求反演的问题转化为计算留数的问题.

例1 求 $F(p) = \dfrac{\cosh\dfrac{\sqrt{p}}{a}x}{p\cosh\dfrac{\sqrt{p}}{a}l}$ 的原函数 $f(t)$.

解 $F(p)$ 是单值函数,它的奇点全是单极点

$$p_0 = 0,\ p_k = -\frac{a^2\pi^2(2k-1)^2}{4l^2},\ k=1,2,\cdots$$

$$\mathrm{res}[F(p)e^{pt}]_{p=0} = 1,$$

$$\mathrm{res}[F(p_k)e^{p_k t}] = \left.\frac{\cosh\dfrac{\sqrt{p}}{a}x \cdot e^{pt}}{\left[p\cosh\dfrac{\sqrt{p}}{a}l\right]'}\right|_{p=p_k}$$

$$= \frac{\cos\dfrac{(2k-1)\pi x}{2l}e^{\frac{-a^2\pi^2(2k-1)^2}{4l^2}t}}{(-1)^k\dfrac{(2k-1)\pi}{4}}\quad k=1,2,\cdots$$

所以

$$f(t) = \mathrm{res}[F(p)e^{pt}]_{p=0} + \sum_{k=1}^{\infty}\mathrm{res}[F(p_k)e^{p_k t}]$$

$$= 1 + \frac{4}{\pi}\sum_{k=1}^{\infty}\frac{(-1)^k}{2k-1}\cos\frac{(2k-1)\pi x}{2l}e^{\frac{-a^2\pi^2(2k-1)^2}{4l^2}t}.$$

这就是正文中的式(7.4.16).

参 考 文 献

[1] Haberman, R., Applied Partial Differential Equation: with Fourier Series and Boundary Value Problems, Fourth Edition, Pearson Education Asia, 2005.
[2] C. Henry Edwards, David E. Penney, Differential Equations and Boundary Value Problems, Computing and Modeling, 3E, Pearson Education Asia, 2004.
[3] Qiao GU(顾樵). 数学物理方法. 北京:科学出版社,2012.
[4] 梁昆淼. 数学物理方法. 2版. 北京:高等教育出版社,1996.
[5] 胡嗣柱,倪光炯. 数学物理方法. 上海:复旦大学出版社,1988.
[6] 南京工学院数学教研组. 数学物理方法与特殊函数. 2版. 北京:高等教育出版社,1998.
[7] 姚端正,梁家宝. 数学物理方法. 武昌:武汉大学出版社,1997.
[8] 钱伟长. 格林函数和变分法在电磁场和电磁波计算中的应用. 上海:上海大学出版社,2000.
[9] 康盛亮,桂子鹏. 数学物理方程近代解法. 上海:同济大学出版社,1996.
[10] 王竹溪,郭敦仁. 特殊函数概论. 北京:北京大学出版社,2000.
[11] A. H. 吉洪诺夫,A. A. 萨马尔斯基. 数学物理方程. 黄克欧,等,译. 北京:高等教育出版社,1959.
[12] R. Courant and D. Hillbert, Methods for mathematical physics, Part Ⅰ and Part Ⅱ, Mc Graw-Hill, New York, 1953, 1962.
[13] 徐效海. 数学物理方法引论. 南京:南京大学出版社,1999.
[14] 谢树艺. 矢量分析与场论. 北京:高等教育出版社,1982.
[15] 盛镇华. 向量分析与数学物理方法. 长沙:湖南科学技术出版社,1982.
[16] M. R. 施皮格尔. 数学物理方法概论. 于骏民,等,译. 上海:上海科技出版社,1981.
[17] 彭芳麟. 数学物理方程的 MATLAB 解法与可视化. 北京:清华大学出版社,2004.
[18] C. Henry Edwards and David E. Penney. Differential Equations and Boundary Value Problems—Computing and Modeling, 3E, 北京:清华大学出版社(影印本),2004.
[19] Ernic Kamerich. Maple 指南. 唐兢,李静,译. 北京:高等教育出版社,2000.